油田数字化系统维护培训教材

《油田数字化系统维护培训教材》编写组　编

石油工业出版社

内 容 提 要

本书主要包括数字化基础知识、数字化仪器仪表、数字化集成设备、数字化应用平台、数字化维护工具等内容，介绍了长庆油田最新的数字化理念、技术和装备。

本书可作为油田数字化技术人员和运维人员的培训教材，其他相关人员也可参考使用。

图书在版编目（CIP）数据

油田数字化系统维护培训教材/《油田数字化系统维护培训教材》编写组编. —北京：石油工业出版社，2019. 12

ISBN 978 - 7 - 5183 - 3753 - 8

Ⅰ. ①油… Ⅱ. ①油… Ⅲ. ①数字化-应用-油田开发-技术培训-教材 Ⅳ. ①TE34 - 39

中国版本图书馆 CIP 数据核字（2019）第 252712 号

出版发行：石油工业出版社

（北京安定门外安华里 2 区 1 号 100011）

网 址：www. petropub. com

编辑部：（010）64269289

图书营销中心：（010）64523633

经 销：全国新华书店

印 刷：北京中石油彩色印刷有限责任公司

2019 年 12 月第 1 版 2020 年 4 月第 2 次印刷

710×1000 毫米 开本：1/16 印张：24. 75

字数：485 千字

定价：52. 00 元

（如出现印装质量问题，我社图书营销中心负责调换）

《油田数字化系统维护培训教材》编委会

《油田数字化系统维护培训教材》编写组

主　编： 马建军

副主编： 孟繁平　安玥馨

成　员： 韩少波　李录兵　刁海胜　张会森

赵文博　徐翠梅　张文钊　张　龙

王娟娟　黄海燕　李园园　尤靖茜

前　言

从科技的角度来看，未来二三十年人类社会将演变成一个智能社会，其深度和广度还无法估量。中共中央政治局 2018 年 10 月 31 日就人工智能发展现状和趋势举行第九次集体学习。中共中央总书记习近平在主持学习时强调，人工智能是新一轮科技革命和产业变革的重要驱动力量，加快发展新一代人工智能是事关我国能否抓住新一轮科技革命和产业变革机遇的战略问题。

长庆油田高速发展，取得了令人瞩目的成就，已经成为全国重要的石油、天然气生产基地。长庆油田正沿着高质量、智能化方向进行二次加快发展，这也对信息化、数字化系统提出了更高要求。数字化系统，作为生产运行的眼睛、神经、大脑和手脚，作用举足轻重。在生产过程中，一旦数字化系统失灵，极易导致泄漏、着火、爆炸、设备损坏、人员伤亡、环境污染等重大次生事故，带来重大经济损失和无法估量的社会问题。可见，形势的发展对数字化系统的可靠性、可用性、智能化有了比以往更高的要求。

为了反映长庆油田数字化最新发展与应用的实践成果，为广大数字化技术人员和运维人员提供有益的学习和借鉴材料，长庆油田培训中心组织长期从事数字化建设、运维专业工作并在该领域积累了丰富经验的专家、高级工程师编写了《油田数字化系统维护培训教材》和《气田数字化系统维护培训教材》。

书中介绍了长庆油田数字化最新的理念、技术和装备，代表着当前石油天然气开采行业应用的较高水平；同时，对不同的仪表与自动控制系统分别进行介绍，有利于数字化技术和运维人员从新知识、新技术的学习中不断提高知识水平和技术水平。

教材的编审用了近一年的时间，在此对为教材编审工作付出辛勤劳动和做出贡献的人员表示由衷感谢。

由于编者水平有限，书中难免存在不妥和疏漏之处，敬请广大读者提出宝贵意见和建议。

编者

2019 年 7 月

目　录

第一章　数字化理论

1.1　数字化相关概念

1.1.1　数字化

所谓数字化，就是将复杂多变的信息转变为可以度量的数字、数据，再为这些数据建立起适当的数字化模型，把它们转变为一系列的二进制代码，引入计算机内部，进行统一处理。

1.1.2　数字化管理

数字化管理是指利用计算机、通信、网络、人工智能等技术，量化管理对象与管理行为，实现计划、组织、协调、服务、创新等职能的管理活动和管理方法的总称。

1.1.3　油田数字化管理

油田数字化管理系统充分利用自动控制技术、计算机网络技术、油藏管理技术、油（气）开采工艺技术、地面工艺技术、数据整合技术、数据共享与交换技术、视频和数据智能分析技术，实现电子巡井，准确判断、精确定位，强化生产过程控制与管理。

长庆油田数字化管理重点针对生产前端，也就是以井、站、管线等组成的基本生产单元的生产过程监控为主，完成数据的采集、过程监控、动态分析，发现问题、解决问题，维持正常生产；与 A1A2 建立统一的数据接口，实现数据的共享；是以生产过程管理为主的信息系统，是信息系统功能的延伸和扩充。

长庆油田数字化管理的实质是将数字化与劳动组织架构和生产工艺流程优化相结合，按生产流程设置劳动组织架构，实现生产组织方式和劳动组织架构的深刻变革；把油气田数字化管理的重点由后端的决策支持向生产前端的过程控制延伸；最大限度地减轻岗位员工的劳动强度，提高工作效率和安防水平。

油田数字化建设与管理是油田企业生产、科研、管理和决策的综合基础信息平台。它将对油田信息化建设起着统领和导向的作用。油田数字化建设与管理已经表现出广阔的应用前景：

（1）数字油田建设与管理可以大幅度提高油田勘探开发研究和辅助决策水平，促进油田的可持续发展；

（2）数字油田建设与管理可以优化生产流程，大幅提升油田生产运行质量；

（3）数字油田建设与管理可以促进油田改革的进一步深化，进一步提高油田经营管理水平。

1.2 油气生产物联网（数字化）系统运行维护管理

长庆油田于2009年开始大规模建设数字化系统，中国石油天然气集团有限公司（以下简称集团公司）也根据现场需求于2013年开始建设油气生产物联网系统。

油气生产物联网系统旨在利用物联网技术，建立覆盖全公司各类井场、站场和管道的规范统一的数字化生产管理平台，实现生产数据自动采集、远程监控、生产预警，支持油气生产优化管理。通过对生产流程、管理流程、生产组织方式和组织机构的优化，促进生产效率和管理水平的提升。

油气生产物联网系统的运维管理工作是系统运行及应用的重要环节，加强系统的运维管理具有重要意义。为了进一步规范油气生产物联网系统运维管理工作，中国石油勘探与生产分公司、集团公司信息管理部和中国石油勘探开发研究院西北分院编制了《油气生产物联网系统运行维护管理规定》（以下简称《规定》）。

《规定》根据《中国石油天然气集团公司信息化管理办法》《信息系统运维管理规范》《油气田地面工程数字化建设规定》和《油气生产物联网系统建设规范》（Q/SY 1722—2014）中的相关管理要求编制，主要内容包括总则、运维组织与职责、数据采集与监控子系统运维管理、数据传输子系统运维管理、生产管理子系统运维管理、突发事件管理和运维考核等。《规定》适用于油气生产物联网系统建设和油气田地面工程数字化建设范围内的系统运行维护工作。

1.2.1 数据采集与监控子系统运维管理

1.2.1.1 一般要求

油气田公司负责本单位物联设备管理、数据管理、应用配置开发、系统维护等日常运行维护工作。

1.2.1.2 物联设备管理

物联设备管理对象主要包括仪器仪表、远程测控终端（RTU）、视频采集设备、井场通信链路等，当系统提示设备出现告警或预警时，安排现场当班人员进行设备检测与问题排查。物联设备的管理目标是及时有效地处理物联设备故障，提高物联设备完好率和无故障率。

油气田公司应在作业区或大型站场的生产管理中心有负责物联设备运维的人员，其主要工作内容包括：

（1）物联设备档案管理：负责在系统平台中更新物联设备保养和校验记录。

（2）物联设备状态监控：负责在系统平台中监测物联设备运行状态，当系统提示设备告警或预警时，派发作业工单，现场当班人员进行现场初步排查。

（3）物联设备现场维修：根据初步排查结果，派发作业工单，通知专业维护人员进行检修，记录作业过程，将维修结果上报生产管理中心。

（4）物联设备日常维护：检修人员负责设备的日常管理与维护，如设备清洁、外观检查等；发现隐患问题，应上报生产管理中心。

（5）设备周期校验与保养：定期对仪器仪表进行检定或调校。

（6）物联设备故障统计分析：按设备类型、设备厂商、故障类型、故障时间等对物联设备的故障信息进行分析，持续优化物联设备管理。

1.2.1.3 数据管理

数据管理是指对数据采集与监控子系统中的实时数据、示功图数据及各类基础数据进行日常维护。数据管理的目标是保证数据的及时性、准确性、完整性与一致性。

油气田公司应在作业区或大型站场的生产管理中心有负责数据管理的人员，其主要工作内容包括：

（1）基础数据管理：负责新增、删除、更新生产单元（井、站、间、管网）及物联设备的基础信息，保证各类基础数据与生产实际一致。

（2）实时数据管理：负责定期对仪器仪表采集上传数据与设备显示数值进行抽检校验，保证采集数据的准确性。

（3）示功图数据管理：负责定期检查示功图数据的完整性和准确性，保证示功图数据连续采集、稳定上传与及时发布。

1.2.1.4 应用配置开发

应用配置开发是指在组态软件中维护原有系统正常运行、开发扩展功能、接入站控系统和优化完善系统等。

油气田公司应在采油（气）厂有负责应用配置开发的人员，其主要工作内容包括：

（1）功能维护：对新增或发生状态变更的生产单元（井、站、间、管网）及物联设备等，负责在组态软件中开发配置标准监控功能。

（2）扩展功能开发：根据业务需求，负责在组态软件中开发扩展功能。扩展功能开发前要与信息技术支持中心沟通确认，开发配置应符合 Q/SY 1722—2014《油气生产物联网系统建设规范》中相关标准规范。

（3）站控系统接入：根据业务需求，负责接入站控系统数据并进行组态。站控数据接入方案应基于各油气田自身安全策略，数据接入与组态应符合 Q/SY 1722—2014《油气生产物联网系统建设规范》中相关标准规范。组态工作由采油（气）厂运行维护队伍负责，信息技术支持中心提供支持和指导培训。

（4）系统优化完善：应用配置开发人员负责优化完善系统功能与性能，定期统计汇总系统运行情况，及时反馈用户需求，评估新增需求并进行优化和开发。系统优化完善工作由油气田运行维护队伍负责，信息技术支持中心提供支持和指导培训。

1.2.1.5 系统维护

系统维护是指对数据采集与监控子系统的用户信息及相关软、硬件设备进行维护，包括用户管理、补丁安装、病毒防护、数据备份和恢复、系统升级等。

油气田公司应在采油（气）厂有负责系统维护的人员，其主要工作内容包括：

（1）用户管理：负责系统用户的增加和删除，根据用户的职责和岗位分配系统角色，设置系统数据权限与操作权限。

（2）软硬件设备日常运行维护：定期维护与检查服务器、存储设备、备份设备等，保证设备正常运行，定期开展系统调优工作。

（3）数据备份与恢复：定期备份数据和文件，当出现系统故障导致数据丢失时，将备份数据从硬盘或阵列中恢复到相应的应用单元。

（4）系统版本更新与升级：负责数据采集与监控子系统的版本控制和管理，并根据系统实际运行情况，对系统相关驱动程序和后台程序进行更新升级。系统版本更新与升级工作由油气田运行维护队伍负责，信息技术支持中心提供支持和指导培训。

1.2.2 数据传输子系统运维管理

1.2.2.1 一般要求

（1）油气田公司应负责本单位网络维护与网络安全管理等日常运行维护工作。数据传输子系统运维工作应与油气田现有网络运维工作相结合，保证油气生产物联网系统数据安全、稳定、高效、可靠传输。

（2）数据传输子系统的运行维护工作应以生产网内的通信网络为主，相关要求参照 Q/SY 1722—2014《油气生产物联网系统建设规范》。生产网内租用或自建有线链路设备的运行维护，应满足《油气田地面工程数字化建设规定》要求。

（3）生产网以外的网络运行维护工作，应遵循 Q/SY 1335—2015《局域网建设与运行维护规范》和 Q/SY 1333—2015《广域网建设与运行维护规范》中的规定。

1.2.2.2　网络维护

网络维护工作是指网络设备的日常维护、网络实时状态监测和故障处理等，当系统提示网络出现异常时，应安排检修人员及时修复。

油气田公司应在作业区或大型站场有负责网络维护的专业人员，其主要工作内容包括：

（1）网络设备档案信息管理：负责在系统平台中录入、更新、维护网络设备基础信息，保证设备档案准确无误。

（2）网络设备日常维护：负责网络设备的日常管理与维护，如设备清洁、外观检查等，及时掌握网络设备运行情况，发现隐患及时上报生产管理中心并处理。

（3）网络资源管理：负责规划、分配及管理生产网内的 IP 地址和无线频率资源。

（4）网络状态监控及修复：负责应用系统平台监测网络运行状态，当系统提示网络异常时，派发作业工单，通知专业维护人员进行维修工作。

（5）现场维修：专业维护人员根据工单内容，进行现场排查与检修，记录作业过程，将维修结果上报生产管理中心。

1.2.2.3　网络安全管理

网络安全管理是指制定网络安全审核和检查制度，规范安全审核和检查，定期按照程序开展安全审核和检查。

油气田公司应在采油（气）厂或作业区有负责网络安全管理的专业人员，其主要工作内容包括：

（1）网络安全体系管理：编制数据传输子系统安全体系规划，制定并优化网络安全管理制度。

（2）日常网络安全管理：建立网络信息安全监管日志制度，开展网络安全分析和网络安全预警，及时修复网络安全漏洞和隐患。

（3）网络安全检查：定期组织网络安全检查，汇总安全检查数据，形成安全检查报告，并上报生产管理中心。

1.2.3 生产管理子系统运维管理

1.2.3.1 一般要求

（1）生产管理子系统的运维工作由信息技术支持中心与油气田公司运行维护队伍两级负责。

（2）油气田公司应负责本单位的数据管理、应用开发与系统维护工作。信息技术支持中心主要负责系统应用开发、接口开发、版本更新与系统升级、技术支持。

1.2.3.2 数据管理

数据管理是指对系统中的实时数据、日数据、示功图数据及各类基础数据进行日常维护，以保证数据的及时性、准确性、完整性与一致性。

油气田公司在其下属油气生产单位应有负责数据管理的专业人员，其主要工作内容包括：

（1）基础数据管理：审核、维护从A2系统中同步的生产单元基础信息，保证接口正常运行，保证基础数据与生产实际一致。

（2）实时数据管理：当前端采集参数发生变化时，及时在系统中生成采集参数标签，并完成数据库相关配置工作。

（3）日数据管理：审核实时数据转换日数据的准确性，保证发布到其他系统中的数据准确无误。

（4）物联设备数据管理：录入、更新物联设备基础信息与保养信息，保证系统中的数据与现场实际相符。

（5）示功图数据管理：保证示功图数据及软件量油、工况诊断计算结果的连续性与准确性。

1.2.3.3 应用开发

生产管理子系统的应用开发是指业务应用功能开发、接口开发与系统优化完善。

应用开发工作的主要内容包括：

（1）业务应用功能开发：各油气田公司将需求提交至信息技术支持中心，信息技术支持中心负责分析评估各油气田新增需求的必要性与可行性。信息技术支持中心对共性需求进行统一开发部署，个性需求由油气田公司运行维护队伍基于本公司物联网PaaS应用平台开发部署，信息技术支持中心负责提供技术支持和应用开发指导培训。

（2）接口开发：油气田公司运行维护队伍负责生产管理子系统与自建系统

的接口开发工作，信息技术支持中心负责提供技术支持和应用开发指导培训；信息技术支持中心负责生产管理子系统与其他统建系统的接口开发工作。

（3）系统优化完善：油气田公司运行维护队伍定期收集用户意见反馈，汇总统计后提交至信息技术支持中心，信息技术支持中心负责完善提升系统的功能与性能，并将优化结果反馈油气田公司。

1.2.3.4 系统维护

系统维护是指用户管理、软硬件设备日常运行维护、数据备份和恢复、物联网 PaaS 应用平台维护等。

油气田公司应有负责系统维护的专业人员，其主要工作内容包括：

（1）用户管理：负责管理系统平台用户，根据用户职责和岗位分配系统角色、设置系统功能权限。

（2）软硬件日常运行维护：定期维护与检查服务器、存储设备、备份设备等工作状态，监控设备工作性能，保证设备正常运行，持续开展系统调优工作。

（3）数据备份和恢复：定期备份数据和文件，当出现系统故障导致数据丢失时，将备份数据从硬盘或阵列中及时恢复到相应的应用单元。

（4）物联网 PaaS 应用平台维护：负责物联网 PaaS 应用平台服务规范约束，分配和整理平台资源，为基于物联网 PaaS 应用平台的开发工作提供支持。

1.2.3.5 版本更新与系统升级

信息技术支持中心负责版本更新与系统升级，其主要工作内容包括：

（1）版本更新：信息技术支持中心根据各油气田公司运行维护队伍上报的系统使用情况及用户意见反馈，不定期更新系统版本，油气田公司运行维护队伍提供辅助支持。

（2）系统升级：为满足新的业务需求和系统功能的重大提升，信息技术支持中心根据各油气田公司运行维护队伍上报的系统使用情况及用户反馈，决定是否对生产管理子系统功能进行系统升级（重大调整和变更）。系统升级工作由信息技术支持中心完成，油气田公司运行维护队伍提供辅助支持。

第二章　数字化基础知识

2.1　计算机基础知识

2.1.1　计算机的基本概念

计算机俗称电脑，是现代一种用于高速计算的电子计算机器，可以进行数值计算，也可以进行逻辑计算，还具有存储记忆功能。计算机是能够按照程序运行，自动、高速处理海量数据的现代化智能电子设备。

2.1.2　计算机的硬件构成

计算机由硬件系统和软件系统两部分组成。硬件系统的基本构成包括主板、CPU、内存、硬盘、声卡、显卡、网卡、电源、机箱（图 2.1）。

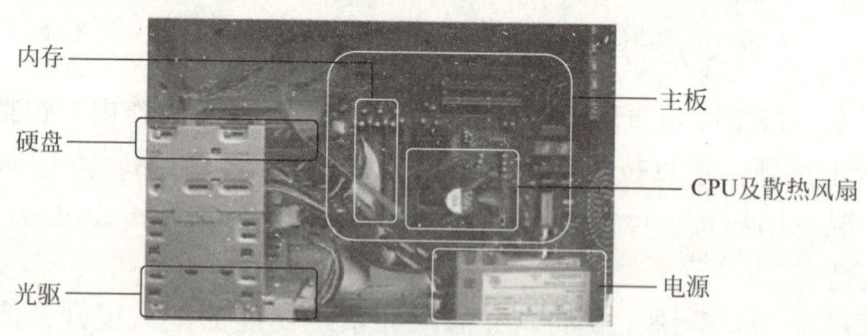

图 2.1　计算机的硬件系统

2.1.2.1　主板

主板是计算机中各个部件工作的一个平台，它把计算机的各个部件紧密连接在一起，各个部件通过主板进行数据传输。也就是说，计算机中重要的“交通枢纽”都在主板上，它工作的稳定性影响着整机工作的稳定性。

2.1.2.2　CPU

CPU 即中央处理器，是一台计算机的运算核心和控制核心。其功能主要是解释计算机指令以及处理计算机软件中的数据。CPU 由运算器、控制器、寄存器、高速缓存及实现它们之间联系的数据、控制及状态的总线构成。作为整个系统的核心，CPU 也是整个系统最高的执行单元，因此 CPU 已成为决定计算机性能的核心部件，很多用户都以它为标准来判断计算机的档次。

2.1.2.3　内存

内存又称为内部存储器或者是随机存储器（RAM），分为DDR内存和SDRAM内存，它由电路板和芯片组成，特点是体积小、速度快，有电可存、无电清空（即计算机在开机状态时内存中可存储数据，关机后将自动清空其中的所有数据）。内存有DDR、DDR Ⅱ、DDR Ⅲ三大类，容量为1~64GB。

2.1.2.4　硬盘

硬盘属于外部存储器，机械硬盘由金属磁片制成，而磁片有记忆功能，所以储存到磁片上的数据，无论是开机还是关机，都不会丢失。硬盘容量很大，已达TB级，尺寸有3.5英寸、2.5英寸、1.8英寸、1.0英寸等，接口有IDE、SATA、SCSI等，SATA最普遍。移动硬盘是以硬盘为存储介质，强调便携性的存储产品。移动硬盘多采用USB、IEEE1394等传输速度较快的接口，可以较高的速度与系统进行数据传输。固态硬盘是用固态电子存储芯片阵列而制成的硬盘，外形和尺寸上也完全与普通硬盘一致，但是固态硬盘比机械硬盘速度更快。

2.1.2.5　声卡

声卡将计算机中的声音数字信号转换成模拟信号送到音箱上发出声音。声卡是多媒体技术中最基本的组成部分，是实现声波/数字信号相互转换的一种硬件。

2.1.2.6　显卡

显卡在工作时与显示器配合输出图形、文字，其作用是将计算机系统所需要的显示信息进行转换驱动，并向显示器提供行扫描信号，控制显示器的正确显示，是连接显示器和个人计算机主板的重要元件，是“人机对话”的重要设备之一。

2.1.2.7　网卡

网卡是工作在数据链路层的网络组件，是局域网中连接计算机和传输介质的接口，不仅能实现与局域网传输介质之间的物理连接和电信号匹配，还涉及帧的发送与接收、帧的封装与拆封、介质访问控制、数据的编码与解码以及数据缓存的功能等。网卡的作用是充当计算机与网线之间的桥梁，是用来建立局域网并连接到Internet的重要设备之一。

2.1.2.8　电源

电源是主机可以获得电能正常工作的基础，是主机不可缺少的组成之一。

2.1.2.9　机箱

机箱作为计算机配件中的一部分，它起的主要作用是放置和固定各计算机配件，起到一个承托和保护作用。此外，计算机机箱具有屏蔽电磁辐射的重要作用。

2.1.3 计算机的软件构成

软件是指为方便使用计算机和提高使用效率而组织的程序以及用于开发、使用和维护的有关文档。软件系统可分为系统软件和应用软件两大类。

2.1.3.1 系统软件

系统软件常常特指操作系统（operating system，OS），由一系列具有不同控制和管理功能的程序组成，它是直接运行在计算机硬件上的、最基本的系统软件，是系统软件的核心。操作系统是计算机发展中的产物，它的主要目的有两个：一是方便用户使用计算机，是用户和计算机的接口，比如用户键入一条简单的命令就能自动完成复杂的功能，这就是操作系统帮助的结果；二是统一管理计算机系统的全部资源，合理组织计算机工作流程，以便充分、合理地发挥计算机的效率，例如 Windows XP 系统、Windows 7 系统、Win 2008R2 系统等。

2.1.3.2 应用软件

为解决各类实际问题而设计的程序系统称为应用软件。从其服务对象的角度，又可分为通用软件和专用软件两类。

2.2 Win 7 操作系统

2.2.1 Win 7 的概念

Windows 7（简称 Win 7），是由微软公司（Microsoft）开发的操作系统，内核版本号为 Windows NT 6.1。Win 7 可供家庭及商业工作环境（便携式计算机、多媒体中心等）使用。和同为 NT6 成员的 Windows Vista 一脉相承，Win 7 继承了包括 Aero 风格等多项功能，并且在此基础上增添了些许功能。

2.2.2 Win 7 的版本

Win 7 可供选择的版本有：入门版（Starter）、家庭普通版（Home Basic）、家庭高级版（Home Premium）、专业版（Professional）、企业版（Enterprise）（非零售）、旗舰版（Ultimate）。

每个版本都有 64 位与 32 位之分，Win 7 操作系统 32 位和 64 位要求配置不同：64 位操作系统只能安装在 64 位计算机上（CPU 必须是 64 位的），同时需要安装 64 位常用软件以发挥 64 位（x64）的最佳性能；32 位操作系统则可以安装在32位（32位CPU）或64位（64位CPU）计算机上。32位操作系统最大只支持4G内存，64位操作系统支持大于4G的内存。当然，32位操作系统安装在64位计算机上，其硬件恰似“大马小车”，64位效能就会大打折扣。

64位系统和32位系统的运算速度不同。举个通俗易懂但不是特别准确的例子，32位系统的吞吐量是1M，而64位系统的吞吐量是2M，即理论上64位系统性能比32位的提高1倍。

2.3 安全桌面2.0

2.3.1 安全桌面2.0的构成

集团公司安全桌面2.0是在安全桌面1.0的基础上升级而来的，是为了确保集团公司各终端电脑安全可靠运行的一套软件，包括360天擎、系统加固和VRV远程监控三个客户端，约205MB。

2.3.2 安全桌面2.0的安装

需先卸载已安装的杀毒/防火墙软件，如赛门铁克企业版防病毒SEP、个人版360安全卫士/杀毒、金山毒霸、金山卫士、瑞星等。卸载完成后，请重启计算机，然后安装安全桌面客户端。

2.3.2.1 安全桌面1.0的卸载

（1）通过控制面板→添加删除程序→卸载SEP客户端（首选）。

以Win 7系统为例，打开控制面板→卸载程序，右键点击“Symantec Endpoint Protection”程序，选择“卸载”选项，弹出窗口，点击“是（Y）”，等待SEP卸载完成。然后可以选择“是（Y）”，立即重启计算机或者点击“否（N）”，稍后手动重启计算机。

（2）通过SEP卸载工具卸载SEP客户端。

只有在（1）无法正常卸载SEP的情况下，再使用卸载工具卸载SEP。若使用方法一卸载SEP的过程中蓝屏，重启恢复后需再使用卸载工具卸载SEP。卸载SEP后网卡若出现问题无法连接网络，重装网卡驱动即可解决。

（3）卸载其他安全软件。

① 开始菜单→所有程序→360安全中心→卸载360安全卫士，卸载后重启计算机；

② 开始菜单→控制面板→卸载卸载（程序和功能），点击进入，找到360安全卫士并卸载，卸载后重启计算机。

2.3.2.2　安全桌面 2.0 的安装

（1）下载三合一客户端，双击安装，如图 2.2 所示；

图 2.2　安装包示例

（2）填写相关注册信息点击注册，如图 2.3 所示；

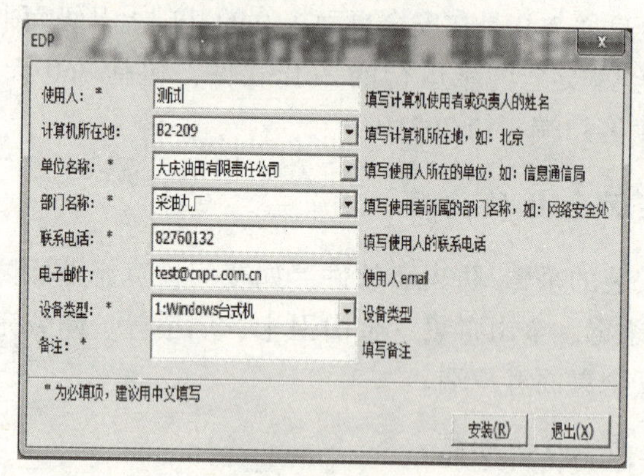

图 2.3　注册界面图

（3）等待几分钟后，会出现注册成功对话框；

（4）计算机桌面和托盘会出现相关图标，如图 2.4 所示；

图 2.4　注册成功桌面图标

（5）检查进程是否存在，存在即安装成功。

XP 和 Win 7_ x86（32 位）进程：

——VRVEDP_ M. EXE；

——vrvrf_ c. exe；

——Vrvsafec. exe；

——watchclient. exe。

Win 7_ x64（64位）进程：

——VRVEDP_ M. EXE * 32；

——vrvrf_ c. exe * 32；

——Vrvsafec. exe * 32；

——watchclient. exe * 32；

——Vrvf_ c64. exe。

2.4 常用办公软件安装配置

2.4.1 合同管理系统

合同管理系统是集团公司统推的系统，涵盖了集团公司合同管理中的所有节点。

2.4.1.1 安装准备

（1）下载合同安装包，共包括注册程序、DotNet 程序、基础文档程序 Office、批处理安装程序、VSTO、证书等，如图 2.5 所示。

名称	修改日期	类型	大小
01 setUACClose	2017/7/20 18:40	文件夹	
02 DotNet	2017/7/20 18:40	文件夹	
05 Cert	2017/7/20 18:40	文件夹	
06 CMS Cab	2017/7/20 18:40	文件夹	
07 Reg	2017/7/20 18:40	文件夹	
08 VSTO	2017/7/20 18:40	文件夹	
cms sdxml 1.0 扩展包	2017/7/20 18:40	文件夹	
cms sdxml 2.0 扩展包	2017/7/20 18:40	文件夹	
office2010使用的证书(密码是123).pfx	2015/10/12 13:23	Personal Inform...	3 KB
win7 +office2010安装操作手册.doc	2013/10/31 10:59	Microsoft Word ...	1,302 KB
合同管理系统证书更新.doc	2015/10/13 11:01	Microsoft Word ...	2,712 KB

图 2.5 合同系统安装文件

（2）运行 setUACClose，由于 Win 7 系统除了 administrator 是超级管理员，其余的管理员都是普通管理员，部分权限受限制，不能正常安装合同客户端软件，因此需要运行 setUACClose，将普通管理员提升为超级管理员，如果用户以普通管理员的身份登录操作系统安装合同客户端软件，则需要运行 setUACClose；如果以 administrator 身份登录操作系统，则不需要运行此软件，如图 2.6 所示。

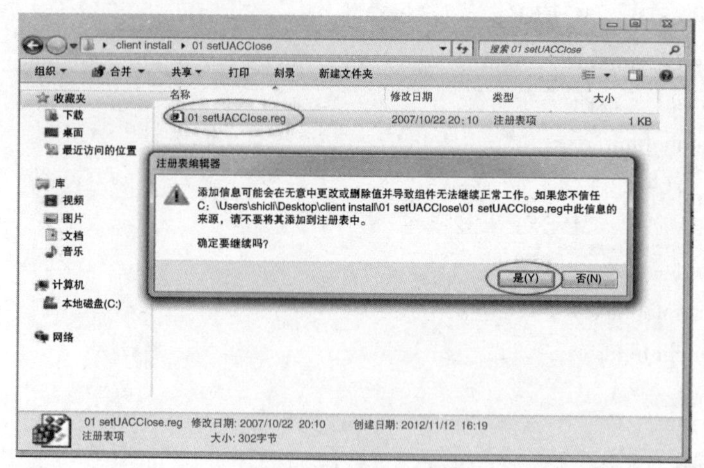

图 2.6 注册表添加

2.4.1.2 操作说明

（1）注册程序安装。双击运行 setUACClose，在注册表编辑器对话框中选择"是"，向注册表中添加注册信息，注册完成后，点击"确定"按钮，完成后重新启动计算机。

（2）DotNet 基础安装。安装 Net Framework 1.1，合同系统是基于 NET 构架实现的，因此客户端必须支持 NET 基础架构。安装此软件很简单，只需要点击每个步骤中的"是"，即可安装完成，如图 2.7 所示。

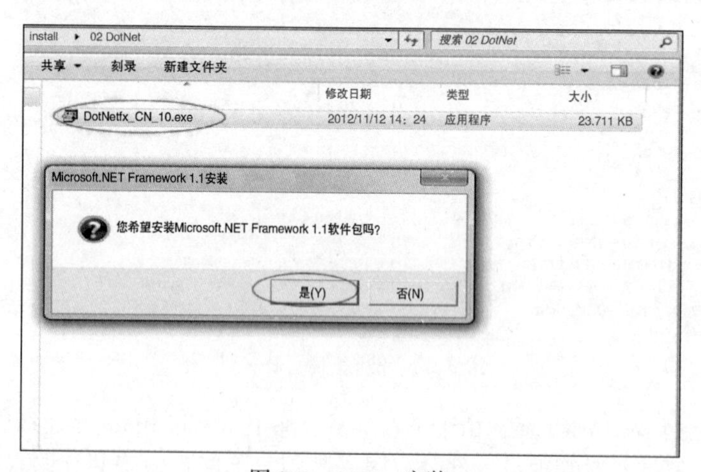

图 2.7 DotNet 安装

（3）安装 Office Professional plus 2010。安装时请选择"自定义安装"，在自定义的安装内容选择窗口中，单击 Microsoft Office Word 和 Office 工具的下拉箭头，选择“从本机运行全部程序”。安装完成后安装 Office 2010 Sp1 补丁，安装步骤很简单，选择默认安装即可完成，安装完成后重启系统，如图 2. 8 所示。

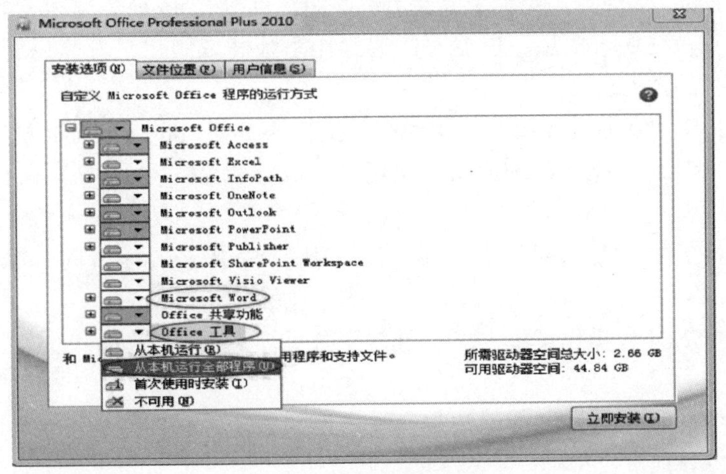

图 2. 8 Office 2010 安装

(4) 证书安装。安装“lyao sign all cert link”证书：登录合同管理系统需要进行身份验证，对于没有加入域的用户需要安装根证书，来建立身份认证的机构、受信任的根证书颁发机构（中国石油），如图 2. 9 所示。

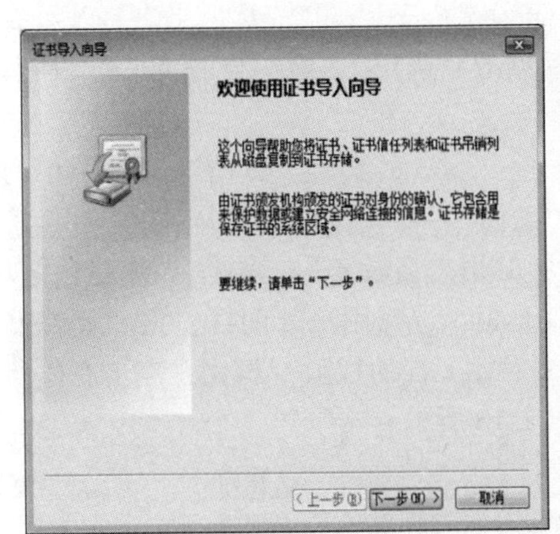

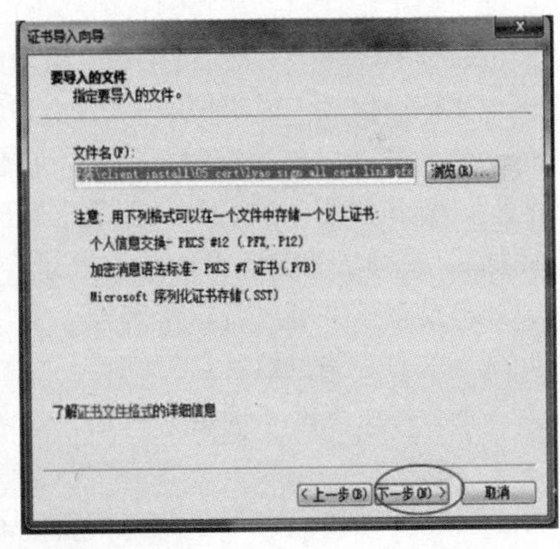

图 2. 9 证书安装向导

在证书目录中鼠标右键单击“lyao sign all cert link”，选择“安装证书”，根据安装提示单击下一步，直至出现输入密码选项，输入密码为“123”，然后点击“下一步”，在证书存储对话框点击“浏览”按钮，选择“受信任的根证书颁发机构”，点击“确定”按钮，完成后点击“下一步”，直至在证书导入向导中点击“完成”，从而完成根证书的安装。

（5）安装 CMSCab 包。CMSCab 包安装步骤很简单，选择默认安装即可完成。点击右键“安装”，安装完成会出现界面，点击“close”，完成安装。

（6）安装注册表信息。根据不同的操作系统和域用户，需“以管理员身份运行”相应的批处理文件：

① Win 7 32 位操作系统，ptr 域用户，执行 SetReg_ ptr_ cms. bat 批处理文件；

② Win 7 32 位操作系统，cnpc 域用户，执行 SetReg_ cnpc_ cms. bat 批处理文件；

③ Win 7 64 位操作系统，ptr 域用户，执行 SetReg_ ptr_ cms_ 64. bat 批处理文件；

④ Win 7 64 位操作系统，cnpc 域用户，执行 SetReg_ cnpc_ cms_ 64. bat 批处理文件。

（7）安装 VSTO。VSTO 安装步骤很简单，默认安装即可完成，在目录中点击右键“以管理员运行”。

（8）手工添加扩展包。Office 2010 无法自动加载扩展包，必须手工添加：

① 在本机打开一个 Word 文档，点击“文件”中的“选项”，在选项中点击“加载项”，在管理中选择“xml 扩展包”，然后点击“转到”，打开扩展包架构所在文件夹，用户可根据自己的需要选择其中打开一个架构。

② 点击“添加”，选择“managedManifest_ signed. xml”，然后点击打开，完成“managedManifest_ signed. xml”添加后点击“确定”，会在当前 Word 文档右边出现文档操作区，说明扩展包添加成功。

（9）设置 Word 管理凭据。在本机打开一个 Word 文档，点击“文件”中的“信息”，点击“保护文档”，选择“保护文档”→“按人员限制权限”→“管理凭据”，在弹出的验证框中输入登录合同的用户名及密码，选择“管理凭据”后，如果没有弹出用户名和密码框，弹出下面“选择用户”的框，把“始终使用此账户”打上钩，然后点击确定，“限制对此文档的权限”打钩，点击右边所有人图标，然后点击“确定”按钮，如图 2.10 所示。

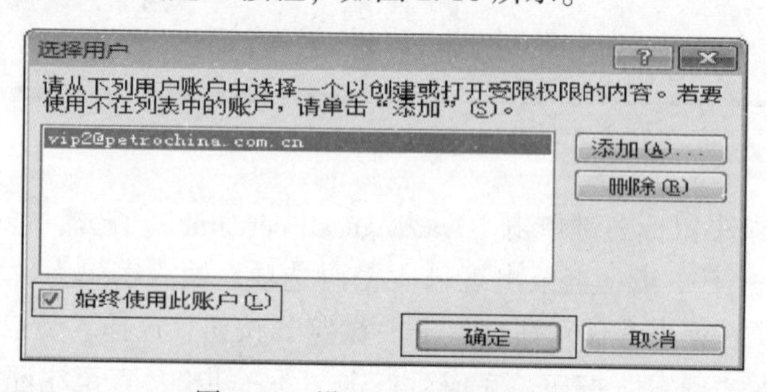

图 2.10　设置 Word 管理凭据

2.4.2　电子公文管理系统

电子公文系统是集团公司统推的系统，涵盖了集团公司电子公文流转的所有节点。

（1）下载安装包。电子公文的安装包可以在电子公文网页“帮助”中“产品下载”里的“OA 客服端安装”下载，如图 2.11 所示。cnpc 用户安装 setreg_ cnpc. bat，不分 32 位和 64 位；ptr 用户安装 setreg_ ptr. bat，不分 32 位和 64 位。

名称	修改日期	类型	大小
01 运行setUACClose	2017/7/20 18:40	文件夹	
02 安装.Net Framework 1.1	2017/7/20 18:40	文件夹	
03 安装Office Professional Plus 2010	2017/7/20 18:40	文件夹	
04 安装Office 2010 SP1补丁	2017/7/20 18:40	文件夹	
05 安装注册表信息	2017/7/20 18:40	文件夹	
06 安装根证书及扩展包	2017/7/20 18:40	文件夹	
07 管理凭据的添加	2017/7/20 18:40	文件夹	
08 设置宏的安全	2017/7/20 18:40	文件夹	
09 安装方正字体	2017/7/20 18:41	文件夹	
10 用户证书申请与安装（需签字、盖章...	2017/7/20 18:41	文件夹	
win7、win8（32、64）+office2010...	2017/6/2 15:25	Microsoft Word ...	2,462 KB
说明.txt	2015/1/4 9:20	文本文档	1 KB

图 2.11　电子公文安装文件

（2）安装根证书及扩展包（必做）。鼠标右键单击“lyao sign 5 years all certs”，选择“安装证书”，点击“下一步”，在密码验证框中输入密码。密码仍然为“123”，然后点击“下一步”，在选择证书存储对话框中点击“浏览”按钮，选择“受信任的根证书颁发机构”，点击“确定”按钮后点击“下一步”，根据合同安装的步骤再将证书导入“个人”选项。

（3）添加扩展包。在本机打开一个 Word 文档，点击“文件”中的“选项”，在选项中点击“加载项”，在管理中选择“xml 扩展包”，然后点击“转到”，打开扩展包架构所在文件夹，点击“添加”，选择“managedManifest_ signed. xml”，然后点击“打开”，点击“确定”，右边出现文档操作区，说明扩展包添加成功。

（4）电子公文安装完成以后，可以打开公司网页的电子公文系统，输入用户名、密码登录电子公文页面。

2.5 桌面网络处理方法

2.5.1 计算机终端无法上网问题

七层模型，也称OSI（open system interconnection）参考模型，参考模型是国标准化组织（ISO）制定的一个用于计算机或通信系统间互联的标准体系。它是一个七层的、抽象的模型，不仅包括一系列抽象的术语或概念，也包括具体的协议，如图2.12所示。

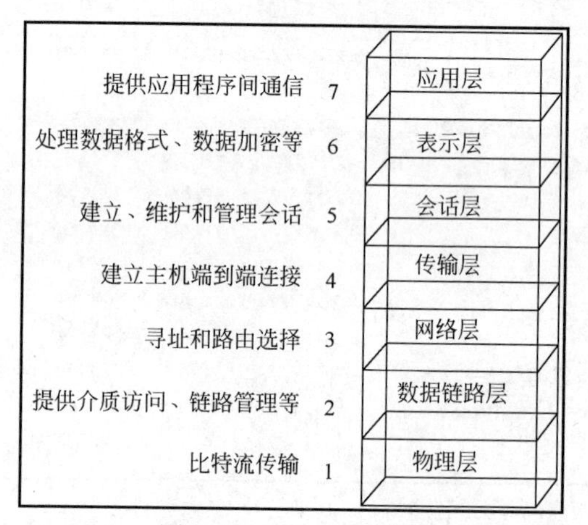

图2.12　OSI七层模型

2.5.1.1 计算机终端网络不通排查

桌面网络主要涉及以下三层，一台计算机终端网络不通可以通过以下三层进行分析。

1）物理层

物理层包括网线、网卡驱动、集线器（HUB）、小型交换机等，排查内容包括：

（1）网线是否有问题。检查网口灯是否正常亮着；网线是否破损；水晶头是否正常；用巡线仪检测一下线序是否正常。

（2）网卡驱动问题。打开网络和共享中心，更改适配器设置；查看本地连接是否正常，如果没有本地连接，说明网卡驱动掉了，在网上下载网卡驱动安装。

（3）检查HUB、小交换机。检查HUB的指示灯是否正常；HUB插口网线头是否松动；拔掉重启HUB。

2）网络层

网络层包括 IP 地址、子网掩码、默认网关、DNS 服务器配置，排查内容包括：

（1）IP 地址。IP 地址被用来给 Internet 上的计算机一个编号。大家日常见到的情况是每台联网的 PC 上都需要有 IP 地址，才能正常通信。可以把“个人计算机”比作“一台电话”，那么“IP 地址”就相当于“电话号码”。

（2）默认网关。一台主机如果找不到可用的网关，就把数据包发给默认指定的网关，由这个网关来处理数据包。网关实质上是一个网络通向其他网络的 IP 地址。

（3）IP 地址冲突。若 IP 地址被人占用，导致无法上网，可联系负责管网络的人帮助找到冲突的计算机，要回 IP 地址。

3）应用层

应用层包括安全桌面、服务器状态，排查内容包括：

（1）安全桌面。安装不合适，IP 地址被封。

（2）服务器状态。服务器故障，导致网页打不开。

2.5.1.2　内网通，外网不通处理

若内网网页都能打开，而且外网代理配置也正确，就是外网网页打不开，需对浏览器进行重置，如图 2.13 所示。

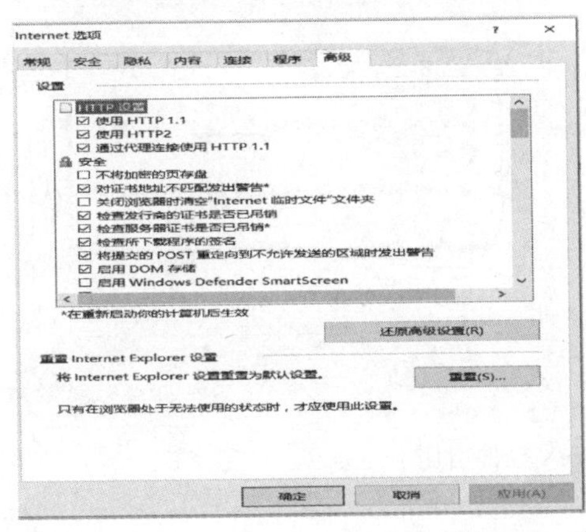

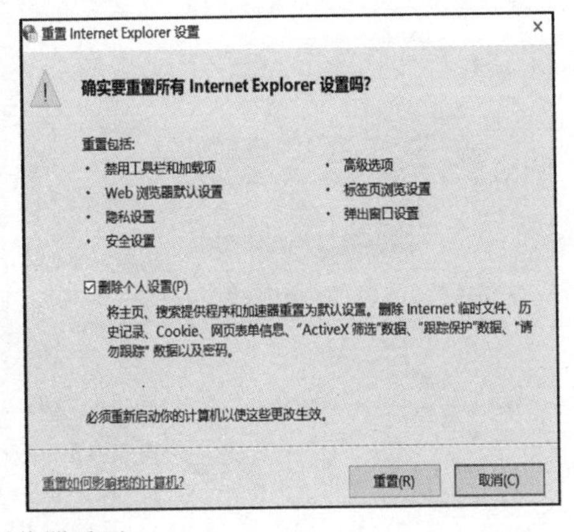

图 2.13　浏览器重置

2.5.1.3　IE 浏览器设置不合适

（1）打开 IE 浏览器，点开“工具”，选择“Internet 选项”。

（2）在 Internet 选项窗口，选择“连接”设置标签页。

（3）选择“局域网设置”。

（4）在“代理服务器”地址配置“proxy. xa. petrochina”，端口配置“8080”，如图 2. 14 所示。

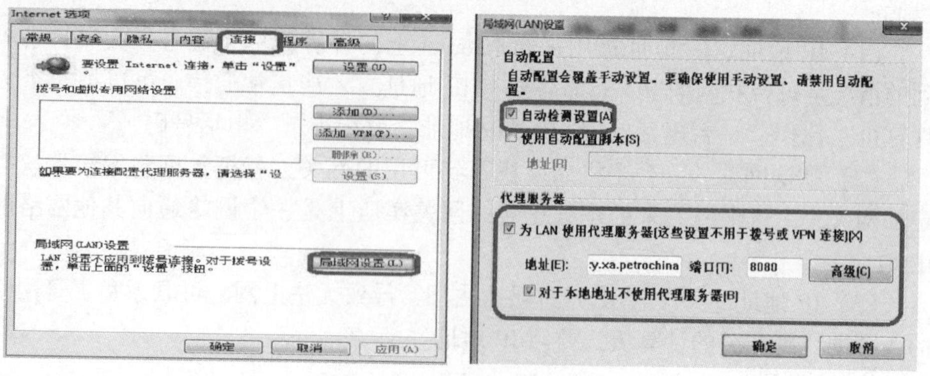

图 2. 14　代理服务器设置

2. 5. 2　“集中报销”里面要填写的填不了，打印控件加载不上

出现这个问题的原因是插件被禁止。这时可在“Internet 选项”里选择“安全”设置，然后打开“自定义级别”，把带有“ActiveX 控件”的选项全点启用，如图 2. 15 所示。

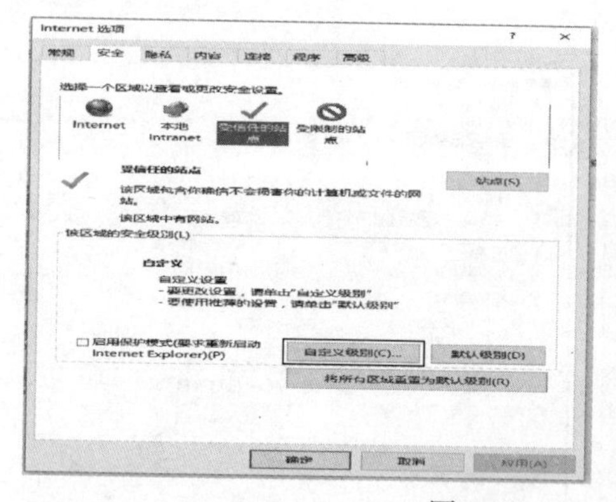

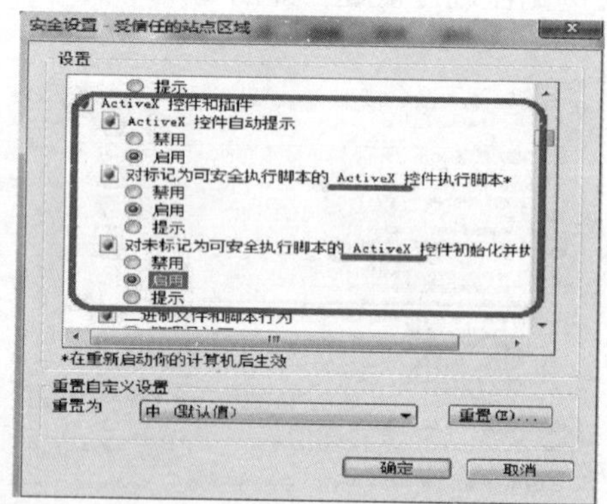

图 2. 15　ActiveX 控件启用

2. 5. 3　部分办公系统页面显示不全

例如，合同系统打开之后左边的“个人助理”显示不出来，这时需要选择 IE 浏览器中的兼容性视图设置，如图 2. 16 所示。

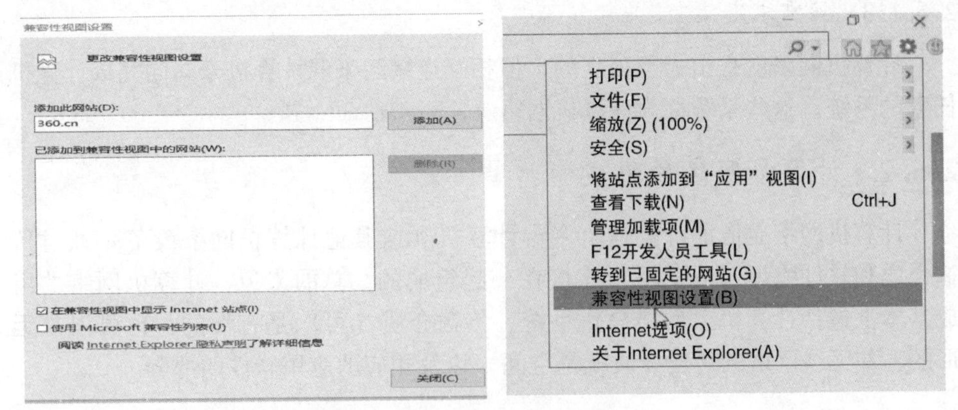

图 2.16　兼容性视图设置

2.6　计算机网络

2.6.1　计算机网络的概念

计算机网络是指将地理位置不同的具有独立功能的多台计算机及其外部设备，通过通信线路连接起来，在网络操作系统、网络管理软件及网络通信协议的管理和协调下，实现资源共享和信息传递的计算机系统。

2.6.1.1　从广义上定义

计算机网络也称计算机通信网。关于计算机网络的最简单定义是：一些相互连接的、以共享资源为目的的、自治的计算机的集合。

从逻辑功能上看，计算机网络是以传输信息为基础目的，用通信线路将多个计算机连接起来的计算机系统的集合，一个计算机网络组成包括传输介质和通信设备。

从用户角度看，计算机网络是这样定义的：存在着一个能为用户自动管理的网络操作系统，由它调用完成用户所调用的资源，而整个网络像一个大的计算机系统一样，对用户是透明的。

2.6.1.2　按连接定义

计算机网络就是通过线路互联起来的、自治的计算机集合，确切地说就是将分布在不同地理位置上的具有独立工作能力的计算机、终端及其附属设备用通信设备和通信线路连接起来，并配置网络软件，以实现计算机资源共享的系统。

2.6.1.3 按需求定义

计算机网络就是由大量独立的、但相互连接起来的计算机来共同完成计算机任务的系统。这些系统称为计算机网络（computer networks）。

2.6.2 计算机网络的组成

计算机网络通俗地讲就是由多台计算机（或其他计算机网络设备）通过传输介质和软件物理（或逻辑）连接在一起组成的。总的来说，计算机网络的组成基本上包括计算机、网络操作系统、传输介质（可以是有形的，也可以是无形的，如无线网络的传输介质就是空间）以及相应的应用软件四部分。

2.6.3 计算机网络按标准分类

按标准可以把各种网络类型划分为局域网、城域网、广域网和无线网四种。

2.6.3.1 局域网

局域网（LAN，local area network）是最常见、应用最广的一种网络。所谓局域网，就是在局部地区范围内的网络，它所覆盖的地区范围较小。局域网在计算机数量配置上没有太多的限制，少的可以只有两台，多的可达几百台。在企业局域网中，工作站的数量在几十到两百台次左右。

局域网的特点：连接范围窄、用户数少、配置容易、连接速率高。目前局域网最快的速率是10G以太网。IEEE的802标准委员会定义了多种主要的LAN网，包括以太网（Ethernet）、令牌环网（Token Ring）、光纤分布式接口网络（FDDI）、异步传输模式网（ATM）以及最新的无线局域网（WLAN）。

2.6.3.2 城域网

城域网（MAN，metropolitan area network）一般来说是在一个城市，但不在同一地理小区范围内的计算机互联。这种网络的连接距离可以在10~100km，它采用的是IEEE 802.6标准。MAN与LAN相比扩展的距离更长，连接的计算机数量更多，在地理范围上可以说是LAN网络的延伸。在一个大型城市或都市地区，一个MAN网络通常连接着多个LAN网，如连接政府机构的LAN、医院的LAN、电信的LAN、公司企业的LAN等。由于光纤连接的引入，使MAN中高速的LAN互联成为可能。

城域网多采用ATM技术做骨干网。ATM是一个用于数据、语音、视频以及多媒体应用程序的高速网络传输方法。ATM包括一个接口和一个协议，该协议能够在一个常规的传输信道上，在比特率不变及变化的通信量之间进行切换。ATM也包括硬件、软件以及与ATM协议标准一致的介质。ATM提供一个可伸缩的主干基础设施，以便能够适应不同规模、速度以及寻址技术的网络。ATM 的最大缺点就是成本太高，所以一般在政府城域网中应用，如邮政、银行、医院等。

2.6.3.3　广域网

广域网（WAN，wide area network）也称为远程网，所覆盖的范围比城域网（MAN）更广，它一般是在不同城市之间的 LAN 或者 MAN 网络互联，地理范围可从几百千米到几千千米。

2.6.3.4　无线网

随着便携式计算机的日益普及和发展，人们经常要在路途中接听电话、发送传真和电子邮件、阅读网上信息以及登录到远程机器等，引入无线网络。无线网特别是无线局域网有很多优点，如易于安装和使用。但无线局域网也有许多不足之处：如它的数据传输率一般比较低，远低于有线局域网；另外无线局域网的误码率也比较高，而且站点之间相互干扰比较厉害。用户无线网的实现有不同的方法。

1）无线局域网

无线局域网（WLAN）提供了移动接入的功能，这就给许多需要发送数据但又不能坐在办公室的工作人员提供了方便。当大量持有便携式计算机的用户都在同一个地方同时要求上网时，若用电缆联网，那么布线就是个很大的问题。这时若采用无线局域网则比较容易。

无线局域网可分为两大类。第一类是有固定基础设施的，第二类是无固定基础设施的。所谓“固定基础设施”是指预先建立起来的、能够覆盖一定地理范围的一批固定基础设施。大家经常使用的蜂窝移动电话就是利用电信公司预先建立的、覆盖全国的大量固定基站来接通用户手机拨打的电话。

2）无线个人区域网

无线个人区域网（WPAN）就是在个人工作地方把属于个人使用的电子设备（如便携式计算机、便携式打印机以及蜂窝电话等）用无线技术连接起来，自组网络，不需要使用接入点 AP，整个网络的范围为 10m 左右。WPAN 可以是一个人使用，也可以是若干人共同使用。WPAN 是以个人为中心来使用的无线个人区域网，它实际上就是一个低功率、小范围、低速率和低价格的电缆替代技术。

3）无线城域网

无线城域网（WMAN）可提供“最后一英里”的宽带无线接入（固定的、移动的和便携的）。许多情况下，WMAN 可用来替代现有的有线宽带接入，所以可称无线本地环路。

2.7 交换机基本知识

2.7.1 交换机的作用和特点

广义的交换机（switch）就是一种在通信系统中完成信息交换功能的设备。交换机的作用和特点是提供大量高密度、单一类型的接口，用于设备接入；对以太网数据帧进行高速而透明的交换转发；提供以太网间的透明桥接和交换；依据链路层的MAC地址，将以太网数据帧在端口间进行转发。

2.7.2 交换机的分类

交换机按协议划分可分为以太网交换机（图2.17）、电话交换机（图2.18）、ATM交换机；按是否支持网管功能划分，可分为网管型交换机和非网管型交换机（常说的“傻瓜”交换机）；按工作环境可划分为企业网交换机和工业交换机（使用环境恶劣，对可靠性要求极高的工业应用场景，工作温度范围可达-40~85℃）。按照厂商对产品的划分（以“华三”产品为例）又可分为盒式交换机和框式交换机；厂商按性能/功能（以“华三”产品为例）又把交换机划分为LI版、SI版、EI版、HI版，例如S5560-30S-EI、S5560-32C-HI等。

图2.17　以太网交换机

图2.18　电话交换机

2.7.3 交换机的工作原理

当交换机收到数据时，它会检查目的MAC地址，然后把数据从目的主机所在的接口转发出去。交换机之所以能实现这一功能，是因为交换机内部有一个MAC地址表，MAC地址表记录了网络中所有MAC地址与该交换机各端口的对应信息。某一数据帧需要转发时，交换机根据该数据帧的目的MAC地址来查找MAC地址表，从而得到该地址对应的端口，即知道具有该MAC地址的设备是连接在交换机的哪个端口上，然后交换机把数据帧从该端口转发出去，如图2.19所示。

（1）MAC地址表初始化：交换机刚启动时，MAC地址表内无表项。

（2）MAC 地址表学习过程：①PCA 发出数据帧；②交换机把 PCA 的帧中的源地址 MAC_ A 与接收到此帧的端口 E1/0/1 关联起来；③交换机把 PCA 的帧从所有其他端口发送出去（除了接收到帧的端口 E1/0/1）；④PCB、PCC、PCD 发出数据帧；⑤交换机把接收到的帧中的源地址与相应的端口关联起来。

（3）数据帧转发过程：①PCA 发出目的地址到 PCD 的数据帧；②交换机根据帧中的目的地址，从相应的端口 E1/0/4 发送出去；③交换机不在其他端口上转发此单播数据帧。

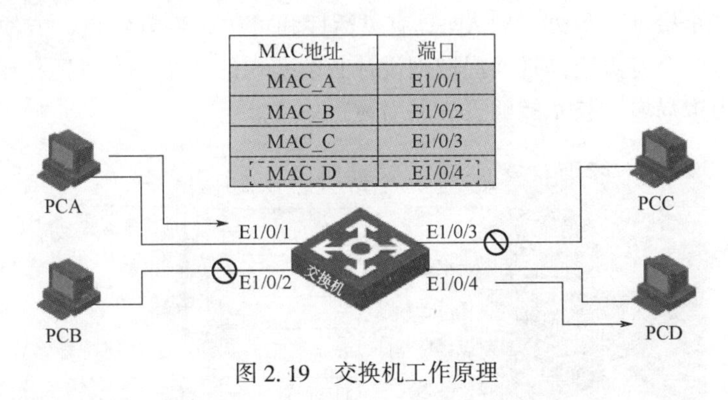

图 2.19　交换机工作原理

2.7.4　交换机的基本调试配置

2.7.4.1　登录交换机的方式

登录交换机以对其进行配置管理，可分为本地或远程登录，本地通过 Console 口本地访问；远程登录使用 Telnet 终端访问或者使用 SSH 终端访问。

通常在设备的前面板上，有“Console”或“Con”单词标识的接口，即为设备的 Console 配置接口，如果前面板上找不到，可在后面板上查找一下。有些设备会存在“con/aux”标识的接口，也代表着是 Console 配置接口。

计算机使用 Console 线缆连接到设备 Console 接口上。计算机上使用 SecureCRT、Xshell、Putty 等工具进行登录，登录时，协议一定要选择“串口”或“serial”。当今的计算机上都已经不配备串口（com），因此需要购买 USB 转 COM 线缆。登录成功进入设备后，可进行相关配置操作，如图 2.20 所示。

2.7.4.2　交换机基本配置

VLAN（虚拟局域网）是对连接到第二层交换机端口的网络用户的逻辑分段，可不受网络用户的物理位置限制，而根据用户需求进行网络分段。一个 VLAN 可以在一个交换机或者跨交换机实现。VLAN 可以根据网络用户的位置、作用、部门或者根据网络用户所使用的应用程序和协议来进行分组。基于交换机的虚拟局域网能够为局域网解决冲突域、广播域、带宽问题。VLAN 相当于 OSI 参考模型第二层的广播域，能够将广播风暴控制在一个 VLAN 内部，划分 VLAN 后，由于广播域的缩小，网络中广播包消耗带宽所占的比例大大降低，网络的性能得到显著提高。不同的 VLAN 之间的数据传输是通过第三层（网络层）的路由来实现的，因此使用 VLAN 技术，结合数据链路层和网络层的交换设备可搭建安全可靠的网络。网络管理员通过控制交换机的每一个端口来控制网络用户对网络资源的访问，同时 VLAN 和第三层、第四层的交换、结合、使用能够为网络提供较好的安全措施。另外，VLAN 具有灵活性和可扩张性等特点，方便网络维护和管理，这两个特点正是现代局域网设计必须实现的两个基本目标，在局域网中有效利用虚拟局域网技术能够提高网络运行效率。

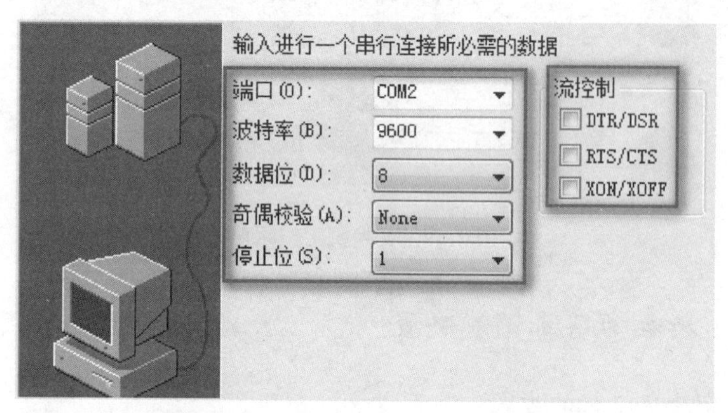

图 2.20　交换机 console 口缺省配置

配置 VLAN 的步骤如下（以华三产品为例）：

（1）创建 VLAN，范围 1~4094：

[Switch] vlanvlan-id

（2）将指定端口加入当前 VLAN 中：

[Switch-vlan10] portinterface-list

（3）配置端口的链路类型为 Access 类型：

[Switch-Ethernet1/0/1] port link--type access

（4）配置端口的链路类型为 Trunk 类型：

[Switch-Ethernet1/0/1] port link-type trunk

[Switch-Ethernet1/0/1] port trunk permit vlan 10 20

交换机接口类型分为 Access 和 Trunk 口：Access 端口的 PVID 就是其所在的 VLAN，不能配置；接收到不带标签的报文后打上 PVID 标签，发送时剥离数据帧的标签；常用于连接不需要识别 VLAN 标签的设备，如主机、路由器等。允许多个 VLAN 数据帧通过的端口称为 Trunk 端口，一般用于交换机互联或上联；

Trunk 链路上除了缺省 VLAN 的数据帧，其他的都带着标签走；Trunk 端口转发 PVID 的数据帧时剥掉标签，接收到不带标签的数据帧时打上 PVID。

2.8 光纤基础知识

光纤是一种由多层透明介质（玻璃或塑料）制成的用来传导光波的纤维状光波导，称为光导纤维。光纤是光导纤维的简写。

2.8.1 光纤分类

光纤分为单模光纤和多模光纤。

单模光纤只有一条光路径，只传输一种模式的光（即只传输从某特定角度射入光纤的一束光）。由于完全避免了模式色散，使得单模光纤的传输频带很宽，因而适用于大容量、长距离的传输系统；以发光二极管或激光器为光源，采用 1310nm 和 1550nm 两个波段。

多模光纤具有多条光路径，可同时在一根光纤中传输多种模式的光。由于色散和相差，其传输性能较差、频带较窄、容量小、距离也较短；以激光器为光源，采用 850nm 和 1300nm 两个波段。

2.8.2 光纤连接器

光纤连接器是光纤与光纤之间进行可拆卸（活动）连接的器件，它把光纤的两个端面精密对接起来，以使发射光纤输出的光能量能最大限度地耦合到接收光纤中去，并使由于其介入光链路而对系统造成的影响减到最小，这是光纤连接器的基本要求。

按连接头结构形式划分，光纤连接器可分为 FC、SC、ST、LC、D4、DIN、MU、MT 等各种形式。

2.8.2.1 FC 型光纤连接器

FC 型光纤连接器最早是由日本 NTT 研制的。FC 是 ferrule connector 的缩写，表明其外部加强方式采用金属套，紧固方式为螺纹。最早，FC 类型的连接器采用的陶瓷插针的对接端面是平面接触方式（FC）。此类连接器结构简单、操作方便、制作容易，但光纤端面对微尘较为敏感，且容易产生菲涅尔反射，提高回波损耗性能较为困难。后来，对该类型连接器做了改进，采用对接端面呈球面的插针（PC），而外部结构没有改变，使得插入损耗和回波损耗性能有了较大幅度的提高。

2.8.2.2　SC 型光纤连接器

SC 型光纤连接器是由日本 NTT 公司开发的光纤连接器。其外壳呈矩形，所采用的插针与耦合套筒的结构尺寸与 FC 型完全相同。其中插针的端面多采用 PC 或 APC 型研磨方式；紧固方式是用插拔销闩式，不需旋转。此类连接器价格低廉，插拔操作方便，介入损耗波动小，抗压强度较高，安装密度高。

ST 和 SC 接口是光纤连接器的两种类型：对于 10Base-F 连接来说，连接器通常是 ST 类型的；对于 100Base-FX 来说，连接器大部分情况下为 SC 类型的。ST 连接器的芯外露，SC 连接器的芯在接头里面。

2.8.2.3　LC 型连接器

LC 型连接器是著名的 Bell（贝尔）研究所研究开发出来的，采用操作方便的模块化插孔（RJ）闩锁机理制成。它所采用的插针和套筒的尺寸是普通 SC、FC 等所用尺寸的一半，为 1.25mm。这样可以提高光纤配线架中光纤连接器的密度。当前，在单模 SFF 方面，LC 类型的连接器实际已经占据了主导地位，在多模方面的应用也增长迅速。

2.9　光模块基础知识

光模块（optical transceiver）是光通信的核心器件，完成对光信号的光—电、电—光转换。

2.9.1　光模块的组成

光模块由两部分组成：接收部分和发射部分。接收部分实现光—电变换，发射部分实现电—光变换。

发射部分：输入一定码率的电信号经内部的驱动芯片处理后驱动半导体激光器（LD）或发光二极管（LED）发射出相应速率的调制光信号，其内部带有光功率自动控制电路（APC），使输出的光信号功率保持稳定。

接收部分：一定码率的光信号输入模块后由光探测二极管转换为电信号，经前置放大器后输出相应码率的电信号，输出的信号一般为 PECL 电平。同时在输入光功率小于一定值后会输出一个告警信号。

2.9.2　一种新型的单纤光模块

BIDI 光模块是一种单纤双向光模块，发射和接收两个不同方向的中心波长，实现光信号在一根光纤上的双向传输。光模块一般都有两个端口：发射端口（TX）和接收端口（RX），而 BIDI 光模块只有一个端口，它最大的优势就是节省光纤资源。

2.9.3 光模块的参数及意义

光模块有很多很重要的光电技术参数，但对于 GBIC 和 SFP 这两种热插拔光模块而言，选用时最关注的就是下面 3 个参数：

（1）中心波长，单位为纳米（nm）。目前主要有 3 种：850nm（MM，多模，成本低但传输距离短，一般只能传输 500m）；1310nm（SM，单模，传输过程中损耗大但色散小，一般用于 40km 以内的传输）；1550nm（SM，单模，传输过程中损耗小但色散大，一般用于 40km 以上的长距离传输，最远可以无中继直接传输 120km）。

（2）传输速率。传输速率是指每秒钟传输数据的比特数（bit），单位为 bps，目前常用的有 4 种：155Mbps、1. 25Gbps、2. 5Gbps、10Gbps。传输速率一般向下兼容，因此 155Mbps 光模块也称 FE（百兆）光模块，1. 25Gbps 光模块也称 GE（千兆）光模块，这是目前光传输设备中应用最多的模块。此外，在光纤存储系统（SAN）中它的传输速率有 2Gbps、4Gbps 和 8Gbps。

（3）传输距离。传输距离是指光信号无需中继放大可以直接传输的距离，单位为 km。光模块一般有以下几种规格：多模 550m，单模 15km、单模 40km、单模 80km 和单模 120km 等。

多模千兆光模块和单模千兆光模块如图 2. 21 和图 2. 22 所示。

图 2. 21 多模千兆光模块

图 2. 22 单模千兆光模块

2. 10 无线网桥的基本知识

2. 10. 1 无线网桥的概念

无线网桥，即无线网络的桥接，它利用无线传输方式实现在两个或多个网络之间搭起通信的桥梁。无线网桥从通信机制上分为电路型网桥和数据型网桥。

数据型网桥传输速率根据采用的标准不同而不同。无线网桥传输标准常采用 802. 11b 或 802. 11g、802. 11a 和 802. 11n 标准。802. 11b 标准的数据传输速率是 11Mbps，在保持足够的数据传输带宽的前提下，802. 11b 通常能够提供4~6Mbps的实际传输速率，而802.11g、802.11a标准的无线网桥都具备54Mbps的传输带宽，其实际传输速率可达802.11b的5倍左右，目前通过turb和Super模式最高可达108Mbps的传输带宽。802.11n通常可以提供150~600Mbps的传输速率。

电路型网桥传输速率根据调制方式和带宽不同而不同，PTP C400可达64Mbps，PTP C500可达90Mbps，PTP C600可达150Mbps；可以配置电信级的E1、E3、STM-1接口。

2.10.2 无线网桥的应用方式

2.10.2.1 点对点方式

点对点型（PTP），即“直接传输”，无线网桥设备可用来连接分别位于不同建筑物中两个固定的网络。它们一般由一对桥接器和一对天线组成。两个天线必须相对定向放置，室外的天线与室内的桥接器之间用电缆相连，而桥接器与网络之间则是物理连接。

2.10.2.2 中继方式

中继方式，即“间接传输”。简单来说，B、C两点之间不可视，但两者之间可以通过一座A楼间接可视，并且A、C和B、A两点之间满足网桥设备通信的要求。可采用中继方式，A楼作为中继点，B、C各放置网桥、定向天线。A点可选方式有：（1）放置一台网桥和一面全向天线，这种方式适合对传输带宽要求不高、距离较近的情况；（2）如果A点采用的是单点对多点型无线网桥，可在中心点A的无线网桥上插两块无线网卡，两块无线网卡分别通过馈线接两部天线，两部天线分别指向B网和C网；（3）放置两台网桥和两面定向天线。

2.10.2.3 点对多点传输

由于无线网桥往往由于构建网络时的特殊要求，很难就近找到供电。因此，具有PoE（以太网供电）能力就非常重要，如可以支持802.3af国际标准的以太网供电，可以通过5类线为网桥提供12V的直流电源。一般网桥都可以通过Web方式来进行管理，或者通过SNMP方式管理。它还具有先进的链路完整性检测能力，当其作为AP使用的时候，可以自动检测上联的以太网连接是否工作正常，一旦发现上联线路断线，就会自动断开与其连接的无线工作站，这样被断开的工作站可以及时被发现，并搜寻其他可用的AP，明显地提高了网络连接的可靠性，并且也为及时锁定并排除问题提供了方便。总之，随着无线网络的成熟和普及，无线网桥的应用也将会大大普及。

2.11　4G 网络基本知识

第四代移动电话行动通信标准，指的是第四代移动通信技术，英文缩写为4G。该技术包括 TD-LTE 和 FDD-LTE 两种制式。

2.11.1　4G 网络核心技术

4G 网络核心技术包括：

（1）接入方式和多址方案；

（2）调制与编码技术；

（3）高性能的接收机；

（4）智能天线技术；

（5）MIMO 技术；

（6）软件无线电技术；

（7）基于 IP 的核心网；

（8）多用户检测技术。

2.11.2　4G 网络结构

4G 网络结构可分为 3 层：物理网络层、中间环境层、应用网络层。物理网络层提供接入和路由选择功能，由无线网和核心网的结合格式完成。中间环境层的功能有 QoS 映射、地址变换和完全性管理等。

物理网络层与中间环境层及其应用环境之间的接口是开放的，使发展和提供新的应用及服务变得更为容易，提供无缝高传输速率的无线服务，并运行于多个频带。

2.11.3　4G 网络性能特点

第四代移动通信系统可称为广带（Broadband）接入和分布网络，具有非对称的超过 2Mbps 的数据传输能力，传输速率超过 UMTS，是支持高传输速率（2~20Mbps）连接的理想模式，上网速度从 2Mbps 提高到 100Mbps。

4G 手机系统下行链路速度为 100Mbps，上行链路速度为 30Mbps。其基站天线可以发送更窄的无线电波波束，在用户行动时也可进行跟踪，可处理数量更多的通话。

4G 网络的优点是：（1）通信速度快；（2）网络频谱宽；（3）通信灵活；（4）智能性能高；（5）兼容性好；（6）提供增值服务；（7）高质量通信；（8）频率效率高。

4G 网络的缺点是：（1）标准多；（2）技术难；（3）容量受限；（4）市场难以消化；（5）设施更新慢；（6）其他。

2.12 APN 专网技术

APN（access point name），即“接入点名称”，用来标识 GPRS 的业务种类，目前分为两大类：CMWAP（通过 GPRS 访问 WAP 业务）、CMNET（除了 WAP 以外的服务目前都用 CMNET，比如连接因特网等）。企业用户可以申请专用 APN，专用 APN 以专网的形式，直接接入服务器，形成一个相对独立的网络环境，所有数据都在移动 GPRS 的 APN 内网传输，无须经过公网，使网络具有很高的安全性。

2.12.1 APN 专网应用原则

（1）有线通信无法覆盖且有数据传输需求的油气田边远场站，可采用运营商 APN 专网；

（2）对有远程控制等特殊数据传输需求的油气田生产设施，可以采用运营商 APN 专网；

（3）对钻井、试井、测井、录井过程中有数据传输需求的，可以采用运营商 APN 专网；

（4）如有拉油罐车、管线巡线等其他应用需求的，可以采用运营商 APN 专网；

（5）应用运营商无线网络的接入要坚持低成本的原则。

2.12.2 APN 专网应用要求

（1）按照公司合规管理的要求，各有关单位应选择合适的移动应用运营商开展无线 APN 专网建设；

（2）为了保障网络的安全性与可靠性，在 APN 专网的用户接入路由器与内网之间必须采用防火墙进行隔离，并在防火墙上进行 IP 地址和端口过滤；

（3）用于 APN 专网的 SIM 卡仅开通该专用 APN，限制使用其他 APN；

（4）APN 接入点配备的无线通信模块由第三方提供，必须符合公司统一的技术规范和要求，必须具备断点续传功能；

（5）APN 专网的 IP 地址，建设单位应按业务需要，统一规划并分配对应的办公网或生产网 IP 地址；

（6）各有关单位 APN 专网建设方案必须经过数字化与信息管理部审查备案；

（7）其他有关事宜由数字化与信息管理部负责解释。

2.13　网闸的基本知识

网闸（GAP）全称安全隔离网闸。安全隔离网闸是一种由带有多种控制功能专用硬件在电路上切断网络之间的链路层连接，并能够在网络间进行安全适度的应用数据交换的网络安全设备。

2.13.1　网闸的概念

安全隔离与信息交换系统，即网闸，是新一代高安全度的企业级信息安全防护设备，它依托安全隔离技术为信息网络提供了更高层次的安全防护能力，不仅使得信息网络的抗攻击能力大大增强，而且有效地防范了信息外泄事件的发生。

2.13.2　网闸的发展

第一代网闸的技术原理是利用单刀双掷开关使得内外网的处理单元分时存取共享存储设备来完成数据交换的，实现了在空气缝隙隔离情况下的数据交换，安全原理是通过应用层数据提取与安全审查达到杜绝基于协议层的攻击和增强应用层安全的效果。

第二代网闸正是在吸取了第一代网闸优点的基础上，创造性地利用全新理念的专用交换通道（PET，private exchange tunnel）技术，在不降低安全性的前提下能够完成内外网之间高速的数据交换，有效地克服了第一代网闸的弊端。第二代网闸的安全数据交换过程是通过专用硬件通信卡、私有通信协议和加密签名机制来实现的，虽然仍是通过应用层数据提取与安全审查达到杜绝基于协议层的攻击和增强应用层安全效果，但却提供了比第一代网闸更多的网络应用支持；并且由于其采用的是专用高速硬件通信卡，使得处理能力大大提高，达到第一代网闸的几十倍之多。而私有通信协议和加密签名机制保证了内外处理单元之间数据交换的机密性、完整性和可信性，从而在保证安全性的同时，提供更好的处理性能，能够适应复杂网络对隔离应用的需求。

2.13.3　网闸的组成

安全隔离网闸是由软件和硬件组成的。

安全隔离网闸分为两种架构，一种为双主机的“2+1”结构，另一种为三主机的三系统结构。“2+1”的安全隔离网闸的硬件设备由外部处理单元、内部处理单元、隔离安全数据交换单元三部分组成。安全数据交换单元不同时与内外网处理单元连接，为“2+1”的主机架构。隔离网闸采用 SU-Gap 安全隔离技术，创建一个内、外网物理断开的环境。三系统的安全隔离网闸的硬件也由三部分组成：外部处理单元（外端机）、内部处理单元（内端机）、仲裁处理单元（仲裁机）。各单元之间采用了隔离安全数据交换单元。

2.13.4 网闸的用途

2.13.4.1 主要功能

安全隔离网闸的功能模块有：安全隔离、内核防护、协议转换、病毒查杀、访问控制、安全审计、身份认证。

2.13.4.2 防止未知和已知木马攻击

通常见到的木马大部分是基于TCP的，木马的客户端和服务器端需要建立连接，而安全隔离网闸由于使用了自定义的私有协议（不同于通用协议），使得支持传统网络结构的所有协议均失效，从原理实现上就切断所有的TCP连接，包括UDP、ICMP等其他各种协议，使各种木马无法通过安全隔离网闸进行通信，从而可以防止未知和已知的木马攻击。

2.13.4.3 具有防病毒措施

作为提供数据交换的隔离设备，安全隔离网闸上内嵌病毒查杀的功能模块，可以对交换的数据进行病毒检查。

2.13.5 网闸与其他隔离设备的区别

2.13.5.1 与物理隔离卡的区别

安全隔离网闸与物理隔离卡最主要的区别是：安全隔离网闸能够实现两个网络间的自动的安全适度的信息交换；而物理隔离卡只能提供一台计算机在两个网之间切换，并且需要手动操作，大部分的隔离卡还要求系统重新启动以便切换硬盘。

2.13.5.2 网络交换信息的区别

安全隔离网闸在网络间进行的安全适度的信息交换是在网络之间不存在链路层连接的情况下进行的。安全隔离网闸直接处理网络间的应用层数据，利用存储转发的方法进行应用数据的交换，在交换的同时，对应用数据进行各种安全检查。路由器、交换机则保持链路层畅通，在链路层之上进行IP包等网络层数据的直接转发，没有考虑网络安全和数据安全的问题。

2.13.5.3 与防火墙的区别

防火墙一般在进行IP包转发的同时，通过对IP包的处理，实现对TCP会话的控制，但是对应用数据的内容不进行检查。这种工作方式无法防止泄密，也无法防止病毒和黑客程序的攻击。

2.14　机房管理标准

机房管理要切实做到从细节出发，以人为本，为设备提供一个安全运行的空间，为从事计算机操作的工作人员创造良好的工作环境。

2.14.1　机房环境要求

机房应远离强噪声源、粉尘、油烟、有害气体，避开强电磁场干扰。应做到环境清洁、无尘，防止任何腐蚀性气体、废气的侵入。机房内不允许水、气管道通过，空气调节设备应能满足设备正常运行的温度与湿度要求：

（1）防尘要求：直径大于 5μm 灰尘的浓度小于 3×10^4 粒/m^3，灰尘粒子为非导电性、非导磁性和非腐蚀性。

（2）机房内需安装空调，设备在长期工作条件下，室内温度要求 15～30℃，相对湿度要求 40%～65%。

（3）噪声要求：室内噪声≤70dB。

2.14.2　机房温湿度要求

国家把计算机机房一般分为 A 类、B 类和 C 类，对三类机房的要求不一样，标准依次降低。

针对温湿度，A 类和 B 类机房要求一样，温度都是（23±1）℃，湿度均为 40%～55%。C 类机房的温度为 18～28℃，湿度为 35%～75%。

2.14.3　机房安全要求

（1）现场应有性能良好的消防器材。

（2）机房内不同电压的电源插座，应有明显标志。

（3）机房内严禁存放易燃、易爆等危险物品。

（4）楼板预留孔洞应配有安全盖板。

2.15　UPS 基础知识

2.15.1　UPS 概述

UPS（uninterruptible power system/uninterruptible power supply），即不间断电源，是将蓄电池（多为铅酸免维护蓄电池）与主机相连接，通过主机逆变器等

图 2.23 UPS

模块电路将直流电转换成市电的系统设备，如图 2.23 所示。主要用于给单台计算机、计算机网络系统或其他电力电子设备（如电磁阀、压力变送器等）提供稳定、不间断的电力供应。当市电输入正常时，UPS 将市电稳压后供应给负载使用，此时的 UPS 就是一台交流式电稳压器，同时它还向机内电池充电；当市电中断（事故停电）时，UPS 立即将电池的直流电能，通过逆变器切换转换的方法向负载继续供应 220V 交流电，使负载维持正常工作并保护负载软、硬件不受损坏。UPS 设备通常对电压过高或电压过低的情况都能提供保护。

2.15.2 UPS 组成

UPS 电源系统由五部分组成：主路、旁路、电池等电源输入电路，进行 AC/DC 变换的整流器（REC），进行 DC/AC 变换的逆变器（INV），逆变和旁路输出切换电路以及蓄能电池。其系统的稳压功能通常是由整流器完成的，整流器件采用可控硅或高频开关整流器，本身具有可根据外电的变化控制输出幅度的功能，从而当外电发生变化时（该变化应满足系统要求），整流电压输出幅度基本不变。净化功能由蓄能电池来完成，由于整流器对瞬时脉冲干扰不能消除，整流后的电压仍存在干扰脉冲。蓄能电池除具有可存储直流电能的功能外，对整流器来说就像接了一只大容器电容器，其等效电容量的大小，与蓄能电池容量大小成正比。由于电容两端的电压是不能突变的，即利用了电容器对脉冲的平滑特性消除了脉冲干扰，起到了净化功能，也称对干扰的屏蔽。频率的稳定则由变换器来完成，频率稳定度取决于变换器的振荡频率的稳定程度。为方便 UPS 电源系统的日常操作与维护，设计了系统工作开关、主机自检故障后的自动旁路开关、检修旁路开关等开关控制。

在电网电压工作正常时，电网给负载供电，而且，同时给蓄能电池充电；当突发停电时，UPS 电源开始工作，由蓄能电池供给负载所需电源，维持正常的生产（如图 2.24 中粗黑箭头所示）；当由于生产需要，负载严重过载时，由电网电压经整流器直接给负载供电，如图 2.24 所示。

2.15.3 UPS 工作原理

当市电正常为 380/220V AC 时，直流主回路有直流电压，供给 DC-AC 交流逆变器，输出稳定的 220V 或 380V 交流电压，同时市电经整流后对电池充电。当市电欠压或突然掉电，则由电池组通过隔离二极管开关向直流回路馈送电能。

从电网供电到电池供电没有切换时间。当电池能量即将耗尽时，不间断电源发出声光报警，并在电池放电下限点停止逆变器工作，长鸣告警。不间断电源还有过载保护功能，当发生超载（150%负载）时，跳到旁路状态，并在负载正常时自动返回；当发生严重超载（超过200%额定负载）时，不间断电源立即停止逆变器输出并跳到旁路状态，此时前面输入空气开关也可能跳闸。消除故障后，只要合上开关，重新开机即开始恢复工作。

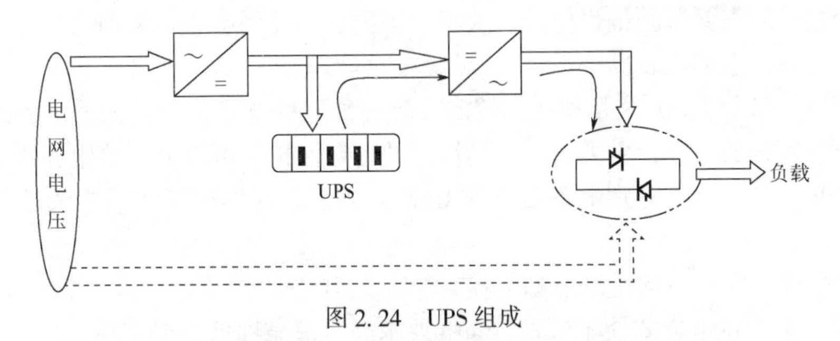

图 2.24　UPS 组成

2.15.4　UPS 的特点

不间断电源的主要优点，在于它的不间断供电能力。在市电交流输入正常时，UPS 把交流电整流成直流电，然后再把直流电逆变成稳定无杂质的交流电，给后级负载使用。一旦市电交流输入异常，比如欠压、停电或者频率异常，那么 UPS 会启用备用能源——蓄电池，UPS 的整流电路会关断，相应地，会把蓄电池的直流电逆变成稳定无杂质的交流电，继续给后级负载使用。这就是 UPS 不间断供电能力的由来。典型的 UPS 框架图如图 2.25 所示。

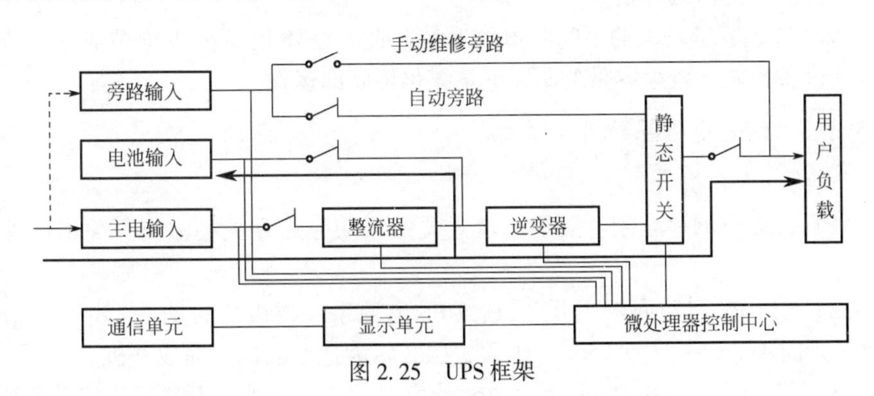

图 2.25　UPS 框架

当然，UPS 的不间断供电时间不是无限的，这个时间受制于蓄电池自身储存能量的大小。如果发生交流停电，那么在 UPS 的蓄电池供电的宝贵时间内，需要做的就是立即恢复交流电，比如启用备用交流电回路、启用油机发电。若不能恢复交流电，应紧急存盘，保存劳动成果，等待交流电恢复正常后再继续。

2.15.5 UPS 分类

如果需要配 UPS 的设备较多，可以采用“集中式”或“分散式”两种配备方式。

所谓“集中式”，就是用一台较大功率的 UPS 负载所有设备，如果设备之间距离较远，还需要单独铺设电线。大型数据中心、控制中心常采用这种方式，虽然便于管理，但成本较高。

“分散式”配备方式是现在比较流行的一种配备方式，就是根据设备的需要分别配备适合的 UPS，譬如对一个局域网的电源保护，可以采取给服务器配备在线式 UPS，各个节点分别配备后备式 UPS 的方案，这样配备的成本较低并且可靠性高。

这两种供电方式的优缺点如下：

（1）集中供电方式便于管理，布线要求高，可靠性低，成本高。

（2）分散供电方式不便管理，布线要求低，可靠性高，成本低。

2.15.6 UPS 使用

2.15.6.1 使用技巧

延长不间断电源系统的供电时间有以下两种方法：

（1）外接大容量电池组。可根据所需供电时间外接相应容量的电池组，但需注意此种方法会造成电池组充电时间的相对增加，另外也会增加占地面积与维护成本，因此需认真评估。

（2）选购容量较大的不间断电源系统。此方法不仅可减少维护成本，若遇到负载设备扩充，较大容量的不断电系统仍可立即运作。

2.15.6.2 UPS 电源系统开、关机

1）第一次开机

（1）按以下顺序合闸：储能电池开关→自动旁路开关→输出开关依次置于“ON”。

（2）按 UPS 启动面板“开”键，UPS 电源系统将缓缓启动，“逆变”指示灯亮，延时 1min 后，“旁路”灯熄灭，UPS 转为逆变供电，完成开机。

（3）经空载运行约 10min 后，按照负载功率由大到小的开机顺序启动负载。

2）日常开机

只需按 UPS 面板“开”键，约 20min 后，即可开启计算机或其他仪器使用。通常等 UPS 启动进入稳定工作后，方可打开负载设备电源开关（注：手动维护

开关在 UPS 正常运行时，呈“OFF”状态）。

3）关机

先将计算机或其他仪器关闭，让 UPS 空载运行 10min，待机内热量排出后，再按面板上的“关”键。

2.15.6.3　注意事项

（1）UPS 的使用环境应注意通风良好，利于散热，并保持环境的清洁。

（2）切勿带感性负载，如点钞机、日光灯、空调等，以免造成损坏。

（3）UPS 的输出负载控制在 60%左右为最佳，可靠性最高。

（4）UPS 带载过轻（如 1000V · A 的 UPS 带 100V · A 负载）有可能造成电池的深度放电，会降低电池的使用寿命，应尽量避免。

（5）适当的放电有助于电池的激活，如长期不停市电，每隔 3 个月应人为断掉市电，用 UPS 带负载放电一次，这样可以延长电池的使用寿命。

（6）对于多数小型 UPS，上班再开 UPS，开机时要避免带载启动，下班时应关闭 UPS；对于网络机房的 UPS，由于多数网络是 24h 工作的，所以 UPS 也必须全天候运行。

（7）UPS 放电后应及时充电，避免电池因过度自放电而损坏。

第三章　数字化仪器仪表

3.1　数字压力变送器

3.1.1　基础概念

压力：发生在两个物体的接触表面的作用力。习惯上，在力学和多数工程学科中，“压力”一词与物理学中的压强同义。

大气压力：在地球表面的气体在地球的引力作用下产生的重力，作用在地球表面上产生的压力。大气压力是个变量，随着温度的变化和重力加速度的不同而变化。标准大气压为 0.101325MPa。

绝对压力：作用于物体表面上的全部压力，以零压力为起点的压力。

表压力：以 1 个大气压为零点的压力。

差压力：被测物体两端压力的差值。

压力常用的计量单位：Pa（帕），$1Pa = 1N/m^2$；psi（磅力/英寸^2），1psi = 0.006895MPa；bar（巴），1bar = 0.1MPa；mmH_2O（毫米水柱），$1mmH_2O$ = 9.8067Pa；mmHg（毫米汞柱），1mmHg = 133.322Pa。

压力变送器：一种将压力的变化量转换为可传送的标准输出信号的仪表，而且输出信号与压力变量之间有一定的连续函数关系（通常为线性函数），主要用于工业过程压力参数的测量和控制。

3.1.2　数字压力变送器原理

被测介质的压力直接作用于传感器的膜片上（不锈钢或陶瓷），使膜片产生与介质压力成正比的微位移，使传感器的电阻值或电容值发生变化，用电子线路检测这一变化，并将这种变化转换成标准的输出信号，例如 4~20mA 电流输出、频率输出、RS485 数字信号等，如图 3.1 和图 3.2 所示。

3.1.3　压力变送器的结构

压力变送器通常由两部分组成：感压单元、信号处理和转换单元。有些变送器增加了显示单元，还有些具有现场总线功能，如图 3.3 所示。

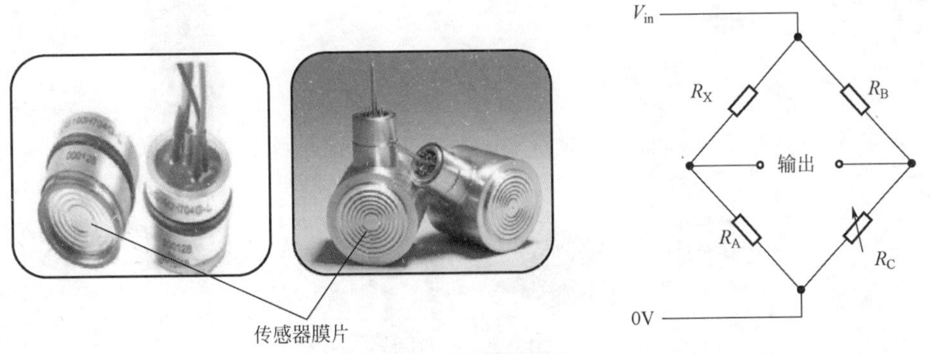

图 3.1　传感器原理

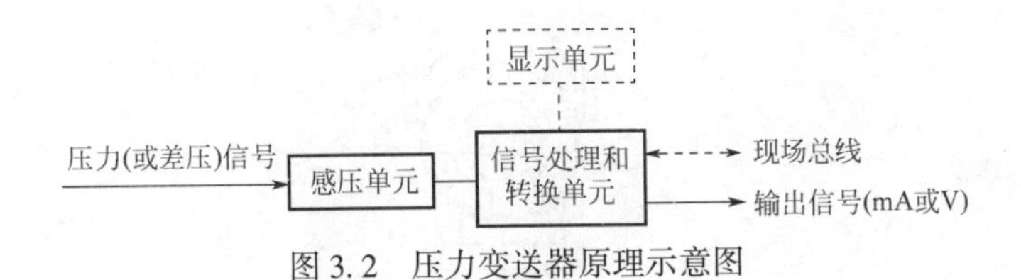

图 3.2　压力变送器原理示意图

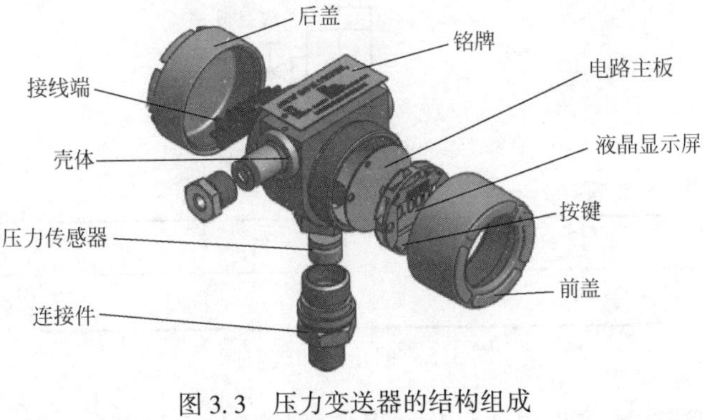

图 3.3　压力变送器的结构组成

3.1.4　数字压力变送器安装

下面以安森智能仪器股份有限公司的压力变送器为例进行说明。

3.1.4.1　工具、用具的准备

常用工具、用具如图 3.4 所示。

3.1.4.2　标准化操作步骤

(1) 关闭截止阀，打开放空阀，如图 3.5 所示。

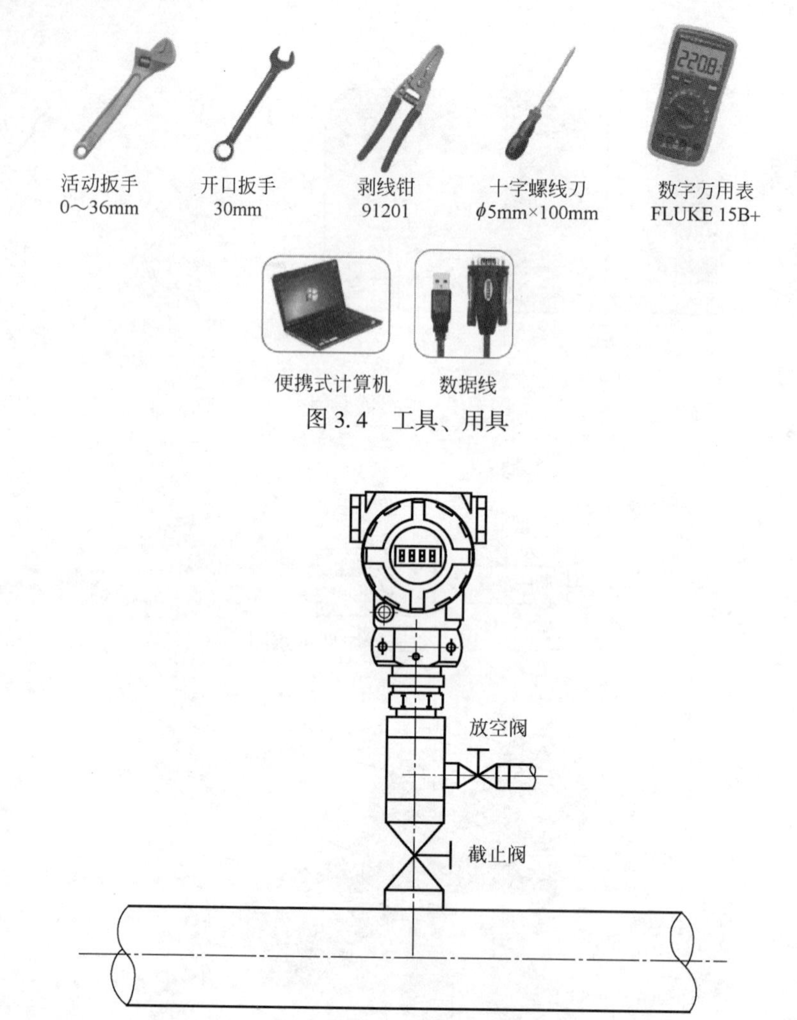

图 3.4　工具、用具

图 3.5　截止阀和放空阀

（2）仔细清洁连接头内的异物，保持螺纹清洁，如图 3.6 所示。注意：为便于安装和维修，仪表与管道之间建议加装截止阀和放空阀。

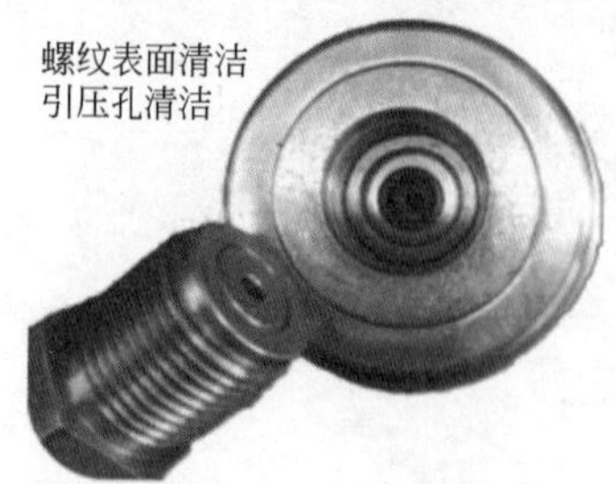

图 3.6　表面清洁

（3）安装密封垫，密封方式分为软密封和硬密封两种。建议：一般 10MPa 以下，可以采用软密封，10MPa 以上则采用硬密封。密封材料如图 3.7 至图 3.9 所示。

（4）用螺纹连接的方式安装变送器。小心地把变送器接头插入活接头内，螺纹是右旋的，用两把开口扳手通过六角平面把设备拧紧，通过调整活接螺母，把设备调整到合适的方向，螺纹如图3.10所示。警告：不要通过扳动设备壳体来拧紧或调整方向，这样会拉断传感器连线，破坏外壳的密封性，致使湿气进入，破坏设备。

图3.7　生料带

图3.8　聚四氟乙烯垫片

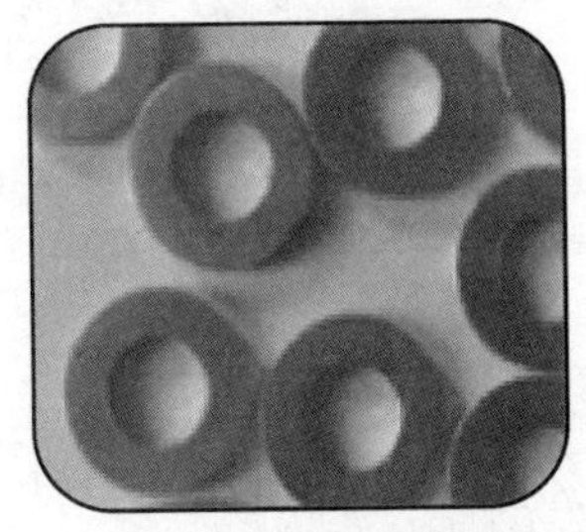

图3.9　紫铜垫片

图3.10　螺纹连接

（5）电气连接。断开电源，严格按照仪表说明书上的接线示意图接线，如图3.11所示。

（6）接通电源，检查仪表显示。

（7）关闭放空阀，缓慢打开截止阀，同时观察仪表的压力值是否也缓慢上升。

3.1.4.3　技术要求

（1）电气连接部分。根据通信线路的远近，应当选用0.5mm^{2}以上带屏蔽的4芯或2芯屏蔽电缆。如果要减小压降，应使用铜芯导线，如图3.12所示。

（2）防爆现场接线要求。拆装前必须断开电源后方可开盖；隔爆型设备，电缆需套上防爆管；本质安全型设备，需要增加隔离栅。防爆管如图3.13所示。

（3）防爆管安装要求。压力变送器安装位置示意如图3.14所示，防爆管的安装位置如图3.15所示，防爆管的安装要求如图3.16所示。

（4）介质温度要求。对于温度超过120℃的介质（如蒸汽），还应当增加散热器，散热器和冷凝管如图3.17所示。

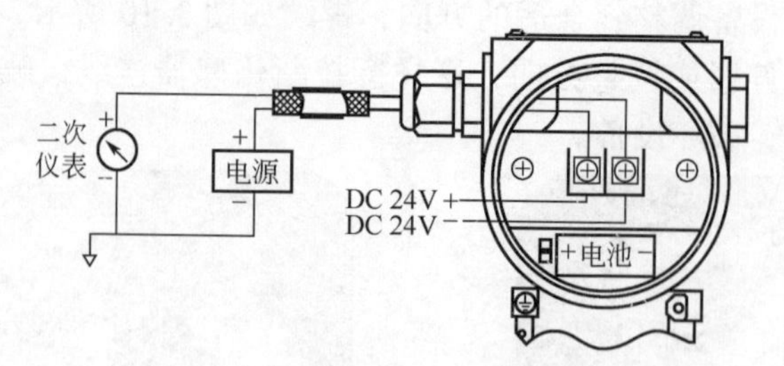

(a) 两线制4～20mA

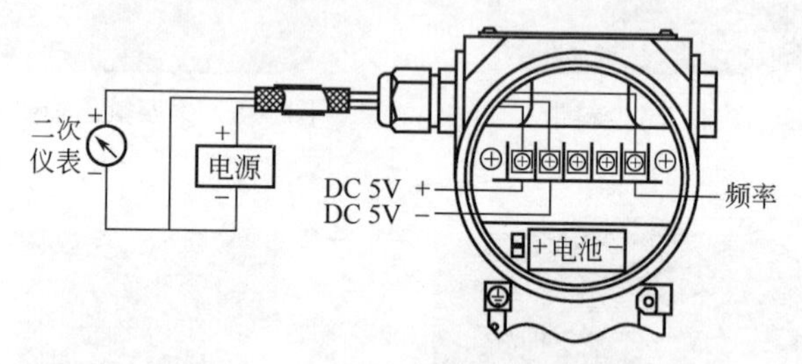

(b) 三线制脉冲信号

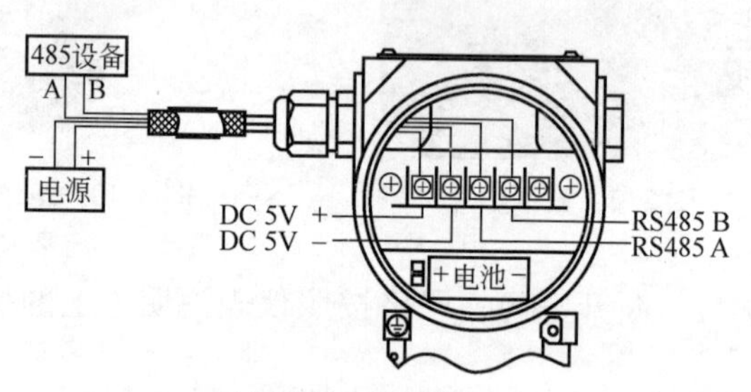

(c) 四线制RS485信号

图 3.11　电气接线示意图

图 3.12　屏蔽电缆

图 3.13　防爆管

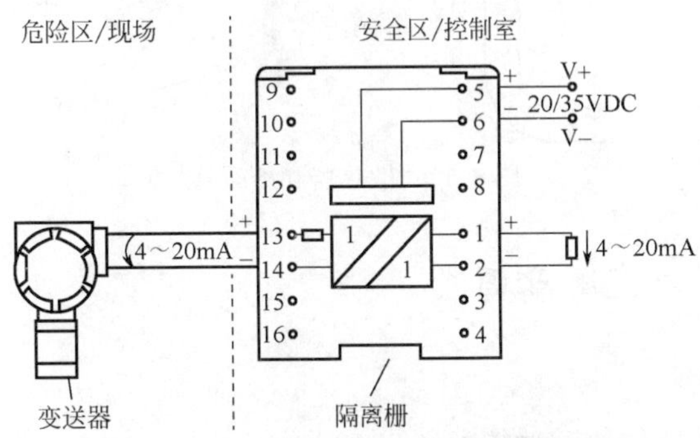

图 3.14　压力变送器的安装位置示意图

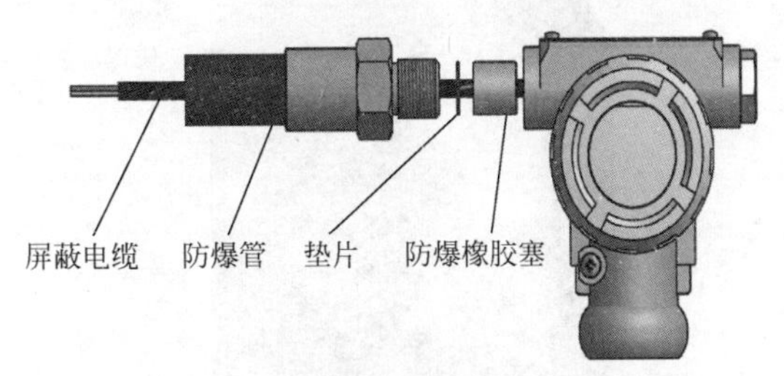

图 3.15　防爆管的安装位置

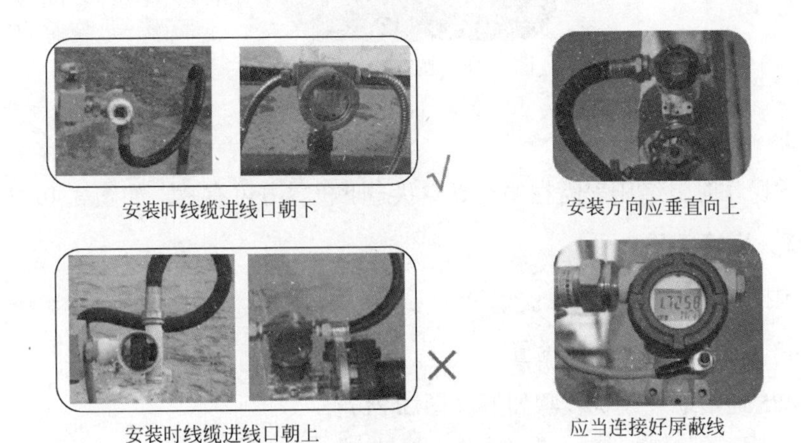

图 3.16　防爆管的安装要求

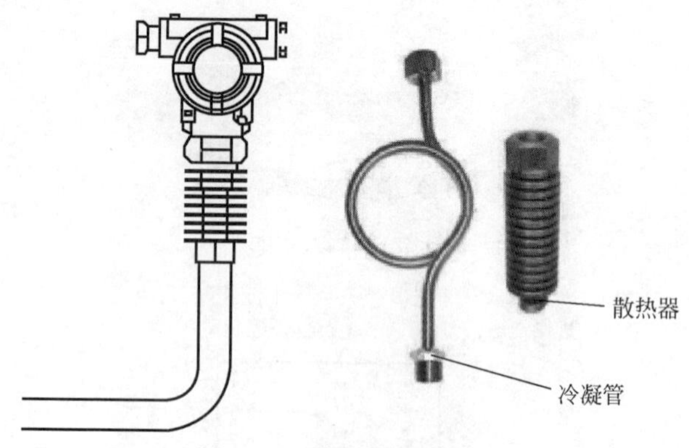

图 3. 17　散热器和冷凝管

3. 1. 5　数字压力变送器调试

3. 1. 5. 1　按键功能

数字压力变送器的按键功能如图 3. 18 所示。

图 3. 18　按键功能示意图

3. 1. 5. 2　校零操作

校零操作时，绝压表需在绝对真空状态下校零方可有效，如图 3. 19 所示。

3. 1. 5. 3　按键操作

按键操作如图 3. 20 所示。

3. 1. 5. 4　RS485 通信地址设置

RS485 通信地址设置步骤如下（图 3. 21）：

（1）按“S”键，显示“-Cd-”；按“A”键和“Z”键，输入“485”。

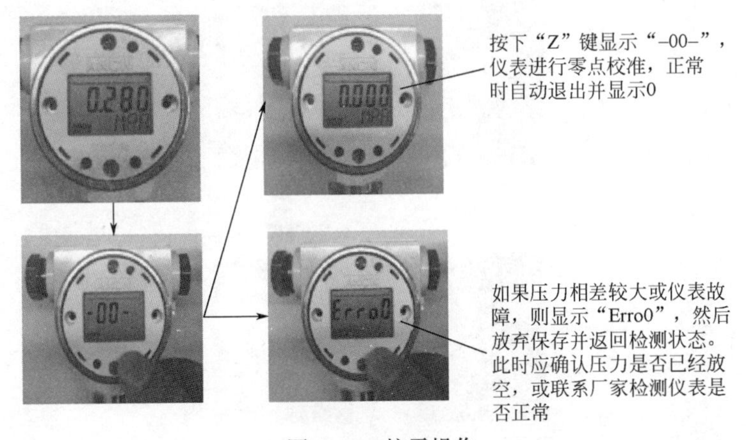

图 3.19　校零操作

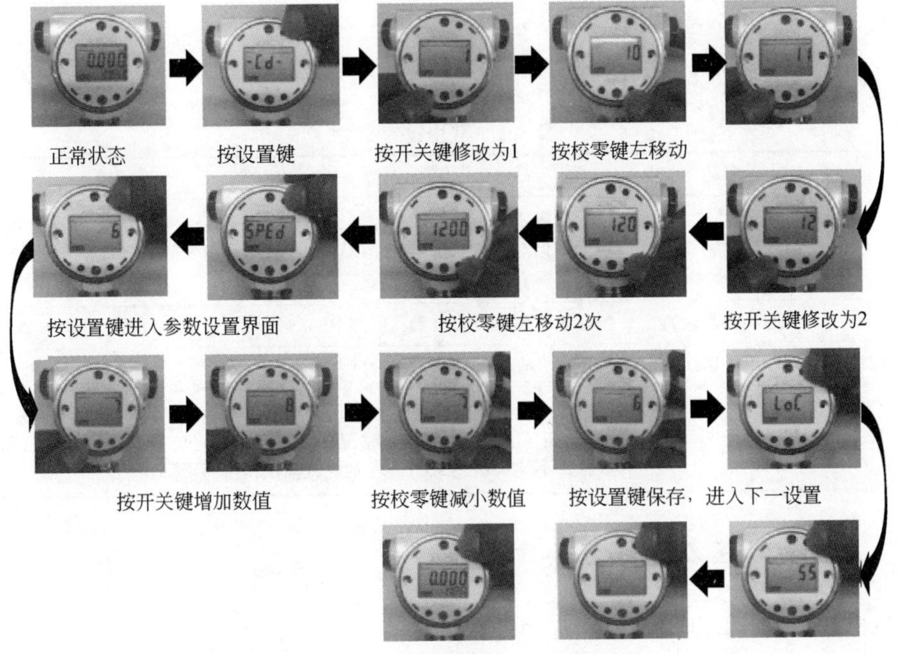

图 3.20　按键操作步骤

(2) 按“S”键确认，显示“bPS”；按“A”键选择波特率，默认为“9600”。

(3) 按“S”键确认，显示“Addr”；按“A”键和“Z”键，设置地址为 1。

(4) 按“S”键确认，显示“CF”；按“A”键选择通信协议类型。

(5) 按“S”键，保存通信参数，并返回检测状态。

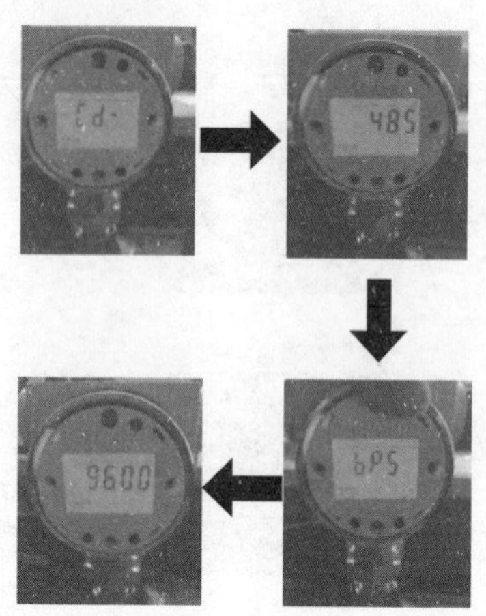

图 3.21　RS485 通信地址设置步骤

3.1.5.5　常用设置指令

常用设置指令见表 3.1。

表 3.1　常用设置指令

指令	名称	功能
1200	阻尼时间设置	仪表采集压力信号的间隔时间，阻尼时间越短，采集压力信号的周期越短。但对于电池供电的 ACD-102 系列压力变送器，越短的阻尼时间，意味着较大的电池功耗
485	通信参数设置	包括地址和波特率设置，使用 RS485 通信前，需要设置这些参数
1131	单位切换	仪表中具有 10 种压力单位可供用户使用
1238	量程迁移	针对 4~20mA 电流信号，如默认量程为 0~1MPa，则 4~20mA 就对应 0~1MPa，用户可根据使用情况，将 4~20mA 对应 0.1~0.9MPa。迁移量程比不建议超过 3∶1，否则电流输出精度将下降

3.1.6　数字压力变送器故障处理

3.1.6.1　导致压力变送器损坏的原因

（1）由于被雷击或瞬间电流过大，导致变送器的电路部分损坏，无法显示或通信。

（2）黏污介质在变送器感压膜片和取压管内长时间堆积，导致变送器精度逐渐下降，仪表精度失准。

（3）由于介质对感压膜片的长期侵蚀和冲刷，使其出现腐蚀或变形，导致仪表测量失准。

（4）变送器的电路部分长时间处于潮湿环境或表内进水，电路部分发生短路损坏，使其不能正常工作。

（5）变送器量程选择不当，长时间超量程使用，造成感压元器件产生不可修复的变形。

（6）变送器取压管发生堵塞、泄漏，导致压力变送器受压无变化或输出不稳定。

（7）差压变送器的取压管发生堵塞、泄漏或操作不当，因感压膜片单向受压，使变送器损坏。

3.1.6.2　变送器显示压力值异常的故障

变送器显示压力值异常的故障如下：

（1）无压力时变送器显示不为零；

（2）变送器显示“-LL-”“-HH-”等异常代码；

（3）变送器显示值与实际值差异较大。

其处理方法是：

（1）空压状态下对变送器重新校零。注：零点校准误差范围为满量程的±1%，如图 3.22 所示。

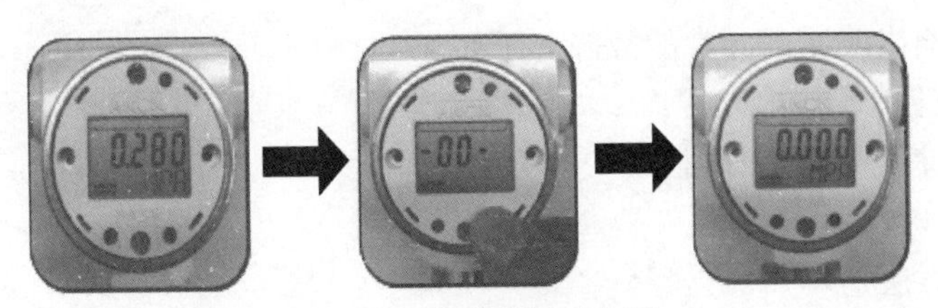

图 3.22　变送器校零步骤

（2）清理堵塞引压孔的杂物：将压力变送器的压力传感器部分浸泡在水或其他有机溶剂内一段时间，采用注射器缓慢清洗引压口，将杂物冲洗出，如图 3.23 所示。

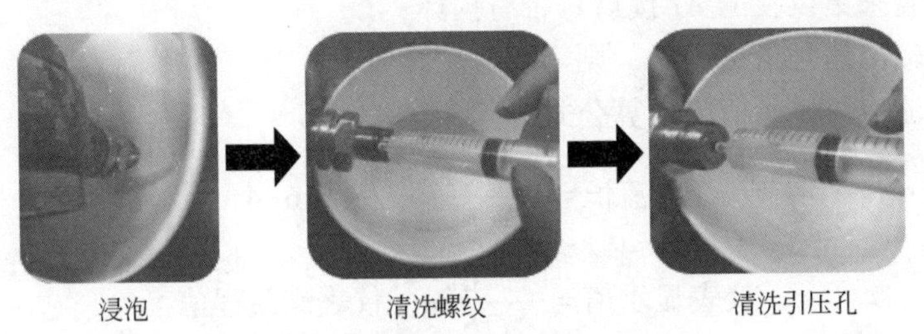

图 3.23　清理变送器引压孔杂物步骤

（3）查看变送器感压膜片是否损坏，如有受损则需返厂维修（测量介质中含有硬质杂物损伤测量膜片或其他原因使膜片损坏），如图 3.24 所示。

正常膜片

受损膜片

图 3.24　变送器感压膜片示意图

3.1.6.3　变送器显示异常的故障

变送器显示异常的故障如下：

（1）变送器不显示；

（2）变送器数字显示不全。

其处理方法如下：

（1）检查变送器供电是否正常，如供电正常，则需返厂维修；

（2）更换液晶显示器，如依然不正常，则返厂维修。

3.1.6.4　变送器输出或通信异常的故障

变送器输出或通信异常的故障如下：

（1）电流信号输出异常；

（2）频率信号输出异常；

（3）RS485 通信异常。

其处理方法是：

（1）电流信号输出异常处理步骤为：

① 检查输入输出线路是否存在短路、破损、接错、接反现象；

② 测量供电电压是否达到 24V；

③ 检查仪表量程与采集设备参数是否一致；

④ 检查采集设备的 AI 接口是否有损坏；

⑤ 若输出信号依然异常，则需要返厂维修；

⑥ 电流值与显示值的换算公式为：

$$\text{电流值}=\frac{\text{仪表显示值}}{\text{仪表满量程值}}\times 16+4 \tag{3.1}$$

$$\text{仪表显示值}=\frac{\text{电流值}-4}{16}\times \text{仪表满量程值} \tag{3.2}$$

（2）频率信号输出异常处理步骤为：

① 检查输入输出线路是否存在短路、破损、接错、接反现象；

② 测量供电电压是否达到 5V；

③ 检查仪表频率输出与采集设备参数设置是否一致；

④ 检查采集设备的频率接口是否有损坏；

⑤ 若输出信号依然异常，则需要返厂维修。

(3) RS485 通信异常处理步骤为：

① 检查电源通信线路是否存在短路、破损、接错、接反现象；

② 测量供电电压是否达到 10~30V；

③ 检查仪表通信地址波特率与采集设备参数设置是否一致；

④ 检查采集设备的通信指令是否符合规定的通信协议；

⑤ 检查采集设备的通信接口是否有损坏；

⑥ 若输出信号依然异常，则需要返厂维修。

3.1.7 数字压力变送器日常维护

3.1.7.1 电气连接处的检查

(1) 定期检查接线端子的电缆连接，确认端子接线牢固；

(2) 定期检查导线是否有老化、破损的现象。

3.1.7.2 产品密封性的检查

(1) 定期检查取压管路及阀门接头处有无渗漏现象；

(2) 定期检查电缆进线口是否有密封不严或密封圈老化、破损现象；

(3) 定期检查壳体前后盖是否有未拧紧或密封圈老化、破损现象。

3.1.7.3 特殊介质下使用的检查

对于含大量泥砂、污物的介质，应当定期排污、清洗传感器。

3.1.7.4 电池的检查

定期检查电池电量是否充足，对需要更换的应选择相同型号的电池。

3.2 数字温度变送器

3.2.1 基础概念

3.2.1.1 温度

温度是表征物体冷热程度的物理量。温度只能通过物体随温度变化的某些特性来间接测量，而用来量度物体温度数值的标尺称为温标。它规定了温度的读数起点（零点）和测量温度的基本单位。目前国际上用得较多的温标有华氏温标、摄氏温标、热力学温标和国际实用温标。

3.2.1.2 华氏温标

在标准大气压下，冰的熔点为32℉，水的沸点为212℉，中间划分180等分，每等分为1华氏度，符号为℉。

3.2.1.3 摄氏温标

在标准大气压下，冰的熔点为0℃，水的沸点为100℃，中间划分100等分，每等分为1摄氏度，符号为℃。

3.2.1.4 热力学温标

热力学温标又称开尔文温标，或称绝对温标，它规定分子运动停止时的温度为绝对零度，符号为K。

温度单位换算如下：

$$(t_F-32)\times\frac{5}{9}=t_C \tag{3.3}$$

$$t_K-273.15=t_C \tag{3.4}$$

3.2.1.5 温度测量的要求

温度测量的要求为：物体之间达到热平衡。

3.2.1.6 热电偶

热电偶是工业上最常用的温度检测元件之一，工业用热电偶以热电效应、接触电势、温差电势为理论基础，其综合作用为热电势。

（1）热电偶测温基本原理如图3.25所示：热电偶是将两种不同材料的导体或半导体A和B焊接起来，构成一个闭合回路。当导体A和B的热端和冷端之间存在温差时，两者之间便产生电动势，因而在回路中形成一个电流，这种现象称为热电效应（塞贝克效应）。

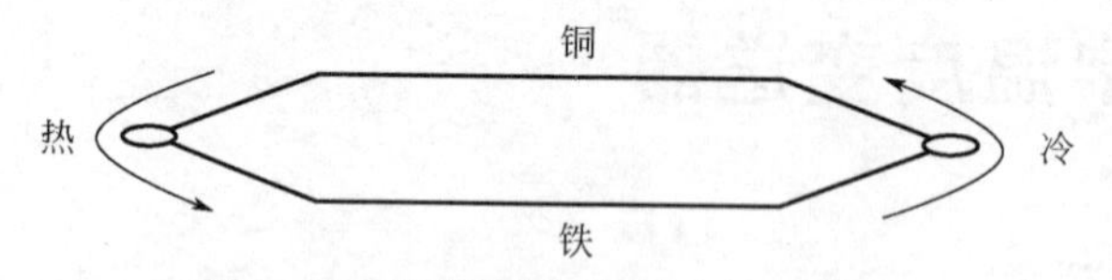

图3.25 热电偶测温基本原理示意图

（2）热电偶测量过程如图3.26所示。

（3）热电偶测量值计算公式。实际测量温度输出$=T_1-T_2$。保证测量准确的方法——冷端补偿。内部冷端补偿计算公式是：实际测量温度输出$+T_2=(T_1-T_2)+T_2=T_1$。外部冷端补偿需保证$T_2=0$，T_2由测温仪内置的测温元件测出。

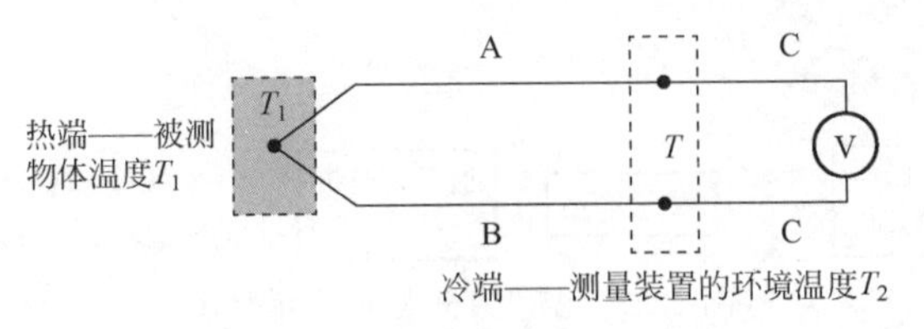

图 3.26　热电偶测温应用示意图

3.2.1.7　热电阻

热电阻是中低温区最常用的一种温度检测器。它的主要特点是测量精度高，性能稳定。其中铂热电阻的测量精确度是最高的，它不仅广泛应用于工业测温，而且被制成标准的基准仪。

1）热电阻测温基本原理

热电阻测温是基于金属导体的电阻值随温度的增加而增加这一特性来进行温度测量的。将热电阻置于被测介质中，其敏感元件的电阻将随介质温度的变化而变化，并且有一个确定的函数关系。可用电测仪表通过电阻值的测量，达到测量温度的目的。

温度与电阻值之间的关系式为：

$$T=\frac{R_t-R_0}{0.385} \tag{3.5}$$

式中　R_t——实测电阻值，Ω；

　　　R_0——0℃时的电阻值，Ω。

2）热电阻测温系统的材料

热电阻大都由纯金属材料制成，目前应用最广泛的是铂和铜，此外，现在已开始采用镍、锰和铑等材料制造热电阻。

3.2.1.8　温度变送器

温度变送器指的是将温度传感器技术和附加的电子部件结合在一起的一种温度变送器，它可以实现远方设定或远方修改组态数据。

3.2.2　数字温度变送器原理

温度变送器采用热电偶、热电阻作为测温元件，从测温元件输出信号送到变送器模块，经过稳压滤波、运算放大、非线性校正、V/I 转换、恒流及反向保护等电路处理后，转换成与温度呈线性关系的 4～20mA 电流信号、0～5V/0～10V 电压信号、RS485 数字信号输出。例如 4～20mA 电流输出、RS485 输出等，测试原理如图 3.27 所示。

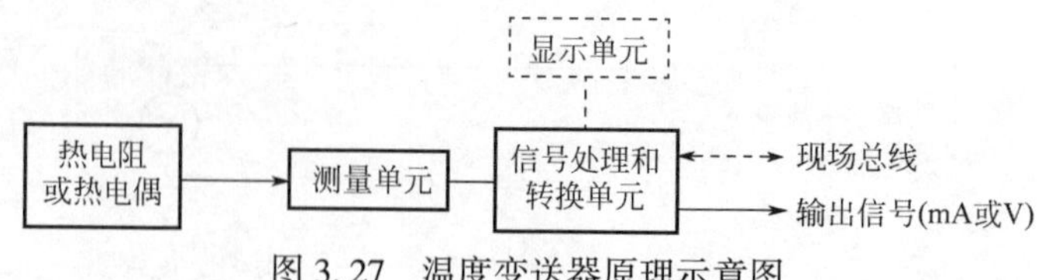

图 3.27 温度变送器原理示意图

3.2.3 数字温度变送器结构

温度变送器由温度传感器和用于信号处理的电子单元组成，配合相应的电源管理、数字显示、按键输入、信号输出等模块构成了一个完整的温度变送器，结构如图 3.28 所示。

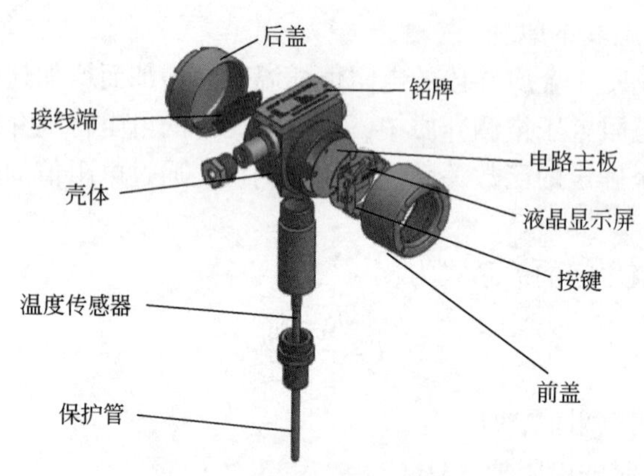

图 3.28 温度变送器组成结构图

3.2.4 数字温度变送器安装

下面以安森公司的温度变送器为例进行说明。

3.2.4.1 工具、用具准备

工具、用具如图 3.29 所示。

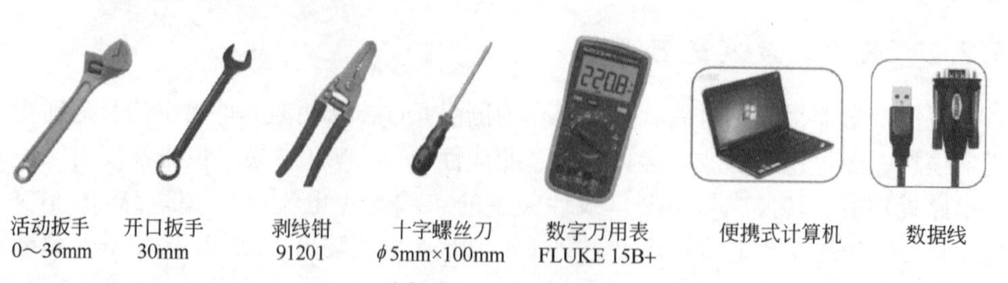

图 3.29 工具、用具

3.2.4.2 标准化操作步骤

（1）温度保护管安装。关闭管道阀门；将温度保护管套上紫铜垫片后，安装到焊接管道的 M27mm×2mm 的螺纹上，用 30mm 的开口扳手锁紧。

（2）温度变送器安装。在保护套管中导入一定量的导热油；将温度变送器的 M20mm×1.5mm 螺纹缠上生料带，然后拧到保护管的螺纹上面，保护管用 30mm 的开口扳手扣住，然后用 0～36mm 活动扳手卡住温度变送器的六方处，锁紧温度变送器；调整好温度变送器的表头安装方向后，将六方扁螺母用活动扳手锁紧即可，如图 3.30 所示。

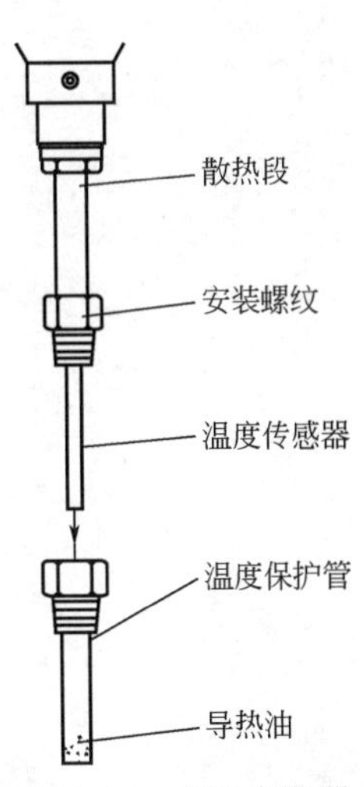

图 3.30 温度变送器安装示意图

（3）电气连接。断开电源，严格按照仪表说明书上的接线示意图接线，如图 3.31 至图 3.33 所示。

（4）接通电源，检查仪表显示。

（5）缓慢打开管道阀门，待介质流动后观察仪表的温度值是否也缓慢上升。

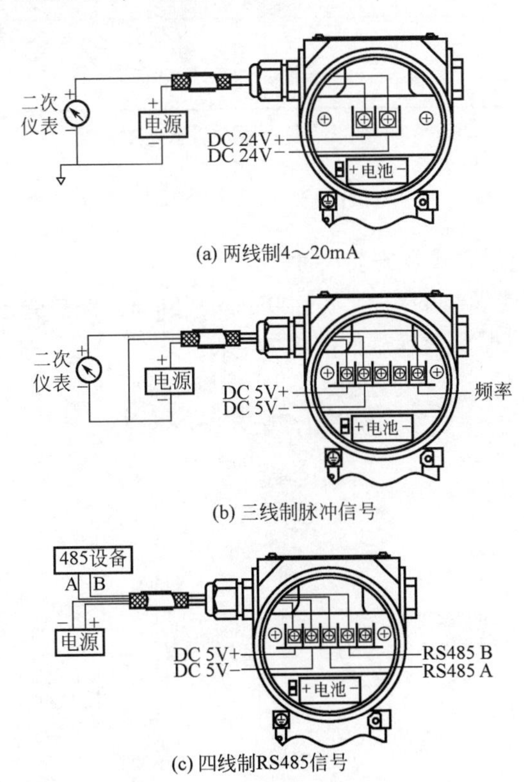

图 3.31 电气接线示意图

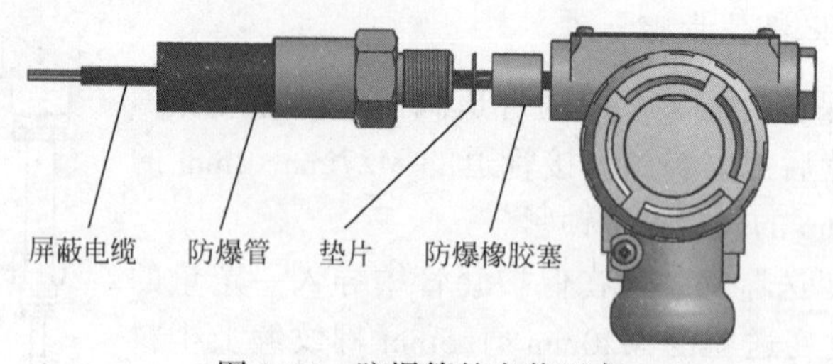

图 3.32　防爆管的安装要求

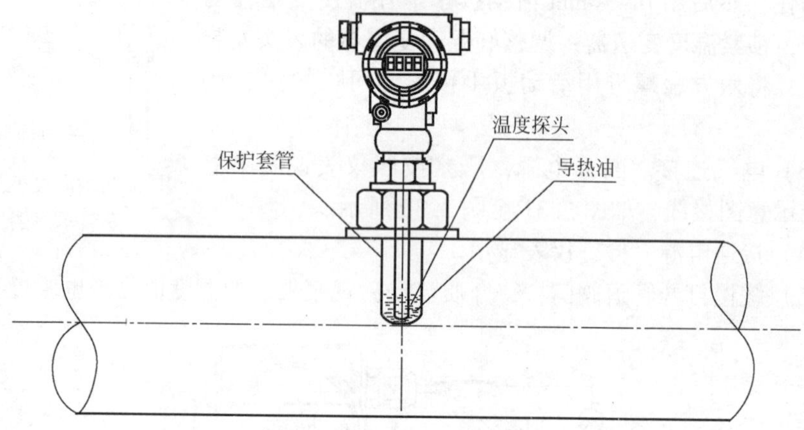

图 3.33　变送器安装示意图

3.2.4.3　技术要求

1）确认产品连接方式及安装尺寸

常用传感器连接螺纹的尺寸为 M20mm×1.5mm，保护管连接螺纹的尺寸为 M27mm×2mm。传感器参数确认如图 3.34 所示。

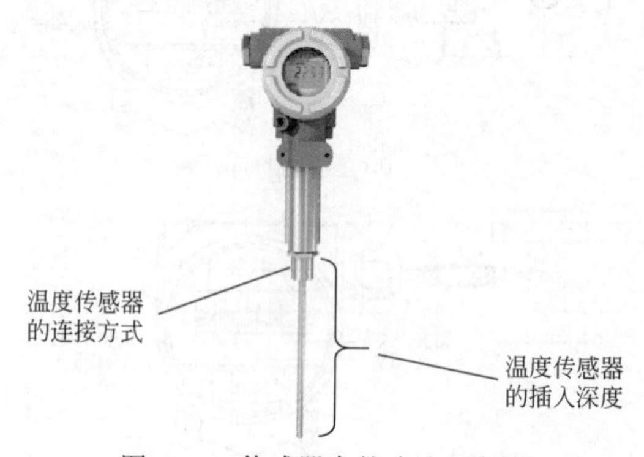

图 3.34　传感器参数确认示意图

2）安装密封垫

密封方式分为软密封和硬密封两种，建议：10MPa 以下，一般可以采用软密封；10MPa 以上则采用硬密封。密封材料如图 3.35 至图 3.37 所示。

图 3.35　生料带

图 3.36　聚四氟乙烯垫片

3）螺纹连接式安装变送器

小心地把变送器接头插入活接头内，螺纹是右旋的，用两把开口扳手通过六角平面把设备拧紧，通过调整活接螺母，把设备调整到合适的方向。

警告：不要通过扳动设备壳体来拧紧或调整方向，这样会拉断传感器连线，破坏外壳的密封性，致使湿气进入，破坏设备。

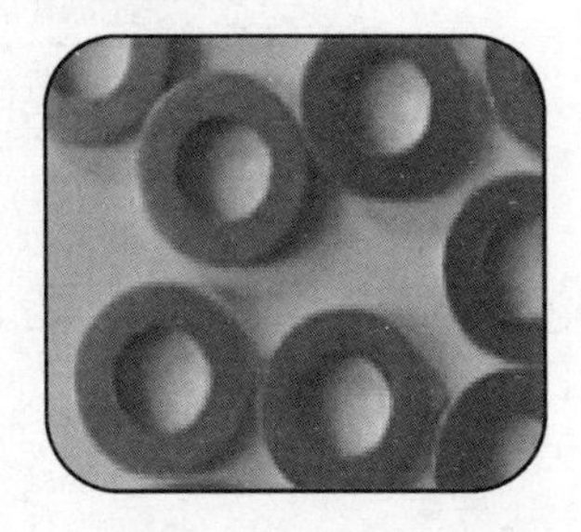

图 3.37　紫铜垫片

4）电气连接部分

根据通信线路的远近，应当选用 0.5mm^2 以上带屏蔽的 4 芯或 2 芯屏蔽电缆。如果要减小压降，应使用铜芯的导线线缆。如图 3.12 所示。

防爆现场接线要求：拆装前必须断开电源后方可开盖；隔爆型设备，电缆需套上防爆管；本质安全型设备，需要增加隔离栅。防爆管如图 3.13 所示，变送器和隔离栅如图 3.14 所示。

5）温度传感器的安装要求

一般情况下，仪表应向上垂直于水平方向安装，以便于观察，如图 3.38 所示。

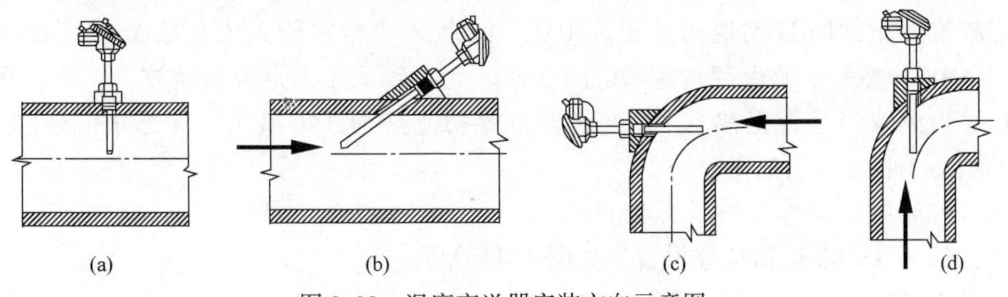

图 3.38　温度变送器安装方向示意图

仪表可以直接安装在测量管道的接口上，为便于安装和维修，管道内应安装保护套管，建议温度探头应该安装至被测体中心，并注意保证流体方向。安装要求如图 3.39 所示。

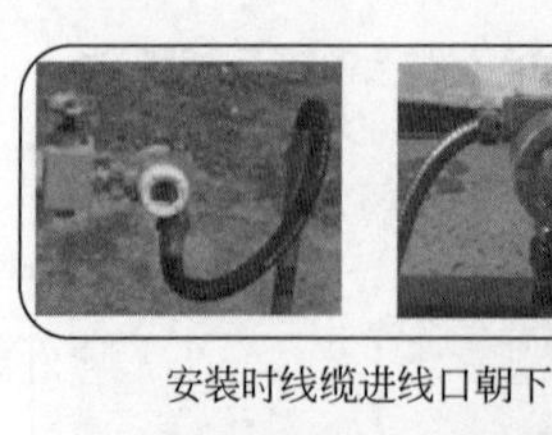

安装时线缆进线口朝下

安装方向应垂直向上

安装时线缆进线口朝上

应当连接好屏蔽线

图 3.39　安装要求

3.2.5　数字温度变送器调试

（1）按键功能，如图 3.40 所示。

图 3.40　按键功能

（2）校零操作，如图 3.41 所示。按下“Z”键显示“-00-”，仪表进行零点校准，正常时自动退出并显示 0℃。如果温度相差较大或仪表故障则显示“Erro0”，然后放弃保存并返回检测状态。此时确认压力是否已经放空，或联系厂家检测仪表是否正常。注：变送器校零功能必须在零摄氏度（冰水混合物）的状态下校零方可有效。

（3）按键操作，如图 3.42 所示。

（4）RS485 通信地址设置，如图 3.43 所示。

① 按“S”键，显示“-Cd-”，按“A”键和“Z”键，输入 485；

图 3.41　校零操作示意图

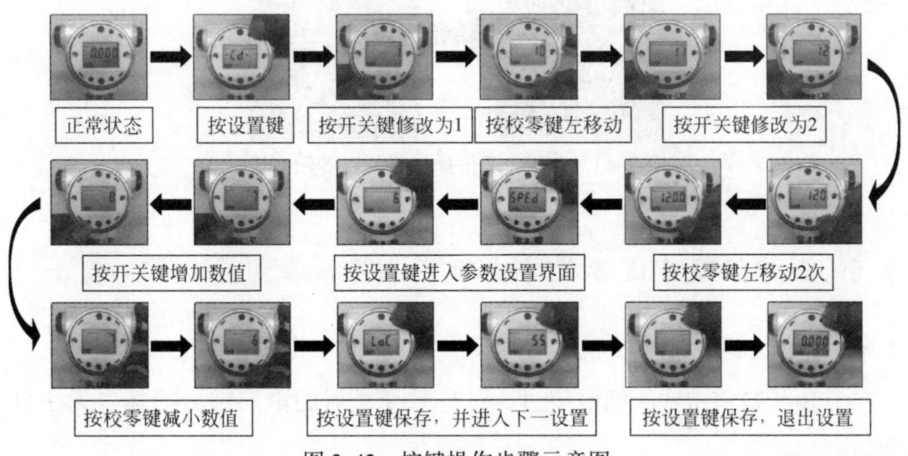

图 3.42　按键操作步骤示意图

② 按“S”键确认，显示“bPS”，按“A”键选择波特率，默认为“9600”；
③ 按“S”键确认，显示“Addr”，按“A”键和“Z”键，设置地址为 1；
④ 按“S”键确认，显示“CF”，按“A”键选择通信协议类型；
⑤ 按“S”键，保存通信参数，并返回检测状态。
（5）常用设置指令，见表 3.2。

表 3.2　常用设置指令

指令	名称	功能
1200	阻尼时间设置	阻尼时间是仪表采集温度信号的间隔时间，阻尼时间越短，采集温度信号的周期越短；但对于电池供电的 ACT-102 系列变送器，越短阻尼时间，意味着较大电池功耗
485	通信参数设置	包括地址和波特率设置，使用 RS485 通信前，需要设置这些参数
1238	量程迁移	针对 4~20mA 电流信号，如默认量程为-50~100℃，则 4~20mA 就对应-50~100℃，用户可根据使用情况，将 4~20mA 对应-20~80℃。迁移量程比不建议超过 3∶1，否则电流输出精度将下降

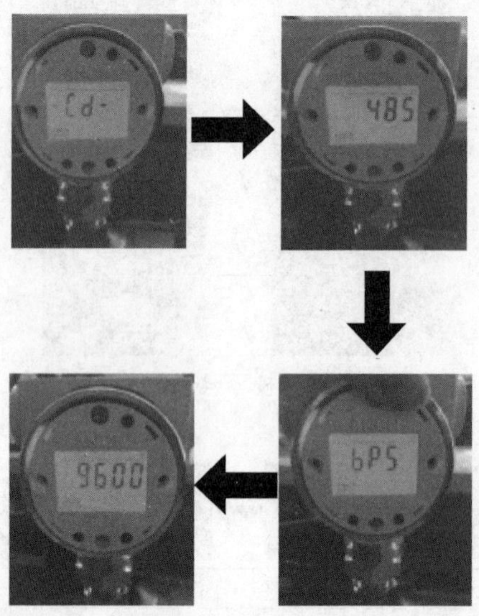

图 3.43　RS485 通信地址设置步骤示意图

3.2.6　数字温度变送器故障处理

3.2.6.1　导致温度变送器损坏的原因

（1）由于被雷击或瞬间电流过大，导致变送器的电路部分损坏，无法显示或通信。

（2）由于介质对温度传感器的长期侵蚀和冲刷，使其出现腐蚀或变形，导致仪表测量失准。

（3）变送器的电路部分长时间处于潮湿环境或表内进水，电路部分发生短路损坏，使其不能正常工作。

（4）保护管与温度传感器之间没有注入导热油，导致仪表测量失准。

3.2.6.2　变送器显示压力值异常的故障

变送器显示压力值异常的故障如下：

（1）变送器显示值与实际值差异较大；

（2）变送器显示“-LL-”“-HH-”等异常代码。

其处理方法是：

（1）检查温度传感器长度是否太短，不能插至管道中心，导致测量误差。

（2）检查保护管内是否没有导热油。

（3）检查传感器零点温度是否出现漂移。

（4）检查温度传感器与壳体之间的绝缘强度是否低于100MΩ。

3.2.6.3　变送器显示异常的故障

变送器显示异常的故障如下：

（1）变送器不显示；

（2）变送器数字显示不全。

其处理方法是：

（1）检查变送器供电是否正常，如供电正常，则需返厂维修；

（2）更换液晶显示器，如依然不正常，则返厂维修。

3.2.6.4　变送器输出或通信异常的故障

变送器输出或通信异常的故障如下：

（1）电流信号输出异常；

（2）频率信号输出异常；

（3）RS485通信异常。

其处理方法是：

（1）电流信号输出异常处理步骤：

① 检查输入输出线路是否有短路、破损、接错、接反现象；

② 测量供电电压是否达到24V；

③ 检查仪表量程与采集设备参数是否一致；

④ 检查采集设备的AI接口是否有损坏；

⑤ 若输出信号依然异常，则需要返厂维修；

⑥ 电流值与显示值的换算公式为：

$$\text{电流值}=\frac{\text{仪表显示值}}{\text{仪表满量程值}}\times 16+4 \tag{3.6}$$

$$\text{仪表显示值}=\frac{\text{电流值}-4}{16}\times \text{仪表满量程值} \tag{3.7}$$

（2）频率信号输出异常处理步骤：

① 检查输入输出线路是否有短路、破损、接错、接反现象；

② 测量供电电压是否达到5V；

③ 检查仪表频率输出与采集设备参数设置是否一致；

④ 检查采集设备的频率接口是否有损坏；

⑤ 若输出信号依然异常，则需要返厂维修。

（3）RS485通信异常处理步骤：

① 检查电源通信线路是否有短路、破损、接错、接反现象；

② 测量供电电压是否达到10~30V；

③ 检查仪表通信地址波特率与采集设备参数设置是否一致；

④ 检查采集设备的通信指令是否符合规定的通信协议；

⑤ 检查采集设备的通信接口是否有损坏；

⑥ 若输出信号依然异常，则需要返厂维修。

3.2.7 数字温度变送器日常维护

（1）电气连接处的检查：

① 定期检查接线端子的电缆连接，确认端子接线牢固；

② 定期检查导线是否有老化、破损的现象。

（2）产品密封性的检查：

① 定期检查安装位置及阀门接头处有无渗漏现象；

② 定期检查电缆进线口是否有密封不严或密封圈老化、破损现象；

③ 定期检查壳体前后盖是否有未拧紧或密封圈老化、破损现象；

④ 定期检查保护套管内的导热油是否充足。

（3）特殊介质下使用的检查：对于含大量泥砂、污物的介质，应当定期排污、清洗传感器。

（4）电池的检查：定期检查电池电量是否充足，对需要更换的应选择相同型号电池。

3.3 无线网关

3.3.1 无线网关定义

无线网关，广义上是指将一个网络连接到另一个网络的接口；复杂的网络连接设备，可以支持不同协议之间的转换，实现不同协议网络之间的互联。而在工业应用中，无线网关则是指将无线网络中的设备连接到另外一个有线网络中，从而实现设备的无线物联，拓扑图如图 3.44 所示。

3.3.2 无线网关功能

无线网关是无线网络的通信基站，负责建立无线网络、采集仪表数据、配置仪表信息、监控仪表状态等，同时与上位机系统进行数据传输。无线网关具有报警数据优先、地址优先级、数据重发等机制，确保采集数据的可靠传输。同时，每台无线网关都具备多台无线设备的管理能力。

无线网关的特点是：

（1）采用 MESH 自由组网模式，可以支持中继、路由方式。

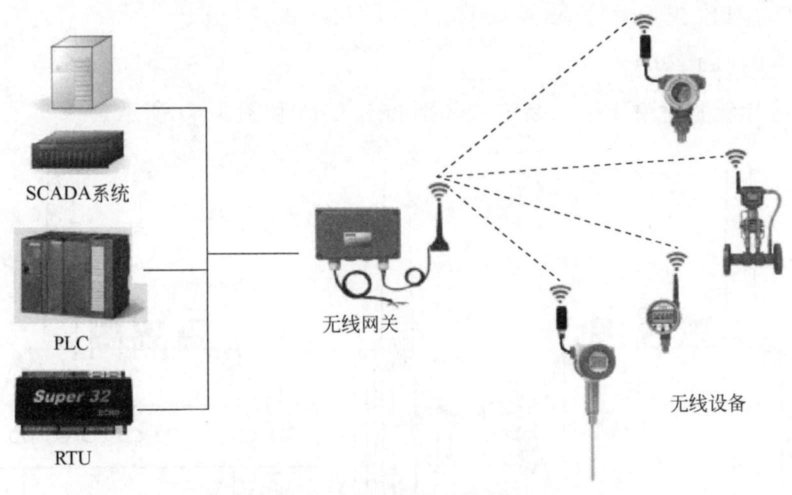

图 3.44 无线网关拓扑图

（2）传输距离可以通过路由器进行扩展，采用 2.4GHz 信号，抗干扰能力强。

（3）数据传输可靠性提高，内置 AES 加密算法。

（4）标准的石油协议（A11-RM），方便系统扩展，同时支持兼容协议的设备接入。

（5）支持对无线仪表的远程操作，通信稳定。

3.3.3 无线网关安装

3.3.3.1 工具、用具

工具、用具的准备如图 3.45 所示。

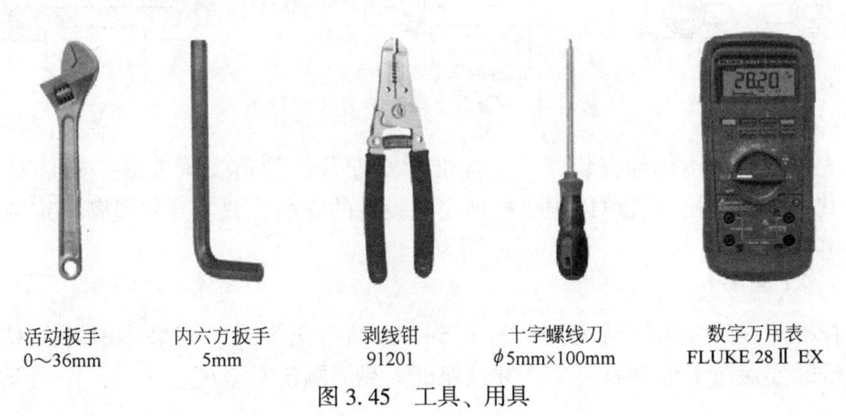

图 3.45 工具、用具

3.3.3.2　标准化操作步骤

1）无线网关安装

标准导轨和管道支架安装方式分别如图 3.46 和图 3.47 所示。

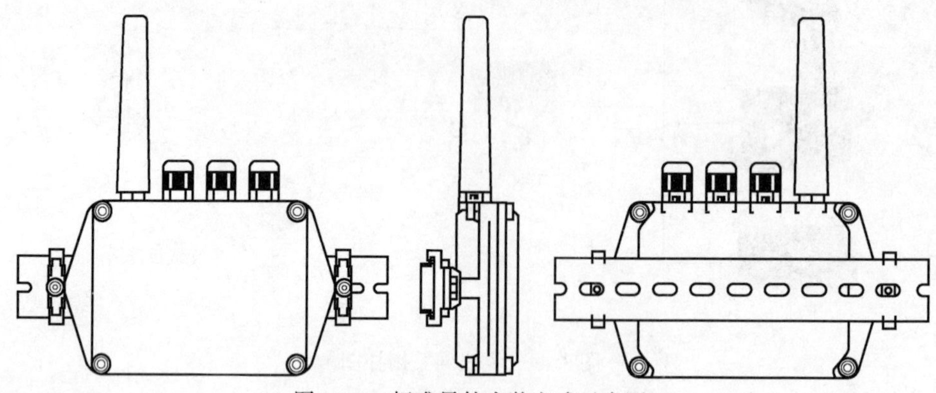

图 3.46　标准导轨安装方式示意图

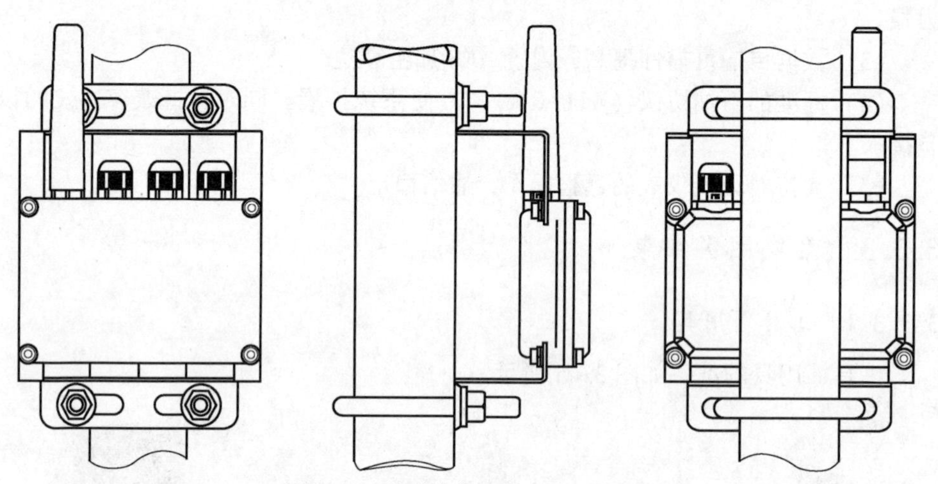

图 3.47　管道支架安装方式示意图

无线网关采用三种安装方式：标准导轨安装、管道支架安装、磁性吸盘安装。其中标准导轨方式可以很快捷地实现设备的安装，只需要将设备固定到导轨上即可完成安装。

2）天线安装

标准无线网关出厂时配置普通的 5dB 全向吸盘天线，如果选用增强型或外置天线时要保持天线竖直安装，并且保证天线周围没有金属屏蔽等，保证天线竖直安装。

为了实现最佳的无线覆盖范围，无线网关或远程天线最好应安装在距地面2.6~7.6m的高度，或者安装在障碍物或主要基础结构上方2m的高度。

3）无线网关接线

（1）无线网关输出接口部分可以配置最多8路4~20mA信号输出。

（2）电流输出信号可以通过配置内部的寄存器，实现无线仪表的采集数据输出为电流信号，方便现场的DCS系统接入。同时也可以定制输出电压信号，输出范围为0~5V。电气接线如图3.48所示。

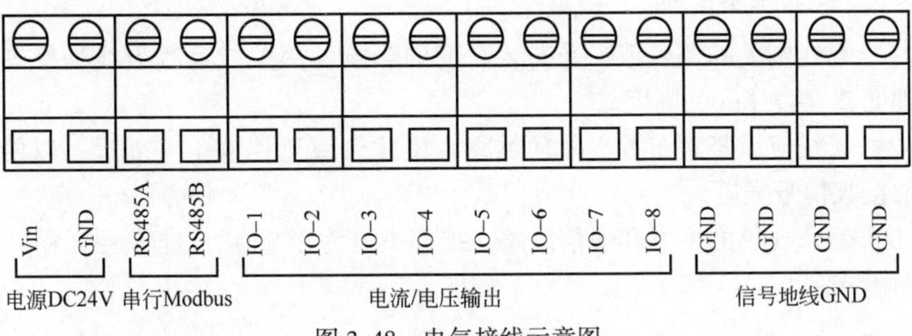

图3.48　电气接线示意图

4）无线网关指示灯

通电观察指示灯状态，如图3.49所示。指示灯说明见表3.3。

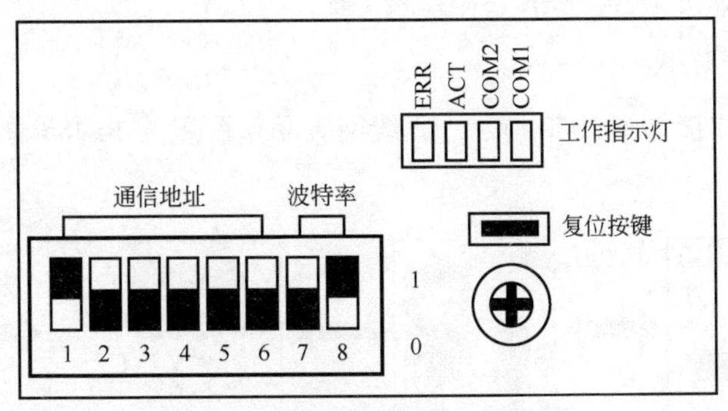

图3.49　无线网关指示灯示意图

表3.3　指示灯说明表

指示灯	名称	说明
ERR	系统故障、参数错误指示灯	当系统正常运行且参数设置正确时，该灯不亮； 当出现系统异常或参数设置错误时，该灯长亮
ACT	系统运行指示灯	当系统正常运行后，该灯由长亮变为闪烁； 按复位按键时会闪烁5次后重新启动

续表

指示灯	名称	说明
COM2	RS485 总线通信指示灯	RS485 总线通信正常时，该灯闪烁； RS485 总线通信异常时，该灯不亮
COM1	无线通信指示灯	无线仪表通信正常时，该灯闪烁； 无线仪表通信异常时，该灯不亮

3.3.3.3 安装技术要求

（1）无线网关的覆盖范围受安装高度的影响，网关或远程天线最好安装在距离地面 2.6~7.6m 的高度。

（2）天线应该竖直布置，并且距离大型建筑或遮挡物 1~3m 远，以便提高天线的接收信号强度。

（3）确认现场的供电和通信线路，推荐供电为 24V DC、推荐通信为 TCP/IP 以太网模式。

3.3.4 无线网关调试

3.3.4.1 准备调试工具

便携式计算机 1 台，USB 转串口线 1 根。

3.3.4.2 通信连接

调试工具连接如图 3.50 所示。无线网关默认配置为 RS485 总线，通信协议为 Modbus-RTU。

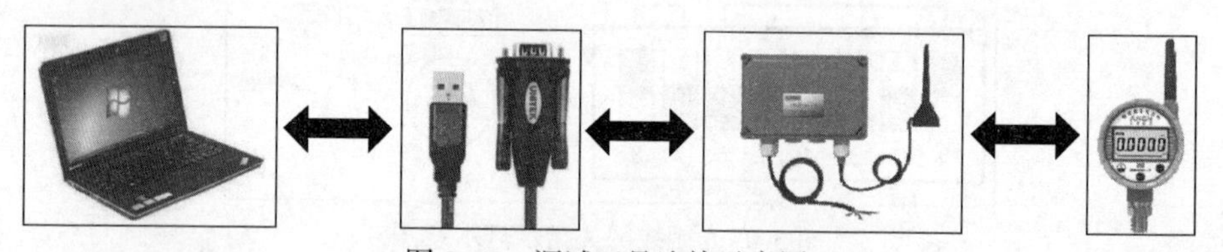

图 3.50 调试工具连接示意图

通信配置见表 3.4。注：修改配置寄存器后地址信息会立即生效，所以一定要预先配置好再进行系统连接。在配置完成后需要重启无线网关。

表 3.4 通信配置表

参数	选择范围	默认值
波特率	2400、4800、9600、19200	9600
数据位	8 位、7 位	8 位

续表

参数	选择范围	默认值
校验位	无校验、奇校验、偶校验	无校验
停止位	1 位、2 位	1 位
出厂地址	1~255	1

参数设置如图 3.51 所示，地址和波特率参数见表 3.5，通信寄存器配置见表 3.6。

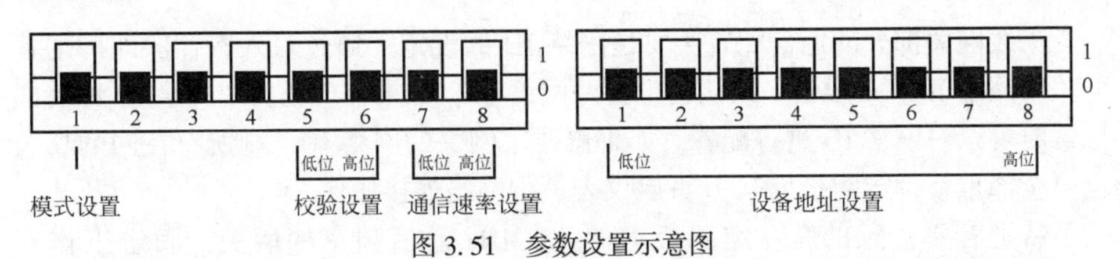

图 3.51 参数设置示意图

表 3.5 地址和波特率配置表

功能	拨码位	说明
RTU 地址设置［40019］	bit1—8 位	拨码地址范围为 0~255，Modbus-RTU 网关的地址设置
RTU 通信波特率设置［40020］	bit1—7 位 bit2—8 位	1：波特率为 2400bps，拨码设置为［00］ 2：波特率为 4800bps，拨码设置为［01］ 3：波特率为 9600bps，拨码设置为［10］ 4：波特率为 19200bps，拨码设置为［11］ *：该寄存器通过硬件拨码开关设定，软件修改后无效

表 3.6 通信寄存器配置表

寄存器地址	数据类型	说明	
40021	uint（16bit）	1：［0x0000］数据位为 8bit 2：暂不支持其他位数设定	数据位
40022	uint（16bit）	1：［0x0000］1bit 停止位（默认） 2：［0x0001］2bit 停止位	停止位
40023	uint（16bit）	1：［0x0000/1］无校验（默认） 2：［0x0002］奇数校验 3：［0x0003］偶数校验	校验
40024	uint（16bit）	1：［0x0000］半双工 RS485（默认） 2：［0x0001］全双工 RS422 3：［0x0020~0x00FF］应答延时（单位：ms）	效率

3.3.4.3 无线网关连接配置

无线网络配置的具体参数见表3.7。

无线网关主要负责无线网络的组件、无线地址的分配、通信信道分配等。

表3.7 无线网络配置表

寄存器地址	数据类型	说明
40033	uint（16bit）	［网络ID设置］：可设置范围（1~65535）

无线网关部分的通信配置主要是网络ID的设定，通过写入寄存器即可配置网关的网络ID。一般出厂默认会配置好网络ID，如果在现场出现网络ID冲突或异常时可以对网络ID进行配置。如果修改了网关的网络ID，则所有在网的仪表也要全部重新设定网络ID，并重启仪表进行网络连接操作。

特别需要注意的是：定制版本的433MHz通信频率的网关，固定工作在433MHz，仪表同样工作在该频段。

3.3.4.4 数据采集测试

1）Modscan软件连接网关

采用Modscan软件连接无线网关需要确认通信地址、通信速率等参数，信息确认后，打开Modscan软件按照地址和通信配置信息连接无线网关，操作如图3.52所示。

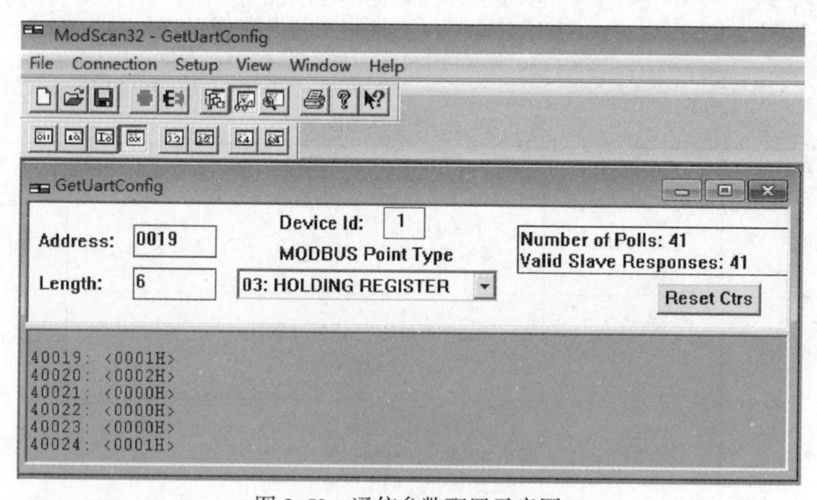

图3.52 通信参数配置示意图

2）网络ID参数配置

无线网关的网络ID配置寄存器为［40033］，其中［40030~40032］为内部参数，请勿调整。配置完成后要重启无线网关，等待30s后即可按照新配置参数连接无线网关，操作如图3.53所示。

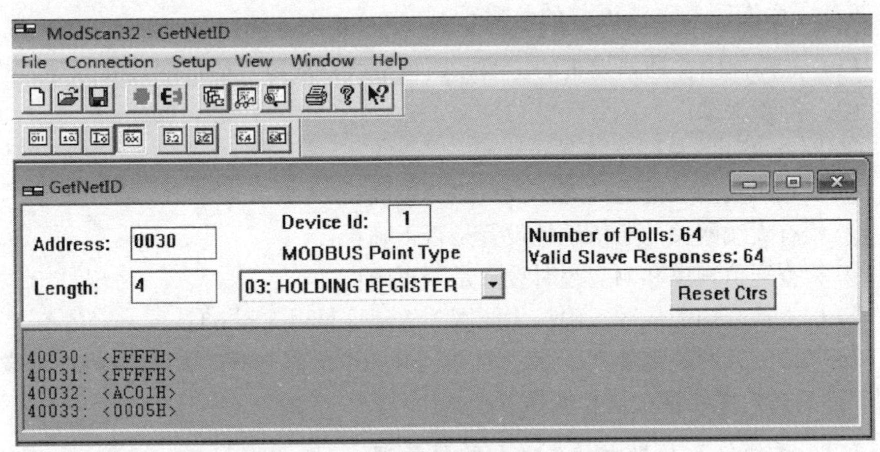

图3.53　网络ID参数配置示意图

3）无线仪表采集数据信息

无线仪表的数据保存方式为32bit浮点方式，所以采集数据时应注意解析，数据采集如图3.54所示。

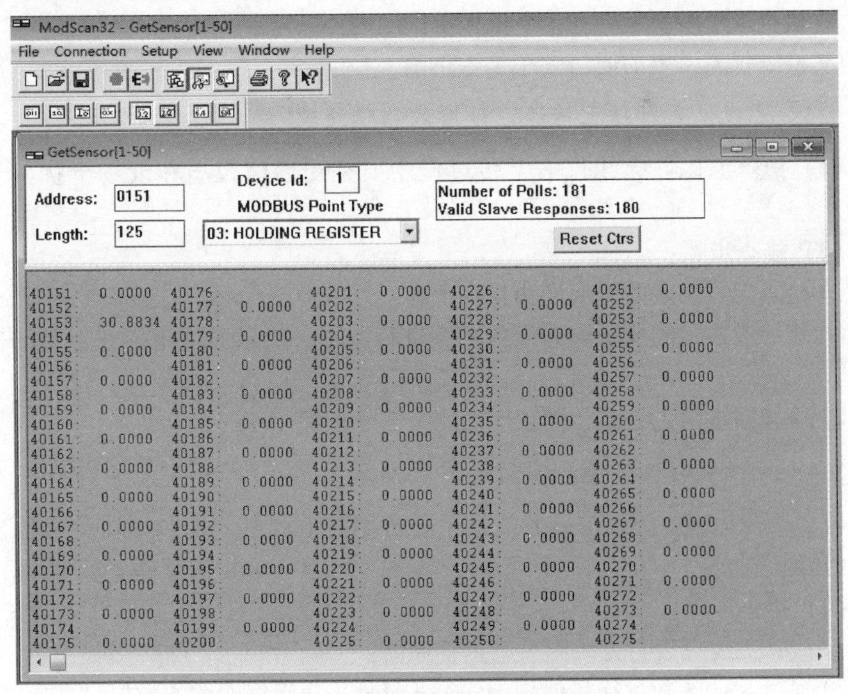

图3.54　无线仪表采集数据示意图

3.3.5 无线网关故障处理

3.3.5.1 无线网关无法通信的故障处理

（1）故障原因：通信异常的主要原因包括线路故障、通信配置故障等。

（2）排查步骤：

① 检查 RS485 总线连接是否正确；

② 检查无线网关的通信速率设置是否正确；

③ 检查无线网关的通信地址设置是否正确；

④ 检查通信频率和响应超时设置是否正确；

⑤ 以上检查均无误后，确认无线网关的地址是否大于 63；

⑥ 如果无线网关地址大于 63，且拨码开关也配置为 63，则可以将地址设置为 1，然后重启无线网关进行测试。

3.3.5.2 无线仪表数据上传失败的故障处理

（1）故障原因：无线仪表上传失败主要原因包括仪表参数设置、网络覆盖范围等。

（2）排查步骤：

① 检查无线仪表的通信地址是否正确，或网络内有相同地址导致冲突；

② 检查通信距离是否在信号覆盖范围之内；

③ 检查仪表设定的通信频率是否正确。

3.3.5.3 无线仪表数据上传速度过慢的故障处理

（1）故障原因：无线仪表上传过慢主要是受通信距离和现场干扰信号的影响。

（2）排查步骤：

① 检查无线仪表的休眠设置是否正确；

② 缩短通信距离或增加天线的功率进行测试，确保通信距离在正常的覆盖范围；

③ 检查网络内是否有相同频率的网络信号干扰。

3.3.5.4 无线仪表值显示异常的故障处理

（1）故障原因：无线仪表数值显示异常主要由测量范围和电流信号输出不匹配的因素造成。

（2）排查步骤：

① 确认无线仪表与无线网关已正常通信；

② 通过 RS485 数据线，使用 Modscan 软件采集无线网关的数据；

③ 如果采集的数据正常，而输出信号不正常时，可以按照电流信号配置的方法进行量程配置。

3.3.5.5　无线仪表连接失败的故障处理

（1）故障原因：无线仪表连接失败主要由仪表参数设置、网络覆盖范围等因素造成。

（2）排查步骤：

① 确认无线仪表与无线网关通信参数配置正确；

② 检查无线仪表的地址是否配置正确；

③ 缩短通信距离或增加天线的功率进行测试，确保通信距离在正常的覆盖范围；

④ 以上均检查无误后，重启无线仪表，在仪表端输入“3101”指令，检查仪表是否已经连接到无线网关。

3.4　无线压力变送器

3.4.1　无线压力变送器结构

无线压力变送器主要由压力传感器、信号处理电路和通信电路、无线传输设备组成，结构如图 3.55 所示。

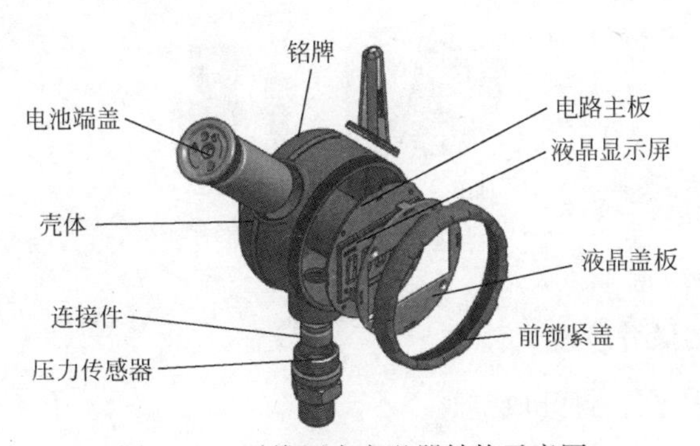

图 3.55　无线压力变送器结构示意图

3.4.2　无线压力变送器原理

无线压力变送器的原理是：被测介质的压力直接作用于传感器的膜片上（不锈钢或陶瓷），使膜片产生与介质压力成正比的微位移，传感器的电阻值发生变化；用电子线路检测这一变化，并转换输出一个对于这一压力的标准测量信号；用 Zigbee 无线技术进行数据传输，传输设备如图 3.56 所示。

图 3.56　数据传输设备

3.4.3　无线压力变送器安装

3.4.3.1　工具、用具准备

工具、用具如图 3.57 所示。

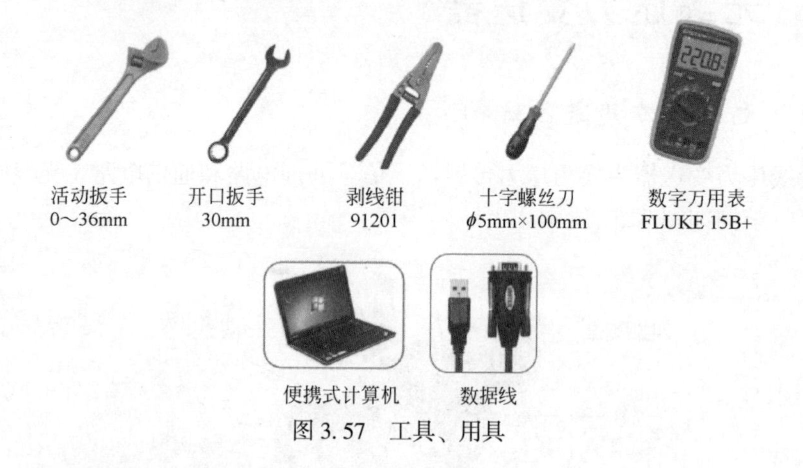

图 3.57　工具、用具

3.4.3.2　标准化操作步骤

（1）关闭截止阀，打开放空阀；

（2）仔细清洁连接头内的异物，保持螺纹清洁；

（3）安装密封垫，密封方式为软密封和硬密封，密封材料如图 3.58 所示，一般 10MPa 以下，可以采用软密封。

（4）螺纹连接式安装变送器，如图 3.59 所示，连接方式如图 3.60 所示；

（5）接通电源，检查仪表显示；

（6）关闭放空阀，缓慢打开截止阀，同时观察仪表的压力值是否也缓慢上升。

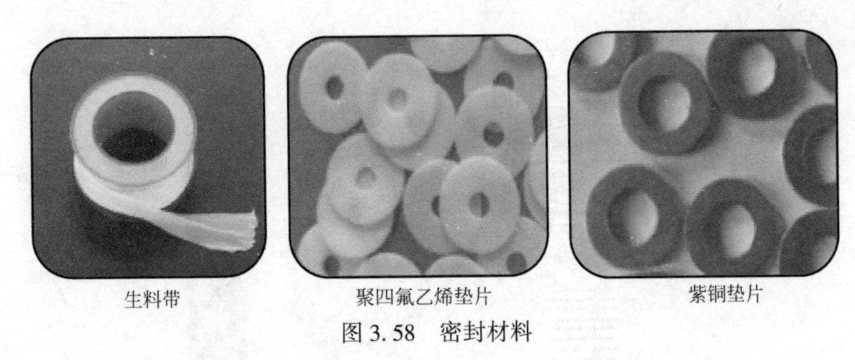

图 3.58　密封材料

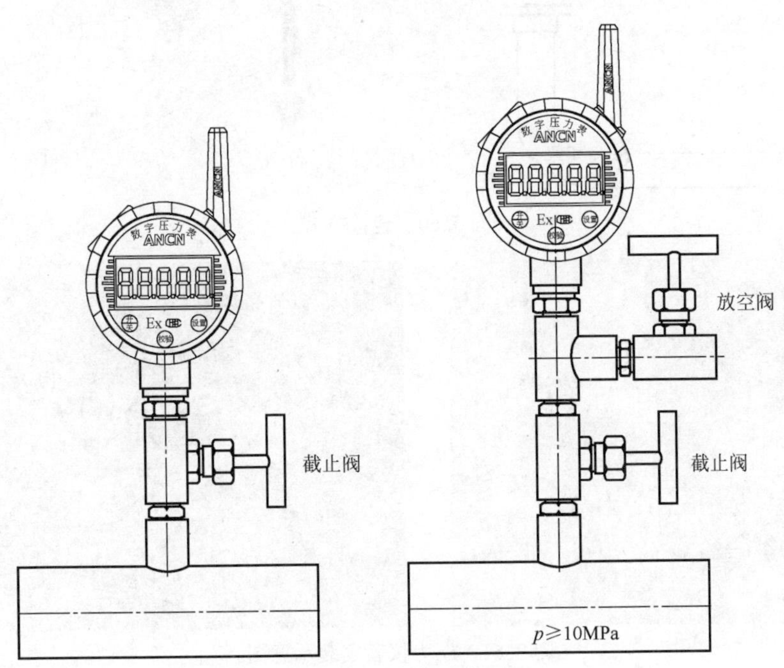

图 3.59　安装示意图

3.4.3.3　技术要求

（1）介质温度要求：根据型号确定。

（2）对于温度超过 120℃的介质（如蒸汽），还应当增加散热器。

（3）压力仪表应向上垂直于水平方向安装，如图 3.61 所示。

（4）若长时间不使用仪表，应将仪表关机，以节省电池功耗，关机状态如图 3.62 所示。

（5）螺纹连接式安装变送器：

① 小心地把变送器接头插入活接头内，螺纹是右旋的，用两把开口扳手通过六角平面把设备拧紧，通过调整活接螺母，把设备调整到合适的方向。

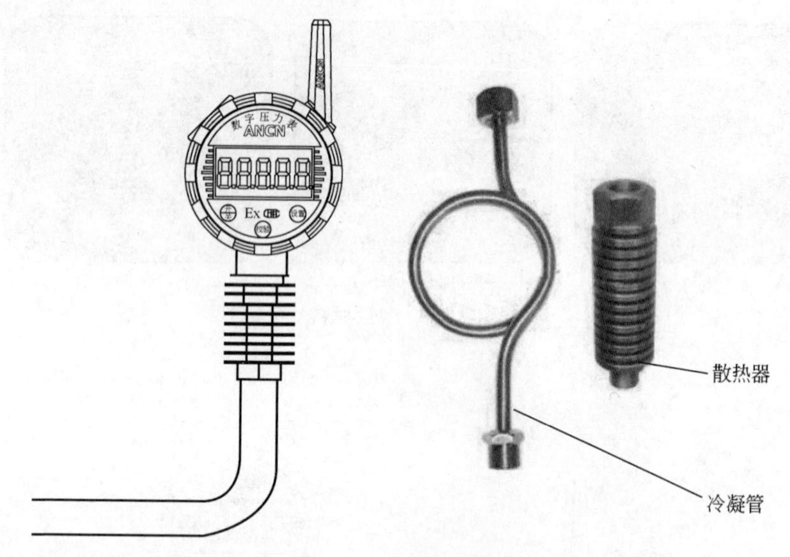

图 3.60　连接方式

图 3.61　压力仪表安装示意图

② 警告：不要通过扳动设备壳体来拧紧或调整方向，这样会拉断传感器连线，破坏外壳的密封性，致使湿气进入，破坏设备。

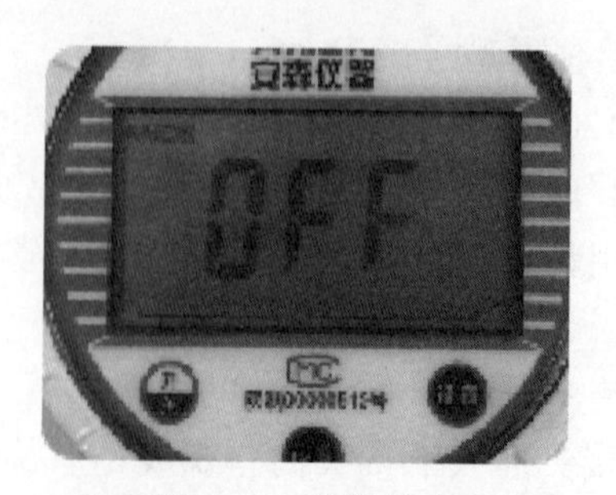

图 3.62　关机状态

3.4.4 无线压力变送器调试

3.4.4.1 按键功能

按键功能如图 3.63 所示。

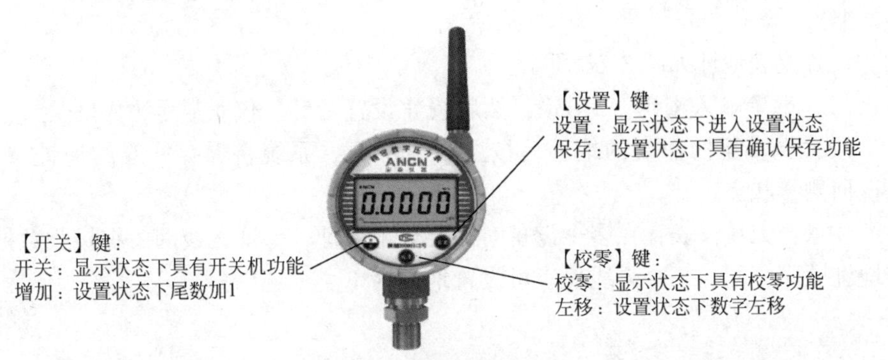

图 3.63　按键功能示意图

3.4.4.2 按键操作

按键操作如图 3.64 所示。

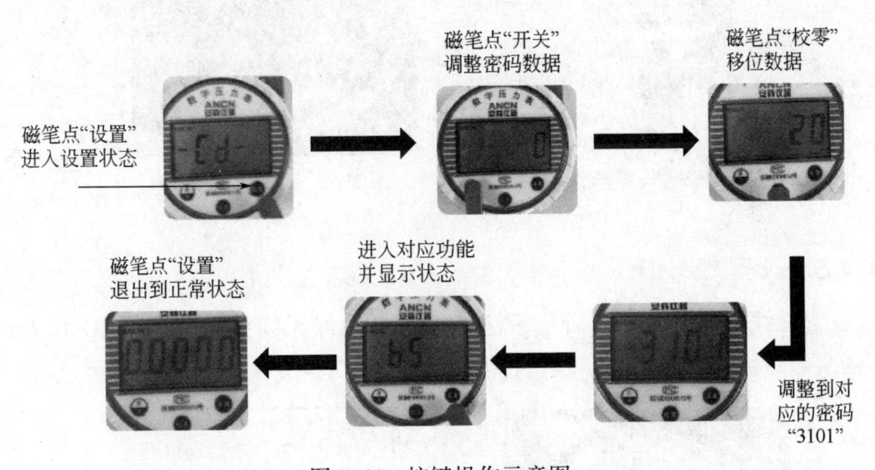

图 3.64　按键操作示意图

3.4.4.3 校零操作

校零操作如图 3.65 所示。当仪表发生零位漂移时，在测量状态下按“校零”键可以自动修正零位：

（1）按下此键显示“-00-”，仪表进行零点校准，正常时自动退出并保存，当前检测值为 0。

（2）如果显示值与实际 0 值相差较大或仪表故障，则显示“Erro0”，放弃保存并返回测量状态。此时请确认实际值是否为 0 值，或联系厂家检测仪表是否正常。

注意：绝压仪表校零功能必须在绝对真空状态下校零方可有效。

3.4.4.4 设置仪表地址

设置仪表地址如图 3.66 所示：

（1）磁笔输入密码“3105”，然后按“设置”键，仪表显示“Addr”；

（2）调整至所需要的地址后按“设置”键，系统将保存修改的地址参数，并返回测量状态。

注意：无线仪表存在多个设备时需要分配地址，保证无线网关在接收数据时按地址顺序分配。一个无线仪表可设置地址为 1。

图 3.65 校零操作

图 3.66 设置仪表地址

3.4.4.5 设置无线 ID

设置无线 ID 如图 3.67 所示。注意：务必确保无线仪表的网络 ID 和无线网关一致。

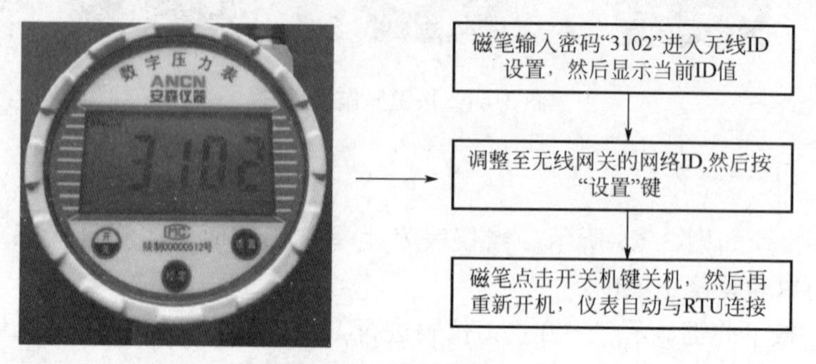

图 3.67 设置无线 ID

3.4.4.6　无线数据发送间隔时间

无线数据发送间隔时间如图 3.68 所示。注意：无线数据发送间隔时间有效范围为 1~6000s。

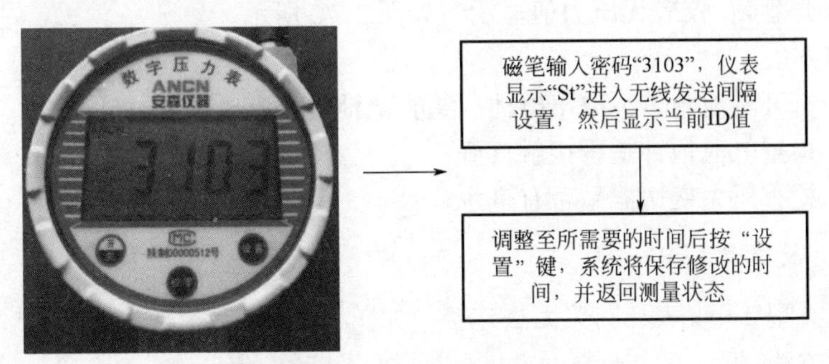

图 3.68　无线数据发送间隔时间

输入“3101”：
密码确认后，仪表显示“bS”，表示进入无线仪表状态查询，然后显示当前状态对应的数值

图 3.69　无线状态查询示图

3.4.4.7　无线状态查询

无线状态查询如图 3.69 所示。不同数值代表不同的状态，见表 3.8。

表 3.8　不同数值及状态

状态数值	状态说明
0	无线关断状态
1	无线连接关断，等待重新连接
2	无线复位等待状态
3	无线复位状态
4	无线连接状态
5	无线数据发送等待回复状态

3.4.5 无线压力变送器故障处理

3.4.5.1 故障类型 1

故障类型 1：仪表无压力值显示，如图 3.70 所示。

处理方法：

（1）打开电池仓盖，取出电池，检查电池是否有电；

（2）检查电池顶针是否接触良好；

（3）检查压力变送器是否有进水。

3.4.5.2 故障类型 2

故障类型 2：仪表与网关无法连接，如图 3.71 所示。

处理方法：

（1）检查变送器无线 ID 与网关 ID 是否一致；

（2）检查网关天线是否完好；

（3）检查网关供电是否正常；

（4）检查变送器与网关之间是否有遮挡严重或者无线网关天线过低现象。

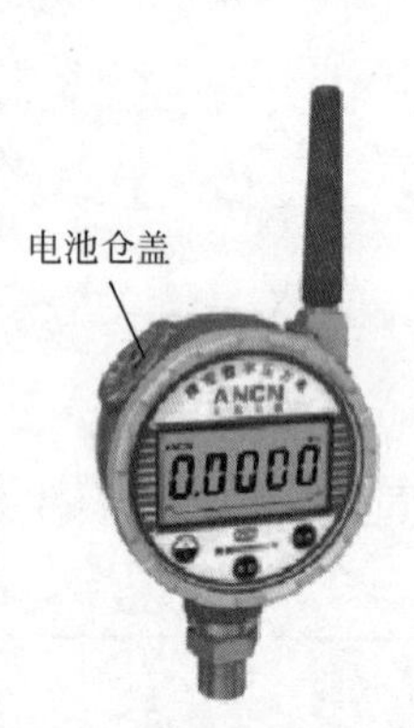

图 3.70 仪表无压力值显示故障

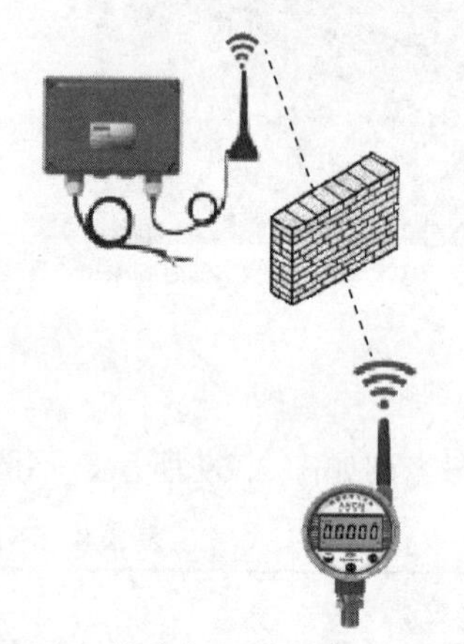

图 3.71 仪表与网关无法连接故障

3.4.6 无线压力变送器日常维护

3.4.6.1 电气连接处的检查

（1）定期检查接线端子的电缆连接，确认端子接线牢固；

（2）定期检查导线是否有老化、破损的现象。

3.4.6.2 产品密封性的检查

(1) 定期检查取压管路及阀门接头处有无渗漏现象;

(2) 定期检查电缆进线口是否有密封不严或密封圈老化、破损现象;

(3) 定期检查壳体前后盖是否有未拧紧或密封圈老化、破损现象。

3.4.6.3 特殊介质下使用的检查

对于含大量泥砂、污物的介质,应当定期排污、清洗浮球。

3.5 无线温度变送器

3.5.1 无线温度变送器结构

无线温度变送器主要由温度传感器、信号处理电路和通信电路、无线传输设备组成,如图3.72所示。

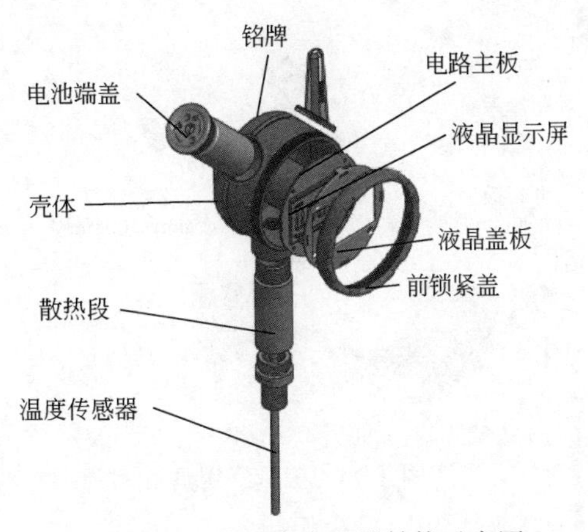

图3.72 无线温度变送器结构示意图

3.5.2 无线温度变送器原理

无线温度变送器采用热电偶、热电阻作为测温元件,从测温元件输出信号送到变送器模块,经过稳压滤波、运算放大、非线性校正、V/I转换、恒流及反向保护等电路处理后,转换成与温度呈线性关系的4~20mA电流信号、0~5V/0~10V电压信号、RS485数字信号输出,然后将信号用Zigbee无线技术进行数据传输。传输设备如图3.73所示。

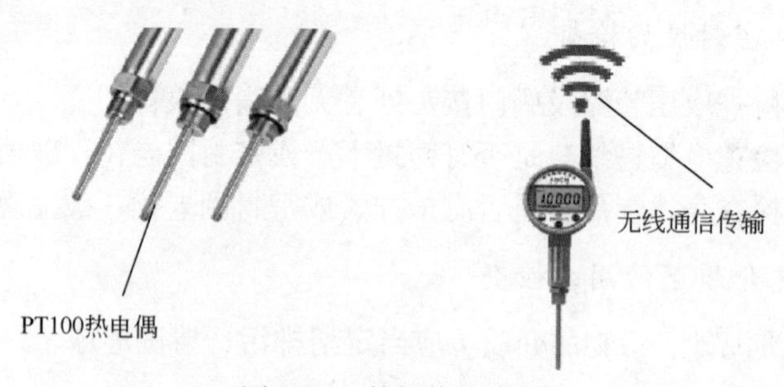

图 3.73　数据传输设备

3.5.3　无线温度变送器安装

3.5.3.1　工具、用具准备

工具、用具如图 3.74 所示。

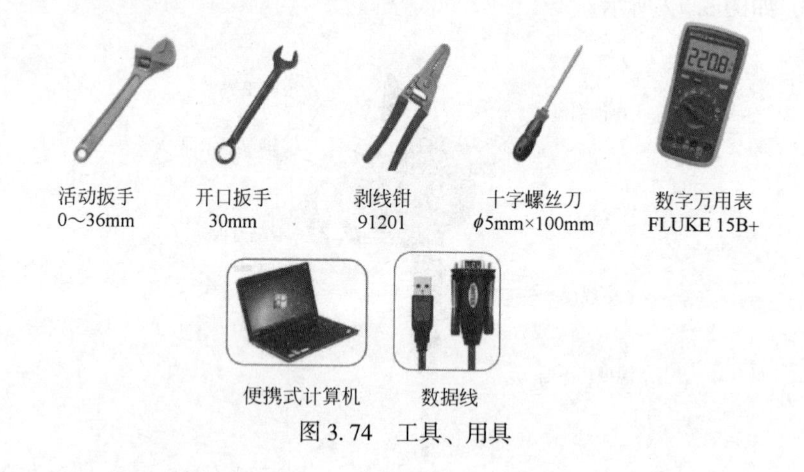

图 3.74　工具、用具

3.5.3.2　标准化操作步骤

1）安装无线温度保护管

关闭管道阀门；将温度保护管套上紫铜垫片，然后安装到管道的焊接螺纹座上，用 30mm 的开口扳手锁紧。

2）安装无线温度变送器

安装无线温度变送器，如图 3.75 所示。

在保护套管中加入导热油；将无线温度变送器安装到 M20mm×1.5mm 的温度保护管的螺纹上面，保护管用 30mm 的开口扳手扣住，然后用 0~36mm 活动扳手卡住无线温度变送器的六方处，锁紧无线温度变送器；调整好无线温度变送器的表头方向后，将六方扁螺母用活动扳手锁紧即可。

图 3.75　无线温度变送器安装示意图

3.5.3.3　技术要求

（1）确认产品连接方式及安装尺寸，如图 3.76 所示。注意：常用传感器连接螺纹尺寸为 M20mm×1.5mm，保护管连接螺纹尺寸为 M27mm×2mm。

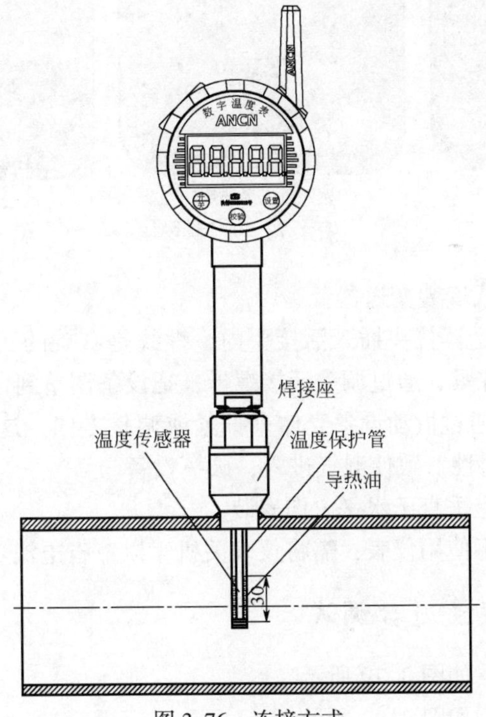

图 3.76　连接方式

（2）无线温度传感器的安装要求，如图 3.77 所示。一般情况下，仪表可以直接安装在测量管道的接口上，为便于安装和维修，管道内应安装保护套管，建议温度探头应该安装至被测体中心，并注意保证流体方向。

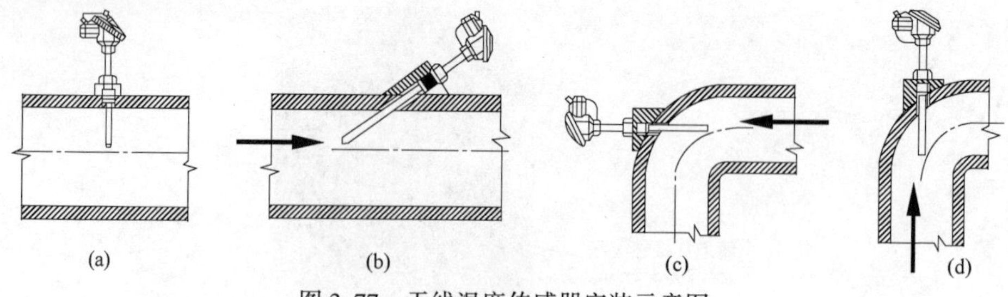

图 3.77　无线温度传感器安装示意图

（3）安装密封垫，密封方式为软密封和硬密封，密封材料如图 3.78 所示。一般 10MPa 以下，可以采用软密封。

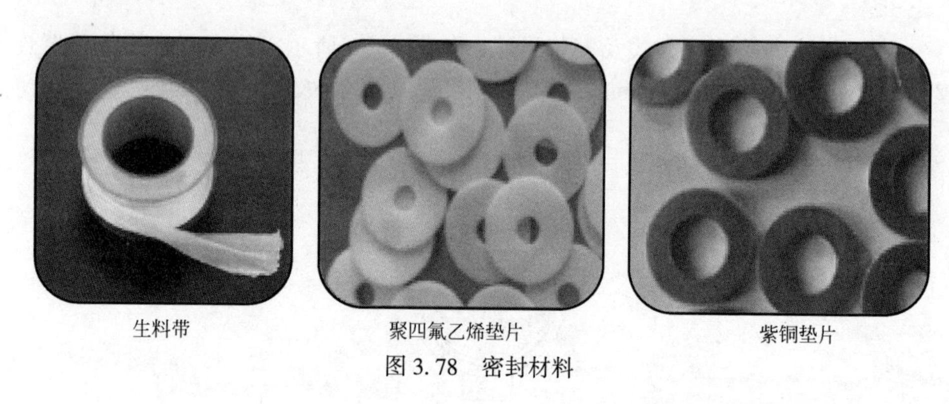

图 3.78　密封材料

（4）螺纹连接式安装变送器：

① 小心地把变送器接头插入活接头内，螺纹是右旋的，用两把开口扳手通过六角平面把设备拧紧，通过调整活接螺母，把设备调整到合适的方向。

② 警告：不要通过扳动设备壳体来拧紧或调整方向，这样会拉断传感器连线，破坏外壳的密封性，致使湿气进入，破坏设备。

（5）仪表应向上垂直于水平方向安装。

（6）若长时间不使用仪表，需将仪表关机，以节省电池功耗。

3.5.4　无线温度变送器调试

（1）按键功能，如图 3.79 所示。

（2）按键操作，如图 3.80 所示。

（3）校零操作。当仪表发生零位漂移时，在检测状态下按“Z”键可以自动修正零，如图 3.81 所示。按下“Z”建显示“-00-”，仪表进行零点校准，正常时自动退出并保存当前温度和显示“0℃”；如果温度与冰水混合物相差较大或仪表故障则显示“Erro0”，然后放弃保存并返回检测状态。此时应确认是否在冰水混合物校零，或联系厂家检测仪表是否正常。注：仪表校零功能必须在零摄氏度（冰水混合物）的状态下校零方可有效。

【设置】键：
设置：显示状态下进入设置状态
保存：设置状态下具有确认保存功能
【开关】键：
开关：显示状态下具有开关机功能
增加：设置状态下尾数加1
【校零】键：
校零：显示状态下具有校零功能
左移：设置状态下数字左移

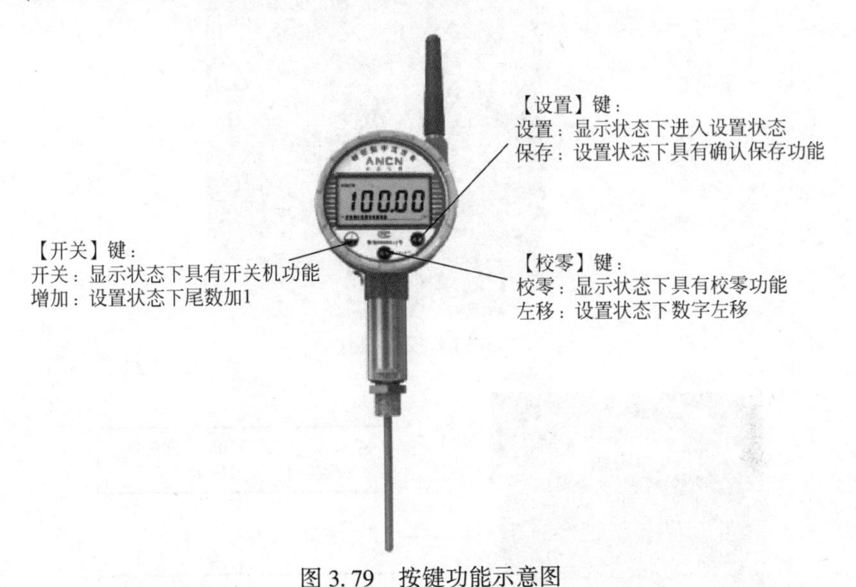

图 3.79 按键功能示意图

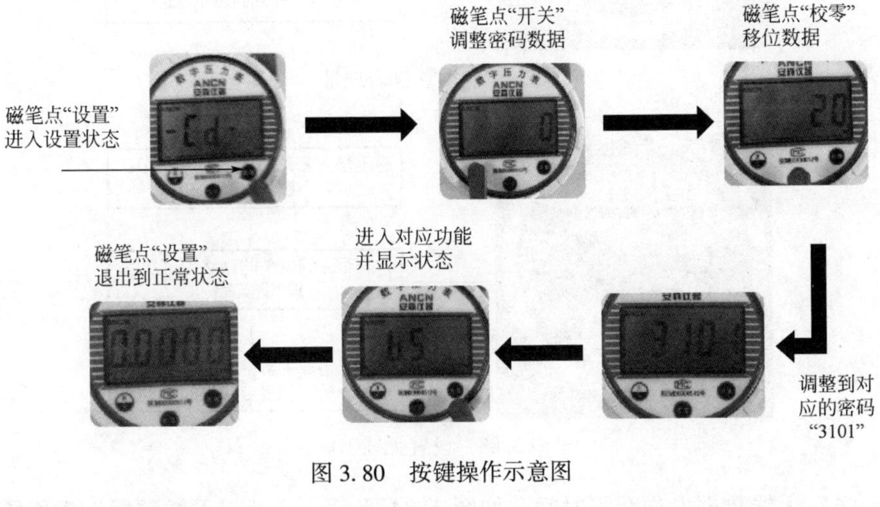

磁笔点“设置”
进入设置状态
磁笔点“开关”
调整密码数据
磁笔点“校零”
移位数据
调整到对
应的密码
“3101”
进入对应功能
并显示状态
磁笔点“设置”
退出到正常状态

图 3.80 按键操作示意图

（4）设置仪表地址，如图 3.82 所示。注意：无线仪表存在多个设备时需要分配地址，保证无线网关在接收数据时按地址顺序分配。一个无线仪表可设置地址为 1。

（5）设置无线 ID，如图 3.83 所示。注意：务必确保无线仪表的网络 ID 和无线网关一致。

图 3.81　校零操作

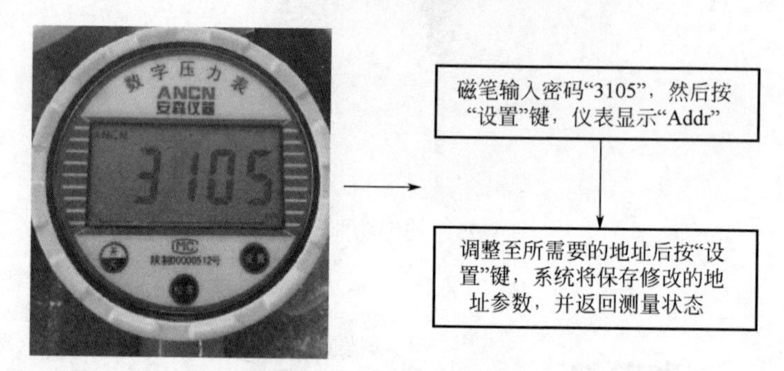

图 3.82　设置仪表地址

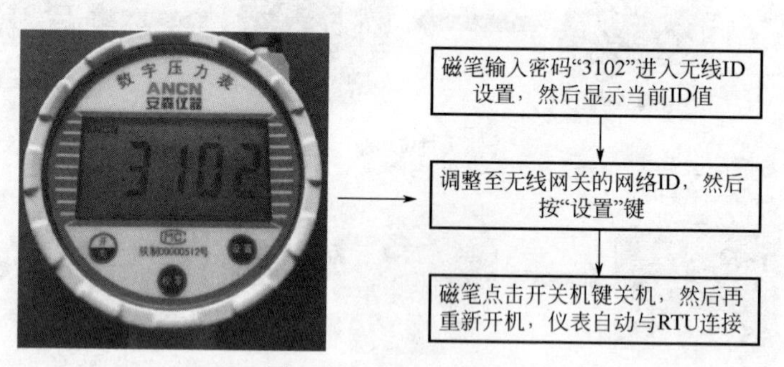

图 3.83　设置无线 ID

（6）无线数据发送间隔时间，如图 3.84 所示。注意：无线数据发送间隔时间有效范围为 1~6000s。

（7）无线状态查询，如图 3.85 所示。输入“3101”，密码确认后，仪表显示“bS”，表示进入无线仪表状态查询，然后显示当前状态对应的数值。不同数值代表不同的状态，见表 3.9。

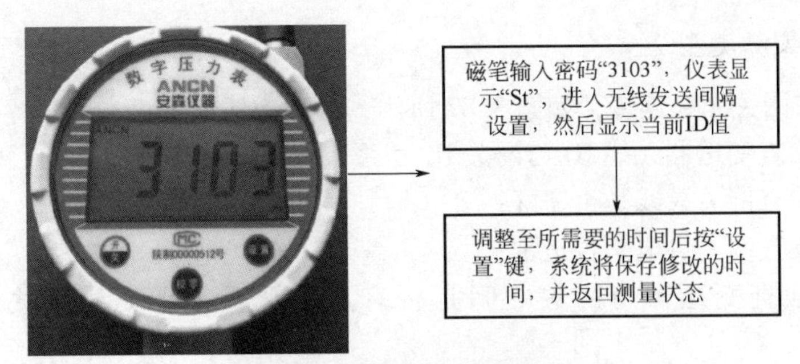

图 3.84　无线数据发送间隔时间

图 3.85　无线状态查询

表 3.9　状态和数值对照表

状态数值	状态说明
0	无线关断状态
1	无线连接关断，等待重新连接
2	无线复位等待状态
3	无线复位状态
4	无线连接状态
5	无线数据发送等待回复状态

3.5.5　无线温度变送器故障处理

3.5.5.1　故障类型 1

仪表无温度值显示，如图 3.86 所示，处理方法如下：

(1) 打开电池仓盖，取出电池，检查电池是否有电；

(2) 检查电池顶针是否接触良好；

(3) 检查压力变送器是否有进水。

3.5.5.2 故障类型 2

仪表与网关无法连接，如图 3.87 所示，处理方法如下：

（1）检查变送器无线 ID 与网关 ID 是否一致；

（2）检查网关天线是否完好；

（3）检查网关供电是否正常；

（4）检查变送器与网关之间是否有遮挡严重或者无线网关天线过低现象。

图 3.86 仪表无温度值显示故障

图 3.87 仪表与网关无法连接故障

3.5.6 无线温度变送器日常维护

3.5.6.1 电气连接处的检查

（1）定期检查接线端子的电缆连接，确认端子接线牢固；

（2）定期检查导线是否有老化、破损的现象。

3.5.6.2 产品密封性的检查

（1）定期检查取压管路及阀门接头处有无渗漏现象；

（2）定期检查电缆进线口是否有密封不严或密封圈老化、破损现象；

（3）定期检查壳体前后盖是否有未拧紧或密封圈老化、破损现象。

3.5.6.3 特殊介质下使用的检查

对于含大量泥砂、污物的介质，应当定期排污、清洗浮球。

3.6 质量流量计

3.6.1 基础概念

流体在旋转的管内流动时会对管壁产生一个力，它是科里奥利在1832年研究轮机时发现的，简称科氏力。在1977年由美国高准（Micro Motion）公司的创始人根据此原理研发出世界上第一台可以实际使用的质量流量计。质量流量计以科氏力为基础，在传感器内部有两根平行的流量管，中部装有驱动线圈，两端装有检测线圈；变送器提供的激励电压加到驱动线圈上时，振动管做往复周期振动，工业过程的流体介质流经传感器的振动管，就会在振动管上产生科氏力效应，使两根振动管扭转振动，安装在振动管两端的检测线圈将产生相位不同的两组信号，这两个信号的相位差与流经传感器的流体质量流量成比例关系。计算机解算出流经振动管的质量流量。不同的介质流经传感器时，振动管的主振频率不同，据此解算出介质密度。安装在传感器振动管上的铂电阻可间接测量介质的温度。

质量流量计可直接测量通过流量计的介质的质量流量，还可测量介质的密度及间接测量介质的温度。由于变送器是以单片机为核心的智能仪表，因此可根据上述三个基本量而导出十几种参数供用户使用。质量流量计组态灵活、功能强大、性能价格比高，是新一代流量仪表。

测量管道内质量流量的是流量测量仪表。在被测流体处于压力、温度等参数变化很大的条件下，若仅测量体积流量，则会因为流体密度的变化带来很大的测量误差。在容积式和差压式流量计中，被测流体的密度可能变化30%，这会使流量产生30%~40%的误差。随着自动化水平的提高，许多生产过程都对流量测量提出了新的要求。化学反应过程是受原料的质量而不是体积控制的。蒸气、空气流的加热和冷却效应也是与质量流量成比例的。产品质量的严格控制、精确的成本核算、飞机和导弹的燃料量控制，都需要精确的质量流量。因此质量流量计是一种重要的流量测量仪表。

3.6.2 质量流量计的原理

质量流量计采用感热式测量，通过分体分子带走的分子质量多少来测量流量。因为是用感热式测量，所以不会因为气体温度、压力的变化而影响到测量的结果。质量流量计是一个较为准确、快速、可靠、高效、稳定、灵活的流量测量仪表，在石油加工、化工等领域将得到更加广泛的应用，将在推动流量测量上显示出巨大的潜力。质量流量计是不能控制流量的，它只能检测液体或者气体的质量流量，通过模拟电压、电流或者串行通信输出流量值。但是，质量流量控制器，是可以检测的同时又可以进行控制的仪表。质量流量控制器本身除了测量部分，还带有一个电磁调节阀或者压电阀，这样质量流量控制器本身构成一个闭环系统，用于控制流体的质量流量。质量流量控制器的设定值可以通过模拟电压、模拟电流或者计算机、PLC 提供。

3.6.3 质量流量计的特点

质量流量计有以下特点：

（1）适用于多种介质；

（2）测量准确度高；

（3）无直管段要求；

（4）可靠性好；

（5）维修率低；

（6）具有核心处理器。

3.6.4 质量流量计的现场应用

现场通用的是科里奥利质量流量计。科里奥利质量流量计是利用科里奥利力效应进行质量流量测量的仪表。

3.6.4.1 科式质量流量计的优点

（1）直接测量质量流量，有很高的测量精确度。

（2）可测量流体范围广泛，包括高黏度的各种液体、含有固形物的浆液、含有微量气体的液体、有足够密度的中高压气体。

（3）测量管的振动幅度小，可视作非活动件，测量管路内无阻碍件和活动件。

（4）对迎流流速分布不敏感，因而无上下游直管段要求。

（5）测量值对流体黏度不敏感，流体密度变化对测量值的影响微小。

（6）可做多参数测量，如同期测量密度，并由此派生出测量溶液中溶质的浓度。

（7）可同时推算出体积流量，并计算双组分流体成分比。

3.6.4.2 液体质量流量计的适用场所

（1）汽油、柴油的计量，如各大油库及汽车、火车、船舶的装卸。

（2）原油的计量，如各油田的分站计量、联合站进出站的计量、厂区之间的计量。

（3）化工介质的计量，如各大炼化企业、化工厂、化工储运公司。

（4）油田的单井计量，如油，油水混输，气体少于10%的油气水混输的计量。

（5）各种场所的燃油锅炉的燃油计量。

（6）船舶油水计量。

（7）食用油和酒的计量。

（8）药液混配的计量。

3.6.4.3 选型及注意事项

（1）质量流量计获得良好使用的几个关键环节包括选型、安装、初次投运。

（2）质量流量计的选型，包括被测流体的类型、安全性、流量范围、准确度、压力损失、其他因素。

（3）被测流体的类型。

① 液体、气体、固液混合物。

② 黏度不高的纯净液体对测量管的形状要求不高。

③ 当测量高黏度液体时，宜采用弯曲较少的管型。

（4）安全性。

① 腐蚀性介质。目前使用的316L不锈钢不能用于测量酸性介质和含卤素粒子（如Cl^-）的介质，但可用于碱性介质。

② C22哈氏合金可用于酸性环境。

③ 工艺压力，选型样本上提供有1.6MPa、2.5MPa、4.0MPa、6.4MPa、10MPa、16MPa、25MPa等数种选项。

④ 工艺温度为-40~250℃。

⑤ 防爆。

（5）压力损失。

① 压力损失是指流体克服阻力（例如流过流量计）所引起的不可恢复的压力值。

② 质量流量计的压力损失，即质量流量传感器两端的压力差，它与流体的性质、流体的流动状态以及质量流量传感器的结构参数有关。

③ 当流体的密度、黏度和流量确定后，流量计的压力损失取决于结构。对于科氏力质量流量计，取决于口径、流通面积和测量管形状。

④ 介质的密度、黏度、流量。

⑤ 流量计的管型、口径。

⑥ 工艺管线中的流量以及允许的压力损失。

⑦ 高黏度介质。

⑧ 易汽化介质。

(6) 压力损失对选型的影响。

① 工艺管线中的流量以及允许的压力损失。

② 传感器在允许压力损失条件下是否满足测量准确度的要求。

③ 过程流体黏度和密度的变化对压力损失的影响。

④ 避免因压力损失过大使液体汽化。

(7) 高黏度介质的选型和使用。

① 对于高黏度介质，口径适当要选大些，避免压力损失过大。

② 为了更好地测量，一般采用在外壳上缠绕伴热带或者使用蒸汽伴热。

(8) 其他因素。

① 附加测量性能的要求。

② 密度、温度。

③ 体积流量。

④ 双组分介质百分比。

3.6.4.4 质量流量计的安装

(1) 避免或减少安装造成的应力 (例如管道法兰端面不平，使用传感器支撑管道)。

(2) 安装在管道最低处，保证工作时流体充满流量计。

(3) 避免电磁和射频干扰 (远离大电动机、射频发送设备、变压器、变频器、大功率电开关、高压电缆)。

(4) 做好接地。

(5) 避免振动。

(6) 软管隔离，附加支撑。

(7) 同一管线上安装两台以上质量流量计，应防止其互相干扰 (拉长间距，2m 以上或 3 倍传感器长度，或者在其间加软管)。

(8) 危险场所使用防爆型产品并正确安装。

(9) 露天安装尽量使引线开口朝下。

3.6.4.5 质量流量计的使用

(1) 安装完成后，检查管道和电缆连接情况，检查供电电压、供电连接、输出连接、接地情况。

(2) 检查无误，上电预热 10~20min。

(3) 上电预热的同时，让足够的工艺流体流过传感器，使测量介质充满测量管，并使传感器温度与工艺温度达到平衡。

(4) 先关闭下游阀，再关闭上游阀，执行零点标定。

3.6.4.6　质量流量计的几个关键参数

（1）质量流量。

（2）密度，温度。

（3）频率，时间。

（4）驱动均值和峰值。

（5）驱动功率。

（6）左右幅值。

3.6.4.7　质量流量计的构造

质量流量计包括表头和传感器这两个基本结构，如图 3.88 和图 3.89 所示。

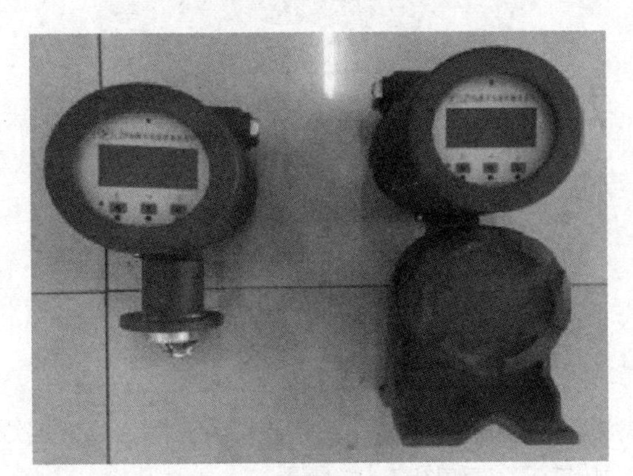

图 3.88　质量流量计表头

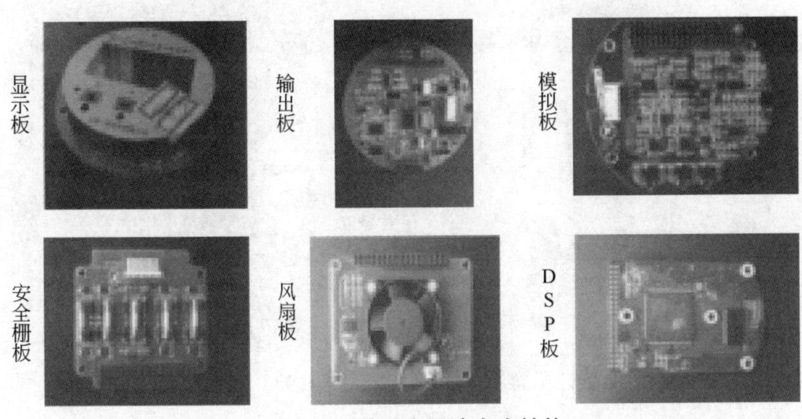

图 3.89　质量流量计表头结构

3.7 一体化差压流量计

3.7.1 一体化差压流量计的原理

充满管道的流体流经节流体时，流体会形成局部收缩，使流速加快，在节流体前后便产生压差，流速越高形成的压差越大，所以可以通过测量压差的大小反映流量的大小。这种测量方法是以流动连续性方程（质量守恒定律）和伯努利方程式（能量守恒定律）的原理为基础的，如图 3.90 所示。

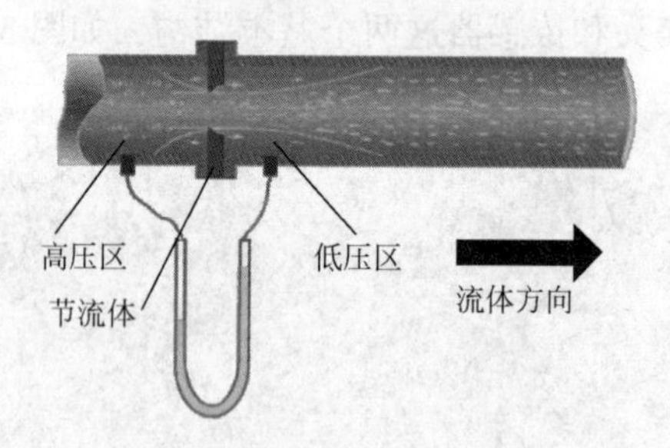

图 3.90 一体化差压流量计原理示意图

3.7.2 一体化差压流量计结构

一体化差压式流量计由一次装置（差压式流量计）和二次装置（多参量流量变送器）组成，如图 3.91 和图 3.92 所示。

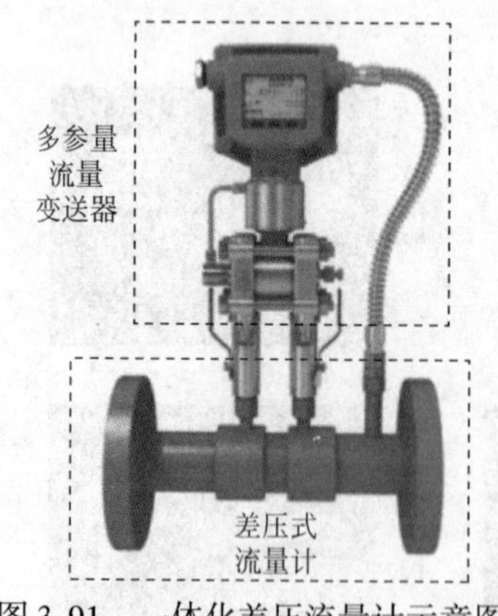

图 3.91 一体化差压流量计示意图

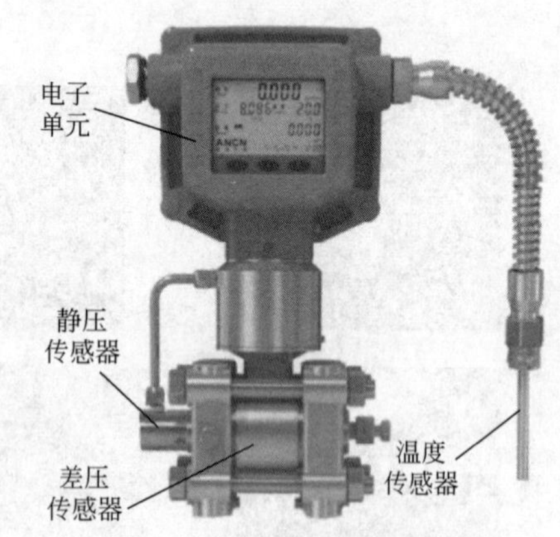

图 3.92 多参量流量变送器

节流装置（图 3.93）包括：

（1）标准节流装置：根据标准文件设计、制造、安装和使用，无须实流标定，包括孔板、喷嘴、文丘里管，如图 3.94 所示。

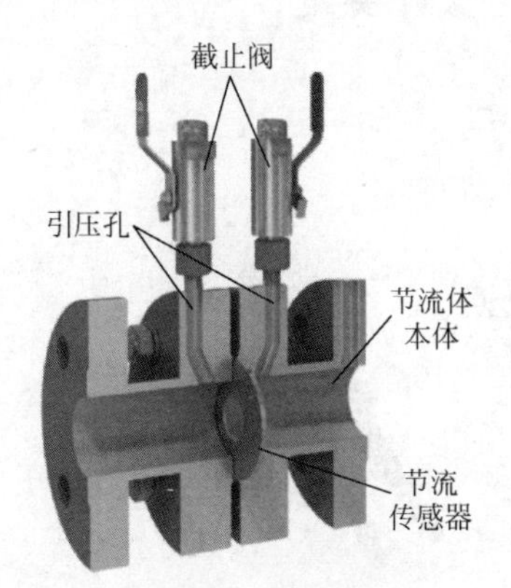

图 3.93　节流装置

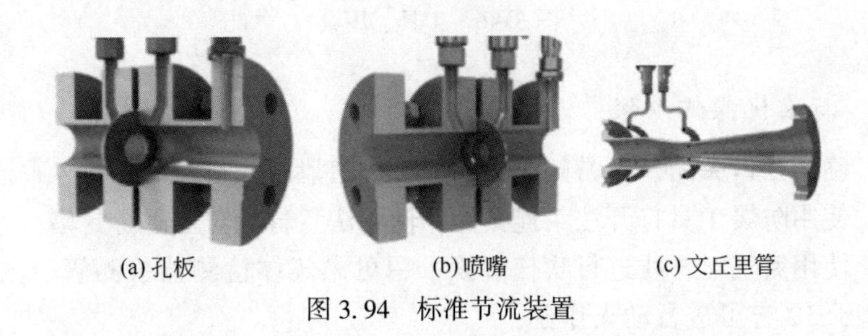

图 3.94　标准节流装置

（2）非标准节流装置：与标准节流元件相异，无标准文件，需实流标定，包括平衡、楔形、锥形、弯管、矩形、匀速管等类型，如图 3.95 所示。

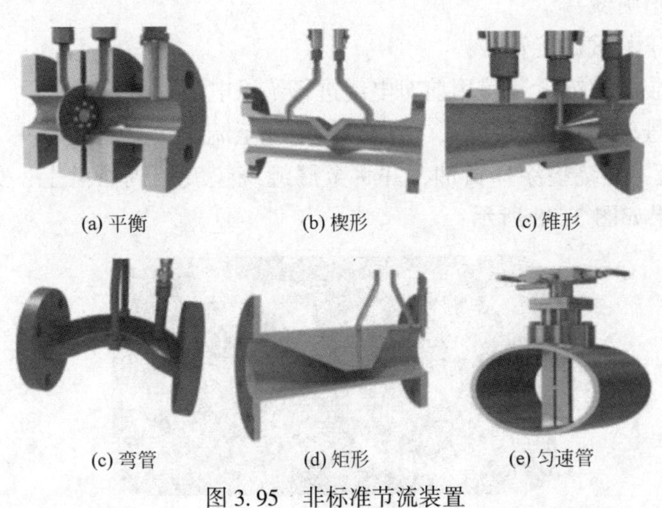

图 3.95　非标准节流装置

3.7.3 一体化差压流量计安装

3.7.3.1 工具、用具准备

工具、用具如图 3.96 所示。

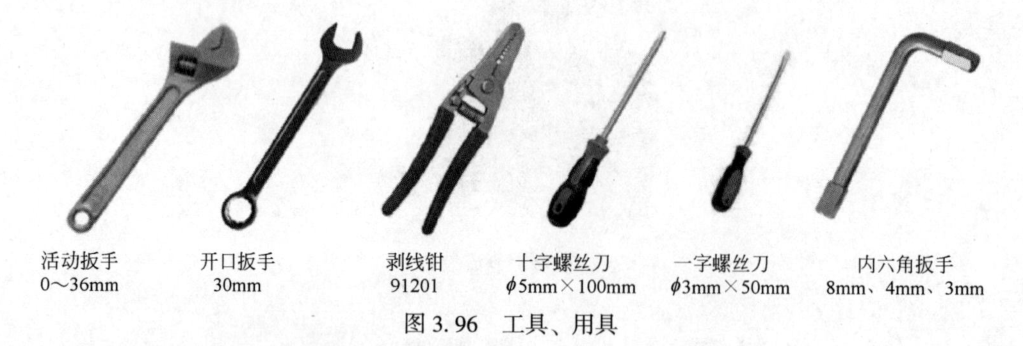

图 3.96 工具、用具

3.7.3.2 标准化操作步骤

（1）确认井口关闭、下游阀门关闭，对管道泄压放空；

（2）使用防爆工具打开法兰连接处，使用法兰盲板对上下游封堵；

（3）使用氮气对管线进行吹扫置换，用可燃气体检测器检测管道内可燃气体浓度小于 5%方可进行动火作业；

（4）对管线进行切割，焊接工艺法兰；

（5）对焊点进行质量检验；

（6）管道喷漆；

（7）水压测试焊接管线；

（8）铠装电缆铺设，使用前对电缆进行绝缘电阻测试；

（9）信号传输线穿镀锌管、防爆管，预埋至流量计安装位置；

（10）金属缠绕垫涂抹黄油，并将金属缠绕垫安装到法兰上，如图 3.97 所示，安装结果如图 3.98 所示；

图 3.97 金属缠绕垫

（11）用螺栓连接流量计法兰与管道法兰，对角紧固，并确保与管道同轴。

图 3.98　安装示意图

3.7.3.3　电气连接

根据电气接线图进行电气连接，如图 3.99 所示。

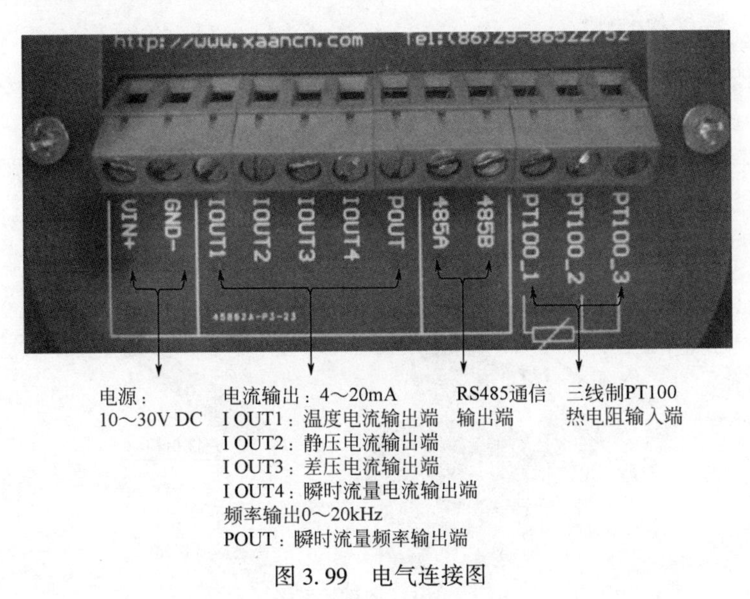

图 3.99　电气连接图

(1) 安装后盖，紧固表头顶丝，安装流量计支架，现场安装结果如图 3.100 所示；

(2) 关闭流量计泄压阀，打开流量计引压球阀。

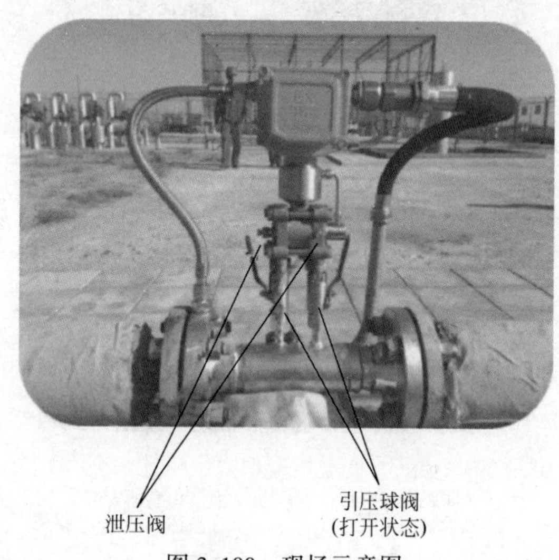

图 3.100　现场示意图

3.7.4　一体化差压流量计调试

3.7.4.1　按键操作

1) 按键定义

按键如图 3.101 所示，其功能定义见表 3.10。

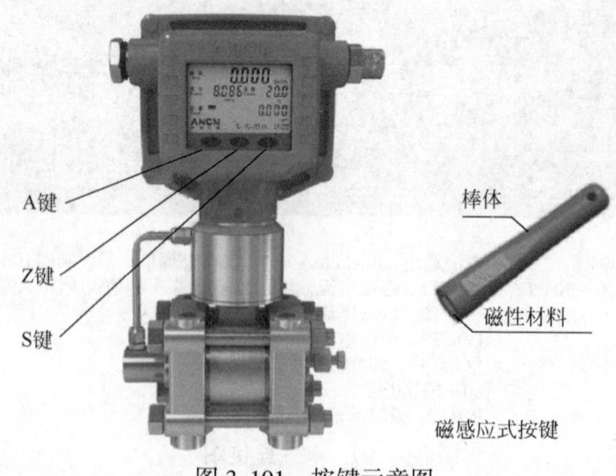

图 3.101　按键示意图

表 3.10　按键功能定义

按键	功能定义	
	显示状态/测量状态	设置状态
设置 S 键	进入设置状态	确认，保存，返回上一级菜单
开关 A 键	开机，关机	末尾数字累加 1
校零 Z 键	零位校准	数字位左移一位，末尾补 0

2）仪表解锁

解锁：输入密码“2704”后，按“S”键确定，将显示“unlock”，表示当前菜单已经解锁，可以输入其他密码，进入相应功能菜单。解锁 10min 后，系统自动将菜单上锁上，锁状态下，除了输入“菜单解锁”密码，其他密码均无作用。

3）通信参数设置

（1）地址设置。输入密码“485”后，按“S”键确定，提示“Addr”，延时 1s 后显示当前地址。按“A”键对个位数字进行向上累加，按“Z”键对整体数字向左移位，地址最多为 3 位，且有效地址为 1~255。待地址设置完毕后，按“S”键确定，若提示“Err”，则表示设置有误，本次操作无效并返回默认显示界面；若提示“done”，则表示设置成功，延时 1s 后返回默认显示界面。

（2）波特率设置。输入密码“1485”后，按“S”键确定，系统显示当前波特率对应的数值，按“A”键、“Z”键选择希望使用的波特率，按“S”键确定，提示“done”，表示设置完毕，延时 1s 后返回默认显示界面，数值对应的波特率表 3. 11。

表 3.11　数值对应的波特率

数值	0	1	2	3	4
波特率	1200	2400	4800	9600	19200

4）流量系数设置

输入密码“1656”后，按“S”键确定，将显示当前流量系数（系数与对应计算书和节流装置牌系数设置一致）。按“A”键对最后一位数字进行向上累加，按“Z”建对整体数字向左移位，该系数为浮点型，最多为 3 位小数。待系数设置完毕后，按“S”键确定，将提示“done”，表示设置成功，延时 1s 后返回默认显示界面。

5）小信号切除

输入密码“3301”后，按“S”键确定，将显示当前差压小信号切除系数，该系数有效范围为 0~0. 999（过滤差压零波动与零点修正范围）。按“A”键对最后一位数字进行向上累加，按“Z”键对整体数字向左移位，当系数输入完毕后，按“S”键确定，将提示“done”，延时1s后返回默认显示界面。

6）大气压设置

输入密码“1655”后，按“S”键确定，仪表将显示当前绝压系数，核对是否与当地标准大气压一致，如不一致将其更改为当地标准大气压。按“A”键对最后一位数字进行向上累加，按“Z”键对整体数字向左移位，该系数为浮点型，最多为3位小数。若要重新设置该系数，可一直按“Z”键对数字进行左移，直到显示为0（系统中系数清零的方法均为这样，后面不再描述），然后再进行设置。待系数设置完毕后，按“S”键确定，将提示“done”，表示设置成功，延时1s后返回默认显示界面。

7）时间设置

输入密码“1800”，当进入设置界面后，液晶显示屏右下方日期时间中待修改数字会闪烁，按“A”键进行向上累加，按“Z”键切换预修改的数字位，待全部日期时间数字位修改完毕，按“S”键显示“done”，延时1s后保存并返回默认显示界面。注：系统不会对所设定日期时间合理性进行检查。

8）数据格式设置

输入密码“3100”后，按“S”键确定，将显示当前值，当前值有效范围为0~1。按“A”键对当前值进行向上累加，当前值输入完毕后，按“S”键确定，将提示“done”，延时1s后返回默认显示界面。

3.7.4.2 通信测试

测试工具如图3.102所示。

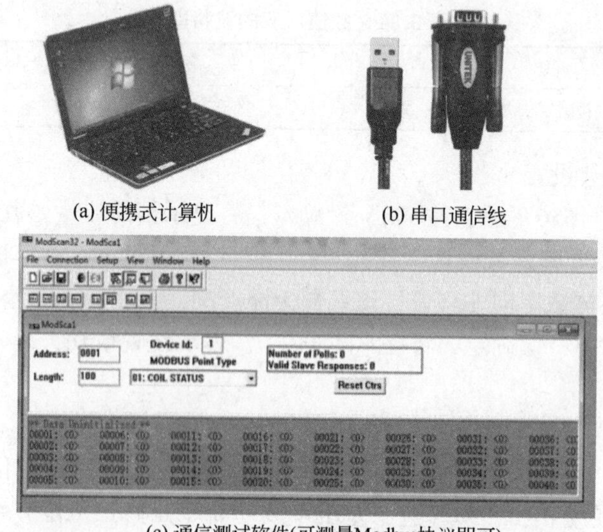

(a) 便携式计算机

(b) 串口通信线

(c) 通信测试软件(可测量Modbus协议即可)

图3.102 测试工具

测试方法如下：

（1）安装 ModScan32 软件。

（2）连接串口通信线。连接线 USB 转 485 通信线到仪表 485 通信口，注意连接 RS485A、RS485B 接线位置准确。USB 线插入计算机。

（3）仪表通电。

（4）查询 USB 串口端口号，如图 3.103 所示。

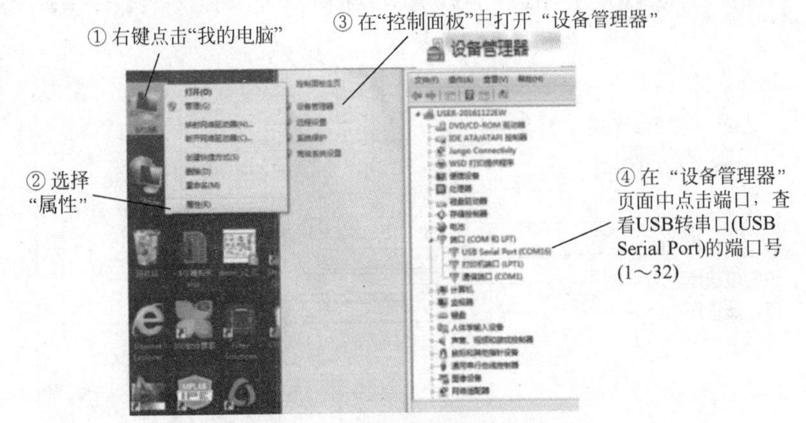

图 3.103　查询 USB 串口端口号

① 打开 ModScan32 软件，通信连接如图 3.104 所示。

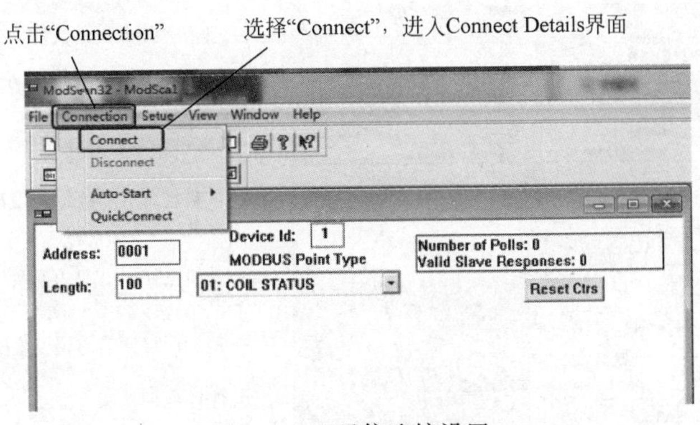

图 3.104　通信连接设置

② 设置连接参数，如图 3.105 和图 3.106 所示，不同功能的参数见表 3.12。软件设置如图 3.107 所示。

表 3.12　不同功能的参数表

功能	地址	字节数	数据格式
瞬时流量	40001	4	32 位浮点数

续表

功能	地址	字节数	数据格式
累计流量	40003	4	32 位浮点数
管道温度	40005	4	32 位有符号整型/32 位浮点数
管道绝对压力	40007	4	32 位有符号整型/32 位浮点数
管道差压	40009	4	32 位有符号整型/32 位浮点数

注：管道温度、管道绝对压力、管道差压出厂是 32 位有符号整型，可设置为 32 位浮点数；功能码为“03”。

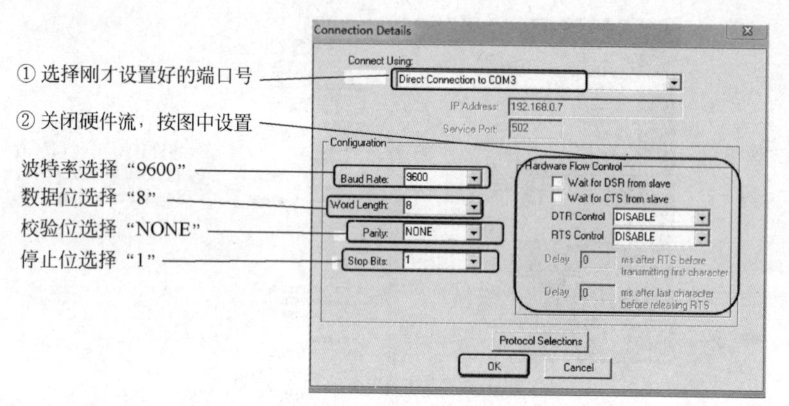

图 3.105　设置连接参数

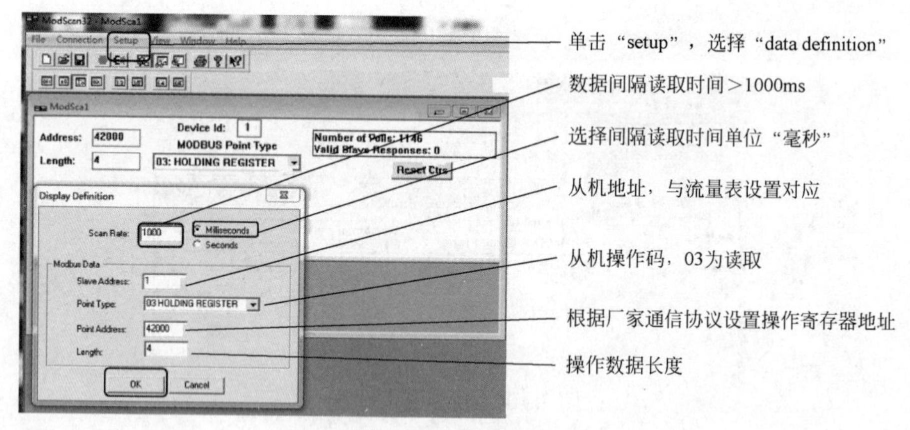

图 3.106　设置参数

3.7.5　一体化差压流量计故障处理

处理故障的基本思路是：（1）检查静压、差压传感器的零位是否在设计范围内。静压为当地大气压（0.097MPa 左右），差压值在放空时为 0kPa。（2）检查流量计仪表系数与铭牌数据是否相同。

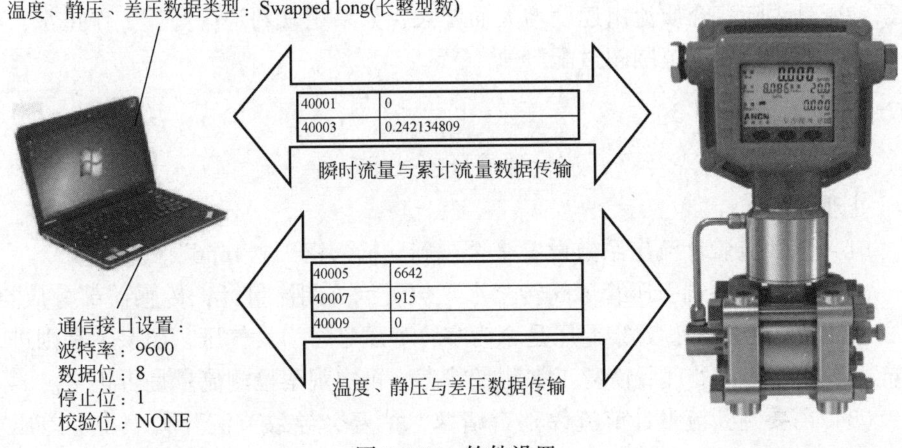

图 3.107　软件设置

3.7.5.1　故障类型 1

故障类型 1：差压、静压零点漂移现象。多参量流量计阀门如图 3.108 所示。

处理方法：

(1) 将高低压端引压管球阀转至水平位置，关闭，截流。

(2) 打开高低压端泄压阀对传感器内部进行放空，注意泄压孔位置，注意安全。

(3) 输入密码“2704”解锁，再输入密码“1255”进行差压零位修正；或者输入密码“1256”进行静压零位修正。

(4) 当静压、差压通大气时，若零点误差超过可修正范围，则需联系售后解决。

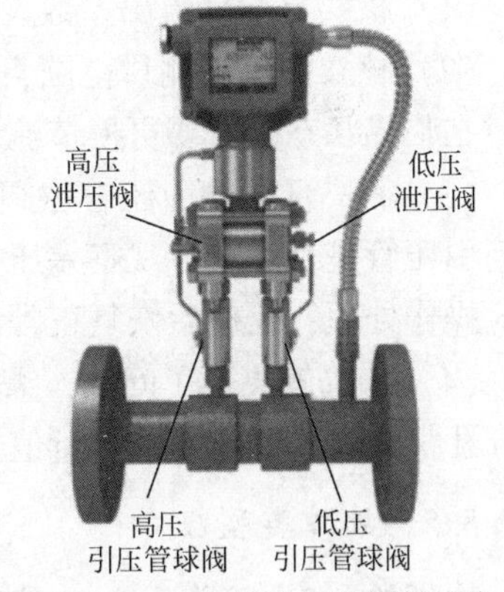

图 3.108　多参量流量计阀门示意图

3.7.5.2　故障类型 2

故障类型 2：正常生产，流量计无流量显示。

处理方法：

(1) 核实流量计流出系数设置是否正确，输入密码“1656”。

(2) 将高低压端引压管球阀转至水平位置，关闭流量计。

（3）放空传感器泄压阀，观察差压是否为零，静压是否为大气压，如果不是则进行差压零位修正和静压零位修正；处理后恢复正常测量状态，如果检测出流量则处理完成。

（4）使用扳手缓慢从流量计低压泄压阀排介质，模拟流体流动状态，同时观察差压是否随着介质流出速度增大而增大，如果正常判定流量计工作正常，故障判定为流量计测量范围超过配产值。

3.7.5.3 故障类型3

故障类型3：正常生产，流量计流量超过配产量。

处理方法：

（1）核实流量计流出系数设置是否正确，输入密码“1656”。

（2）将高低压端引压管球阀转至水平位置，关闭流量计；传感器部分放空，判断引压管是否堵塞，观察差压是否为零，静压是否为大气压，如果不是则进行相应的操作处理；处理后恢复正常测量状态，再次观察检测流量是否正常。

（3）需要判断流量计节流件是否堵塞，堵塞会导致节流开孔缩小、差压变大、测量值错误；整体拆除流量计，观察是否存在堵塞。

3.7.5.4 故障类型4

故障类型4：正常生产，流量计流量低于配产量。

处理方法：

（1）核实流量计流出系数设置是否正确，输入密码“1656”。

（2）核实流量计测量范围，如果配产值远低于流量计测量范围会导致差压测量在临界状态，需要更换节流装置。

（3）将高低压端引压管球阀转至水平位置，关闭流量计，传感器部分放空，判断引压管是否堵塞，观察差压是否为零，静压是否为大气压，如果不是则进行相应操作处理；处理后恢复正常测量状态，再次观察检测流量是否正常。

（4）若仍解决不了问题，需要判断流量计节流件是否磨损，磨损会导致节流开孔扩大、差压变小、测量值错误，整体拆除流量计，观察节流件是否破损。

3.7.5.5 故障类型5

故障类型5：正常生产，流量计波动较大。

处理方法：

（1）将高低压端引压管球阀转至水平位置，关闭流量计；观察流量计是否存在波动，如果不波动则认为管道内流通的介质波动，如果仍存在波动则流量计检测传感器故障。

（2）使用扳手缓慢从流量计高低压泄压阀排介质，观察介质内是否存在杂质，测量气体时如果存在水等液体时测量差压跳动比较大，随之流量波动会很大。

（3）若仍解决不了问题，需要判断流量计节流件是否磨损，磨损会导致节流开孔扩大差压变小测量值错误，整体拆除流量计，观察节流件是否破损。

3.7.5.6　故障类型6

故障类型6：停产，流量计显示流量。

处理方法：

（1）将高低压端引压管球阀转至水平位置，关闭流量计；传感器部分放空，观察引压管是否堵塞，观察差压是否为零，静压是否为大气压，如果不是进行相应操作处理。

（2）如果仍存在流量，使用扳手缓慢从流量计高低压泄压阀排介质，观察流出介质内是否存在大量杂质，一般情况测量气体如果存在水时，在介质不流动的情况下会堵塞在高压或低压端，造成差压、产生流量。

3.7.6　一体化差压流量计日常维护

3.7.6.1　电气连接处的检查

（1）定期检查接线端子的电缆连接，确认端子接线牢固；

（2）定期检查导线是否有老化、破损的现象。

3.7.6.2　产品密封性的检查

（1）定期检查取压管路及阀门接头处有无渗漏现象；

（2）定期检查电缆进线口是否有密封不严或密封圈老化、破损现象；

（3）定期检查壳体前后盖是否有未拧紧或密封圈老化、破损现象。

3.7.6.3　特殊介质下使用的检查

对于含大量泥砂、污物的介质，应当定期排污、清洗浮球。

3.7.6.4　电池

定期检查电池电量是否充足，对需要更换的应选择相同型号电池。

3.8　磁电式稳流测控装置

3.8.1　基础概念

磁电式稳流测控装置把插入式磁电旋涡流量计、流量调节器、智能化控制器等三部分组合成一体，特别适用于油田稳流注水。该产品具有结构简单美观、流量设置方便、信号远传输出、微电脑控制流量调节、耐腐蚀、耐高压、手动自动两用等特点。其独有的插入式磁电旋涡流量计机芯，防卡防堵，具有水平式高精度和角式易拆卸的特点，方便现场的使用和维护。磁电式稳流测控装置结构如图 3.109 所示。

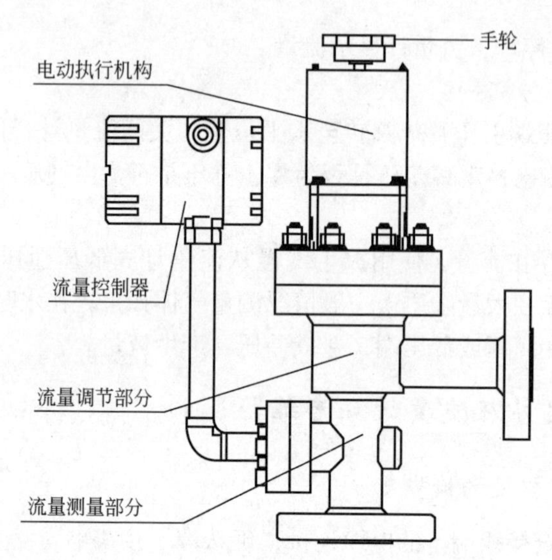

图 3.109　磁电式稳流测控装置结构图

3.8.2　工作原理

磁电式稳流测控装置的工作原理是：智能控制器将流量设定值与流量计检测到的流量值进行比较，当检测到的流量值跟设定值不一致时，智能控制器开启，自动调节流量到设定值。磁电式稳流测控装置的流量计采用插入式磁电流量计结构，无叶轮等转动部件，防堵防卡，特别适用于油田污水回注。

插入式磁电流量计工作原理是：根据法拉第电磁感应原理，当导电流体通过独特的含有强磁力线管道时，就会产生电磁感应电动势，将电动势检出进行处理，即可实现对流量的测量。

3.8.3　特点

（1）独特的插入式磁电旋涡流量计机芯，把测量管、旋涡发生体与传感器合为一体，无叶轮等转动部件，防卡防堵，计量精度高，方便拆卸和日常维护，且可以独立标定。

（2）具备红外遥控功能，能方便地设定和查看流量参数（包括设定流量，查看日总流量、月总流量、日期、时间及流量百分比）。测控装置流量调节器采用高硬度合金，电动机与调节器一体化设计，稳流调节精度高。

（3）密封部分采用高硬度合金，提高抗冲蚀性能。

（4）高减速比的涡轮副使手动操作时感觉非常轻松。

（5）显示器配备电池，停电时能正常显示流量。

（6）测控装置带485标准信号输出，可以实现计算机和仪表的对话，直接在计算机上设置流量，便于远程监控。

3.8.4 使用说明

按键如图3.110所示，使用说明如下：

（1）模式键：由测量状态转换为参数设置状态。▲（加1键）——数据+1或流量设定；▼（减1键）——数据-1。

（2）移位键：数据设置移位或手动/自动状态转换。

（3）手动/自动切换：在正常测量状态下，每按键一下，实现手动/自动转换。显示屏显示“HA”表示手动状态，无显示表示自动状态。

（4）自动状态下流量设定：选定自动状态，按▲键一下，显示屏左上角显示序号“80”，再按▲或▼键完成对控制流量值的设定，最后按“EXIT”键确认退出。

（5）手动状态下流量调节：选定手动状态，按住▲键，电动阀开始正调节，放开正调节结束。按住▼键，电动阀开始反调节，放开反调节结束。

（6）458通信地址设置：在测量状态下，按▲键一下，进入参数设定状态，显示功号“00”，再按▲键一下，显示功号“11”，然后按“enter”键一下，第一位数开始闪烁，这时可以按▲或▼键更改数据，按键移位，设置完按键确认。

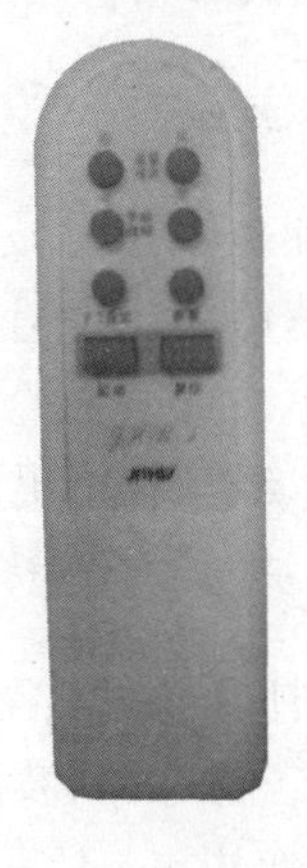

图3.110 按键使用方式图

3.8.5 维修注意事项

（1）在各注水站和配水间维修仪表时，要多问多看，听从当班人员的安排，遵守油田的各种安全操作规程和制度。

（2）拆卸测控装置时，一定要先泄压和断电，以免发生危险。

（3）遇到问题时，首先要排除是不是注水流程上的问题，各个阀门是否已经打开，压力是否合适，再找仪表本身的问题。

（4）仪表系数千万不要随便更改。

3.9 雷达液位计

3.9.1 概述

雷达液位计属于通用型雷达液位计，它基于时间行程原理的测量仪表，雷达波以光速运行，运行时间可以通过电子部件被转换成物位信号。探头发出高频脉冲在空间以光速传播，当脉冲遇到物料表面时反射回来被仪表内的接收器接收，并将距离信号转化为物位信号。

雷达液位计发射能量很低的极短的微波脉冲，通过天线系统发射并接收。一种特殊的时间延伸方法可以确保极短时间内稳定和精确的测量。即使在工况比较复杂的情况下，存在虚假回波，用最新的微处理技术和调试软件也可以准确地分析出物位的回波。

E+H 雷达液位计是德国 E+H 公司的一款用于计量物位的仪表。

3.9.2 雷达液位计工作原理

3.9.2.1 测量原理

雷达液位计是依据时域反射原理（TDR）为基础的液位计，雷达液位计的电磁脉冲以光速传播，当遇到被测介质表面时，部分脉冲被反射形成回波并沿相同路径返回到脉冲发射装置，发射装置与被测介质表面的距离同脉冲在其间的传播时间成正比，经计算得出液位高度，如图 3.111 所示。

3.9.2.2 天线基础

在发射的时间间隔里，天线系统作为接收装置使用。仪表分析、处理运行时间小于十亿分之一秒的回波信号，并在极短的一瞬间分析处理回波。

1）天线的作用

（1）波阻匹配以优化能量传播；

（2）使发射的微波能量具有方向性；

（3）收集反射的微波能量。

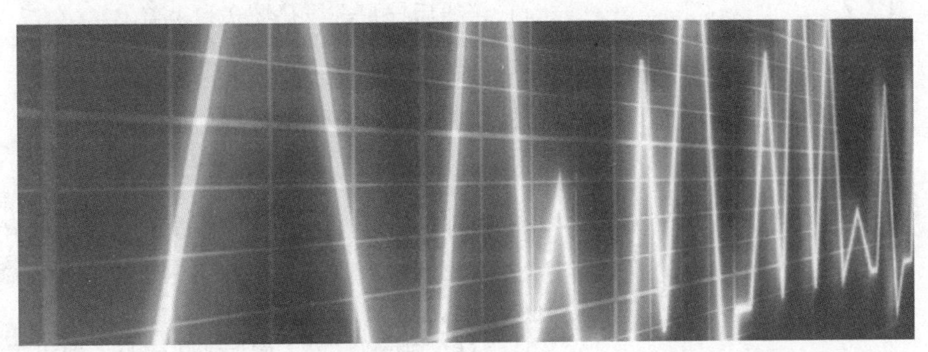

图 3.111　测量原理

2）大尺寸喇叭天线的优势

（1）变化的阻值会引起错误；

（2）更少的衍射以及更好的聚焦；

（3）喇叭越大，孔径越大，有更多的能量被接收，不同尺寸的天线测量效果如图 3.112 所示。

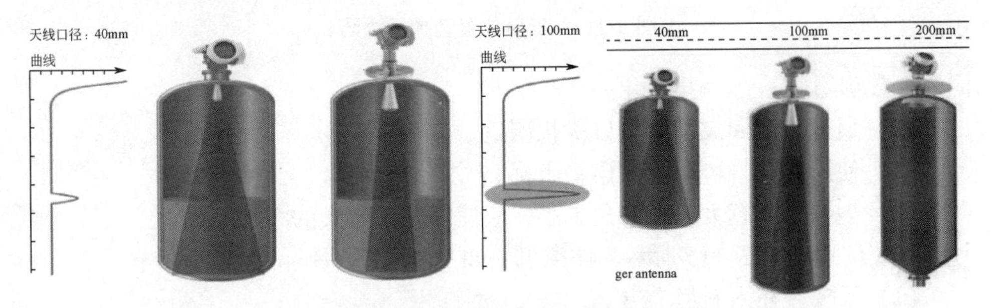

图 3.112　不同尺寸的天线测量效果示意图

3.9.3　雷达液位计的安装

3.9.3.1　工具、用具准备

安装及调试雷达液位计，需要准备的工具、用具有活动扳手、开口扳手、剥线钳、十字螺丝刀、一字螺丝刀、内六角扳手等。

3.9.3.2　接线

分离腔室外壳，接线柱如图 3.113 所示，需注意：

（1）供电必须和铭牌上的数据一致；

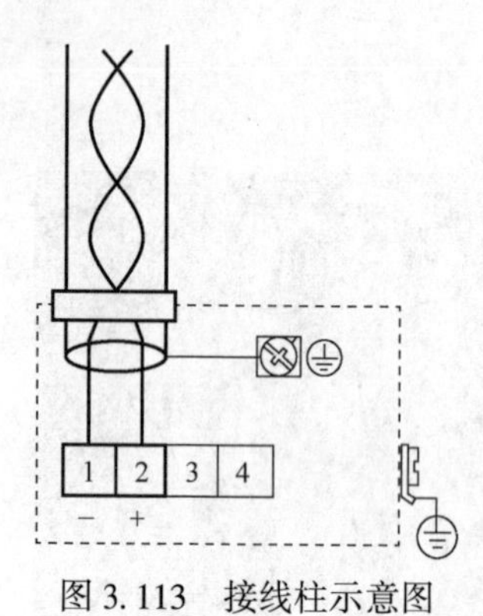

图 3.113　接线柱示意图

（2）接线前先关闭电源；

（3）使用带屏蔽的双绞线；

（4）接线后拧紧进线孔缆塞和表盖。

3.9.3.3　安装示例

安装位置选择示例如图 3.114 所示。

3.9.3.4　注意事项

若容器内有障碍物，注意事项如下：

（1）避免任何装置，如限位开关、温度传感器等，进入波速通道。

（2）对称结构的装置，例如加热盘管，挡板等，同样会影响测量。

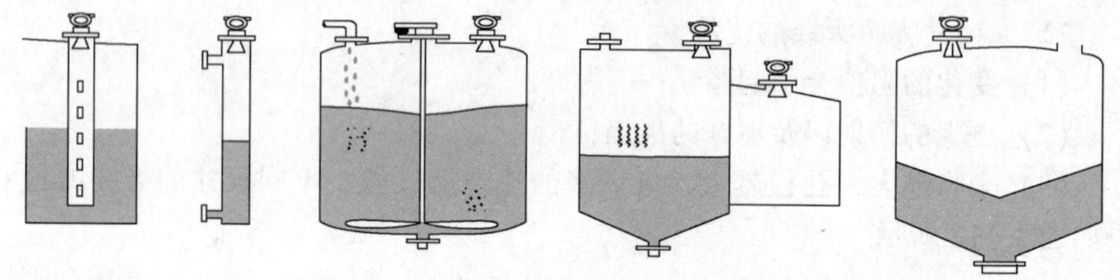
图 3.114　安装位置选择示意图

（3）通过使用回波抑制可以优化测量。

（4）使用导波管可避免障碍物干扰。

（5）喇叭天线越大，波束角越小，应使用尽可能大的喇叭天线。

安装位置如图 3.115 所示，注意事项如下：

（1）不要装在入料口上方。

（2）不要装在正中间，受到干扰会造成信号丢失。

（3）建议安装在距离罐壁至少约 1/6 罐径处。

（4）使用遮阳罩减小阳光直射及雨水对仪表的影响。

喇叭天线位置如图 3.116 所示，注意事项如下：

（1）天线末端伸出安装短管。

（2）如果现场无法实现，安装天线延伸管。

（3）选取尽可能大的喇叭天线。

（4）测量零点起始于螺纹口下沿或者法兰下沿。

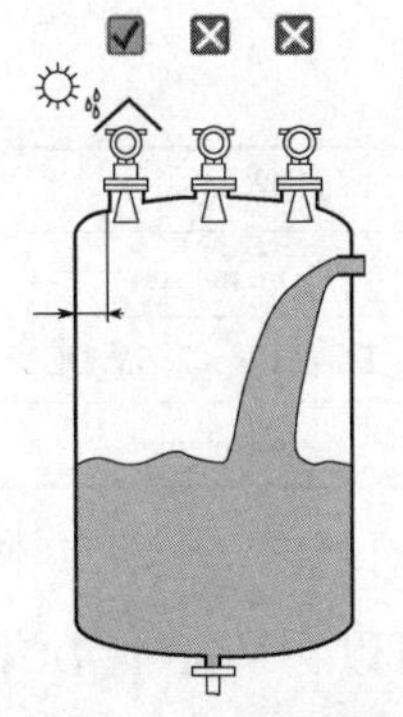
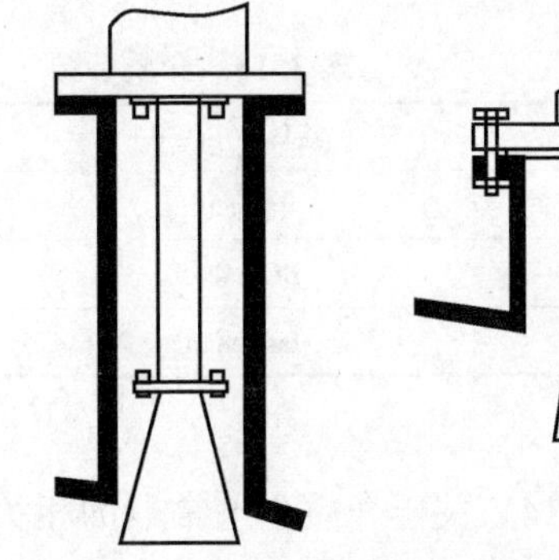
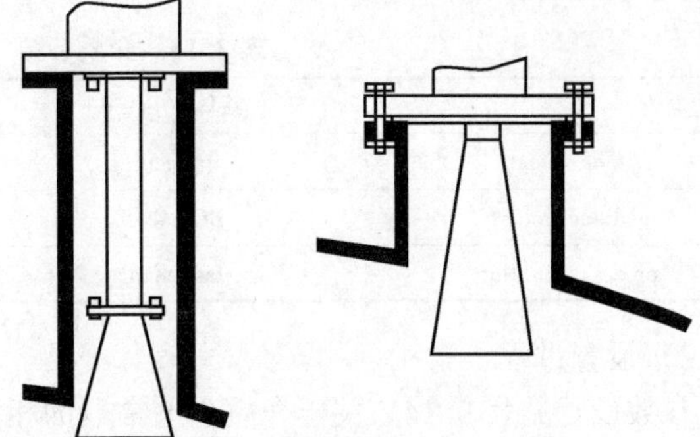

图 3.115　安装位置示意图　　　　图 3.116　喇叭天线选择示意图

电磁场需考虑如下内容：

（1）优化 Micropilot，减小罐壁和障碍物的影响；

（2）容器内安装标记要对准容器壁；

（3）导波管中安装标记要对准导波管开孔；

（4）旁通管安装标记要垂直于罐体连接处。

3.9.4　雷达液位计的调试

3.9.4.1　显示面板操作

显示面板操作如图 3.117 所示。

（1）退出：在编辑参数时，不保存修改，退出编辑模式；在菜单导航时，返回上一层菜单。

（2）增加对比度：增加显示模块的对比度。

（3）减小对比度：减小显示模块的对比度。

（4）锁定/解锁：锁定仪表防止参数修改，再次同时按下可以解锁。

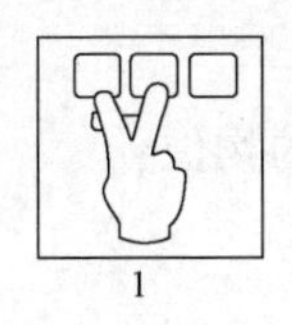

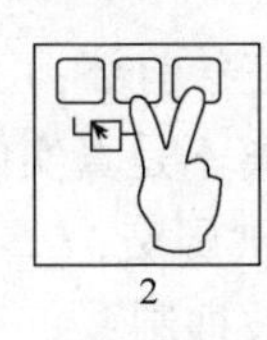

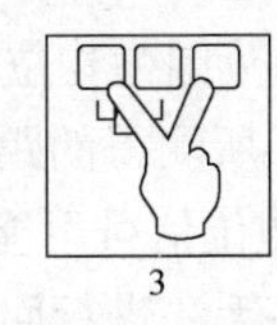

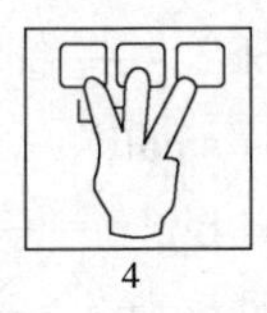

图 3.117　按键操作方法

3.9.4.2　基本设置

1）介质类型选择设置

介质参数见表 3.13。随着介质类型的选定，随后的“Basic Setup”输入参数会自动进行调整。

表 3.13　介质参数

类型	液体（liquid）	固体（solid）
tank shape	flat ceiling	metal silo
medium property	DC：4~10	DC：1.9~2.5V DC
process condition	fast change	fast change

2）设置过程

参数设置见表 3.14。关于介质介电常数的相关信息可以在“E+H DC handbook”中查找。改变“tank shape”“medium property”或者“process conditions”会直接影响内部参数。

表 3.14　参数设置

序号	tank shape	medium property	process condition
1	dome ceiling	unknown	standard
2	horizontally	DC：<1.9	calm surface
3	bypass	DC：1.9~4	turb. surface
4	stilling well	DC：4~10	add. agitator
5	sphere	DCz：>10	test：no filter

3）测量范围设置

（1）空标：从过程连接开始的距离（如法兰）；空标值被分配予 4mA（只对于 HART）。

（2）满标：起始点是之前设定的空标距离；满标值相当于 20mA（只对于 HART）。

4）回波抑制设置

（1）检查距离：

“distance=ok”——抑制范围为物位信号前部；

“distance too small”——所测得的距离不是真实的物位；

“distance too big”——物位信号可能被屏蔽；

“distance unknown”——无法进行回波抑制；

“manual”——手动选择抑制范围。

（2）抑制范围：对于“distance=ok”和“distance too small”会显示建议的抑制距离；“manual”用户必须输入所做抑制范围

（3）开始抑制：在回波抑制过程中，“W512-recording of mapping please wait”将会出现。

3.9.4.3　油罐的基本设置

油罐如图3.118所示，罐高6m，目前是空罐。图3.118中，E为空标（=零点），F为满标（=量程）。设置过程如图3.119所示。

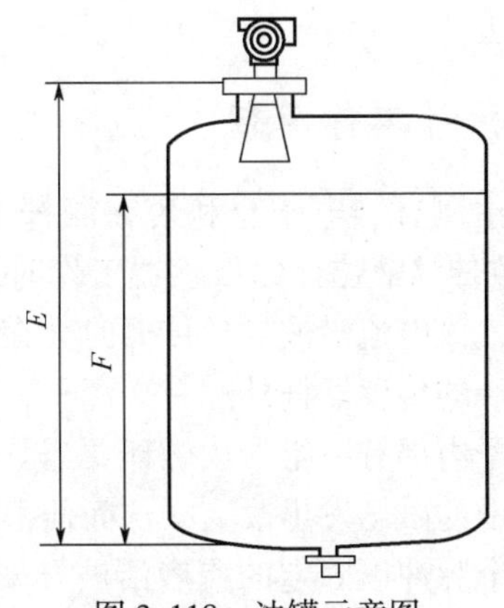

图3.118　油罐示意图

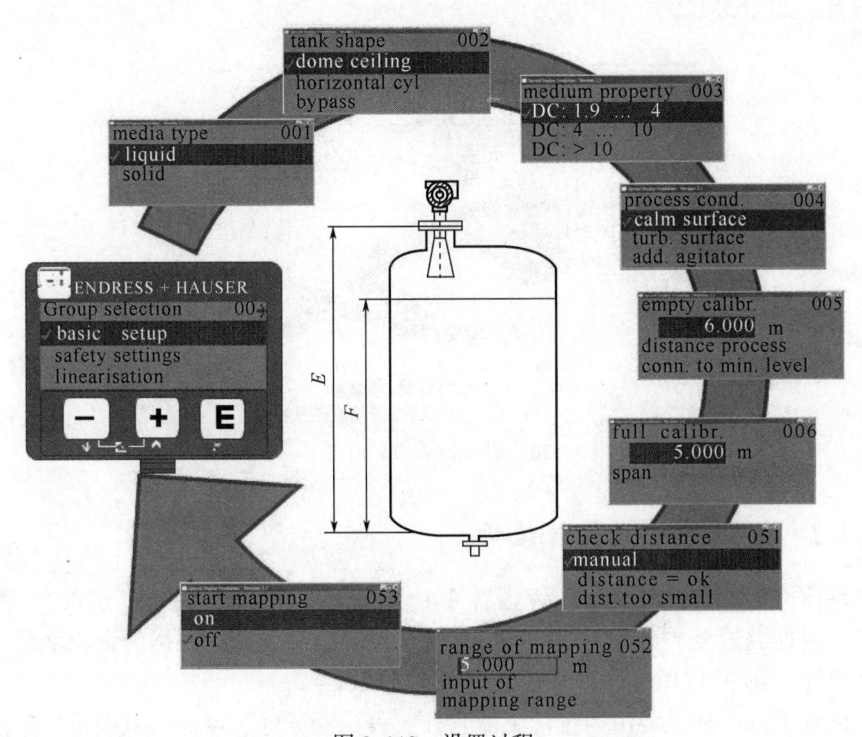

图3.119　设置过程

3.10 磁致伸缩液位计

磁致伸缩液位计是一种可进行连续液位、界面测量，并提供用于监视和控制的模拟信号输出的测量仪表。

3.10.1 磁致伸缩液位计工作原理

磁致伸缩液位计主要由测杆、电子仓和套在测杆上的非接触的浮球或磁环（内装有磁铁）组成。磁致伸缩液位计的传感器工作时，传感器的电路部分将在波导丝上激励出脉冲电流，该电流沿波导丝传播时会在波导丝的周围产生脉冲电流磁场。在磁致伸缩液位计的传感器杆外配有一浮子，此浮子可以沿测杆随液位的变化而上下移动。在浮子内部有一组永久磁环。当脉冲电流磁场与浮子产生的磁环磁场相遇时，浮子周围的磁场发生改变，从而使得波导丝在浮子所在的位置产生一个扭转波脉冲，这个脉冲以固定的速度沿波导丝传回并由检出机构检出。通过测量脉冲电流与扭转波的时间差，可以精确地确定浮子所在的位置，即液面的位置，如图 3.120 所示。

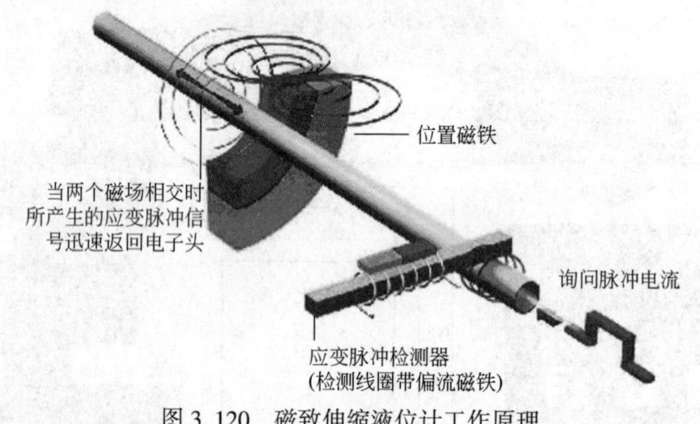

图 3.120　磁致伸缩液位计工作原理

3.10.2 磁致伸缩液位计结构

浮球液位计主要由表头、传感器（电子仓、测杆）、防腐管（选配）、浮球组成。根据测量介质分为单液位计、双液位计、三液位计；根据测量长度分为硬杆液位计（图 3.121）、柔性液位计（图 3.122）。

磁翻板液位计主要由内置传感器测杆、表头、浮球、浮筒、磁翻板、温控器部分组成，如图 3.123 所示。

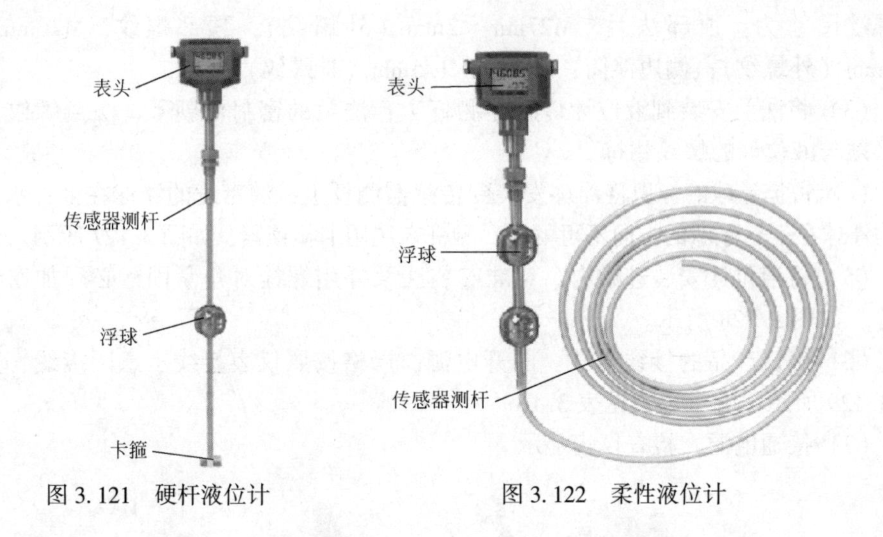

图 3.121　硬杆液位计　　　　图 3.122　柔性液位计

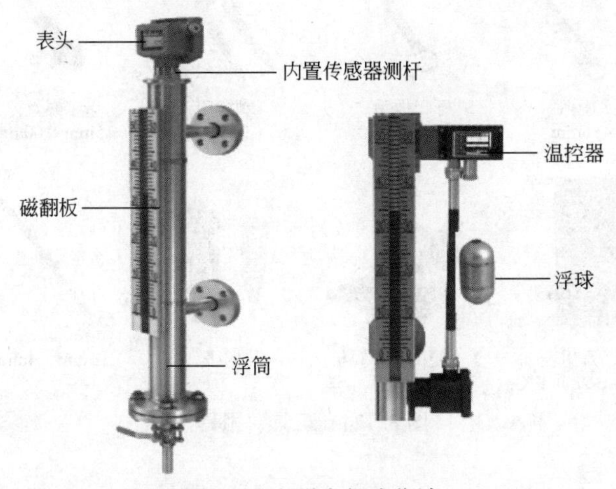

图 3.123　磁翻板液位计

3.10.3　磁致伸缩液位计安装

下面以安森公司的磁致伸缩液位计为例进行说明。

3.10.3.1　工具、用具准备

工具、用具如图 3.124 所示。

3.10.3.2　标准化操作步骤

（1）核对产品型号、参数及其配件，如图 3.125 所示。

（2）核对产品的连接方式及安装尺寸。安装连接方式如图 3.126 所示。安

装螺纹尺寸为：顶部法兰，M27mm×2mm（外螺纹）；顶部螺纹，M20mm×1.5mm（外螺纹）；侧边浮筒，M18mm×1.5mm（外螺纹）。

（3）将法兰安装到液位计传感器测杆上，法兰的密封面朝下，法兰螺纹尺寸必须与液位计的螺纹相符。

（4）根据浮球的标识将浮球安装到传感器测杆上，油密度的浮球在上，水密度的浮球在下，浮球的方向不可颠倒，测杆末尾用卡箍锁紧，如图3.127所示。

（5）将液位计安装进罐内，对准安装法兰并用螺栓对角紧固，必须加密封垫片，如图3.128所示。

（6）确认产品的接线方式：断开电源，严格按照仪表接线示意图接线，如图3.129所示，端子定义见表3.15。

（7）接通电源，检查仪表显示。

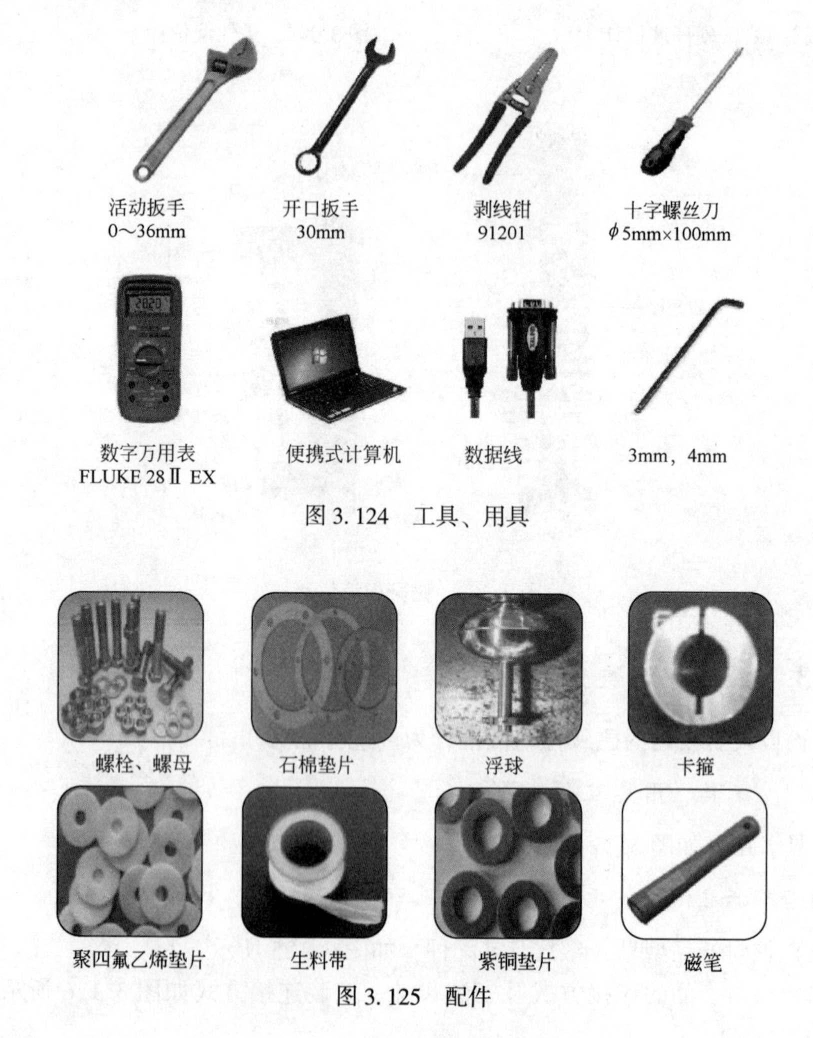

图3.124　工具、用具

图3.125　配件

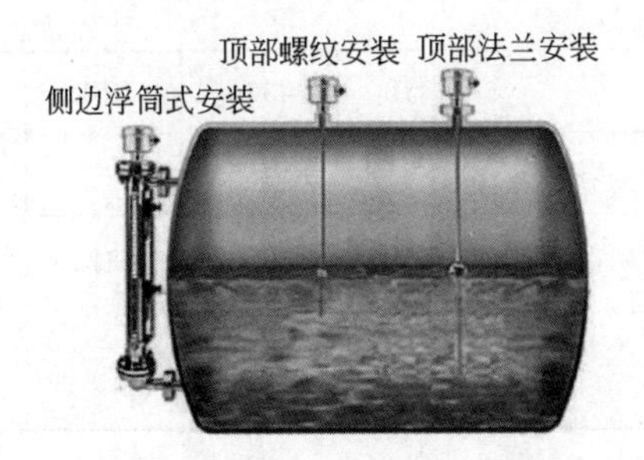

图 3.126　液位计安装示意图

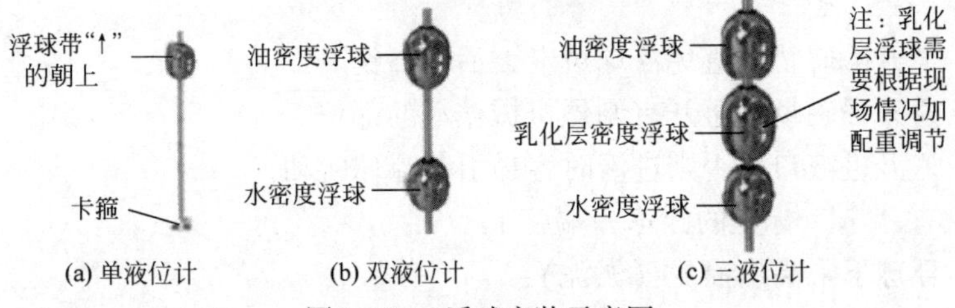

图 3.127　浮球安装示意图

图 3.128　法兰安装示意图

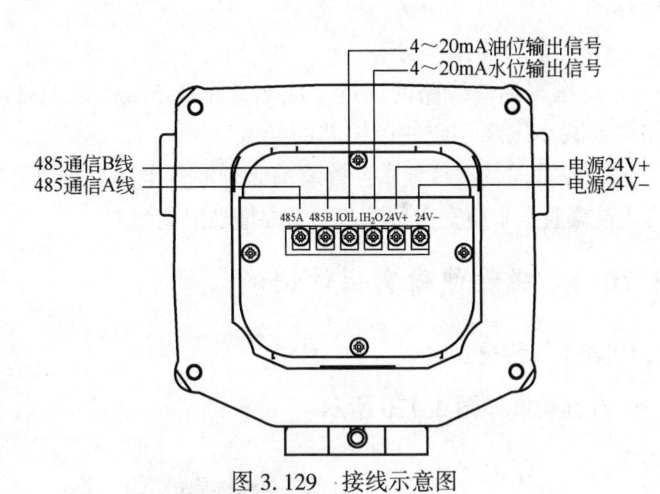

图 3.129　接线示意图

表 3.15　端子定义表

接线端子定义			485B	485A	IOIL	IH_2O	24V+	24V−
接线方法	单液位	输出：4~20mA	—	—	—	—	电源+	电源−
		输出：RS485	RS485B	RS485A	—	—	电源+	电源−
		输出：RS485+两路三线制 4~20mA 电流	RS485B	RS485A	—	液位电流输出	电源+	电源−

续表

<table>
<tr><td colspan="3">接线端子定义</td><td>485B</td><td>485A</td><td>IOIL</td><td>IH_2O</td><td>24V+</td><td>24V-</td></tr>
<tr><td rowspan="3">接线方法</td><td rowspan="2">双液位</td><td>输出：RS485</td><td>RS485B</td><td>RS485A</td><td>—</td><td>—</td><td>电源+</td><td>电源-</td></tr>
<tr><td>输出：RS485+两路三线制 4~20mA 电流</td><td>RS485B</td><td>RS485A</td><td>油位电流输出</td><td>水位电流输出</td><td>电源+</td><td>电源-</td></tr>
<tr><td>三液位</td><td>输出：RS485</td><td>RS485B</td><td>RS485A</td><td>—</td><td>—</td><td>电源+</td><td>电源-</td></tr>
</table>

3.10.3.3 技术要求

（1）避开障碍物，避免浮球被卡、活动不畅。

（2）避开强磁场，避开有剧烈机械振动的部位。

（3）避开进液口，否则进液时容易引起浮球跳动；

（4）有“↑”标记的浮球一端朝上；

（5）浮球下限高出油泥（淤泥）；

（6）对于柔性液位计，还应当安装重锤，予以将测杆拉直，可避免测杆随意移动。

（7）电气连接部分：

① 根据通信线路的远近，应当选用 $0.5mm^2$ 以上带屏蔽的 4 芯或 2 芯电缆。如果要减小压降，应使用铜芯的导线。

② 防爆现场接线要求：拆装前必须断开电源后方可开盖；隔爆型设备，电缆需套上防爆管；本质安全型设备，需要增加隔离栅。

3.10.4 磁致伸缩液位计调试

3.10.4.1 按键功能

按键功能如图 3.130 所示。

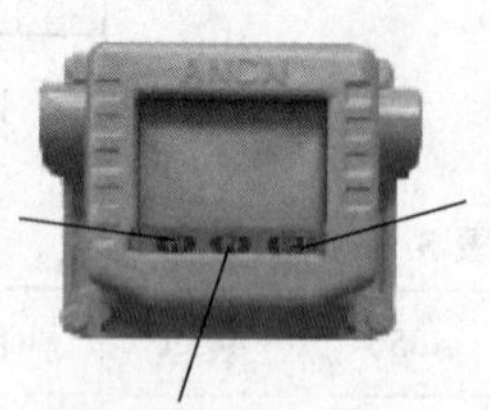

图 3.130 按键功能

3.10.4.2 单位设置

输入“1131”进入单位设置页面。按“A”键在“mm、cm、m”之间切换，选择好单位后按“S”键保存并退出，进入检测状态。

3.10.4.3 设置仪表上下限及空高

1）单液位计

（1）输入“1134”进入参数设置界面；

（2）仪表显示“Z”键表示液位下限设置，默认为0mm，可以设置一个大于0的数值，输入方法同密码输入方法，但不能超过液位上限；

（3）设置完液位下限后按“S”键保存，并同时进入“DEEP”液位上限设置，默认为2000mm，根据实际探杆长度进行设置；

（4）设置完液位上限后按“S”键保存，并同时进入“CORR”空高设置，默认为0mm，可根据现场需求进行更改；

（5）按“S”键保存并退出，进入检测状态。

2）双液位计（三液位计设置同双液位计）

（1）输入“1134”进入参数设置界面；

（2）仪表显示“OIL”此时设置油密度，按“A”键增加，“Z”键减少，默认为0.723；

（3）设置好后按“S”键保存并进入下一参数“HO”，此时设置水密度，按“A”键增加，“Z”键减少，默认为1.000；

（4）设置好后按“S”键保存并进入下一参数“HOz”，此时设置空高，按“A”键增加，“Z”键减少，默认为0.050m，可根据现场需求进行更改；

（5）设置好后按“S”键保存并进入下一参数“SPAN”，此时设置总高度，按“A”键增加，“Z”键减少，根据实际长度进行设置；

（6）按“S”键保存并退出，进入检测状态。

3.10.4.4 RS485通信设置

传输参数设置见表3.16。通信地址设置见表3.17。

表3.16 传输参数设置

参数	选择范围	默认值
波特率	2400、4800、9600、19200	9600
数据位	8位、7位	8位
校验位	无、奇校验/Odd、偶校验/Even	偶校验
起始位	1位	1位
停止位	1位、2位	1位

表 3.17　通信地址设置

通信地址	使用说明
0	广播地址，禁止用户使用
1~250	表通信地址（ID），用户可随意设置
251~255	保留，禁止用户使用

设置步骤为：

（1）按“S”键，显示“-CD-”，按“A”键和“Z”键，输入“485”，进入设置菜单；

（2）按“S”键确认，显示“bPS”，按“A”键选择波特率，默认为9600；

（3）按“S”键确认，显示“Addr”，按“A”键和“Z”键，设置地址为1~255；

（4）按“S”键确认，显示“CF”，按“A”键选择通信协议类型；

（5）按“S”键，保存通信参数，并返回检测状态。

3.10.4.5　常用设置指令

常用设置指令见表3.18。

表 3.18　常用设置指令

指令	名称	说明
1234	设置量程	设置上下限、空高
1131	单位切换	有3种单位进行切换
485	设置通信参数	RS485通信前，需要设置

3.10.5　磁致伸缩液位计故障处理

3.10.5.1　导致磁致伸缩液位计损坏的原因

（1）由于被雷击或瞬间电流过大，导致液位计的电路部分损坏，无法显示或通信；

（2）黏污介质在液位计浮球处长时间堆积，浮球无法顺畅移动，导致液位计测量精度失准；

（3）由于介质的长期侵蚀和冲刷，使卡箍出现腐蚀或变形，导致液位计浮球脱落，液位计没有液位显示；

（4）液位计电气接口密封圈老化，导致电路部分长时间处于潮湿环境中，电路部分发生短路损坏，使其不能正常工作。

3.10.5.2 液位计显示值异常的故障

液位计显示值异常的故障如下：

（1）表头显示“-802-”异常代码，表示传感器液位测量故障；

（2）表头显示“-810-”异常代码，表示等待传感器应答超时；

（3）液位计显示值与实际值差异较大。

其处理方法是：

（1）检查浮球，液位计浮球可能存在卡球或掉球现象，清除污渍，重新定位浮球；

（2）检查供电电压，供电电压可能不满足液位计工作电压，调节到正常工作电压；

（3）检查通信，若表头主板通信口损坏，则返厂维修；

（4）检查液位传感器与表头连接是否失效，若失效则返厂维修。

3.10.5.3 液位计显示异常的故障

液位计显示异常的故障如下：

（1）液位计不显示；

（2）液位计数字显示不全。

其处理方法是：

（1）检查变送器供电是否正常，如供电正常，则需返厂维修；

（2）更换液晶显示器，如依然不正常，则返厂维修。

3.10.5.4 液位计输出或通信异常的故障

液位计输出或通信异常的故障如下：

（1）电流信号输出异常；

（2）RS485 通信异常。

电流信号输出异常的处理步骤是：

（1）检查输入输出线路是否有短路、破损、接错、接反现象；

（2）测量供电电压是否达到 24V；

（3）检查仪表量程与采集设备参数是否一致；

（4）检查采集设备的 AI 接口是否有损坏；

（5）若输出信号依然异常，则需要返厂维修；

（6）电流值与显示值的换算公式为：$电流值=\frac{仪表显示值}{仪表满量程值}\times16+4$，$仪表显示值=\frac{电流值-4}{16}\times仪表满量程值$。

RS485 通信异常处理步骤是：

（1）检查电源通信线路是否有短路、破损、接错、接反现象；

（2）测量供电电压是否达到 10~30V；

（3）检查仪表通信地址波特率与采集设备参数设置是否一致；

（4）检查采集设备的通信指令是否符合规定的通信协议；

（5）检查采集设备的通信接口是否有损坏；

（6）若输出信号依然异常，则需要返厂维修。

3.10.6 磁致伸缩液位计日常维护

3.10.6.1 电气连接处的检查

（1）定期检查接线端子的电缆连接，确认端子接线牢固；

（2）定期检查导线是否有老化、破损的现象。

3.10.6.2 产品密封性的检查

（1）定期检查取压管路及阀门接头处有无渗漏现象；

（2）定期检查电缆进线口是否有密封不严或密封圈老化、破损现象；

（3）定期检查壳体前后盖是否有未拧紧或密封圈老化、破损现象。

3.10.6.3 特殊介质下使用的检查

对于含大量泥砂、污物的介质，应当定期排污、清洗浮球。

3.11 载荷传感器

载荷传感器是一种将诸如重力、加速度、压力以及类似东西所产生的力转换为可传送的标准输出信号的仪表，主要用于工业过程载荷参数的测量和控制。载荷传感器测量试样受的力，输出电信号，以便精确监视、报告或控制力。

3.11.1 载荷传感器原理

载荷传感器用于测试抽油机抽油杆所受压力，并将其转换为 4~20mA 的输出信号。通过井口采集单元中抽油机负荷与抽油杆位移的关系曲线（示功图），反映油井产油状态和抽油机的工作状态，并能及时发现卡杆、断杆等故障，减轻巡井工作的工作量。

3.11.2 载荷传感器结构

载荷传感器结构如图 3.131 所示。

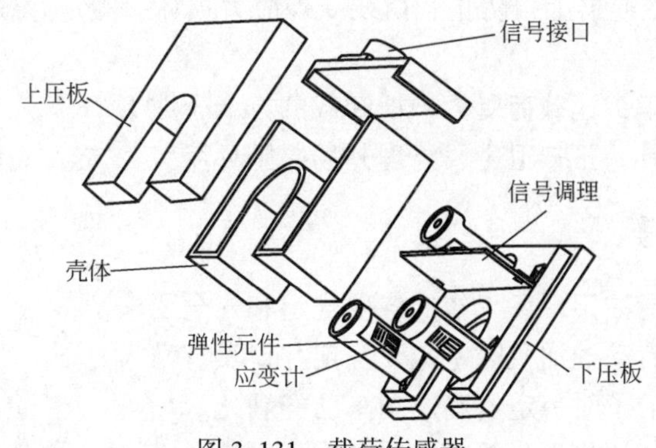

图 3.131　载荷传感器

3.11.3　载荷传感器安装

3.11.3.1　安装物品、工具及辅助用品

（1）安装物品：载荷传感器、防偏磨悬绳器配套用垫板（限位块）。

（2）工具：600mm 管钳 1 把、250mm 十字螺丝刀 1 把、36mm 梅花扳手 1 把、24mm 梅花扳手 2 把。

（3）辅助用品：方卡子。

3.11.3.2　安装操作

（1）停机：将抽油机机头停在接近下死点的位置，方卡子打到光杆上，将负荷卸掉，刹紧刹车，切断电源。

（2）拆卸悬绳器（图 3.132）：把光杆顶部的防脱帽和方卡子卸掉，将悬绳器全部卸掉，准备将防偏磨悬绳器配套的垫板（限位块）装到毛辫子最底部。

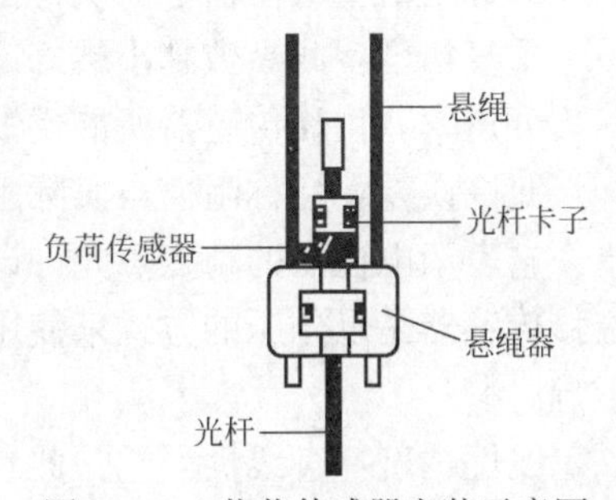

图 3.132　载荷传感器安装示意图

（3）安装垫板：让光杆从垫板中间的圆孔中穿过。安装垫板时，圆盘在上，H 形底座在下；圆盘的凹槽向上，底座的圆形凹槽向下，让毛辫子的两个卡箍卡在凹槽内。

（4）安装载荷传感器：松开限位螺杆，将载荷触点向上插入圆盘和 H 形底座的中间（载荷的两个触点一定要向上，确保两个触点和圆盘底面完全贴合），然后将限位螺杆上紧。

（5）依序把防偏磨悬绳器、方卡子、防脱帽安装好。

（6）安装固定载荷线：确定载荷线的接线方式，把载荷线与载荷连接好后将载荷线固定在悬绳器上，防止载荷线受外应力损坏。固定好载荷线后，则载荷安装完成。

（7）慢松刹车，让载荷受力，把卸载的方卡子取下。

（8）收拾工具，打扫卫生，清理井场周围环境。

3.11.4 注意事项

（1）严格执行油田现场工作的各项规定和安全要求。

（2）停止、启动抽油机时一定要确定井口没有站人。

（3）卸载打卡子时一定要确定刹车已经刹死。

（4）离开前必须将人为踩坏的井场恢复原貌。

3.12 角位移传感器

位移传感器是将物体位置的移动量转换为可传送的标准输出信号的传感器。

3.12.1 角位移传感器原理

角位移传感器用于测试游梁式抽油机游梁的摆动角度，将其转换为4～20mA的输出信号，井口采集单元通过角度的变化值折算出抽油杆的运动位移，与抽油机载荷值形成示功图，反映抽油机运行状态。

3.12.2 角位移传感器性能参数

标称阻值：电位器上面所标示的阻值。

重复精度：此参数越小越好。

分辨率：位移传感器所能反馈的最小位移数值。

允许误差：标称阻值与实际阻值的差值与标称阻值之比的百分数称为阻值偏差，它表示电位器的精度。允许误差一般只要在±20%以内就符合要求，因一般位移传感器是以分压的方式来使用的，具体电阻的大小对传感器的数据采集没有影响。

线性精度：直线性误差，此参数越小越好。

3.12.3 角位移传感器安装

（1）安装底板。将底板焊接到抽油机中轴上方的游梁上。焊接前必须找好底板的水平，才能焊接，该步骤最重要，决定传感器最终是否和游梁平行。

（2）接线。角位移传感器为2线制仪表，将线穿过防水过线管，将过线管拧紧，并做好防水处理。

（3）安装传感器。将传感器安装到底板上，用螺栓固定紧。在固定紧前找好水平。

（4）将电缆穿管引至 RTU 即可。注意所有连接部位的防潮、防锈，保证连接可靠、拆装方便。最终安装结果如图 3.133 所示。

图 3.133 角位移传感器安装示意图

3.12.4 注意事项

（1）严格执行油田现场工作的各项规定和安全要求。

（2）停止、启动抽油机时一定要确定井口没有站人。

（3）安装角位移传感器及接线时一定要确定刹车已经刹死。

（4）离开前必须将人为踩坏的井场恢复原貌。

3.13 三相电参采集

3.13.1 概述

三相电参采集是通过电参测控单元测量三相四线制负载的各相相电流（I_a、I_b、I_c）、各相相电压（U_a、U_b、U_c）、各相有功功率（P_a、P_b、P_c）、合相有功功率 P_t、各相无功功率（Q_a、Q_b、Q_c）、合相无功功率 Q_t、各相视在功率（S_a、S_b，S_c）、合相视在功率 S_t、各相功率因数（$\cos\varphi_a$、$\cos\varphi_b$、$\cos\varphi_c$）、合相功率因数 $\cos\varphi$、线路频率以及各相有功电能（W_{pa}、W_{pb}、W_{pc}）、总有功电能（W_{pt}）、各相无功电能（W_{qa}、W_{qb}、W_{qc}）、总无功电能（W_{qt}）等数据。

3.13.2 电参测控单元结构组成

电参测控单元结构组成包括：

（1）电参测控模块；

（2）喇叭组件；

（3）电流互感器；

（4）电压测试电缆组件；

（5）启停控制电缆组件；

（6）电源电缆组件；

（7）天线。

电参测控单元外部接口说明，如图 3.134 所示。

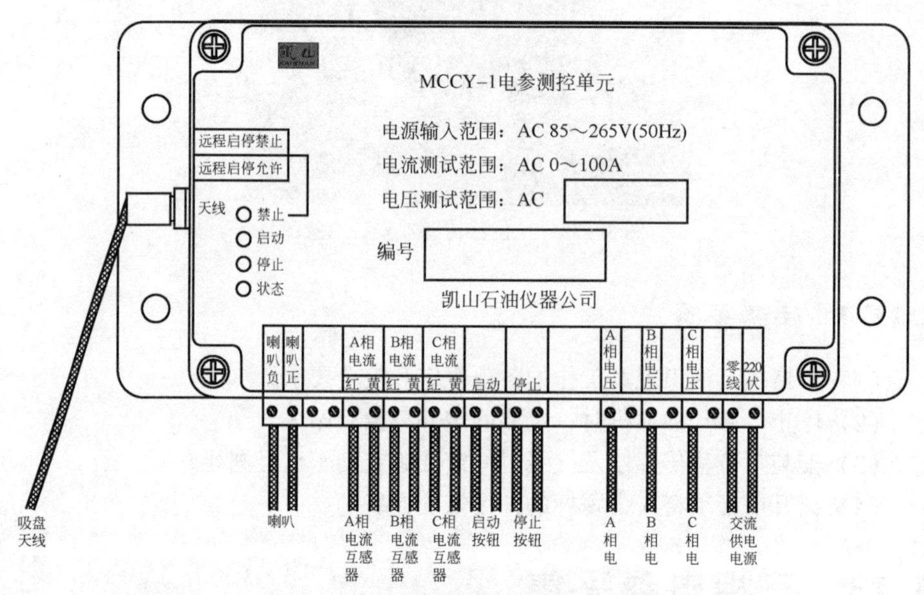

图 3.134　电参测控单元外部接口说明

3.13.3　电参测控单元工作原理及主要功能

3.13.3.1　电参测控单元工作原理

电参测控单元是数字化系统的主要传感器之一，主要负责定时采集抽油机三相电参数，将三相电参数发送至井场 RTU。接收井场 RTU 命令，控制抽油机电动机启停。

3.13.3.2　电参测控单元主要功能

（1）采用无线通信方式，接收 RTU 发送的电压和电流测试命令，并将测试的数据通过无线方式传送给 RTU。

（2）采用无线通信方式，接收 RTU 发来的抽油机电动机启停命令，并通过喇叭播放启停警示语音，警示语音播放完毕后执行电动机启停控制。

3.13.4 电参测控单元安装

3.13.4.1 工具、用具准备

（1）PC 机（已安装凯山 RTU 驱动）；

（2）信道、地址设置器；

（3）平口螺丝刀；

（4）十字螺丝刀。

3.13.4.2 标准化操作步骤

（1）首先停止抽油机，切断抽油机总电源，断开电控柜开关。

（2）将三相电压测试线按 A、B、C 对应连接到三相电源接线端子上，最好是接在电动机继电器前端（空气开关的后端）。

（3）将电流互感器按电流方向分别穿入对应的 A、B、C 电动机三相电源线，再将电流互感器的引出线按线标分别接到电参的接线插头上，如图 3.135 所示。

（4）将启动控制线和控制柜启动开关并联，并将停止控制线和控制柜停止开关串联，如图 3.136 所示。

（5）将喇叭电缆按线标连接到电参的接线插头上，再将电参和喇叭分别吸附在抽油机电动机控制柜内的合适位置。

（6）将交流 220V 的电源线连接到电参上（注意区分火线和零线），经检查所有接线正确后，再接通电源。

（7）将地址码设置器通过电缆线与电动机测控单元连接起来，为其设置地址、信道和井号（只有在电动机测控单元供电后才能设置）。

（8）确认无误后启动抽油机。

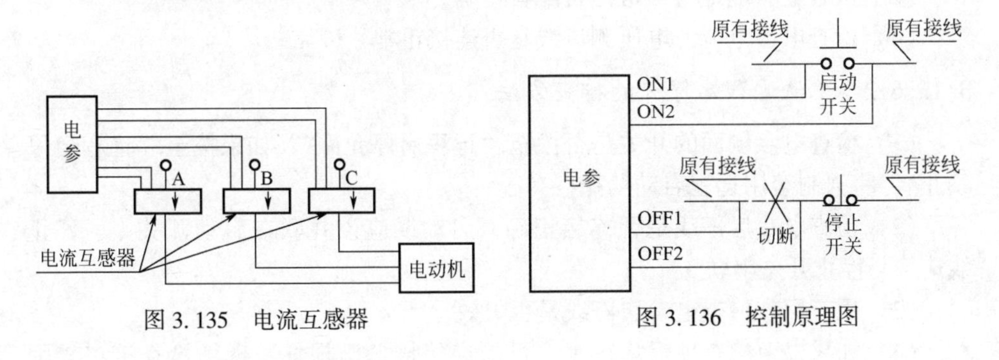

图 3.135 电流互感器　　图 3.136 控制原理图

3.13.5 电参测控单元调试

在 PC 机上打开 RTU 驱动软件，在巡检列表界面右键点击电参测控单元所安

装的油井，选择“测试电参数”，等待大约 2s 后，油井三相电参数应能正常返回。选择“电动机远程启动”和“电动机远程停止”，应该能正常控制抽油机启动、停止，则电参调试完成，如图 3.137 所示。

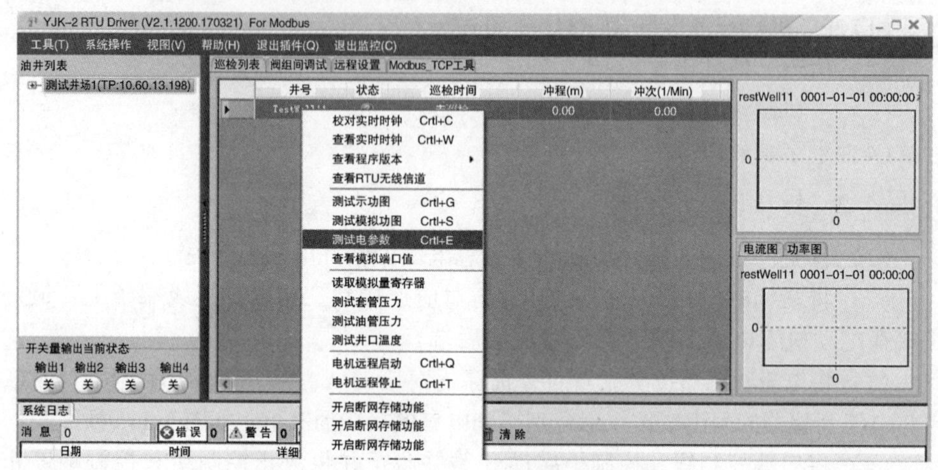

图 3.137 电参调试

3.13.6 电参测控单元常见故障处理

3.13.6.1 电参数据为零的排查方法

（1）检查 RTU“远程设置”→“井场 RTU 参数”中的“电参巡检状态”是否为“启动”。

（2）检查电参天线是否安装可靠。

（3）检查电参地址、信道是否配置正确。

（4）检查电参电流、电压测试线是否连接正常、可靠。

3.13.6.2 无法远程启停井的排查方法

（1）检查电参侧面的开关是否拨至“远程启停允许”，如果拨至“远程启停禁止”，将强制禁用远程启动功能。

（2）检查电参启停线是否连接正确，启动线应该并联在启动开关上，停止线应该与停止开关串联。

（3）用三用表检查电参启停线是否失效。

（4）如果以上检查项目均正常，可能启停接口已损坏，现场检查接口较困难，建议更换电参再尝试。

3.14　RTU 基础知识

3.14.1　RTU 基础概念

RTU（remote terminal unit），远程终端控制系统，是构成企业综合自动化系统的核心装置，通常由信号输入/输出模块、微处理器、有线/无线通信设备、电源及外壳等组成，由微处理器控制，并支持网络系统。它通过自身的软件（或智能软件）系统，可理想地实现企业中央监控与调度系统对生产现场一次仪表的遥测、遥控、遥信和遥调等功能。

RTU 是一种耐用的现场智能处理器，它支持 SCADA 控制中心与现场器件间的通信，是一个独立的数据获取与控制单元。它的作用是在远端控制现场设备，获得设备数据，并将数据传给 SCADA（数据采集与监视控制）系统的调度中心。

RTU 的发展历程与“三遥”（遥测、遥控、遥调）工程技术相关。“三遥”系统工程是多学科、多专业的高新技术系统工程，涉及计算机、机械、无线电、自动控制等技术，还涉及传感器技术、仪器仪表技术、非电量测量技术、软件工程、条码技术、无线电通信技术、数据通信技术、网络技术、信息处理技术等高新技术。在我国，随着国内工业企业 SCADA 系统的应用与发展，RTU 产品生产也受到了重视。进入 21 世纪以来，由于一批新兴的高新技术产业的出现与发展，国内 RTU 产品正在形成应有的市场。

有两种基本类型的 RTU：“单板 RTU”和“模块 RTU”。“单板 RTU”在一个板子中集中了所有的 I/O 接口。“模块 RTU”有一个单独的 CPU 模块，同时也可以有其他的附加模块，通常这些附加模块是通过加入一个通用的“backplane”来实现的（类似在 PC 机的主板上插入附加板卡）。

3.14.2　RTU 主要功能

RTU 能控制对输入的扫描，且通常是以很快的速度。它还可以对过程进行一些处理，如改变过程的状态，存储等待 SCADA 监控中心查询的数据。一些 RTU 能够主动向 SCADA 监控中心进行报告，但多数情况下还是 SCADA 监控中心对 RTU 进行选择。RTU 还有报警功能。当 RTU 受到 SCADA 监控中心的选择时，它需要对如“把所有数据上传”这样的要求进行响应，来完成一个控制功能。其主要功能表现为：

（1）监控中心使用远端地址进行数据的安全传输，对数据变化的异常报告，以及高效地通过一种媒介与多个远端进行通信。

（2）对数字状态输入进行监控并在受到轮询时向监控中心汇报状态的变化。

（3）检测、存储并迅速汇报某一状态点的突发状态变化。

（4）监控模拟量输入，当其变化超过事先规定的比例时，向监控中心汇报。

（5）在可编程的执行过程中对每个基点在“选择—核对—执行”的安全模式下进行执行控制。

（6）模拟量设定点控制。

（7）对状态变化作 1ms 事件序列的标定。

（8）监控并计算从千瓦时计数器得到的累计脉冲。

3.14.3　RTU 的特点

（1）通信距离较长。

（2）用于各种恶劣的工业现场。

（3）模块结构化设计，便于扩展。

（4）在具有遥信、遥测、遥控领域的水利、电力调度、市政调度等行业广泛使用。

3.14.4　RTU 的现场应用

RTU 通常具有更优良的通信能力和更大的存储容量，更适用于恶劣的环境，现以北京安控科技股份有限公司井场数字化设备为例介绍。其中主要使用的设备有：井口采集模块（L305 模块）、电参采集模块（L306 模块）、通信模块（SZ930 模块）、主 RTU 模块（L201 模块），如图 3.138 所示。

井口采集模块

电参采集模块

通信模块

主RTU模块

图 3.138　模块示意图

3.14.4.1　采集过程

井口采集模块通过角位移及载荷数据计算和分析画出示功图，通过 2.4G 网络传输到井场主 RTU 上，再通过网络设备，如交换机，网桥等，传输到上位机。经过站控分析处理，达到用户数据的预览及查看。示功图、电参采集过程如图 3.139 所示。

3.14.4.2　L305 采集模块

1）L305 模块功能介绍

RTU 系统由 RTU 控制器、语音模块和数据通信模块等组成，主要完成自动

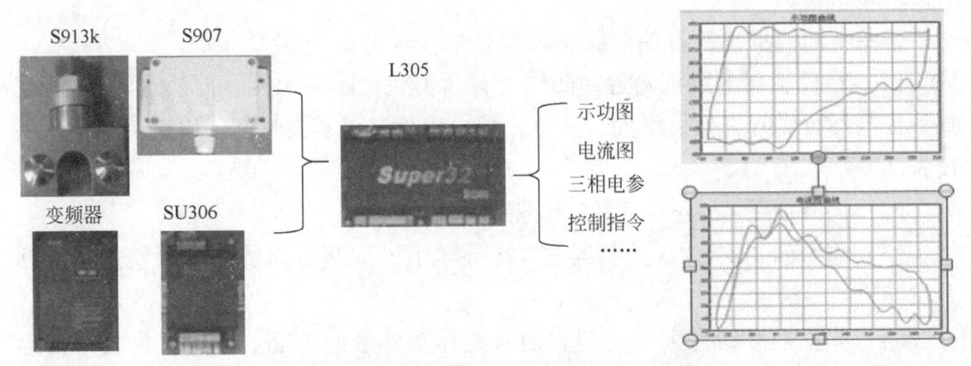

图 3.139　示功图、电参采集示意图

调节、智能保护、远程数据传输、远程控制等功能。具体功能如下：

（1）数据采集功能。油井载荷、位移和三相电参数自动采集功能，计算出示功图、电流图、功率图。

（2）冲次调节功能。在给定泵径的条件下，根据油井示功图，在满足变频频率在一定的范围内计算油井最佳冲次，并实现自动冲次调节。可实现就地手动调节冲次和远程手动调节冲次。

（3）平衡度调节功能。根据电流自动计算平衡度，并实现自动调节，使抽油机平衡度在一定的范围内运行，平衡度计算周期可远程设定。可实现就地手动调节平衡和远程手动调节平衡。

（4）主电动机保护功能。电流保护：在抽油机运行过程中，RTU 实时监视主电动机的电流值，若电流超过设定最大值一定时间（超限时间）时，则 RTU 控制主电动机供电断开，停止运行。综合电动机保护器保护：在抽油机运行过程中，当出现过载、过流、过压、短路、缺相、过载等故障时，综合电动机保护器应能自动断开，对电动机起保护作用。

2）L305 模块硬件性能指标

处理器：32 位工业级处理器，时钟 48MHz，内存 512K FLASH，128K RAM，内置 4M 串行 FLASH，可扩展；提供嵌入式 C 语言编程。

通信接口：1 * RS232+1 * RS485+1 * RS232/RS485，均支持 MODBUS RTU 主从协议。

IO 接口：6AI+4DI+6DO。

语音播报：内嵌语音模块，含 WT-HT-11 喇叭。

工作电源：24V DC±5%。

所有对外接口均有防雷抗干扰功能，对外通信接口均采取光电隔离方式，EMC 达到 A 级标准。

3）L305 模块安装

按照下面的步骤，将控制器安装到 DIN 导轨上：

（1）在控制器电路板两边的凹槽中有两个夹板固定螺栓。拧松这两个螺栓，直到控制器背面的夹板可滑动。注意：拧松螺栓时请不要过度，以避免螺栓从夹板脱落。

（2）向外滑动 Super32-L305 底部的夹板。

（3）将 Super32-L305 控制器放置在导轨上，使其背面的 2 个导轨挂钩能够卡在导轨的内沿上。

（4）向里推滑动夹板，直到它插入到导轨外沿的下面。此时，夹板下部的边沿与控制器下部的边沿平齐。

（5）拧紧控制器两边的夹板螺栓。

4）L305 模块软件配置

（1）查看 PC 机的 COM 端口。双击“我的电脑”，选择“属性→硬件→设备管理器”。注意：计算机 COM 口的选择应和调试软件一致，软件一般默认使用 PC 机的 COM1 端口，为了调试方便和避免通信连接问题，尽量将 PC 机的端口设置为 COM1 口进行调试。

（2）下载程序。

① 运行打开“ESD32_ V522（udp）. exe”，如图 3. 140 和图 3. 141 所示。注意：如出现错误对话框，提示缺少一个. dll 文件，安装“ESD32_ v522-1. exe”包，即可正常运行“ESD32_ V522（UDP）”。

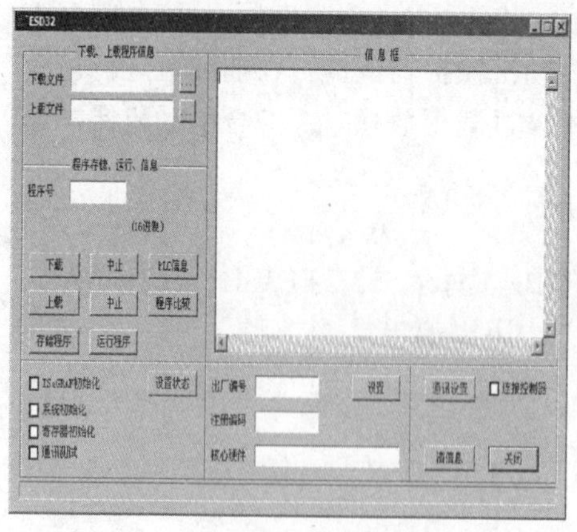

图 3. 140　软件运行

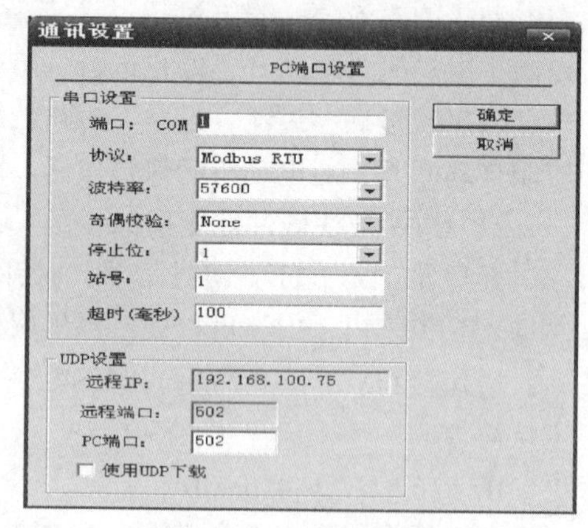

图 3. 141　通信参数设置

② 建立连接，在“连接控制器”前的方框中打“√”。对 RTU 重新上电（注意：断电后等待 RTU 指示灯全灭，再上电），在“信息栏”出现“US Download!”。取消“连接控制器”方框里的”√”，如图 3. 142 所示。

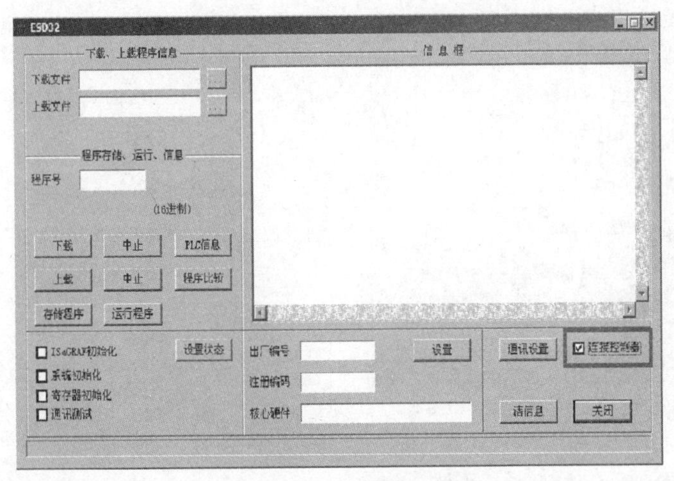

图 3. 142　连接控制器

③ 点击“下载文件”右侧“…”按钮，选择程序（程序名称为“L305_ SCADA_ ZIGBEE _ V5. 21. bin”，且为 L201、L211 通用程序），选中文件“L305_ SCADA_ ZIGBEE_ v5. 21. bin”，点击“打开”，如图 3. 143 所示。

④ 点击“下载”，如图 3. 144 所示。

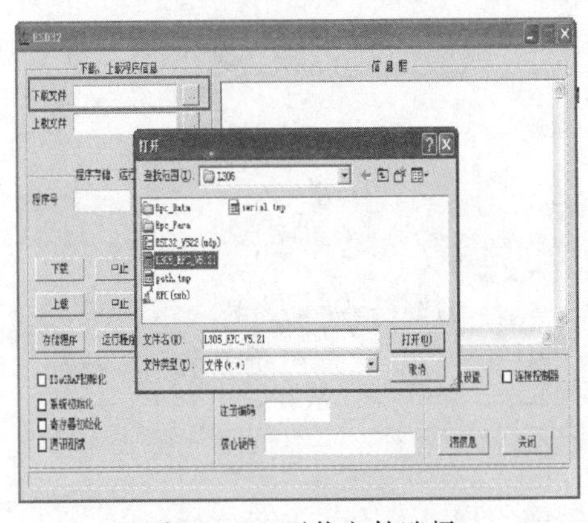

图 3. 143　下载文件选择

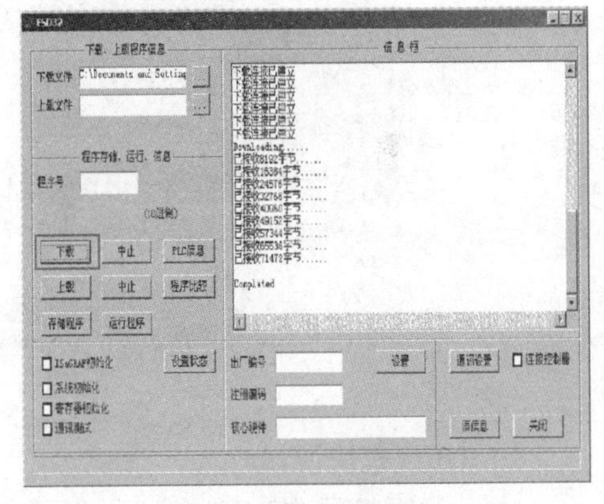

图 3. 144　下载程序

⑤ 点击“存储程序”，提示“程序正确存储”，程序存储成功，如图 3. 145 所示。

⑥ 存储程序后，在“系统初始化”和“寄存器初始化”前的框上打“√”，然后点击“设置状态”，提示“系统初始化成功”，设置状态成功。初始化注意：程序下载完成后，必须进行初始化，否则 RTU 运行后可能会出现故障无法运行，

如图 3. 146 所示。

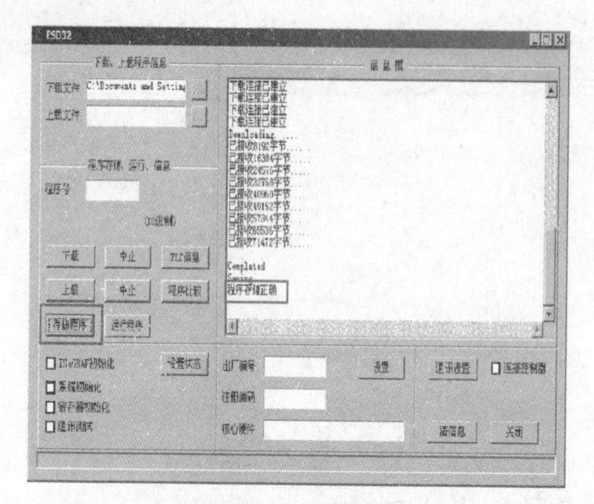

图 3. 145　存储程序

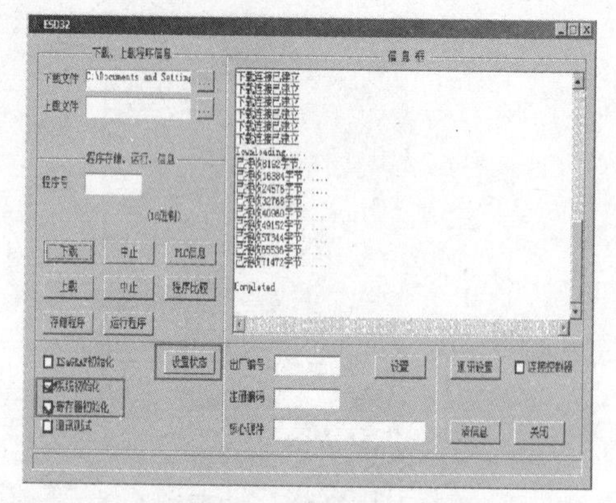

图 3. 146　寄存器初始化

⑦ 运行程序，如图 3. 147 所示。

⑧ 点击“运行程序”，提示“运行程序”，程序下载完成，关闭软件。

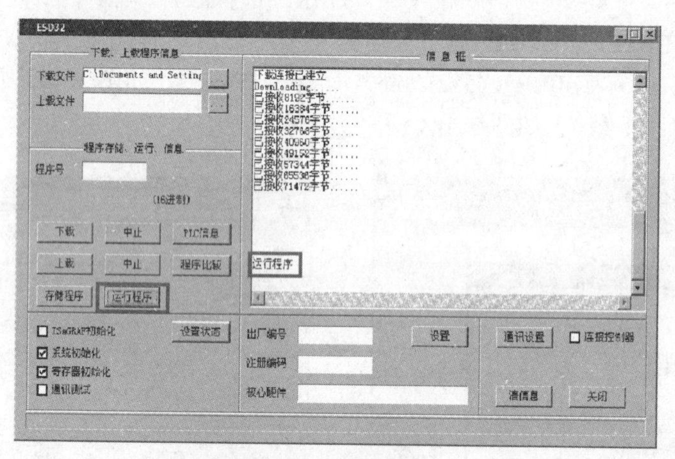

图 3. 147　运行程序

5）L305 模块调试

（1）运行打开“RPC. exe”，进行本机设置，如图 3. 148 至图 3. 152 所示。

（2）打开参数设置，进行井的基本参数设置，设置完成后点击软件中“示功图采集”，然后点击“开始扫描”。

RPC 软件界面可以划分成七个区域：

（1）参数设置区：包括本机设置、基本参数、智能调节、帮助信息。

（2）数据显示区：包括示功图数据（只有在示功图读取后才有显示）、电流图数据、功率图数据、主机电流、平衡电流、载荷角位移数据。

(3) 示功图曲线显示区：显示当前读取到的示功图曲线、电流图曲线、功率图曲线。

(4) 示功图采集操作区：包括示功图采集、读示功图、清示功图等。

(5) 三相电参显示区：包括三相电压/电流值、有功/无功功率值，有功/无功电能值、视在功率、电网频率、功率因数、断相状态、平衡度、平衡步长等信息。

(6) 开关机及状态显示区：包括开关机操作及状态显示，显示报警、继电器动作、测量延时等。

(7) 示功图采集状态显示区：显示示功图采集过程状态，此区显示内容用于特殊调试，用户无需了解。

RPC 软件常设站号、地址、主电动机保护电流及电流互感期变比。注意：上载是“看”，下载是“存”。

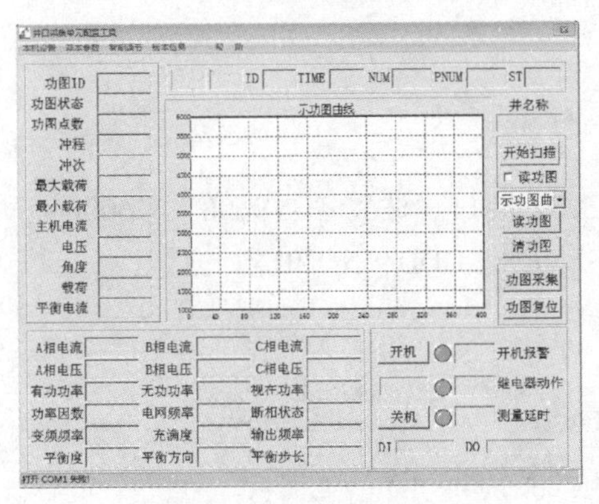

图 3.148　软件运行

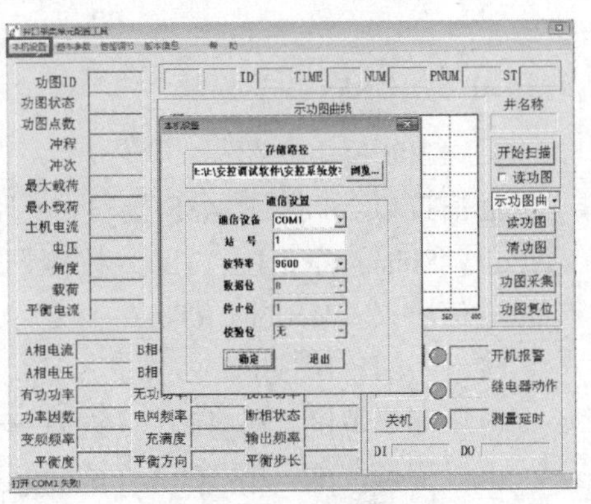

图 3.149　本机设置

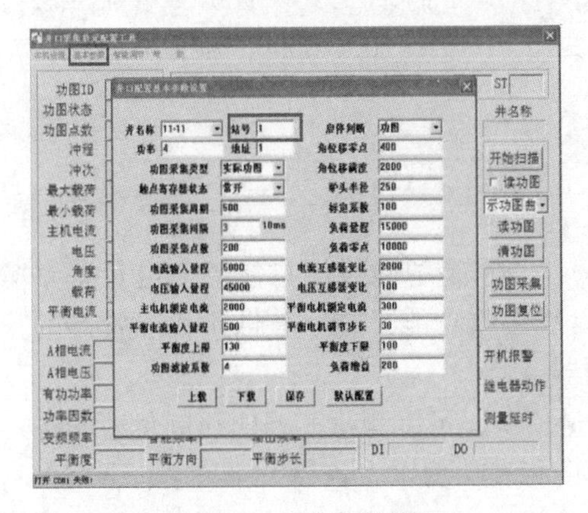

图 3.150　基本参数设置

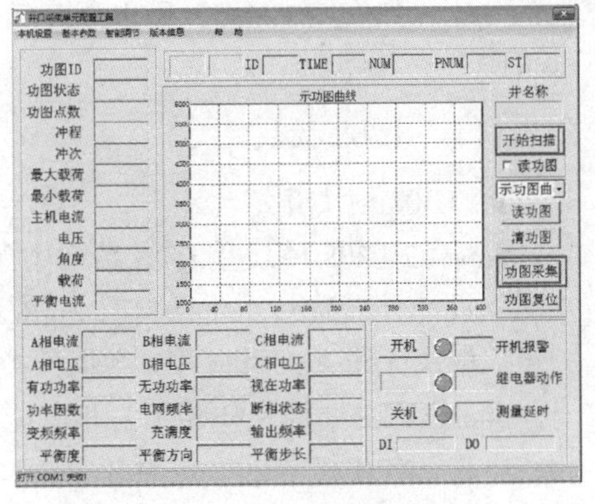

图 3.151　示功图扫描

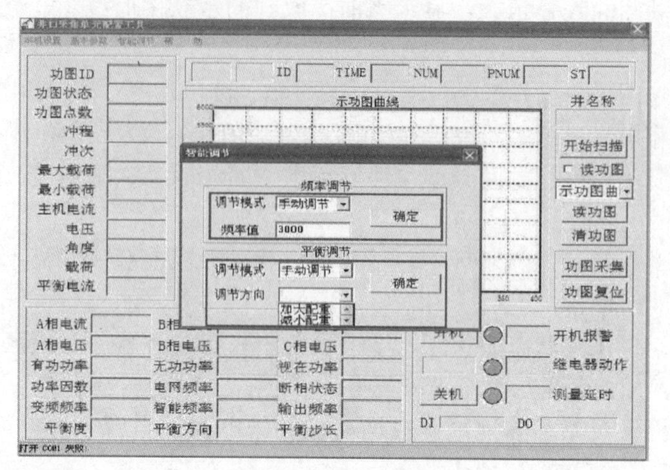

图 3.152　智能调节

3.14.4.3　L306 电参模块

1）L306 模块介绍

通信接口：1 路 RS485 接口，1 路 RS232 接口。波特率：9600～57600bps，数据位：8bits，停止位：1bit。校验方式：EVEN、ODD、NONE。

通信协议：Modbus RTU。

供电：24V DC±5%。

电压测量范围：0～450V（误差±0.5%）。

电流测量范围：0～100A（配套互感器、误差±0.5%）。

2）L306 模块软件调试

如图 3.153 和图 3.154 所示，打开 L306 调试软件后主要设置部分电流互感器的变比，如安控 100/5，则电流互感器变比＝100/5×100＝2000。其他数值默认即可。

3.14.4.4　L308 模块

1）L308 模块介绍

Super32 L308 模块是 RTU 系列中的一款，它是智能终端控制器与电量采集功能的设计合二为一，并且具有 ZigBee 无线接收功能，是一款性价比非常高的并可以解决无线方式采集井口数据的控制器。

Super32 L308 模块作为为三相电能计量模块，可以测量三相四线制负载的各相线电流、各相相电压、各相有功功率、合相有功功率、各相无功功率、合相无功功率、各相视在功率、合相视在功率、各相功率因数、合相功率因数、线路频率以及各相有功电能、总有功电能，各相无功电能、总无功电能。Super32 L308

模块将采集的电量数据通过 RS485 或者 RS232 接口上传到上位机，采用 Modbus-RTU 协议。数据由上位机进行处理。

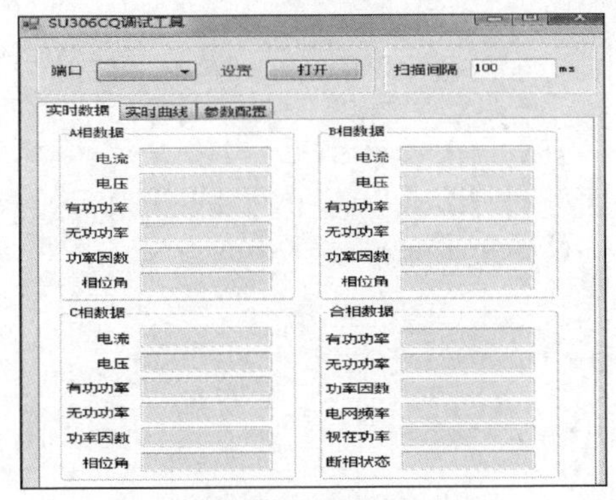

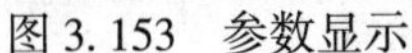
图 3.153　参数显示

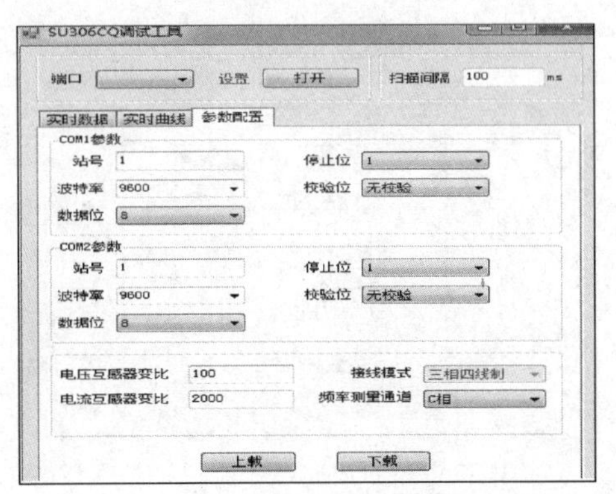

图 3.154　参数修改

同时 Super32 L308 模块带有部分 IO 点，如模拟量输入信号 AI（6 点），数字量输入信号（4 点）及数字量输出信号（4 点），RS485 或者 RS232 可以在主模式下进行数据采集，采集数量最大不超过 64。

2）L308 模块外围接线

L308 模块外围接线如图 3.155 所示。

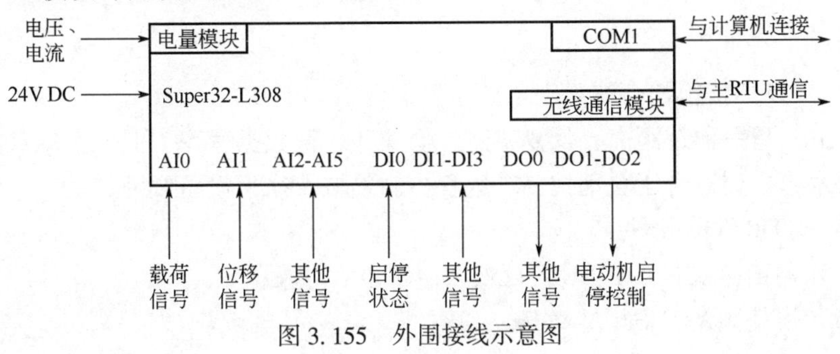

图 3.155　外围接线示意图

3）L308 模块安装

（1）DIN 导轨可水平或垂直方式安装。通常 DIN 导轨是水平安装，模块安装在水平位置的导轨上，更容易一些。当模块水平安装时，散热是最好的。

（2）将模块牢固地安装在导轨上，但需避免拉紧模块间扩展接线电缆。模块间，应能感触到相邻侧面的凹陷空间。

4）L308 模块调试

L308 模块调试如图 3.156 和图 3.157 所示。

（1）下载程序（详细可参考 L305 模式下载程序）。

（2）调试专用软件 RPC（打开专用 L308rpc 软件）。

（3）设置 L308 RPC 通信 COM 口及协议。注意：设置信道和 L308 位置编号。

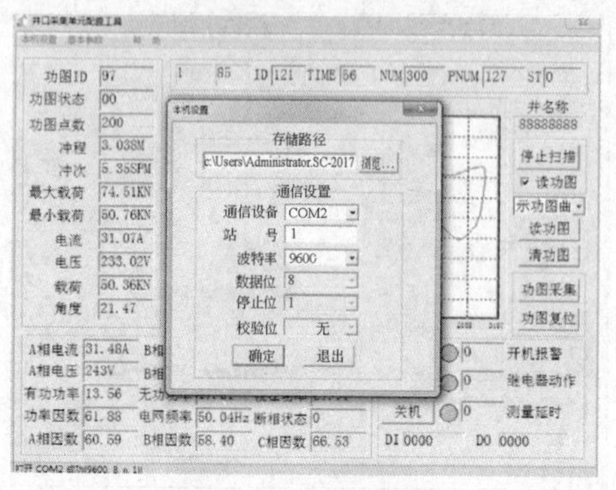

图 3.156 本机设置

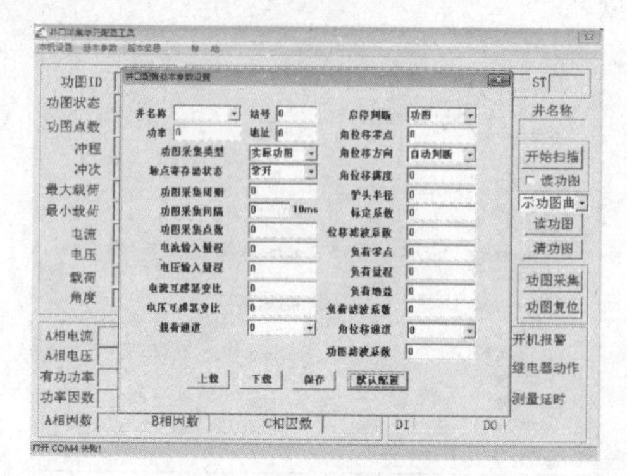

图 3.157 基本参数

（4）本机设置 COM 口，注意：电脑 COM 口的选择应和调试软件一致，软件一般默认使用 PC 机的 COM1 端口，为了调试方便和避免通信连接问题，尽量将 PC 机的端口设置为 COM1 口进行调试。

（5）基础设置：主要设置通道号、地址、主电动机保护电流、电流互感器变比等。

3.14.4.5 无线通信模块

1）无线通信模块介绍

ZigBee 是一种近距离、低复杂度、低功耗、低数据速率、低成本的双向无线通信技术，主要适合于自动控制、远程控制领域及家用设备联网。

2）SZ930 性能硬件

（1）通信协议：ZIGBEE 协议栈/2.4G 通信协议；

（2）通信频率：ISM 2.4GHz；

（3）外部接口：RS232 接口；

（4）通信模式：Modbus RTU 协议；

（5）供电电压：24VDC。

3）安控通信模块 SZ930 分类

（1）按照通信机制分为 DIGI 和华奥通；

（2）DIGI 根据贴纸信号可分为 CI、AI、AJ 和 CJ；

（3）华奥通根据贴纸信号可分为 CF 和 AF。

4）华奥通（SZ930）调试

（1）打开配置软件。

（2）主要设置信道号：

① 用 main 软件配 L201/L211 网线配置通道信道号，记住 L305 AF 的地址。

② 配置 L305 的华奥通，填写以下数据：ID-E205（固定不变），CH-（看 L201/L211 配的信道），PL-04（不变），MY-（看 L305 AF 配置的地址，到无线配置模块翻译成 16 进制，FC00 开始。例如：地址 1 就 FC01），DH-00000000（固定不变），DL-8400（固定），AP-0（固定），SM-00（固定）。注意：配完注意断电上电。

5）DIGI（SZ930）调试

（1）打开调试软件（注意和华奥同界面区别）。

（2）用 main 软件调试出通道号（一定记住），设置好 RTU 和一些用的参数，完毕后断电上电。

（3）用串口链接 SZ930（自动学习出 ID，此时有增益），完毕后断电上电。

（4）配置 SZ930 的 ID（同 L201 计算出来的一致），填写到 SZ930 里。

（5）恢复好接线，完毕后断电上电。

3.14.4.6　L201 模块

1）L201 模块介绍

L201 井场主 RTU 控制器是针对油田井口数据采集而生产的远程控制终端，它采用了先进的工业级产品作为控制器和接口模块，具有功能强、可靠性高、抗干扰能力强、应用灵活、操作方便等特点。

2）L201 模块接线原理

L201 模块接线原理如图 3.158 所示。

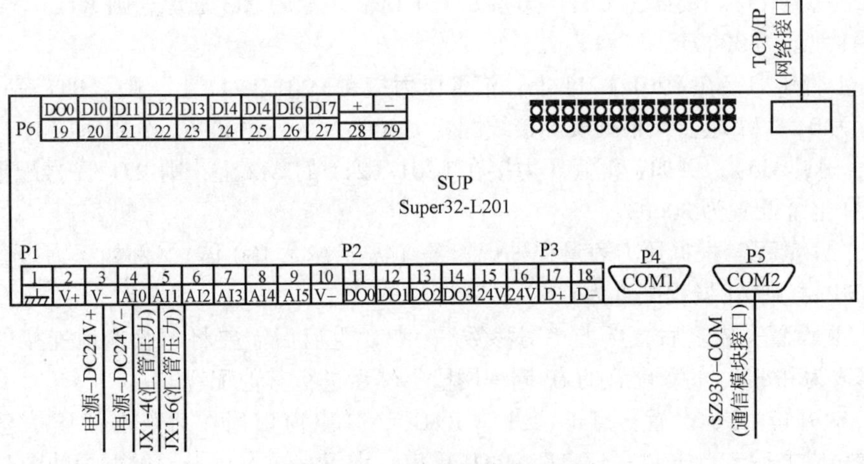

图 3.158　L201 模块接线原理图

3）Super32-L201 软件调试

（1）下载程序（详细参考 L305 模块下载程序）。

（2）主 RTU 调试软件为“Main_ RTU. exe”。

（3）用网线正确连接 RTU 并打开调试软件，填写 IP 地址（默认 IP 为 192. 168. 100. 75），选择“端口”为 TCP/IP，点击“打开”。

（4）RTU 设置。

① 点击“RTU 设置”进行 RTU 设置，点击“读参数”，相关参数设置如下：

井场名：××-××，根据井场名称填写即可。

串口 1，站号：选用默认值。波特率：9600。串口 2 参数保持默认。

无线配置，通道号：每个井场设置唯一的通道号，通道号选择范围为 1~15（L308、井口 SZ930、安控阀组间协议箱等保持一致）。ID：E205。站号：0。

网口参数，MAC 地址：RTU 的物理地址，网络内具有唯一性。每个地址段取值范围为 0~255，其中第 1 个地址段必须设置为 0，建议后 4 个地址段填写为 IP 地址。

IP 地址：根据实际网络规划进行填写。

端口号：默认为 502。

小数点位数：默认选择为 2。

汇管压力：可根据实际需要配置一个或两个汇管压力。其中第 1 个汇管压力保存在 40051 寄存器、第 2 个压力保存在 40060 寄存器。

汇管压力接在井口：汇管压力接在第几个井口 RTU 上，则“RTU 序号”配置为几，“AI 地址”根据实际接线配置（30001，…，30006，分别对应 RTU 的 AI0，…，AI5）。例如：汇管压力接在第 1 口油井上的 AI3 通道，则 RTU 序号为 1，AI 地址为 30004。

汇管压力接在 L201/L211 上：汇管压力接在 L201/L211 上，则“RTU 序号”配置为 0，“AI 地址”根据实际接线配置（30001，…，30006，分别对应 RTU 的 AI0，…，AI5）。例如：汇管压力接在 L201/L211 的 AI2 上，则 RTU 序号配置为 0，AI 地址配置为 30003。

“AI 量程”根据压力表量程进行配置（需要扩大 100 倍），例如压力表量程为 6MPa，则 AI 量程配置为 600。

② 设置完成之后，点击“写参数”，RTU 重启后需要将电脑本地连接的网段修改为和 RTU 的新配置的 IP 同一网段，然后进行其他配置。

③ 井口 RTU 设置：点击“井口 RTU”，弹出窗口后然后点击“读信息”；设置完成之后，点击“写信息”，RTU 重启，设置完成。点击“触发示功图”后点击“查看示功图”，可查看该油井的示功图和电流图。

4）L201 调试

调试前明确是 DIGI 井场还是华奥通井场，选择相应的程序。注意：L305 可以 DIGI 传输也可以华奥通传输，L308 只能华奥通传输方式，需区分 SZ930 的传输机制类型。

（1）DIGI 井场的调试。

① 给 L305 和 L201 下载 DIGI 版的相应程序（详细参考 L305 模块下载程序）。

② 用 L201 计算出同一井场的 ID 号及井口设置挂好相应的点（详细参考 L201 模块调试）。

③ 给 L305 写好相应地址（和点位对应）（详细参考 L305 模块写地址）。

④ 给 SZ930 里面写入 L201 计算出的 ID 号（其他保持默认）（详细参考 SZ930 调试）。

⑤ 断电重启，恢复接线。

（2）华奥通井场调试。

华奥通井场分 L305 和 L308 井场，当井口为 L305 时：

① 给主 RTU L201 和 L305 下载华奥通程序；

② 主 RTU 计算出信道号及挂好点位；

③ SZ930 通信模块里写入信道号及 L305 编号；

④ 断电重启，恢复接线。

当井口为 L308 时：

① 给主 RTU L201 和 L305 下载华奥通程序；

② 主 RTU 计算出信道号及挂好点位；

③ L308 模块里写入信道号及 L308 地址编号；

④ 断电重启，恢复接线。

3.14.4.7 水源井控制器

E5501 水源井控制器是针对油田水源井数据采集和自动监控而生产的一款远程控制终端，具有功能强、可靠性高、抗干扰能力强、应用灵活等特点。该产品具备灵活的通信方式，能够方便地通过有线 RS485、以太网、电台、Zigbee 等通信方式接入到 SCADA 系统，也可以就地实现水源泵的各项保护和控制功能。

1）水源井控制器结构特点

E5501 水源井控制器整体结构为阻燃级 ABS 材料，机箱由内外两层门进行保护。内门上侧安装 320mm×240mm 点阵液晶显示屏一块，下侧安装软膜按键触摸板一块，用于完成数据的显示和参数设置功能。水源井控制箱上下采用两副卡扣式门锁，能够较好地实现防护要求。

机箱内门后部为主控单元，机箱底部安装底板上安装供电电源模块、三相电参采集模块、空气开关、浪涌保护器、端子等附件。同时预留外部电台安装位置，其结构如图 3.159 和图 3.160 所示。

图 3.159　水源井控制器

图 3.160　水源井控制器内部结构

2）水源井控制器原理

E5501 水源井控制器主要包括主控单元、电量采集单元、供电单元、IO 接口板单元、显示单元、控制面板单元、机箱等部分，其原理如图 3.161 所示。

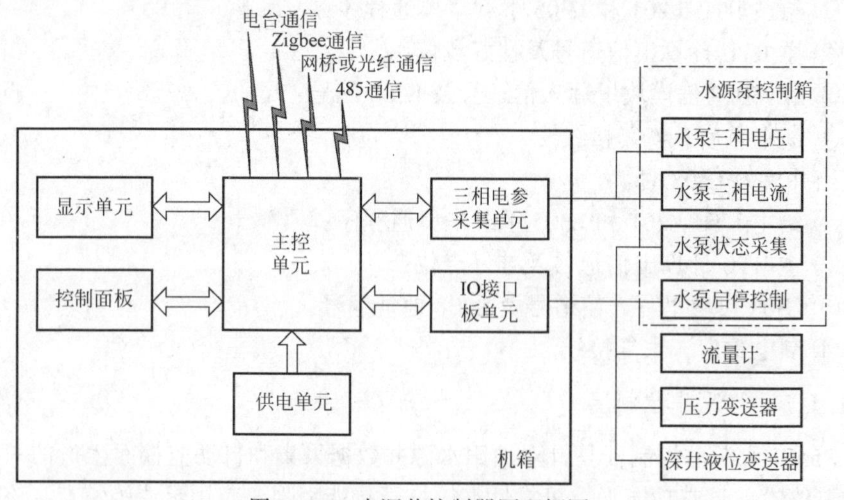

图 3.161　水源井控制器原理框图

E5501 水源井控制器主控单元是整个产品的核心单元，采用 Atmel 公司的高性能 ARM9 芯片作为主处理器。显示单元为 320mm×240mm 分辨率的单色液晶显示器，用户可以从显示面板上直观地读取当前水源井的运行状态信息，如流量、压力、三相电参数据等。同时具备历史数据记录功能，能够通过表格方式记录水源泵的日排采量、故障报警信息等，便于用户进行数据翻查。

控制面板为软膜按键，通过该面板设置，用户可以实现就地水泵启停功能，同时也可以完成水源泵运行参数的设置，如保护电流参数、电动机定时启停时间参数、定量排采液量参数等。

三相电参模块主要用于完成对水源井电泵的三相电参数据监测功能，采集参数主要包括三相电压、三相电流、三相有功功率、三相无功功率、三相功率因数等。通过设置电动机保护电流，能够完成水源井电泵的缺相、过载、卡泵等保护，从而及时处理异常故障。

IO 接口单元具备 8 路 AI 量输入通道、4 路 DI 量采集通道、4 路 DO 量输出通道。通过对相关硬件 IO 端口的设置，可以完成现场流量计、压力变送器、水泵运行状态的采集及控制功能。

E5501 水源井控制器具备 2 路 RS232 接口、2 路 RS485 接口、1 路 Ethernet 接口，能够直接通过有线 RS485、网络方式或北京安控生产的 E5318 系列井场主 RTU 产品向上进行数据传输；也可以通过外置无线数传电台、GPRS 模块、3G 模块等，建立相应的传输链路。

3）水源井控制器安装

水源井控制器作为自动化监控设备，其安装应该严格按照仪表盘柜安装要求，保证设备安装稳固、美观。根据安装方式的不同，推荐以下两种安装方式：

（1）壁挂式安装。水源井控制柜机箱整机质量为 15kg，上下各预留 ϕ6mm 固定孔 4 个。采用壁挂式安装方式，在距离水源井电泵控制柜一侧，在水源井墙壁上下各钻 2 个孔位，使用膨胀螺栓或者机制螺栓进行安装。

（2）支架式安装。对于水源井外墙为非固定式的房屋结构，为了便于后期吊装房屋维修水源井而不影响现场连接电缆，易采用支架式安装方式。支架采用 L40mm×40mm 角钢方式进行制作并且预埋在地面上，水源井控制器机柜垂直安装在支架上，水源井至现场仪表、至水源井电控箱的电缆通过防护钢管从地面处引至水源井控制箱内。

4）水源井控制器调试

（1）主界面。

水源井控制器控制面板主要完成参数设置、数据翻看功能，其布局如图 3.162 所示。

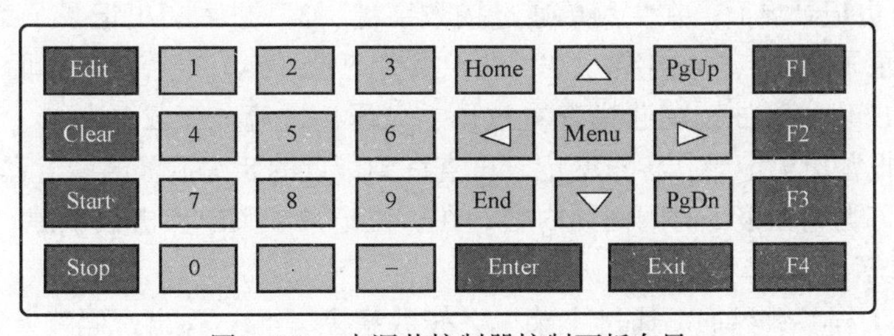

图 3.162　水源井控制器控制面板布局

（2）欢迎界面。

水源井控制器初始上电后，显示屏显示欢迎界面（图3.163），内容主要包括产品名称、生产厂家等信息。

（3）主菜单界面。

显示屏初次上电，或者重触摸面板点击“Menu”按键后，显示屏显示主菜单界面（图3.164），点击各个菜单项前侧的数字可以进入相应窗口。

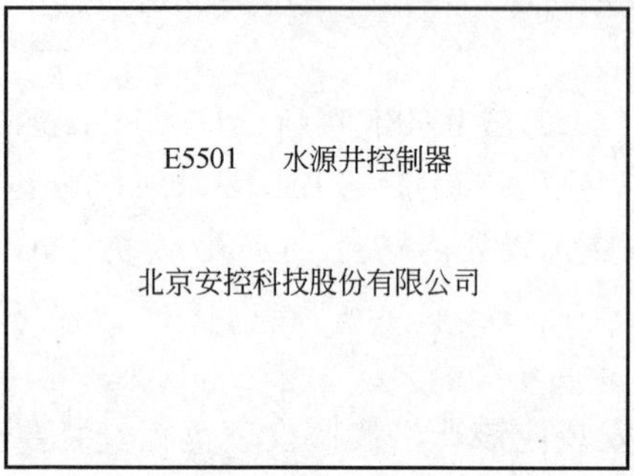

E5501　水源井控制器

北京安控科技股份有限公司

图3.163　水源井控制器欢迎界面

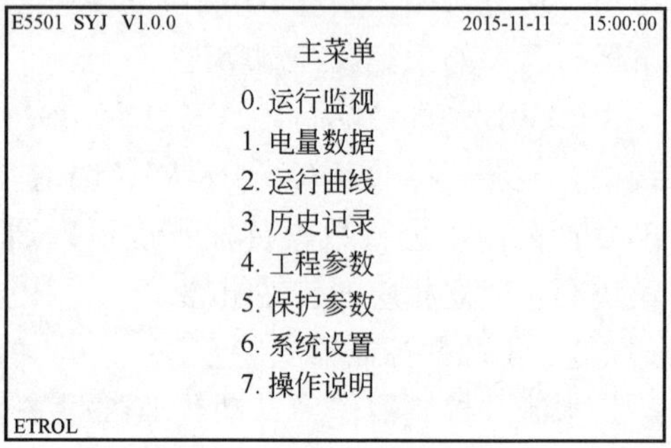

E5501 SYJ V1.0.0　2015-11-11　15:00:00

主菜单

0. 运行监视
1. 电量数据
2. 运行曲线
3. 历史记录
4. 工程参数
5. 保护参数
6. 系统设置
7. 操作说明

ETROL

图3.164　主菜单界面

① 运行监视界面。通过在主菜单按数字“0”，或者按“PgDn”进入运行监视画面。当水源井在其他界面长期无操作后，也会定时切换到运行监视界面，运行监视画面主要显示了当前水源井的主要运行参数，包括流量参数、压力参数、工作电压、工作电流、井下液位、水源井运行状态、运行模式以及过压、欠压、过流、卸载、卡泵、干抽、缺相、短路故障信息。水源井运行状态根据水源井运行情况，自动显示停止或运行。水源井运行模式指示了当前水源井运行的模式，包括手动、远程、定时、定量等。

② 电量数据界面。电参数据通过表格的方式对水源井三相电参的数据进行了统一的显示，通过表格对比，可以直观地了解到电动机的运行状况。

③ 运行曲线界面。在主菜单通过按数字键“2”，或者在电量数据界面通过按“PgDn”按键进入运行曲线子菜单界面。

④ 历史记录界面。在主菜单通过按数字键“3”进入历史记录子菜单界面。在历史记录子菜单点击数字键“0”进入报警记录界面，报警记录界面可通过控制面板“1”～“8”按键选择查看过压、欠压、过流、卸载、卡泵、干抽、缺相及短路报警历史记录，各报警记录可查询到最近的8次报警记录信息，每条记录包含报警类型和报警时间两项内容。在历史记录子菜单点击数字键“1”进入日抽水量统计界面。

（4）工程参数界面。通过主菜单，按数字键“4”，弹出密码输入窗口（默认密码为“1234”），输入窗口后进入工程参数设置界面，在该界面主要对当前水源泵的保护参数、运行模式、定时启停泵参数等进行详细的设置。详细内容可请查看工程参数设置相关章节。

（5）保护参数界面。通过主菜单，按数字键“5”，弹出密码输入窗口（默认密码为“1234”），输入窗口后进入保护参数设置界面，在该界面主要对过压保护、欠压保护、卡泵保护、卸载保护、启动电流、干抽保护、过流保护、短路电流保护限值及保护时长进行设置。详细内容可查看保护参数设置相关章节。

（6）系统设置界面。通过主菜单，按数字键“6”，弹出密码输入窗口（默认密码为“1234”），输入窗口后进入系统设置界面，在该界面主要对水源井控制器的通信参数、仪表参数、系统参数等进行设置，详细内容可查看系统参数设置相关章节。

（7）操作说明界面。通过主菜单，按数字键“7”，即可进入操作说明界面，该界面对本水源井控制器的基本操作进行了介绍。

5）工程参数设置

在主菜单按数字键“4”，弹出密码输入窗口（默认密码为“1234”），输入窗口后进入工程参数设置界面（图 3.165），在该界面可以对水源井的基本运行参数进行设置。

E5501 SYJ V1.0.0　2013-11-11　15:00:00

工程参数

水源井额定电流：68 A　水源井额定功率：37 kW

水源井工作模式：定量　最大抽水压力：1.50

最大抽水流量：20.00　定量抽水数量：25.00

日统计时间起点：08:00:00

时段	启泵时间	停泵时间	时段	启泵时间	停泵时间
1	01:00:00	02:00:00	2	05:00:00	06:00:00
3	07:00:00	08:00:00	4	10:00:00	11:00:00
5	14:00:00	15:00:00	6	21:00:00	22:30:00

ETROL

图 3.165 工程参数设置

其中可以设置的主要内容包括：

水源井额定电流：该参数依据水源井电动机的额定电流输入，该参数影响了水源井过载保护值。

日统计时间起点：该参数主要设置了水源井进行日排水量的累计的起点，该值应该与作业区生产日报统计时间一致。

水源井工作模式：水源井工作模式包括手动、远程、定时、定量等四种方式。手动是指通过就地按钮启停水源井、触摸面板按钮启停水源井。远程是指可以由作业区通过上位机软件进行启动和停止操作；定时模式设置了 6 个时间段，在每个启泵时间点启动水源井运行，在停泵时间停止水源井工作。定时模式与下面设置的定时模时间段参数共同作用完成相关功能。定量模式是指当水源井启动后，水源井控制器统计本次启动后的抽水量，当抽水量达到定量时，停止水源井工作。定量模式与定量抽水数量参数共同作用。

定量抽水数量：该参数设置了当采用定量模式后，每次启泵后定量抽水的数量。

最大抽水流量：该参数设置了水源井的最大出水量，当流量计瞬时流量大于此值时，应启动报警并停止水源井运行，避免管线爆裂，破坏周围环境。

最大抽水压力：该参数设置了当水源井运行时最大的管线压力，当压力大于此值时，停止水源井工作，避免管线压力阻塞，烧坏水源井机泵。

3.14.4.8 阀组间控制器

1）阀组间控制器介绍

E5318-Ⅱ阀组间通信 RTU 由主控模块和保护箱组成，可以检测各个注水井管线压力、注水流量值等。阀组间通信 RTU 既可独立工作，也可方便地联入控制网络实现远程遥测，形成 SCADA 系统。

2）阀组间控制器结构

E5318-Ⅱ阀组间通信 RTU 由主控模块（Super32-L309）、电源模块、电源开关、接地汇流条及保护箱等组成。保护箱分为单箱体、单开门结构。保护箱可起到防雨、防晒、防尘的作用，如图 3.166 所示。

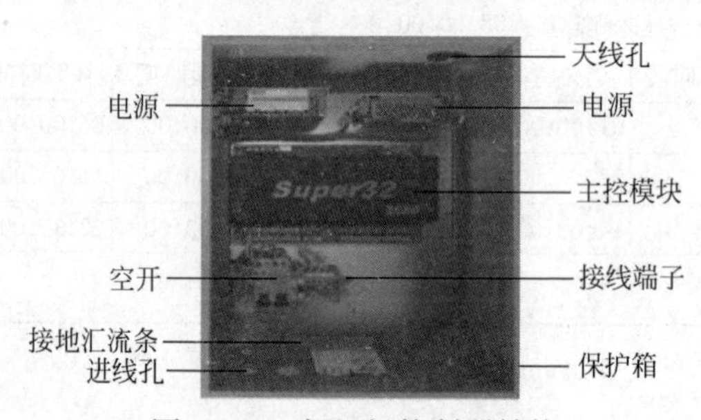

图 3.166　阀组间控制器结构

3）阀组间控制器接线

阀组间控制器接线如图 3.167 所示。

4）阀组间控制器调试

（1）检查阀组间通信 RTU 内部接线及仪表接线，计算机与串口正确连接；

（2）系统上电；

（3）观察主控模块状态指示灯，判断其运行是否正常；

（4）运行调试软件，设置通信参数，包括“本机设置”“COM1 设置”“阀组间配置”；

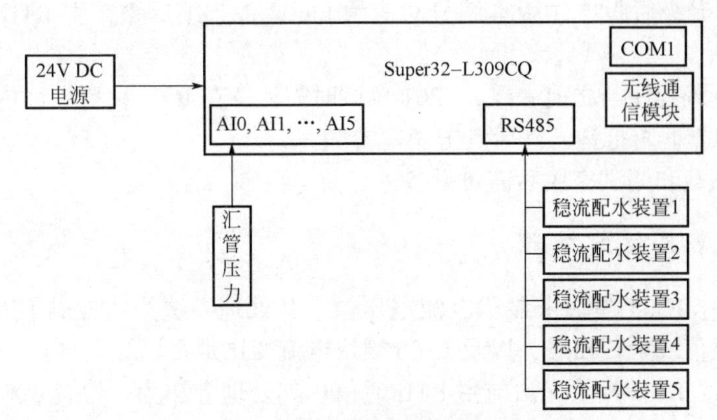

图 3.167　阀组间控制器接线

（5）参数设置完成后，对主控模块重新上电，确保参数设置可用；

（6）扫描阀组间数据，包括井口出口压力、汇管压力等；

（7）以上操作均正常完成后，断开计算机与串口的连接，调试结束。

3.14.5　系统效率升级

系统效率升级，可按甲方给的寄存器点表完成其要求的系统效率的相关数据传输及功能，例如故障、开井时率、功率图等。此外还优化了个别功能，在升级过程中要特别注意的由以下几点：

（1）305、308 载荷角位移通道的配置，更新程序之后载荷角位移通道都是可配置，旧版本 AI0 通道为载荷，AI1 通道为角位移，要根据现场接线设置，把载荷通道和角位移通道设置正确（视图中绿色椭圆内设置项）。

（2）305 关于主电动机电流保护部分，在设置软件做了使能开关、保护阈值和保护时间，这些参数需要根据现场的机型设置正确。例如，如需要设置主电动机电流超过 25A 2s 停机保护，则设置项“主电动机电流保护使能”选择打开电流保护，“主电动机额定电流”设置为 2500，“主电流超限保护时间”设置为 2（视图中红色圆角矩形内设置项）。

（3）电参模块 306 的标定，升级过程中一定要确保电参数据校准正确。注意：参数设置内电流互感器变比应为现场实际所用电流互感器变比的 100 倍。例如，现场电流互感器变比为 100/5A，则设置电流互感器变比应为 2000；现场电流互感器变比为 50/5A，则设置电流互感器变比应为 1000。

（4）注意 308 升级过程中某些 RTU 开井时率的存储位置有乱值，升级完程序后要初始化把乱值清除，如未清除，则开井时率会有底数。

（5）RTU 软件版本的确认，下载完成后打开对应的设置软件读取版本信息，确认是否为升级后版本（版本编号对应为 bin 文件数组后缀，主 RTU 确认方式也一致）。

（6）下载程序与之前一致，L201 调试时需注意在 RTU 设置界面内是否读取功率图前的方框内打钩，然后点击“写参数”。

（7）下载和调试完成后需对设备进行断电重启。

3.14.6 常见故障处理

故障一：L305 模块未显示电流电压值。其处理方法为：检测 L306 到 L305 的 RS485 通信线是否插好，以及 L306 模块电流变比是否调好。

故障二：L308 模块无法与主 RTU 通信。其处理方法为：检查 308 是否写好信道号，及 L201 的挂点是否正确。

故障三：L201 模块不上示功图。其处理方法为：检查 L201 程序，检查井口是否合适、通信是否正常。

故障四：采集模块 L305/L308 模块不上示功图。其处理方法为：检查程序，检测角位移、载荷是否正常。

3.15 PLC 基础知识

3.15.1 PLC 概述

PLC（可编程控制器）是一种进行数字运算的电子系统，是专为在工业环境下的应用而设计的工业控制器。它采用了可以编程序的存储器，用来在其内部存储执行逻辑运算、顺序控制、定时、计数和算术运算等操作的指令，并通过数字或模拟式的输入和输出，控制各种类型机械的生产过程。

PLC 由继电器逻辑控制发展而来，所以它在数字处理、顺序控制方面具有一定优势，继电器在控制系统中主要起逻辑运算和弱电控制强电两种作用。

PLC 是集自动控制技术、计算机技术和通信技术于一体的一种新型工业控制装置，已跃居工业自动化三大支柱［PLC、机器人、CAD/CAM 电脑辅助设计与电脑辅助制造（生产）］的首位。

3.15.2 PLC 组成

PLC 的组成结构如图 3.168 所示。

3.15.2.1 中央处理单元（CPU）

CPU 通过输入装置读入外设的状态，由用户程序去处理，并根据处理结果通过输出装置控制外设。现在的 CPU 一般为双微处理器。一个是字处理器，即主处理器，处理字节操作指令、控制系统总线、内部计数器、内部定时器、监视扫描周期、统一管理编程接口，同时协调位处理器及输入输出。另一个是位处理器，也称布尔处理器，即从处理器，作用是处理位操作指令和在机器操作系统的管理下实现 PLC 编程语言向机器语言转换。

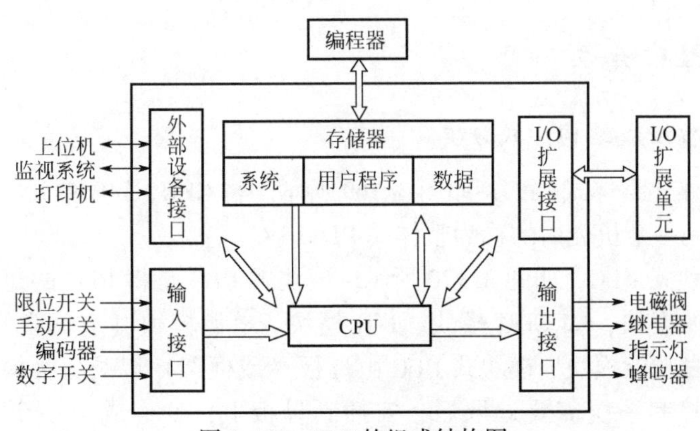

图 3.168 PLC 的组成结构图

CPU 处理速度是指 PLC 执行 1000 条基本指令所花费的时间。

3.15.2.2 存储器

存储器主要存储系统程序、用户程序及工作数据。PLC 所用的存储器基本上由 PROM、EPROM、EEPROM 和 RAM 组成。

3.15.2.3 输入/输出部件

输入/输出部件又称 I/O 模块，PLC 通过 I/O 接口可以检测被控制对象或被控生产过程的各种参数。以这些现场数据作为 PLC 对被控对象进行控制的信息依据。同时，PLC 又通过 I/O 接口将处理结果送给被控设备或工业生产过程，以实现控制。

3.15.2.4 编程设备和编程软件

编程设备：编程器是 PLC 开发应用、监测运行、检查维护不可缺少的器件，用于编程、对系统作一些设定、监控 PLC 及 PLC 所控制的系统的工作状况，但它不直接参与现场控制运行。小编程器 PLC 一般有手持型编程器，目前一般由计算机（运行编程软件）充当编程器。不同厂家的设备有不同的编程软件。PLC 是以顺序执行存储器中的程序来完成其控制功能的。

3.15.2.5 电源部件

PLC 电源用于为 PLC 各模块的集成电路提供工作电源。电源输入类型有：

交流电源（220V AC 或 110V AC），直流电源（常用的为 24V DC）。

3.15.2.6　底板或机架

大多数模块式 PLC 使用底板或机架，其作用是：电气上，实现各模块间的联系，使 CPU 能访问底板上的所有模块；机械上，实现各模块间的连接，使各模块构成一个整体。

3.15.3　PLC 分类

3.15.3.1　按组成结构形式分类

（1）一体化整体式 PLC，如图 3.169 所示。将 CPU、I/O 单元、电源、通信等部件集成到一个机壳内的称为整体式 PLC。

（2）模块式 PLC，如图 3.170 所示。模块式 PLC 是将 PLC 的每个工作单元都制成独立的模块，如 CPU 模块、I/O 模块、电源模块（有的含在 CPU 模块中）以及各种功能模块。模块式 PLC 由母板（或框架）以及各种模块组成。把这些模块按控制系统需要选取后，安插到母板上，就构成了一个完整的 PLC 系统。

图 3.169　一体化整体式 PLC

图 3.170　模块式 PLC

3.15.3.2　按 I/O 点数及内存容量分类

（1）小型 PLC：小型 PLC 的 I/O 点数一般在 128 点以下，特点是体积小、结构紧凑，整个硬件融为一体；除开关量 I/O 以外，还可以连接模拟量 I/O 以及其他各种特殊功能模块；能执行包括逻辑运算、计时、计数、算术运算、数据处理和传送、通信联网以及各种应用指令。

（2）中型 PLC：中型 PLC 采用模块化结构，其 I/O 点数一般在 256~1024 点之间。I/O 的处理方式除了采用一般 PLC 通用的扫描处理方式外，还能采用直接处理方式，即在扫描用户程序的过程中，直接读输入，刷新输出。它能连接各种特殊功能模块，通信联网功能更强，指令系统更丰富，内存容量更大，扫描速度更快。

（3）大型 PLC：一般 I/O 点数在 1024 点以上的称为大型 PLC。大型 PLC 的软、硬件功能极强，具有极强的自诊断功能；通信联网功能强，有各种通信联网的模块，可构成三级通信网，实现工厂生产管理自动化。大型 PLC 还可以采用 3 个 CPU 构成表决式系统，使机器的可靠性更高。

3.15.4　PLC 的功能

PLC 是应用面很广，发展非常迅速的工业自动化装置，在工厂自动化（FA）和计算机集成制造系统（CIMS）内占重要地位。PLC 系统一般具有以下 6 大基本功能。

3.15.4.1　多种控制功能

逻辑控制：PLC 具有与、或、非、异或和触发器等逻辑运算功能，可以代替继电器进行开关量控制。

定时控制：它为用户提供了若干个电子定时器，用户可自行设定接通延时、关断延时和定时脉冲等方式。

计数控制：用脉冲控制可以实现加、减计数模式，可以连接码盘进行位置检测。

顺序控制：在前道工序完成之后，就转入下一道工序，使一台 PLC 可作为多部步进控制器使用。

3.15.4.2　数据采集、存储与处理功能及数学运算功能

基本算术：加、减、乘、除。

扩展算术：平方根、三角函数和浮点运算。

比较：大于、小于和等于。

数据处理：选择、组织、规格化、移动和先入先出。

模拟数据处理：PID、积分和滤波。

3.15.4.3　输入/输出接口调理功能

PLC 具有 A/D、D/A 转换功能，通过 I/O 模块完成对模拟量的控制和调节。位数和精度可以根据用户要求选择。

PLC 具有温度测量接口，可直接连接各种电阻或电偶。

3.15.4.4　通信、联网功能

现代 PLC 大多数都采用了通信、网络技术，有 RS232 或 RS485 接口，可进行远程 I/O 控制，多台 PLC 可彼此间联网、通信，外部器件与一台或多台可编程控制器的信号处理单元之间，实现程序和数据交换，如程序转移、数据文档转移、监视和诊断。

通信接口或通信处理器按标准的硬件接口或专有的通信协议完成程序和数据

的转移。如西门子 S7－200 的 Profibus 现场总线口，其通信速率可以达到12Mbps。

在系统构成时，可由一台计算机与多台 PLC 构成“集中管理、分散控制”的分布式控制网络，以便完成较大规模的复杂控制。通常所说的 SCADA 系统，现场端和远程端也可以采用 PLC 作现场机。

3.15.4.5 人机界面功能

人机界面提供操作者以监视机器/过程工作必需的信息。允许操作者和 PC 系统与其应用程序相互作用，以便作决策和调整。

实现人机界面功能的手段是：基层的操作者屏幕文字显示；单机的 CRT 显示与键盘操作；用通信处理器、专用处理器、个人计算机、工业计算机组成分散和集中的操作与监视系统。

3.15.4.6 编程、调试等功能

编程、调试等功能使用复杂程度不同的手持、便携或桌面式编程器、工作站、操作屏，进行编程、调试、监视、试验和记录，并通过打印机打印出程序文件。

3.15.5 PLC 的现场应用

根据现场应用情况，这里主要介绍北京安控科技股份有限公司 SUPER E50 的 PLC。

3.15.5.1 E50 系统设备概述

SUPER E50 模块底座安装在 DIN 导轨支架上，模块间的电源和通信通过底座上的内部总线连接器连接，组成一个底座组。I/O 子系统模块、控制器模块及系统电源模块均插接在安装好的底座上，如图 3.171 所示。

图 3.171　E50PLC 模块

3.15.5.2　系统组成及控制能力

1）系统组成结构

E50 系统组成结构如图 3.172 所示。

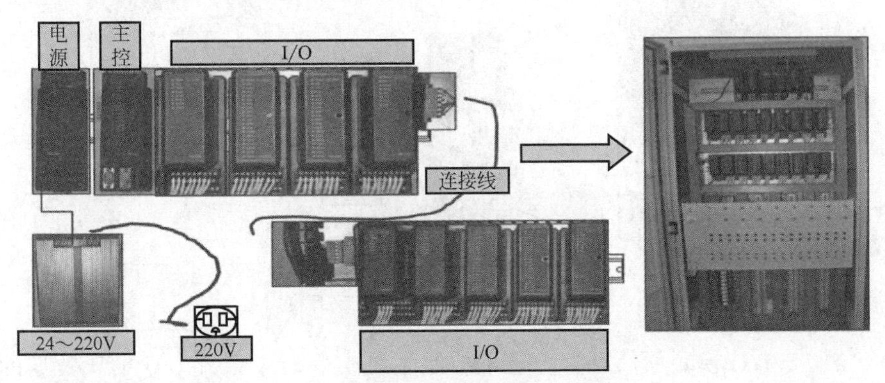

图 3.172　系统组成结构

2）供电单元

SUPER E50 供电单元如图 3.173 所示。

24～220V　　10A电源
5～24V　　3A电源

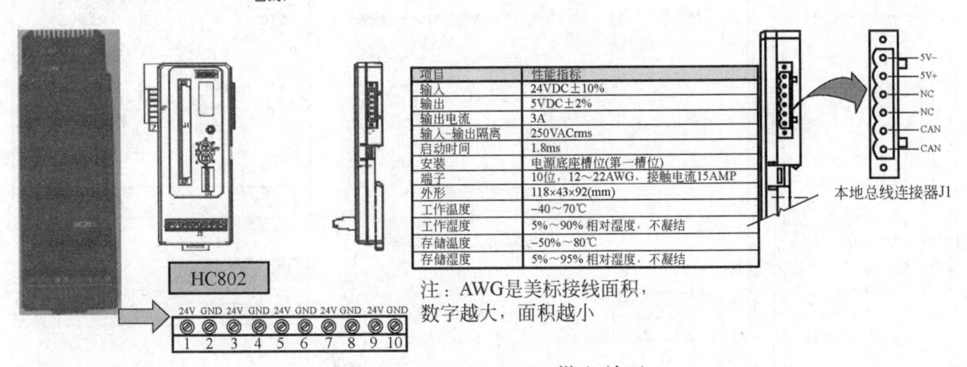

项目	性能指标
输入	24VDC±10%
输出	5VDC±2%
输出电流	3A
输入-输出隔离	250VACrms
启动时间	1.8ms
安装	电源底座槽位(第一槽位)
端子	10位，12～22AWG，接触电流15AMP
外形	118×43×92(mm)
工作温度	-40～70℃
工作湿度	5%～90% 相对湿度，不凝结
存储温度	-50%～80℃
存储湿度	5%～95% 相对湿度，不凝结

图 3.173　SUPER E50 供电单元

3）控制系统

HC501 硬件组成结构如图 3.174 所示。

（1）HC501 控制器模块。它也称 CPU 模块，通过总线与 I/O 模块进行通信，完成逻辑扫描、通信及热备任务，I/O 数据通过总线周期传输。HC501 控制器模块是 SUPER E50 系统 I/O 模块的协调者，可以对模拟量 I/O、数字量 I/O 和脉冲量输入信号，完成数据采集、逻辑和过程控制等功能。根据模块的配置，扫描周期为 10ms~9h，具备 CPU 冗余功能，如图 3.175 所示。

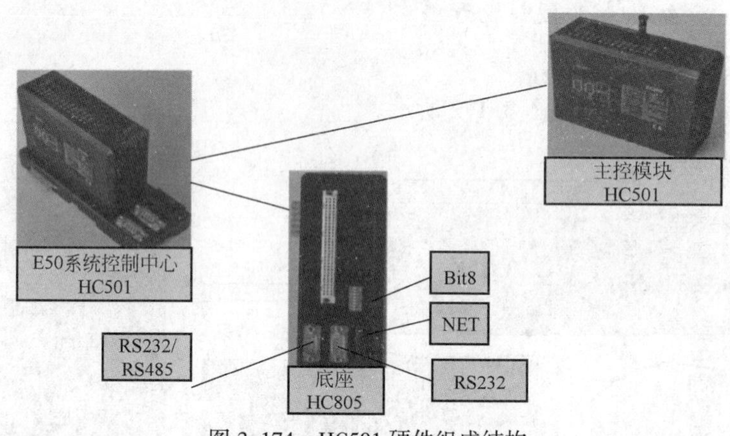

图 3.174　HC501 硬件组成结构

（2）与 I/O 模块通信配置。现场控制系统实现对本系统 I/O 模块数据的采集控制，需要将 I/O 添加到控制器中，根据需求设置 I/O 采集时间及数据存储的地址，详见《ESet 配置手册》。通信接口如图 3.176 所示。

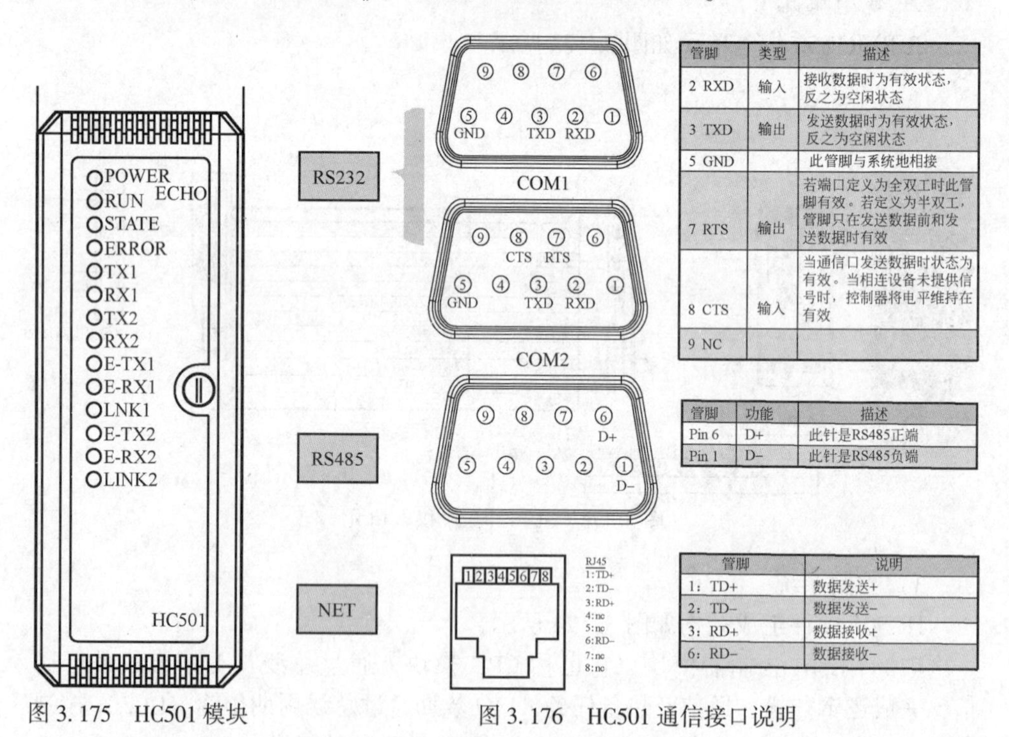

管脚	类型	描述
2 RXD	输入	接收数据时为有效状态，反之为空闲状态
3 TXD	输出	发送数据时为有效状态，反之为空闲状态
5 GND		此管脚与系统地相接
7 RTS	输出	若端口定义为全双工时此管脚有效。若定义为半双工，管脚只在发送数据前和发送数据时有效
8 CTS	输入	当通信口发送数据时状态为有效。当相连设备未提供信号时，控制器将电平维持在有效
9 NC		

管脚	功能	描述
Pin 6	D+	此针是RS485正端
Pin 1	D−	此针是RS485负端

管脚	说明
1：TD+	数据发送+
2：TD−	数据发送−
3：RD+	数据接收+
6：RD−	数据接收−

图 3.175　HC501 模块

图 3.176　HC501 通信接口说明

（3）功能说明。功能包括实时时钟、网络、串口、485、CAN 通信、通信协议：MODBUS、MODBUS TCP、DNP3、符合 IEC61131-3 标准实现可编程、PID、实时监控 I/O 模块、触发写功能、事件任务、报警指示、系统信息，详见表 3. 19 和表 3. 20。

表 3. 19　HC501 指示灯说明

LED 指示灯	颜色	功能
POWER	绿	“亮”表示模块内 CPU 供电电源，插到底座上时会点亮
RUN	绿	在双机系统中，“闪”表示主机；“灭”表示从站。 在单机系统中，该灯是“闪”状态，表示通信状态
STATE	红	在双机系统中：“闪”表示控制程序处于运行状态；“灭”表示控制程序处于停止状态或无控制程序。 在单机系统中：“闪”表示控制程序处于运行状态；“灭”表示控制程序处于停止状态或无控制程序
ERROR	黄	“亮”表示系统错误
TX1	红	“亮”，当 RS232 端口有发送信号时
RX1	绿	“亮”，当 RS232 端口有接收信号时
TX2	红	“亮”，当 RS232 端口有发送信号时
RX2	绿	“亮”，当 RS232 端口有接收信号时
E-TX1	红	“亮”，当 Ethernet1 有发送信号时
E-RX1	绿	“亮”，当 Ethernet1 有接收信号时
LINK1	黄	“亮”，Ethernet1 同服务器断开； “灭”，Ethernet1 同服务器连接
E-TX2	红	“亮”，当 Ethernet2 有发送信号时
E-RX2	绿	“亮”，当 Ethernet2 有接收信号时
LINK2	黄	“亮”，Ethernet2 同服务器断开； “灭”，Ethernet2 同服务器连接

表 3. 20　HC501 性能指标说明

项目	性能指标
模块供电	5V±2@ 245mA
功耗	1. 3W
通信接口	2 Ethernet，10Mbps RJ45 接口 1RS232，DB9-M 接口 1RS232/RS485，DB9-M 接口
热备接口	不支持热备冗余
时钟日历	时/分/秒/年/月/日/星期

续表

项目	性能指标
I/O 模块容量： 数字量输入 数字量输出 模拟量输入 模拟量输出 计数量输入 RTD 输入 I/O 模块最多达	 512 路 512 路 256 路 128 路 128 路 64 路 48 个
安装	电源底座槽位右边（即第二槽位），用螺杆固定
外形	118×43×92（mm）
工作温度	-40~70℃
工作湿度	5%~90%相对湿度，不凝结
存储温度	-50~80℃
存储湿度	5%~95%相对湿度，不凝结

4）I/O 单元

（1）HC101（8AI）模块。

HC101（8AI）模块，如图 3.177 所示，是 8 路模拟量输入模块。I/O 总线上可安装 32 块 HC101 模块，得到 256 个模拟量输入点。输入端与压力、液位、流量、温度变送器，或其他高精度模拟信号源连接使用。现场变送器送入 HC101 模块的模拟信号为 4~20mA 的标准信号，并将其转换为 10000~50000 的数值。

① 模块地址设置。

HC101 每个 I/O 模块在系统中都有唯一的通信地址。通过对应底座上的拨码开关实现模块通信地址设置。

② 拨码开关。

底座上的拨码开关用于设置模块通信地址及模块内部总线上的终端电阻，其中：

1~7 位设置模块通信地址，并由通信地址设定电路识别，可设置 1~127 号地址。按照预定的通信地址二进制值设置，当拨码开关的某位置于“ON”位置时，对应的二进制为“1”，置于“OFF”时则为“0”，拨码开关的低位对应于通信地址二进制的低位。模块通信地址二进制位与拨码开关位置的对应关系如图 3.178 所示（图中模块通信地址开关对应的地址为十进制 4）。

第 8 位设置终端电阻：为保证数据传输质量，在模块内部总线的两端必须接终端电阻。终端电阻起始端在控制器模块底座上，末端设在内部总线最末端的 I/O 模块底座上。

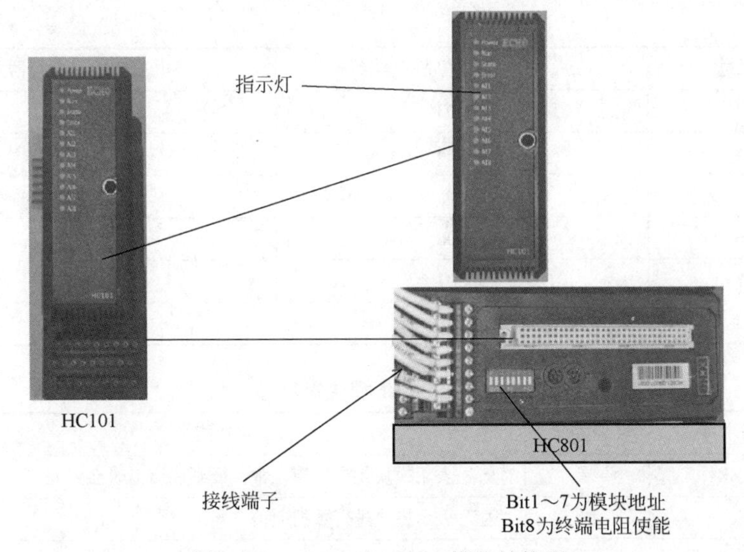

图 3.177 HC101（8AI）模块结构图

设置方法：将相应底座上的第 8 位拨码开关拨至“ON”位置。

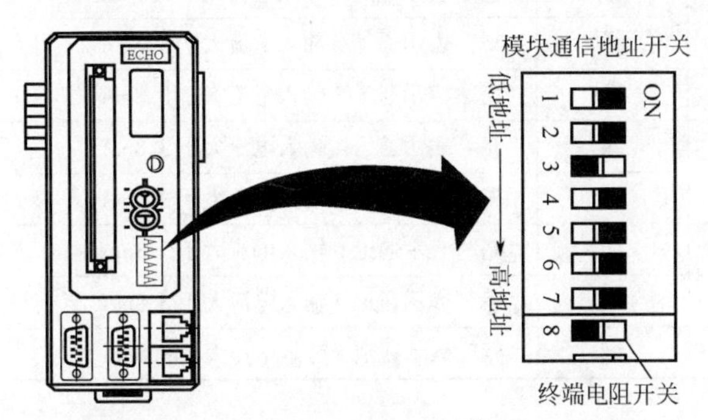

图 3.178 二进制位与拨码开关位置对应关系

③ 信号寄存器。

通过 ESet 工具设置后，控制器模块通过模块内部总线读取 AI 信号寄存器（在 ESet 工具中称为从寄存器）值。HC101 的各 AI 通道的采集数据值放在表 3.21 对应的寄存器中，信号类型为 R_ Input（读输入寄存器），指示灯见表 3.22。

表 3.21 AI 模块寄存器表

AI 通道	电流整数值寄存器	电流工程值寄存器
AI1	30001	30031
AI2	30002	30033

续表

AI 通道	电流整数值寄存器	电流工程值寄存器
AI3	30003	30035
AI4	30004	30037
AI5	30005	30039
AI6	30006	30041
AI7	30007	30043
AI8	30008	30045

表 3.22　AI 模块指示灯

LED 指示灯	颜色	功能
POWER	绿	“亮”表示模块供电电源正常，插到底座上时会点亮
RUN	绿	“闪”表示模块进行数据通信
STATE	红	“闪”表示模块程序运行状态
ERROR	黄	“亮”表示模块有错误
AI1	绿	“亮”表示通道 1 输入电流大于 3.8mA
AI2	绿	“亮”表示通道 2 输入电流大于 3.8mA
AI3	绿	“亮”表示通道 3 输入电流大于 3.8mA
AI4	绿	“亮”表示通道 4 输入电流大于 3.8mA
AI5	绿	“亮”表示通道 5 输入电流大于 3.8mA
AI6	绿	“亮”表示通道 6 输入电流大于 3.8mA
AI7	绿	“亮”表示通道 7 输入电流大于 3.8mA
AI8	绿	“亮”表示通道 8 输入电流大于 3.8mA

（2）HC121（4AO）模块。

HC121（4AO）模块如图 3.179 所示，是智能型 4 路 4~20mA 模拟量输出模块，输出 4 路 4~20mA 的电流信号，输出为 16 位分辨率。I/O 总线上可安装 32 个 HC121 模块，测量 128 路触点信号。HC121 模块可以控制电动阀门、电动机控制器、温度控制器以及其他需要模拟信号控制的设备。

① 模块地址设置。HC121 每个 I/O 模块在系统中都有唯一的通信地址。通过对应底座上的拨码开关实现模块通信地址设置。

② 信号寄存器。通过 ESet 工具设置后，控制器模块通过模块内部总线读取 AO 信号寄存器（在 ESet 工具中称为从寄存器）值。HC121 的各 AO 通道的采集数据值放在表 3.23 对应的寄存器中，信号类型为 W_ Hold（写保持寄存器），指示灯见表 3.24 所示。

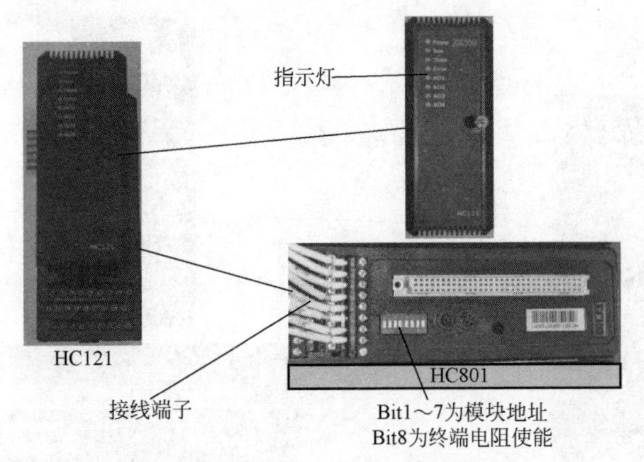

图 3.179　HC121（4AO）模块结构图

表 3.23　AI 模块寄存器

AO 通道号	数据寄存器
AO1	40001
AO2	40002
AO3	40003
AO4	40004

表 3.24　AI 模块指示灯

LED 指示灯	颜色	功能
POWER	绿	“亮”表示模块供电电源正常，插到底座上时会点亮
RUN	绿	“闪”表示模块同 CPU 模块进行数据通信
STATE	红	“闪”表示模块程序运行状态
ERROR	黄	“亮”表示模块错误
AO1	绿	“亮”表示通道 1 有负载，输出有效
AO2	绿	“亮”表示通道 2 有负载，输出有效
AO3	绿	“亮”表示通道 3 有负载，输出有效
AO4	绿	“亮”表示通道 4 有负载，输出有效

（3）HC112（16DI）模块。

HC112（16DI）模块如图 3.180 所示，是智能型 16 路 DI 数字采样模块，用于处理从现场来的电平型开关量输入信号。I/O 总线上可安装 32 个 HC112 模块，测量 512 路触点信号。HC112 模块的 16 路 DI 量输入分两组，每 8 路为 1 组，组与组之间不共地；但是在一组中，信号通道是共地的。

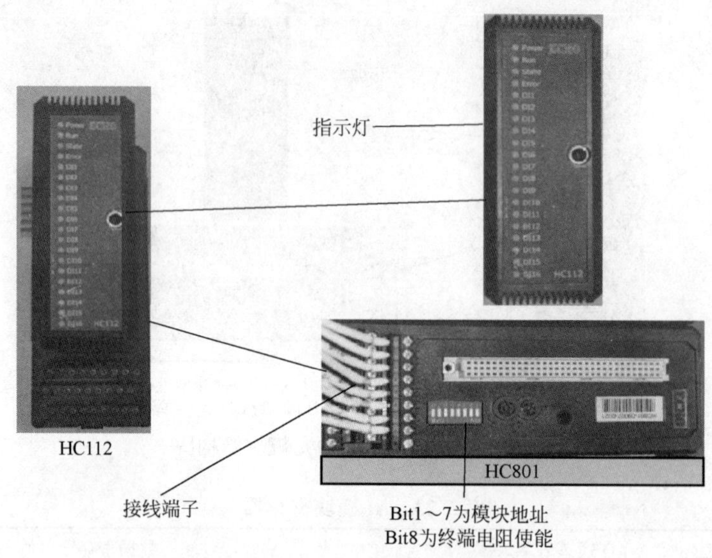

图 3. 180　HC112（16DI）模块结构图

① 模块地址设置。HC112 每个 I/O 模块在系统中都有唯一的通信地址。通过对应底座上的拨码开关实现模块通信地址设置。

② 信号寄存器。通过 ESet 工具设置后，控制器模块通过模块内部总线读取 DI 信号寄存器（在 ESet 工具中称为从寄存器）值。DI 模块寄存器和指示灯见表 3. 25 和表 3. 26。

表 3. 25　DI 模块寄存器

通道号	1	2	3	4
数据寄存器	10001	10002	10003	10004
通道号	5	6	7	8
数据寄存器	10005	10006	10007	10008
通道号	9	10	11	12
数据寄存器	10009	10010	10011	10012
通道号	13	14	15	16
数据寄存器	10013	10014	10015	10016

表 3. 26　DI 模块指示灯

LED 指示灯	颜色	功能
POWER	绿	“亮”表示模块供电电源正常，插到底座上时会点亮
RUN	绿	“闪”表示模块同 CPU 模块进行数据通信

续表

LED 指示灯	颜色	功能
STATE	红	“闪”表示模块程序运行状态
ERROR	黄	“亮”表示模块错误
DI1	绿	“亮”，当通道 1 输入为无源触点闭合有效
DI2	绿	“亮”，当通道 2 输入为无源触点闭合有效
DI3	绿	“亮”，当通道 3 输入为无源触点闭合有效
DI4	绿	“亮”，当通道 4 输入为无源触点闭合有效
DI5	绿	“亮”，当通道 5 输入为无源触点闭合有效
DI6	绿	“亮”，当通道 6 输入为无源触点闭合有效
DI7	绿	“亮”，当通道 7 输入为无源触点闭合有效
DI8	绿	“亮”，当通道 8 输入为无源触点闭合有效
DI9	绿	“亮”，当通道 9 输入为无源触点闭合有效
DI10	绿	“亮”，当通道 10 输入为无源触点闭合有效
DI11	绿	“亮”，当通道 11 输入为无源触点闭合有效
DI12	绿	“亮”，当通道 12 输入为无源触点闭合有效
DI13	绿	“亮”，当通道 13 输入为无源触点闭合有效
DI14	绿	“亮”，当通道 14 输入为无源触点闭合有效
DI15	绿	“亮”，当通道 15 输入为无源触点闭合有效
DI16	绿	“亮”，当通道 16 输入为无源触点闭合有效

（4）HC133（16DO）模块。

HC133（16DO）模块如图 3.181 所示，是智能型 16 路晶体管开关量输出模块，与之配套的继电器构成完整的 DO 单元，用于给现场提供无源触点型开关量输出信号，从而控制现场设备的开/关、启/停。I/O 总线上可安装 32 个 HC133 模块，得到 512 路输出信号。

① 模块地址设置。HC133 每个 I/O 模块在系统中都有唯一的通信地址。通过对应底座上的拨码开关实现模块通信地址设置。

② 信号寄存器：通过 ESet 工具设置后，控制器模块通过模块内部总线读取 DO 信号寄存器（在 ESet 工具中称为从寄存器）值。DO 模块寄存器和指示灯见表 3.27 和表 3.28。

表 3.27 DO 模块寄存器

通道号	1	2	3	4
数据寄存器	00001	00002	00003	00004

续表

通道号	5	6	7	8
数据寄存器	00005	00006	00007	00008
通道号	9	10	11	12
数据寄存器	00009	00010	00011	00012
通道号	13	14	15	16
数据寄存器	00013	00014	00015	00016

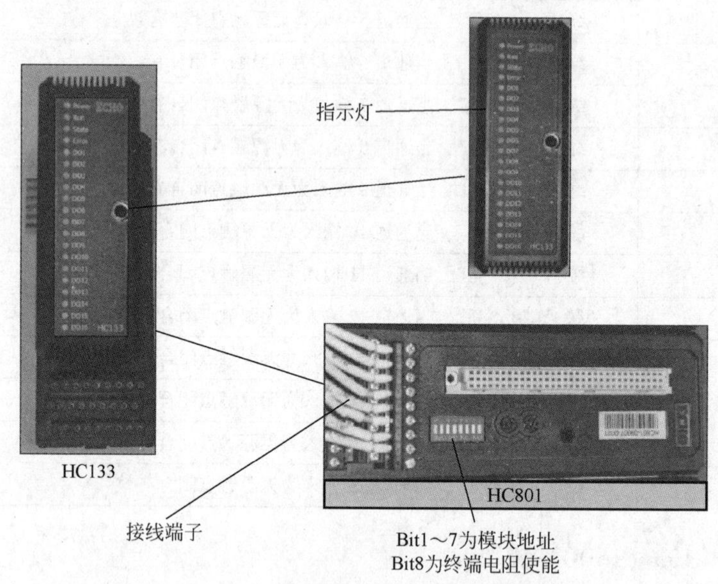

图 3.181　HC133（16DO）模块结构图

表 3.28　DO 模块指示灯

LED 指示灯	颜色	功能
POWER	绿	“亮”表示模块供电电源正常，插到底座上时会点亮
RUN	绿	“闪”表示模块同 CPU 模块进行数据通信
STATE	红	“闪”表示模块程序运行状态
ERROR	黄	“亮”表示模块错误
DO1	绿	“亮”，表示通道 1 输出为“ON”状态
DO2	绿	“亮”，表示通道 2 输出为“ON”状态
DO3	绿	“亮”，表示通道 3 输出为“ON”状态
DO4	绿	“亮”，表示通道 4 输出为“ON”状态

续表

LED 指示灯	颜色	功能
DO5	绿	“亮”，表示通道 5 输出为“ON”状态
DO6	绿	“亮”，表示通道 6 输出为“ON”状态
DO7	绿	“亮”，表示通道 7 输出为“ON”状态
DO8	绿	“亮”，表示通道 8 输出为“ON”状态
DO9	绿	“亮”，表示通道 9 输出为“ON”状态
DO10	绿	“亮”，表示通道 10 输出为“ON”状态
DO11	绿	“亮”，表示通道 11 输出为“ON”状态
DO12	绿	“亮”，表示通道 12 输出为“ON”状态
DO13	绿	“亮”，表示通道 13 输出为“ON”状态
DO14	绿	“亮”，表示通道 14 输出为“ON”状态
DO15	绿	“亮”，表示通道 15 输出为“ON”状态
DO16	绿	“亮”，表示通道 16 输出为“ON”状态

（5）HC301 串口通信模块。

HC301 模块如图 3.182 所示，主要用于扩展 HC501 控制器的通信口，使其他支持 MODBUS 规约的仪表通过 HC301 模块能与 HC501 控制器通信，最终达成仪表与上位机的数据传输。其中，HC301 起到媒介的作用。根据模块的配置，扫描周期为 10ms~9h，多个 HC301 模块可同时在一条总线上使用。模块上的发光二极管显示了通信、运行、故障等状态。

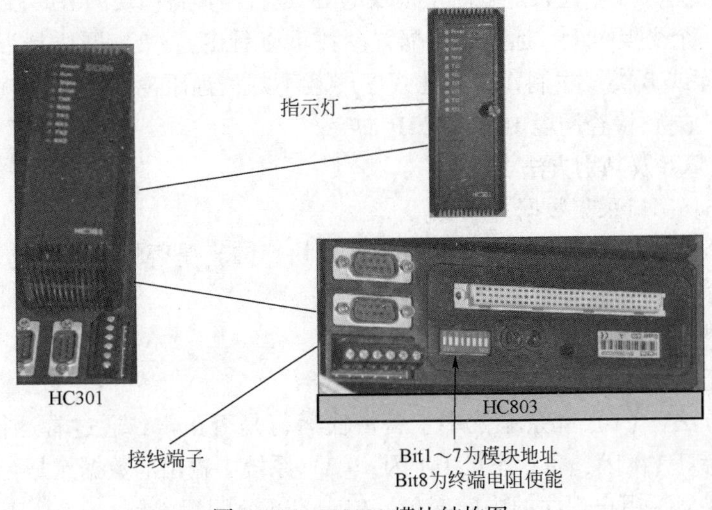

图 3.182　HC301 模块结构图

3.15.5.3 硬件故障判别

1）故障1及判别方法

故障1：AI、DO、DI、AO等模块运行正常，但是输出或接入信号指示灯不亮。

判别方法：(1）查看模块24V电源是否供电；(2）测量信号线是否正常；(3）输出数据是否正确；(4）采集数据块是否配置正确；(5）I/O模块的通信指示红灯是否闪烁；(6）接线是否正确。

2）故障2及判别方法

故障2：配置采集数据块，I/O通信状态红灯不亮。

判别方法：（1）CAN终端电阻是否设置；（2）采集块地址是否正确；(3）采集块配置数据是否已下载。

3）故障3及判别方法

故障3：主控模块错误状态指示灯总是闪烁。

判别方法：(1）读取采集模块信息，是否有的采集块报错误；(2）读取主模块信息是否有错误。

4）故障4及判别方法

故障4：PID调不好。

判别方法：(1）输入输出是否配置好；(2）P参数是否合适；(3）T_t参数是否合适；(4）其他参数是否合适。

5）故障5及判别方法

故障5：冗余配置网络时断时续，不稳定。

判别方法：(1）冗余配置时主模块的IP是否与热备模块的IP一致，并且同时插入到一个交换机上，通过读取配置参数可以看出；(2）网线是否按照标准的A类线序或B类线序制作，其他线序屏蔽不好，远距离会产生干扰，造成通信质量差；(3）检查网段内是否有IP冲突。

6）故障6及判别方法

故障6：串口采集数据不成功。

判别方法：(1）是否配置串口采集数据块；(2）是否将串口配置为主模式；(3）通信线路是否有故障，用万用表测量。

7）故障7及判别方法

故障7：不能实现冗余

判别方法：（1）冗余系统中主备模块运行是否正常，通过看运行指示灯，主模块运行灯1s1闪，备状态灯1s1闪；(2）系统中输出的数据点是否放在热备区内，主要包括用户程序的中间变量，PID的部分配置参数；（3）查看主备模块的配置是否一致；（4）查看主备模块的用户程序是否一致；（5）查看备模块的同步数据区是否可以通过 Modscan 写数据；（6）查看底板是否是 HC815R。

3.15.5.4　E50 I/O 模块接线方式

（1）AI 接线，如图 3.183 所示。

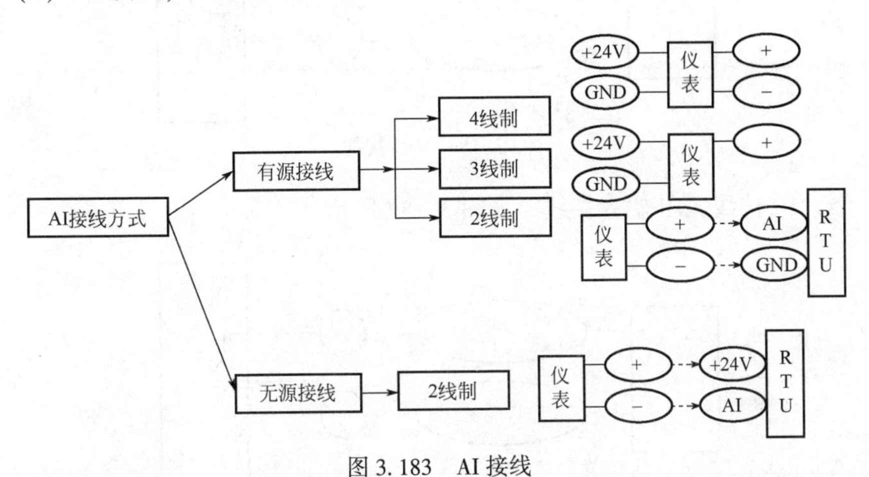

图 3.183　AI 接线

（2）AO 接线，如图 3.184 所示。AO 接线相当于输出一个可调节的电流信号，AO 端子为正极，和 GND 端子形成回路。

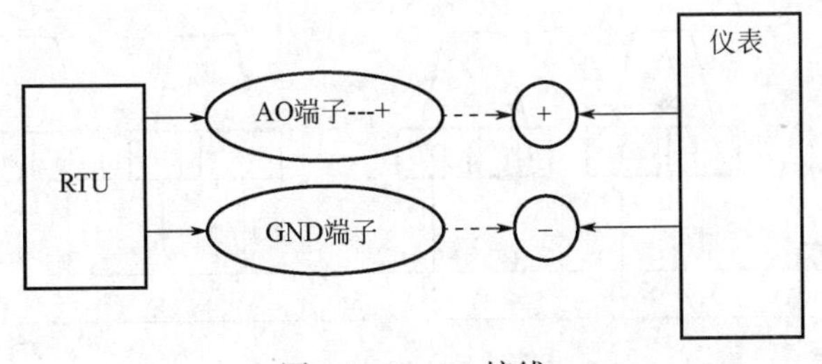

图 3.184　AO 接线

（3）PI 接线，是脉冲接线方式，如图 3.185 所示。

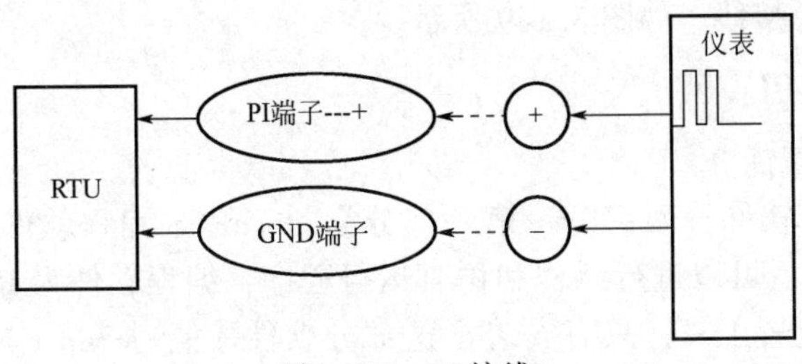

图 3.185　PI 接线

（4）DO 接线：DO 输出接线，如图 3.186 所示。

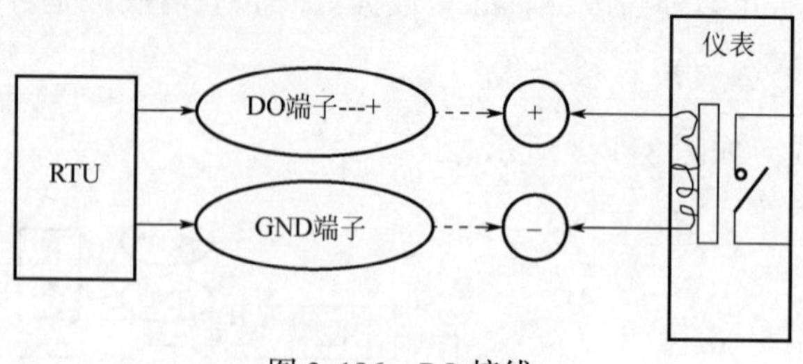

图 3.186　DO 接线

（5）DI 接线：DI 输入接线，如图 3.187 所示。

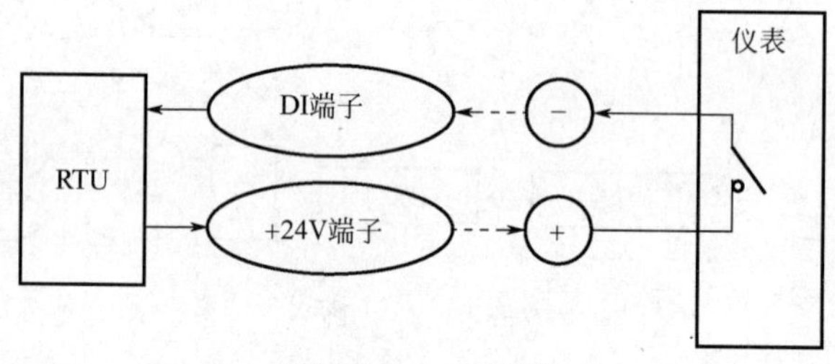

图 3.187　DI 接线

（6）RS485 接线，如图 3.188 所示。

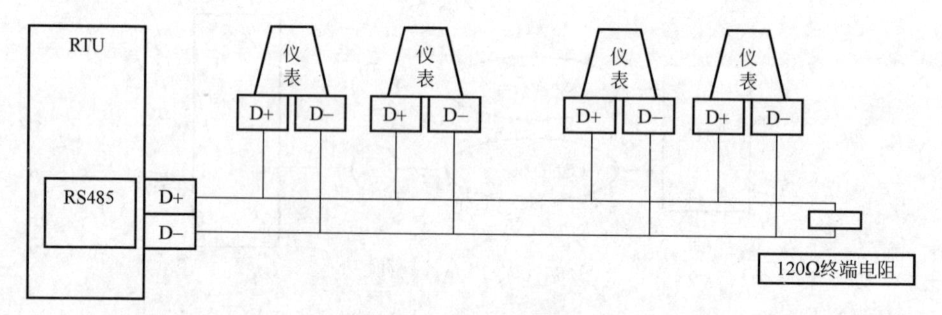

图 3.188　RS485 接线

（7）CAN 总接线，如图 3.189 所示。

3.15.5.5　E50 PLC 调试

1）ESet 配置简介

EOpen 安装软件分两部分：第一部分为 OpenPCS 编程软件，需要先安装，安装这部分软件后可以进行编程和仿真运行程序，编程软件为 PS621cs.exe；第二部分为 ESet 配置工具，只有安装了这部分软件才能对 Super E50 PLC 进行连接、参数及数据采集配置，Super E50PLC 的配置软件为 Eset2009.exe。

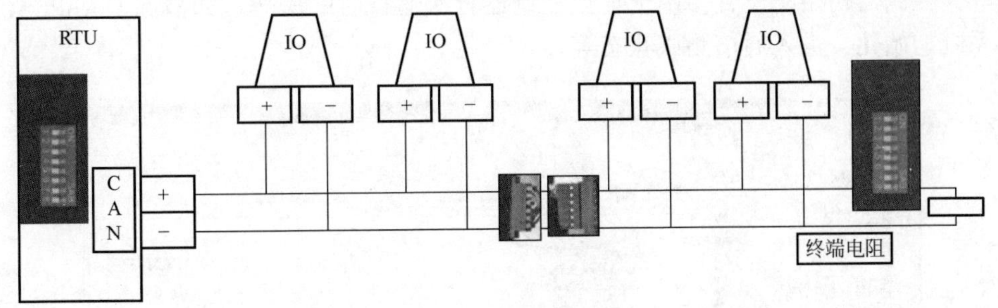

图 3.189　CAN 总线接线

2）ESet 配置软件的安装

第一步：安装编程软件 PS621cs. exe，默认路径安装即可；

第二步：安装配置软件 Eset2009. exe，默认路径安装即可；

第三步：选择“开始→程序→infoteam OpenPCS 2008→Licence”，输入授权序列号和授权码。

说明：（1）在安装过程中弹出“infoteam OpenPCS Licences”对话窗口时，只需要在“Serial”和“Code”栏中输入许可序列号和序列码即可，其他栏可以不输入，如果没有许可证，应与北京安控自动化股份有限公司联系。（2）在安装过程中弹出“OpenPCS 硬件添加工具”对话窗时，选择“退出”按钮即可。

3）ESet 配置运行

（1）启动 OpenPCS 软件。

在“开始”菜单中选择“程序”→“infoteam OpenPCS 2008”，即打开 ControlX 框架。

（2）运行 ESet 配置软件，如图 3.190 和图 3.191 所示。在菜单栏点击“其他”→“工具”按钮，出现如图所示下拉列表。列表中选项如下：

许可证编辑器：填写软件的序列号。

PC 通信参数设置：用于设置 PC 机与 CPU 模块建立连接时的方式及连接时的通信参数，如串口或网口等。

控制器通信参数设置：用于设置现场模块的基本通信参数，如网口通信参数、串口通信参数、热备选择等。

采集数据块设置：用于配置 I/O 模块的采集参数，如寄存器地址、模块通信地址、采集速率等。

事件参数设置：用于配置秒事件、闹钟事件、日历事件和时间事件。

控制器调试：用于在线/离线读写 CPU 模块的寄存器值，查看 CPU 模块或连接模块的运行状态，以及实现校时功能。

PID 寄存器配置：用于配置 PID 控制器各个参数的寄存器地址。

控制器初始化设置：用于连接控制器首次运行时的操作。如清除 OpenPCS、系统初始化、进入通信测试状态等。

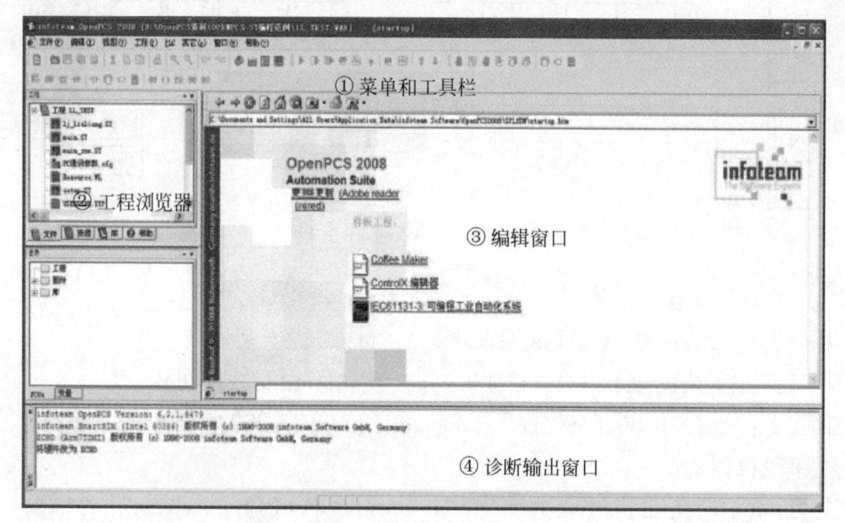

图 3.190　编程软件

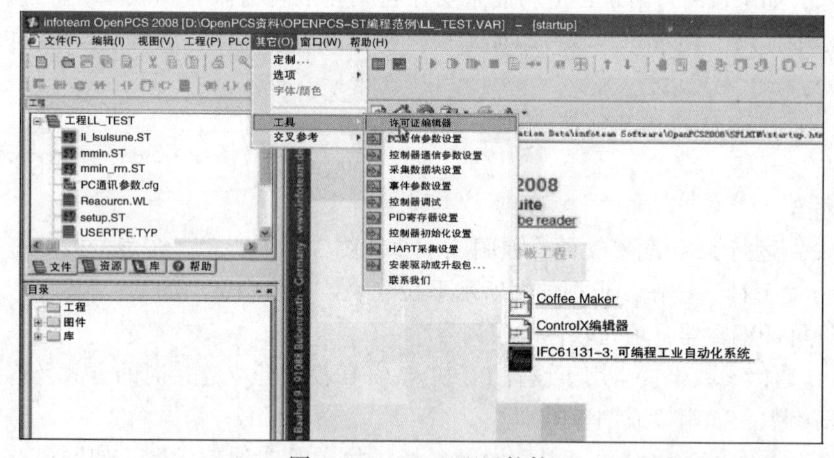

图 3.191　ESET 配置软件

4）PC 通信参数设置

PC 通信参数设置，即设置 PC 机与 CPU 模块建立连接时的方式及连接时的通信参数，如串口或网口等。

在 OpenPCS 中设置 PC 通信参数的步骤为：在菜单中选择“其他”→“工具”→“PC 通信参数设置”。

串口通信设置如图 3.192 所示。

站号：Modbus 协议站号，设置范围为 1~255，默认为 1。

波特率：根据实际使用的波特率进行选择，范围为 110~256000，默认为 9600。

超时：设置范围为 1~10，默认为 1。

延时：设置范围为 1~1000，默认为 200。

通信选择：选择 PC 机的串口号，设置范围为 COM1~COM10。

网口通信设置，如图 3.193 所示。

通信选择：TCP/IP Server。

站号：Modbus 协议站号，设置范围为 1~255，默认为 1。

IP 地址：PLC 设备的 IP 地址。

端口号：设置为 500。

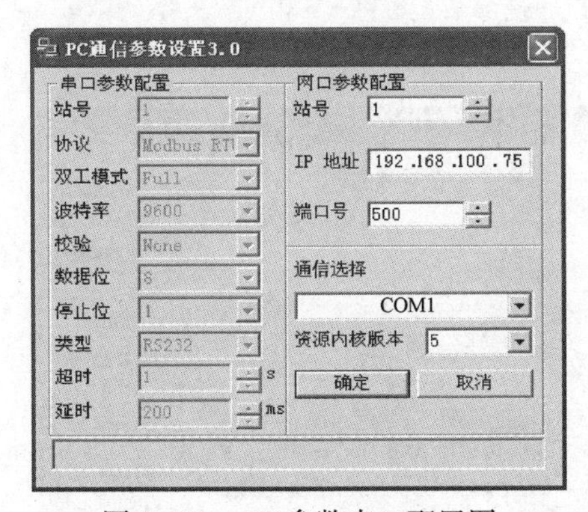

图 3.192 PC 参数串口配置图

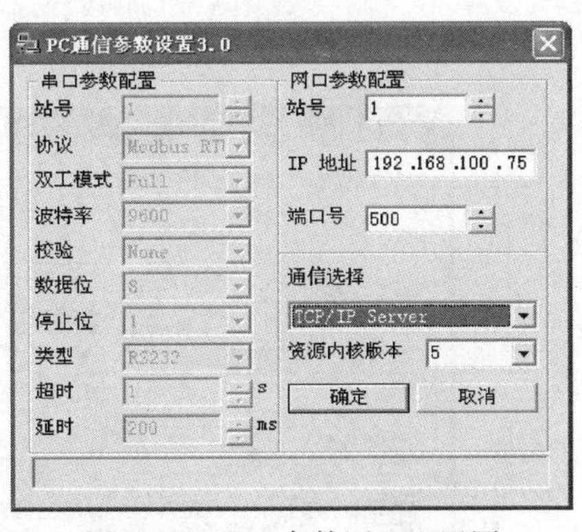

图 3.193 PC 参数网口配置图

5）控制器通信参数设置

控制器通信参数设置主要用于设置 CPU 模块的主要通信参数，如串口参数或网口参数、热备状态等。

在 OpenPCS 中设置控制器通信参数的步骤如下：在菜单中选择“其他”→“工具”→“控制器通信参数设置”。

（1）串口通信参数设置，如图 3.194 所示。以串口（COM2）通信为例介绍参数设置，此串口的参数设置必须与“PC 通信参数设置”相同（波特率“9600”、校验“None”、数据位“8”、停止位“1”、接口模式“RS232”）。

（2）网口通信参数设置，如图 3.195 所示。物理地址首位为“000”。IP 地址：PLC 设备的 IP 地址。端口号：500。站号：默认为 1。

6）采集数据块设置

采集数据块设置主要用于设置 CPU 模块与用内部总线连接的 I/O 模块之间

(Super E50）寄存器地址的一一对应关系。

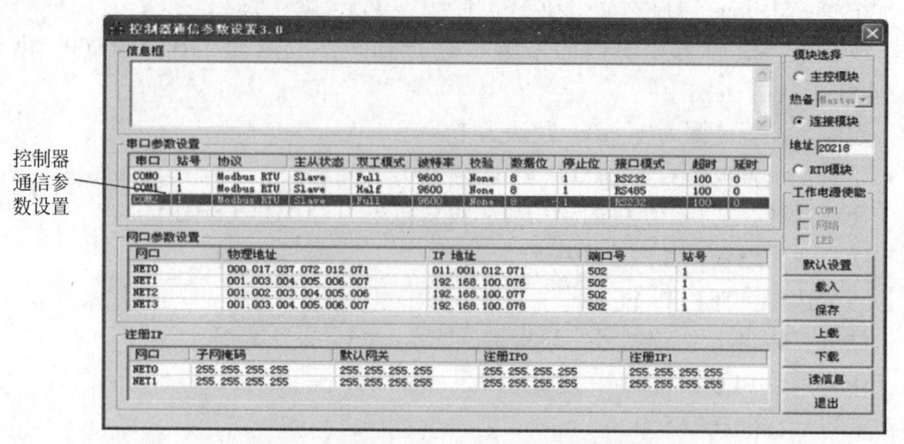

图 3.194　控制器串口通信参数设置图

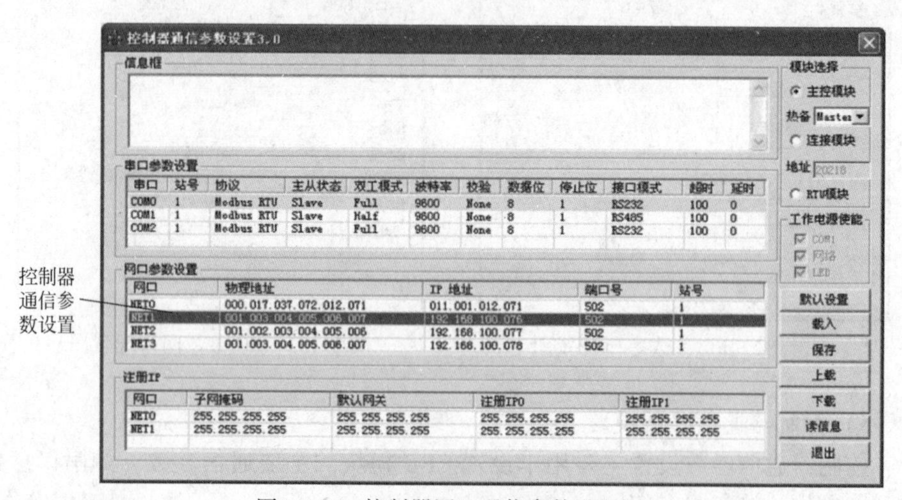

图 3.195　控制器网口通信参数设置图

CPU 模块可通过总线读/写 FC 系列模块，其配置如下：

数据块类型：总线数据块。

模块地址：根据模块底座拨码确定。

信号类型：R_ Coil，读线圈寄存器（DO　0####）；

　　　　　R_ State，读状态寄存器（DI　1####）；

　　　　　R_ Hold，读保持寄存器（AO　4####）；

　　　　　R_ Input，读输入寄存器（AI　3####）；

　　　　　W_ Coil，写线圈寄存器（DO　0####）；

W_ Hold，写保持寄存器（AO　4####）。

扫描时间：根据需要设定。

主寄存器：CPU 模块或连接模块中的寄存器。

从寄存器：I/O 模块或连接模块中的寄存器。

寄存器数量：读/写寄存器的个数。

7）事件参数设置

事件参数对应用户编写的 OpenPCS 应用程序中各个中断任务。

8）编辑任务规范

在 OpenPCS 编程环境中，增加任务后，对着资源对话框点右键选择“属性”，弹出下面对话框，可改变任务属性。

“中断”栏下拉菜单：

RESET——复位事件；

RTC_ Check——校时事件；

RTC_ Alarm——闹钟事件；

RTC_ Second——秒事件；

RTC_ Time——时间事件；

RTC_ Calendar——日历事件；

MS_ Switch——热备切换事件；

SYS_ ERR——系统错误事件。

9）控制器调试

当采集数据块设置完后并且连接上 PLC 时，就可以在控制器调试界面看到数据了。

10）PID 寄存器设置

在 CPU 模块中可配置最多 32 个 PID 参数地址模块，模块编号为 0~31。每一个 PID 参数地址模块参数包括了 12 个寄存器地址参数，这些寄存器存放 PID 控制算法所需的参数。

配置了这些 PID 寄存器地址后，再用 OpenPCS 程序或 Modbus 工具设置 PID 参数值。这样就能够使用 PID 了。

11）控制器初始化设置

“控制器初始化设置”主要用于初始化控制器。当不知道 PC 通信设置，如波特率和 IP 地址时，可使控制器进入“通信测试”状态，然后读取控制器的参数；当需要删除控制器中的 OpenPCS 程序时，可使用“OpenPCS 初始化”工具；当需要将系统参数初始化为缺省值时，可使用“系统初始化”工具；当想知道控制器的版本时，可使用“系统信息”工具。

3.15.5.6 OpenPCS 编程

OpenPCS 编程界面如图 3.196 所示。

PLC 之所以称为可编程控制器，是因为它具备编程的能力，能够通过代码实现所要实现的功能。

目前安控 PLC 支持世界范围内通用的 5 种标准语言，即梯形图、指令表、顺序功能图、功能块图。同时，支持在线调试功能和仿真功能。

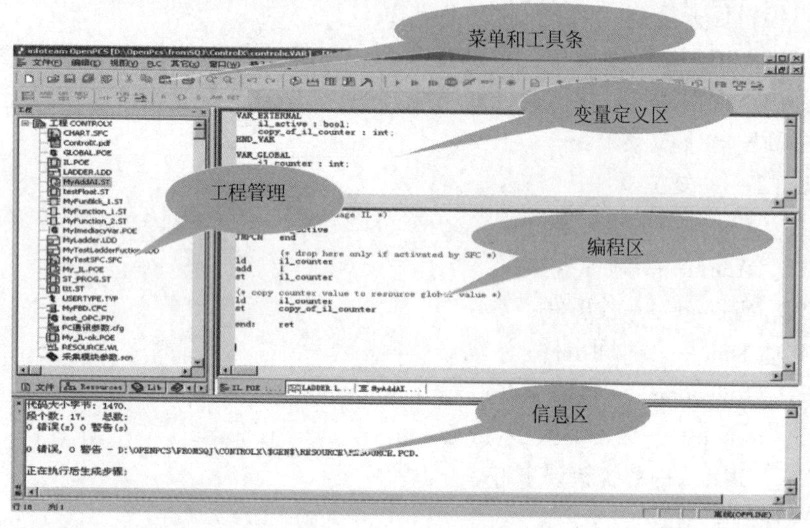

图 3.196 OpenPCS 编程界面图

1）建立一个新工程

启动 OpenPCS，选择菜单“文件→新建”，在弹出对话框中选择“工程→空白工程”，添入工程名称，字母和小写数字是可用的名称。

2）编写代码

选择菜单“文件→新建”，在弹出对话框中选择“POU→ST \ 程序”，添入程序名称。

3）建立连接

选择菜单“PLC→连接”，单击“新建”按钮创建新的连接，键入连接名称“testRS232”，单击“新建”按钮，选择驱动“RS232”，确定。

4）设置资源属性

选择工程管理器的资源选项卡，点击资源，右键属性，弹出属性设置框。设置资源属性的内容：连接形式、模块类型、任务类型。

5）编译下载

点击菜单栏“PLC”下的“重新生成当前资源”进行编译，如果无错误在状态栏进行显示。

点击菜单栏“PLC”下的“联机”命令，如果PLC内的装载程序不是最新的，则提示下载。

6）运行程序

点击工具栏上的冷启动按钮或者重新给PLC上电，则PLC开始运行，进行程序观察及修改，从而完成程序功能。

3.16　磨砂模块

3.16.1　磨砂模块概念

UC-7101-TP磨砂模块是一款基于RISC架构的工业级嵌入式计算机，它配备有1个RS-232/422/485串口和10/100Mbps以太网口，如图3.197所示。

3.16.2　磨砂模块功能

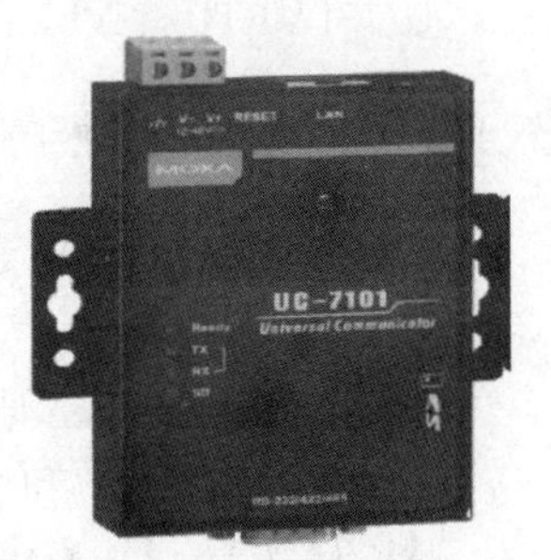

图3.197　磨砂模块

（1）作为井场主RTU，通过Zigbee方式连接北京安控、中油瑞飞、贵州凯山、西安安特、北京长森、中恒永信、西安长实、联拓科技等多家井口RTU厂家；

（2）作为井场主RTU，通过M2方式连接西安安特的井口RTU；

（3）在数字化油田的站控系统连接陕西鑫联、上海自仪九仪表、哈尔滨胜达、合肥利都等厂家的流量计、压力表；

（4）在数字化油田的井场连接兰州庆科、陕西靖昇机械等厂家的油井含水分析仪。

3.16.3　磨砂模块调试工具

7101相关调试软件包括设备管理软件和Zigbee配置软件。

设备管理软件功能如下：

（1）主RTU配置；

（2）Zigbee调试；

（3）井口RTU配置（数据查看）；

（4）设备软件升级。

Zigbee配置软件主要用于调试符合SCADA标准的Zigbee模块，其功能如下：

（1）打开软件，选择对应的串口号（若未找到对应的串口号，点击扫描）。

（2）选择波特率 9600（默认）。

（3）点击打开串口。

（4）点击打开串口后，如果连接正确，软件界面将显示 Zigbee 的主要信息。

（5）据现场井场主 RTU 连接 Zigbee 模块的 PAN ID 和 SC 更改，保持两个相同。

（6）根据现场需要对 SC 进行更改，输入数据后点击更改，出现更改成功页面说明已成功更改。

（7）根据 Zigbee 通信模块使用的场合对其进行模式设置，软件提供了四种模式，其用法如下：

① 井场主 RTU-7101——使用了 UC-7101-TP 的井场主 RTU 模式使用该模式。

② 井场主 RTU——没有使用 UC-7101-TP 的井场主 RTU 使用该模式。

③ 井口 RTU（API）——井口 RTU 使用该模式。

④ 井口 RTU（AT）——阀组间使用 Zigbee 模块的使用该模式。

3.16.4 磨砂模块安装连接

井场主 RTU 在井场通信方式有：Zigbee 通信、M2/M4 通信、接井口 RTU、接阀组、485 布线。

井场主 RTU Zigbee 通信调试步骤如下：

（1）连接好 7101 和 Zigbee 调试模块；

（2）修改主 RTU 配置信息；

（3）在 Zigbee 调试界面，点击搜索查看主 RTU Zigbee 信息；

（4）修改生成 PAN ID 和 SC；

（5）将上述 PAN ID 和 SC 配置到井口 Zigbee 模块；

（6）回到 Zigbee 调试界面，点击搜索查看 Zigbee 连接拓扑图。

设备管理软件——Zigbee 调试步骤如下：

（1）在 Zigbee 调试界面，点击搜索查看主 RTU Zigbee 信息；

（2）修改生成 PAN ID 和 SC；

（3）将上述 PAN ID 和 SC 配置到井口 Zigbee 模块；

（4）回到 Zigbee 调试界面，点击搜索查看 Zigbee 连接拓扑图。

3.16.5 现场常见故障处理

（1）故障类型 1：设备 ping 不通。处理方法：首先检查设备工作状态，硬件连接情况，确定连接电脑和设备在同一网段。若状态灯不亮，表明设备硬件或软件有问题。

（2）故障类型 2：Zigbee 连接不通。处理方法：在设备管理软件中查看 Zigbee 状态，同时看 Zigbee 的参数，如图 3.198 所示。确定与主 RTU 连接的设备 Zigbee 信息的正确性，查看井口 RTU Zigbee 的配置是否与主 RTU 一致，主要看两个参数，一是 PAN ID，二是 SC，如果 OI 值一样，则可以确定 Zigbee 网络建立好了。

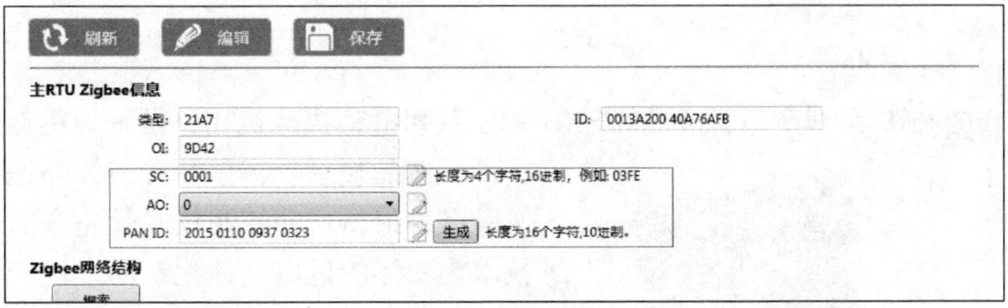

图 3.198　管理软件

（3）故障类型 3：Zigbee 连接不通。处理方法：通过设备管理软件查看设备情况。通过搜索，查看连接 Zigbee 数量和连接 RTU 数量，看是否与井场情况一致；如果 Zigbee 数量和井口 RTU 一致，则说明 Zigbee 网络连接没有问题。

（4）故障类型 4：井口 RTU 连接不上。处理方法：如果 Zigbee 网络没有问题，首先确定井口 RTU 配置，确保没有重复配置 ID。

（5）故障类型 5：电参数据有，示功图不刷新。处理方法：示功图每 5min 刷新一次，等待 5min 即可。

（6）故障类型 6：查看数据只有电参数据，没有示功图数据，如图 3.199 所示。处理方法：这种情况一般有两个原因，一是通信原因，M2 传输距离太近，距离较远或天线没有调试合适导致，由于示功图数据比较多，并且要连续传输，电参数据较少，且 1~2 两个数据包传输完毕；二是通信干扰，传输距离太远，一般都是距离较近的井场，M2 模块采用同一通道，井场主 RTU 发送数据时，有两个井口 RTU 返回数据，致使数据错乱，井场主 RTU 校验错误，井场主 RTU 收不到数据。

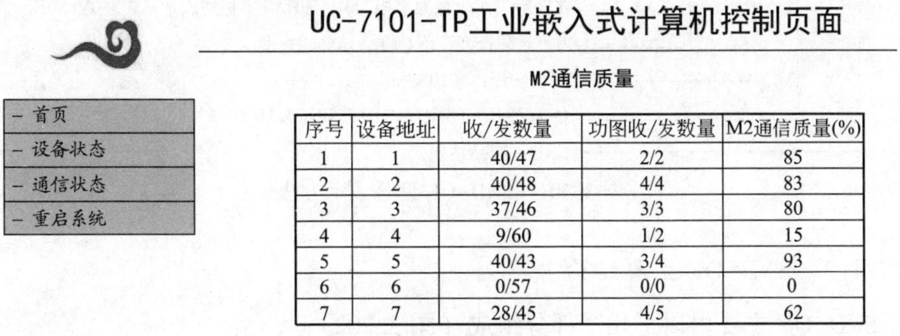

UC-7101-TP工业嵌入式计算机控制页面

M2通信质量

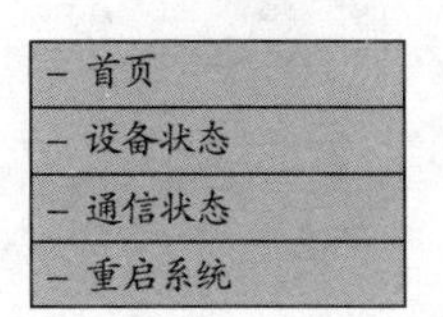

序号	设备地址	收/发数量	功图收/发数量	M2通信质量(%)
1	1	40/47	2/2	85
2	2	40/48	4/4	83
3	3	37/46	3/3	80
4	4	9/60	1/2	15
5	5	40/43	3/4	93
6	6	0/57	0/0	0
7	7	28/45	4/5	62

图 3.199　监控界面

3.17 智能型电动执行机构

3.17.1 SND-QE 产品介绍

3.17.1.1 产品概述

作为SND系列产品新成员的SND-QE系列电动执行机构，是一种集传感器技术、液晶显示、霍尔开关、红外遥控技术等多种最新自动控制技术及先进的制造技术为一体的机电一体化产品。该产品采用精小型设计，输出为角行程，有4个机座号，适用于对球阀、蝶阀、风门等的控制。转矩范围为50～1500N·m（加减速器可达2500N·m）。

图3.200 SND-QE产品

该产品内置电气控制模块（背包式结构）、电动机驱动单元，功能全、安装接线简单，采用非侵入式设计，可实现免开箱调试，主要部件均采用铝合金压铸件，如图3.200所示。

3.17.1.2 型号表示方法

SND-QE型号表示方法如图3.201所示。例如：SND-QE I10-BY，表示SND系列智能开关型部分回转电动执行机构，输出转矩100N·m，隔爆型，额定工作电源为单相220V，50Hz。

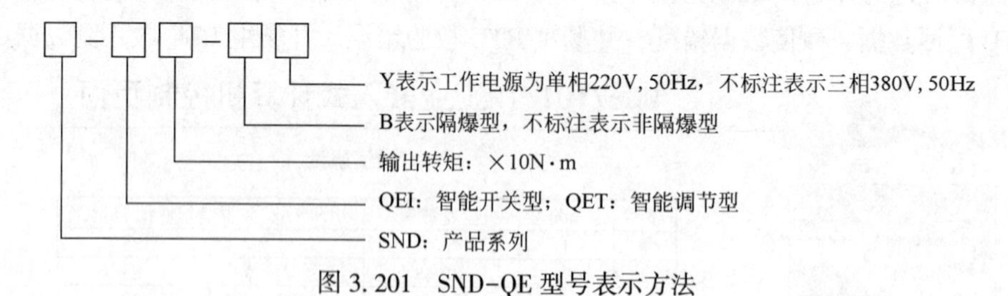

图3.201 SND-QE型号表示方法

3.17.1.3 SND-QE主要结构

SND-QE主要由以下几个部分组成（图3.202）：

（1）壳体部分：包括外壳及底座部分。

（2）驱动部分：以高性能全封闭鼠笼式电动机为动力源。

（3）传动机构：双涡轮与离合器部分，手轮。

（4）电气控制部分：背包式结构与机械部分分离，提高可靠性；行程限位开关与行程传感器部分。

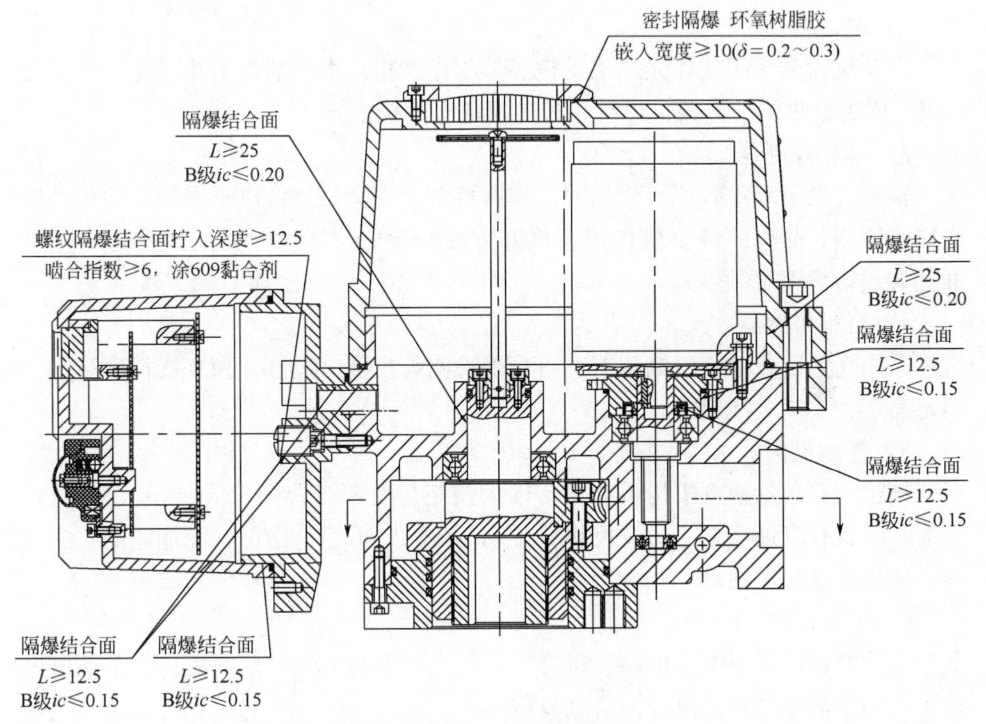

图 3.202　SND-QE 产品介绍

3.17.1.4　SND-QE 工作环境及主要技术参数

（1）电源：三相 380V，50Hz；单相 220V，50Hz（其他电源要求以合同为准）。

（2）开关量输出信号：继电器输出，无源干接点，触点容量为 5A、250V AC 或 5A、30V DC。

（3）模拟量信号：输出 4~20mA DC；输入 4~20mA DC（调节型）。

（4）工作环境：①隔爆型产品，Exd Ⅱ BT4；②环境温度，-20~60℃；③防护等级，IP67。

（5）工作制式：S2 制，开关型短时工作制，额定工作时间为 15min；S4 制，调节型间隙工作制，最小负载持续率为 25%，最多操作次数为 1200 次/h。

3.17.1.5　SND-QE 性能和特点

1）壳体

壳体为硬质铝合金，经阳极氧化处理和聚酯粉末涂层，耐腐蚀性强，防护等级为 IP67。

2）电动机

电动机为全封闭式鼠笼式电动机，体积小、扭矩大、惯性力小，绝缘等级为 F 级，内置过热保护开关，可防止过热损坏电动机。

3）行程控制器

机械、电子双重限位。机械限位螺钉可调，安全可靠；电子限位开关由凸轮机构来控制，简单的调整机构能精确并方便地设定位置，无需电池支持（微动开关接点均为银质触点）。

4）行程传感器

采用高精度导电塑料电位器，可精确检测阀门当前位置，独立线性度高，使用寿命长，无需电池支持。

5）传动机构

精密的双涡轮蜗杆机构可高效传输大扭矩，效率高、噪声低（最大 50dB）、寿命长，具有自锁功能，防止反转，传动部分稳定可靠，出厂已经加满高效润滑脂，使用无需再加油。

6）手动部件

手轮的设计保证安全可靠、省力、体积小。不通电时，扳动离合器手柄可进行手动操作。通电时，离合器自动复位。

7）开度指示

安装在中心轴上，可以观察阀门位置。镜面采用凸透镜设计，不积水，观察更方便。

8）安装

底部安装尺寸符合 ISO5211 国际标准，驱动轴套可拆下根据需要进行加工，适应性强。可以垂直安装，也可以水平安装。

9）电气控制

智能控制模块主要由主控模块、电源模块、旋钮组件及电动机驱动等组成。电气部件之间采用接插件连接。其中主控模块功能为显示阀位信号、运行状态、信号的输出输入、运行控制、故障检测、接收红外遥控信号等。电源模块功能为三相电源相序检测及自动调整、缺相检测、电压转换、输入输出接点控制等。旋钮组件用于转换工作状态、现场操作和参数设定等。阀开关到位、故障均由无源接点输出（可根据客户要求定制其他功能），有 380V AC 和

220V AC 供选择。

3.17.2　SND-QE 安装与接线

3.17.2.1　产品的安装

1）安装现场

（1）室内安装注意事项。安装在有爆炸性气体的地方，需订购隔爆型执行机构；安装在有水淹没及户外，应提前说明；应预留接线、手动操作维修用空间。

（2）室外安装的注意事项。为了避开雨水、阳光直射等问题，需要安装保护盖；选用防护等级 IP67 以上；应预留接线、手动操作等维修用空间。

（3）环境温度。环境温度在-20～70℃范围内；环境温度为 0℃以下时，在机内加装除湿加热器。

（4）流体温度条件。与阀门配套使用时，流体的热量会传到机体上，机体温度会升高；流体处于高温状态时，与阀门连接的支架要特别处理。标准支架，流体温度为 65℃以下的支架或免支架；中温支架，流体温度为 100～180℃的支架；高温支架，流体温度为 180℃以上的支架。

2）与阀门的连接

（1）执行机构底部法兰安装孔尺寸符合 ISO5211 标准。如阀门安装尺寸与其不符，则另行设计支架或转接板即可（图 3.203）。

图 3.203　法兰安装

（2）安装前，必须注意执行机构的开、关方向应与阀门的开、关方向相对应。

（3）将支架固定在阀门上。

（4）将电动执行机构转到关闭位置，用联轴器和螺钉将阀门芯轴和电动执行机构输出轴固定。

（5）将电动执行机构放在支架上，拧上电动执行机构和支架间的螺钉。

（6）手动转动阀门，确认无异常情况，并转到全闭位置。

（7）用手轮转动电动执行机构时，确认无偏心、弯斜、运动平稳现象，注意不要超程。注意事项：联轴器尽量减小回差。

3.17.2.2 产品的接线

1）电源及信号配线

（1）电源线。根据电动执行机构额定电流选取电源线规格，380V AC 电动执行机构电流为 0.3~1.4A，220V AC 电动执行机构电流为 0.55~2.6A，电流大小与输出转矩有关。电源线径推荐在 1.0~2.5mm^2 之间，不宜超过 2.5mm^2，否则插入接线端子侧孔会比较困难。

（2）信号线。接点信号，所能承受最大负载为 250V AC、5A 或 30V DC、5A。所选信号线规格可在 0.5~1.5mm^2 即可，不宜超过 2.5mm^2，否则插入接线端子侧孔会比较困难。

2）产品接线

电缆进出线孔和接线端子如图 3.204 所示。

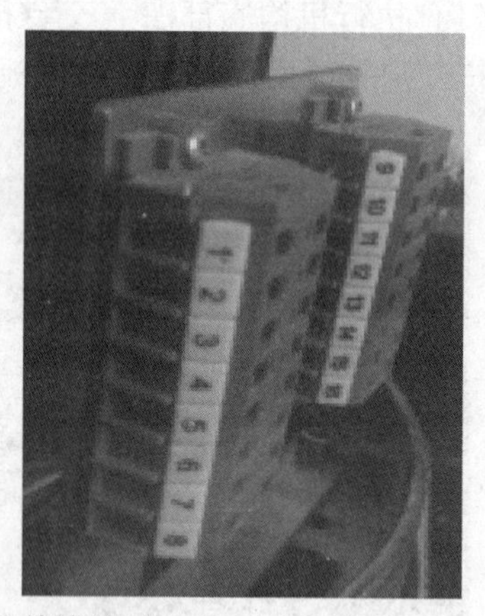

图 3.204 电缆进口线孔和接线端子

3）接线注意事项

（1）卸下铝制金属堵头，供外部电缆接入，使用外螺纹为 3/4in 的隔爆接头或隔爆电缆软管。

（2）如果电缆接头与执行机构不符合，可能造成机内密封等级下降而达不到防护要求，或执行机构内部进水而损坏机器。

（3）使用电线管时，要充分采取防水措施。

（4）拆开机壳外罩，按照产品电气接线，用螺丝刀轻轻按下接线端子上小孔内的金属弹片，同时导线插入侧面插线孔。松开螺丝刀即可。

（5）执行机构壳体外部有接地标志，应进行正确连接。

4）电装输入/输出信号、电源内供/外供说明

（1）SND-QE开关型和调节型产品，均可以接受开关量信号输入，实现开关停控制。此类信号由电装内部提供24V电源，外部系统只需提供干接点信号即可，如图3.205所示。

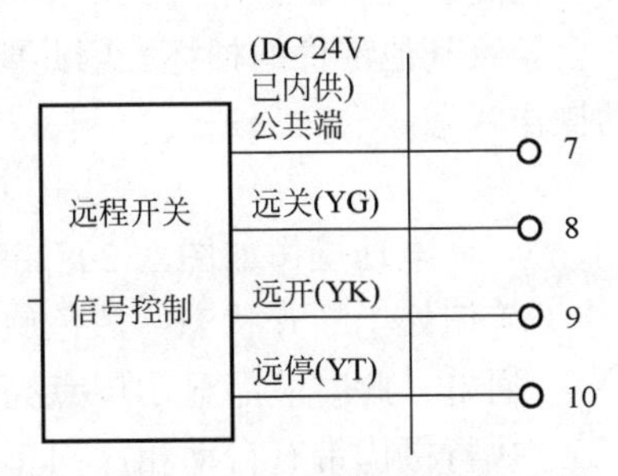

图3.205　电装内部图

（2）SND-QE开关型和调节型产品，开关量信号输出均为无源型干接点，如图3.206所示。

（3）SND-QE开关型和调节型产品，均有4~20mA模拟量信号输出，此信号由电装内部供电，外部系统不需要串入电源。

（4）SND-QE调节型产品可以接收模拟量信号，此信号需要外部提供电源，如图3.207所示。

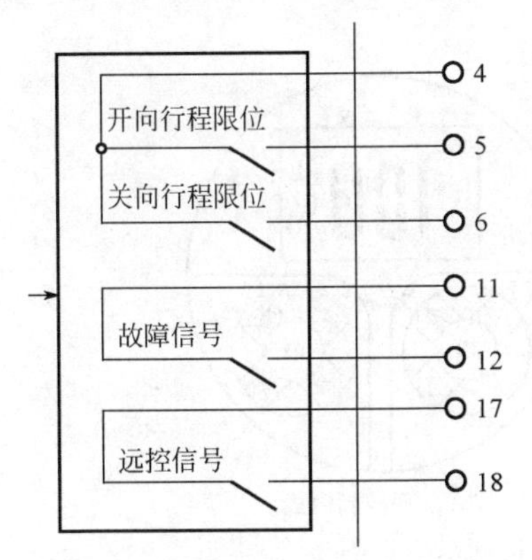

图3.206　SND-QE开关信号

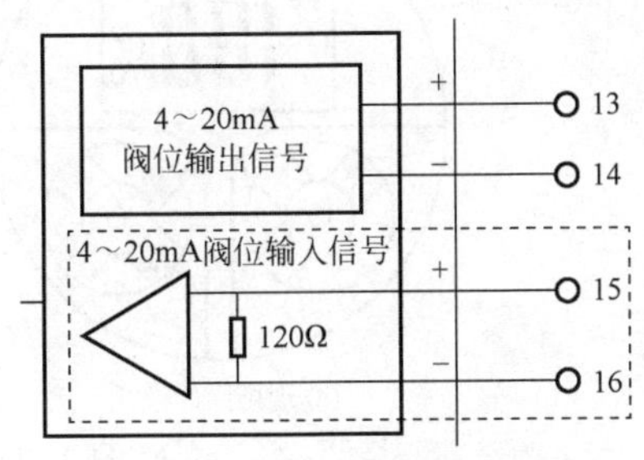

图3.207　SND-QE模拟量信号

3.17.3 SND-QE 参数设置和调试

3.17.3.1 操作方法

1）手动操作

进行手动操作时，电动执行机构须在停止状态，边转动手轮旋转一圈，边按箭头方向推（或拉）一下手电动切换手柄，使之离合器啮合后，继续旋转手轮使开度减小（可通过视窗观察）。

注意：开度计到全开、全闭位置时，极限开关产生动作再转动半圈，会碰到机械挡块上，过分转动，会导致其他零件的损坏，因此要避免用力过大。电动时执行机构会自动回到电动操作状态。

2）电动操作

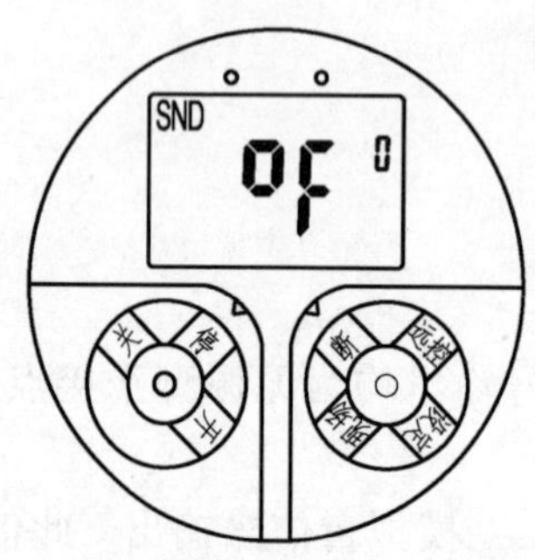

图 3.208　电动操作界面

电动操作如图 3.208 和图 3.209 所示。将红色旋钮处于断开状态，黑色旋钮处于停止状态，然后通电，此时液晶显示屏点亮，进入断开页面。三相执行机构带有自动相序纠正功能，所以不用检查电源相序。

电源接通时，执行机构将自动检测电路以确保正确操作。如发生异常设备问题，会将故障状态通过现场液晶显示屏和远程接点信号发出报警。

现场操作：顺时针旋转红色旋钮到现场位置，执行机构控制处于现场操作模式［图 3.209(a)］，此时可以通过黑色旋钮进行执行机构的现场开、关操作，将黑色旋钮旋转到停止位置即可停止阀门的电动操作。

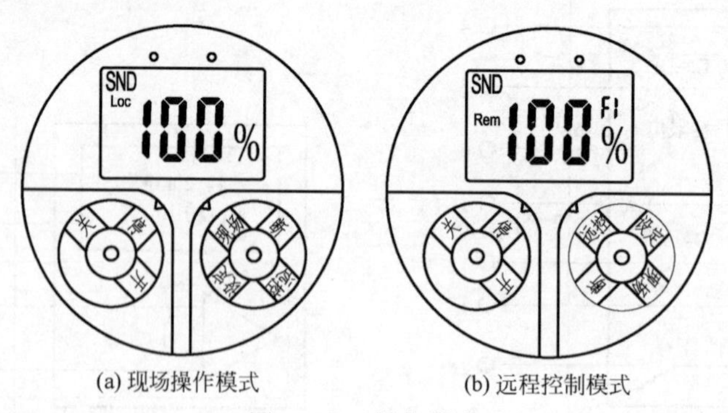

(a) 现场操作模式　　(b) 远程控制模式

图 3.209　操作模式

远程控制操作：逆时针旋转红色旋钮到远控位置，执行机构控制处于远程控制模式［图 3. 209(b)］，只能接收远程操作指令，此时黑色旋钮上开阀、关阀操作失效。

3. 17. 3. 2　界面组成和指示

1）操作界面组成

操作界面如图 3. 210 所示。

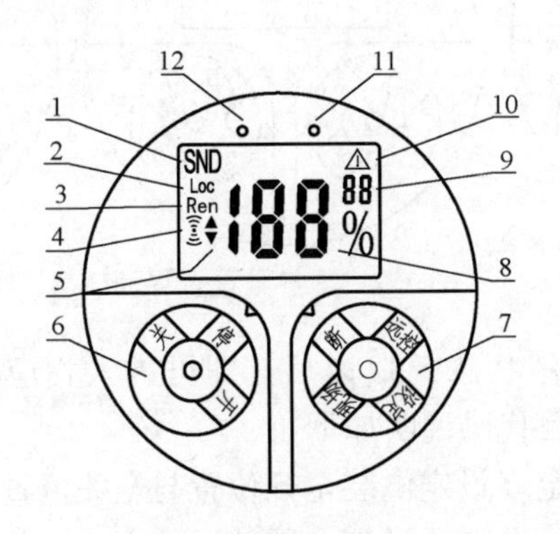

图 3. 210　操作界面

1—产品系列；2—现场控制状态；3—远程控制状态；4—红外遥控操作指示；5—保存状态指示；6—黑色（开关控制）旋钮；7—红色（状态选择）旋钮；8—开度指示；9—当 10 号故障报警后，9 是故障代码，当无故障时，9 为远程控制方式代码；10—故障报警；11—红色：阀位开指示灯；12—绿色：阀位关指示灯

2）阀门打开、关闭指示

(1) 阀门打开时，红色指示灯闪烁，阀门开到位时红色指示灯常亮。

(2) 阀门关闭时，绿色指示灯闪烁，阀门关到位时绿色指示灯常亮。

(3) 阀门在开、关过程中，液晶显示屏用百分比数字形式，按 1%的变化量连续显示阀位数值。

(4) 电源接通后，液晶显示屏的背景指示灯将点亮，显示屏上可见到阀门开度的百分比以及故障状态报警代码。

(5) 电源断开后，液晶显示屏不亮，各种输出接点信号消失。

3. 17. 3. 3　主要参数设置

参数设置界面如图 3. 211 所示。

(1) 设定项目选择页面的进入。

参数设置和调试程序分为两级，首先进入设定项目选择页面，然后进入参数设定页面。电气箱盖上的两只旋钮在参数设置和调试过程中，在不同的显示页面下，其作用也不同。

当执行机构处于断开或正常操作界面时，电气箱盖上的黑色旋钮处于“停”

位置，红色旋钮处于“设定”位置，即可进入设定项目选择页面。可根据需要设定的项目，通过旋转黑色旋钮至开状态、关状态，选择相应的设定项目（S1~S5）。

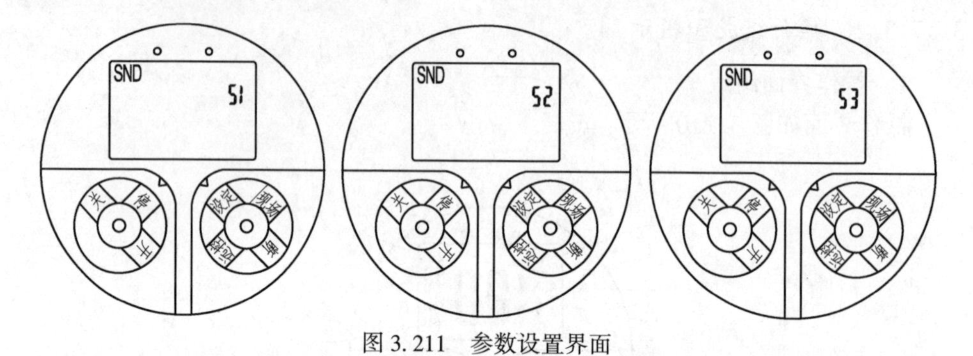

图 3.211　参数设置界面

将黑色旋钮旋转到停状态，3s 以后，即可进入相应项目参数的设定页面，进行参数设定。设定项目代码说明如下：

S1——行程限位设定（设定电装全开位置与全关位置）；

S2——远程控制方式设定（设定电装的远控方式）；

S3——死区调整（调节型电装设定死区范围）；

S4——停止提前量的调整（调节型电装调节制动停止提前量）；

S5——ESD 紧急自保设定。

（2）关向行程限位设定。

① 进入行程设定页面 S1。黑色旋钮旋至“停”，红色旋钮旋至“设定”，进入项目选择页面，默认为 S1；等待 3s 后，即进入项目参数设定页面 S1，如图 3.212 所示。

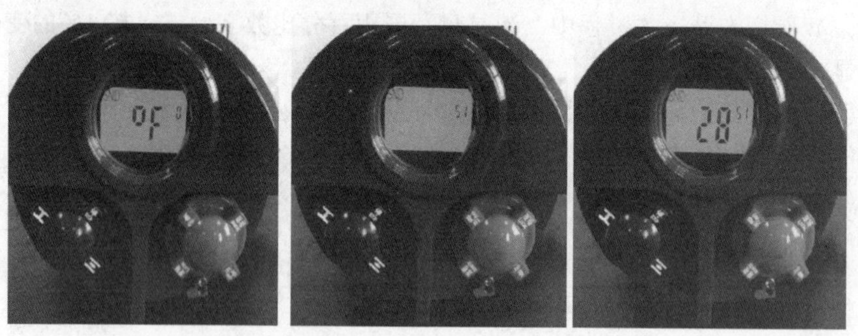
图 3.212　行程设定界面

② 手动或电动操作电装，直至阀门全关。在停止状态下，边转动手轮旋转一圈，边按箭头方向推（或拉）一下手/电动切换手柄，使之离合器啮合后，旋转手轮直至阀门全关。在行程参数设定页面 S1，也可以通过将黑色旋钮旋至

“关”，电动关闭阀门。在手动或者电动关阀门时，页面上的数字在0~99范围内不断减小，如图3.213所示。

图3.213　关向行程限位设定

③ 调整机械行程控制器关方向限位凸轮，使其刚好或者将要压下微动开关，如图3.214所示。注意：调整凸轮位置时，不需要松开凸轮固定螺栓，只需从凸轮侧面，用平头螺丝刀顶住凸轮轻敲，便可改变凸轮位置。

④ 调整行程传感器。在全关位置时，如果S1界面显示的数值不在5~15之间，则需要调节行程传感器，使其数值在5~15之间(图3.215)。行程传感器通过拉簧和齿轮进行传动，只需轻轻向外拉开行程传感器，微微转动小齿轮即可。如果数值在5~15之间，此步骤可以跳过。

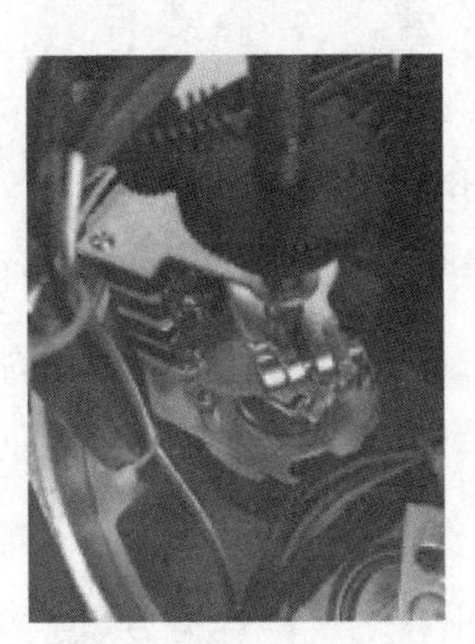

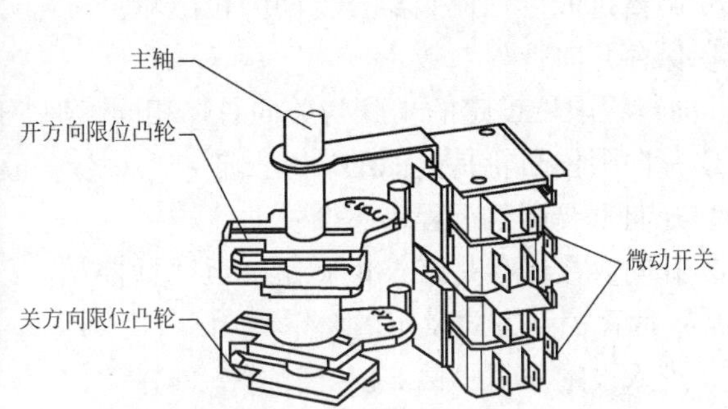

图3.214　关方向限位凸轮

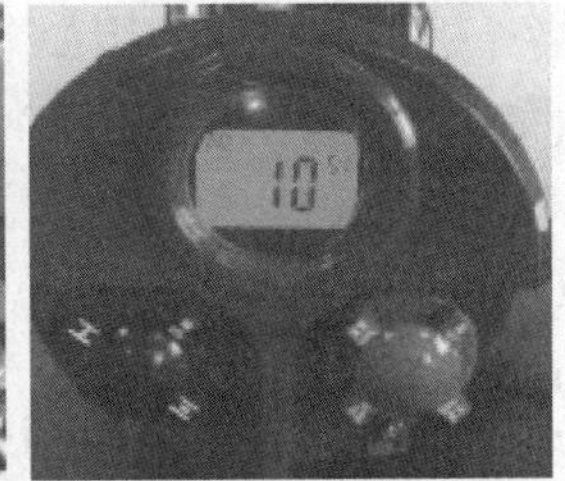

图3.215　调整行程传感器

⑤ 保存关向行程参数。黑色旋钮旋至停止状态，将红色旋钮旋转至“现场”状态，如出现“▼”，保持3s，待“▼”消失，绿灯变亮，说明关向参数设置完成，然后将红色旋钮旋到断开状态，如图3.216所示。

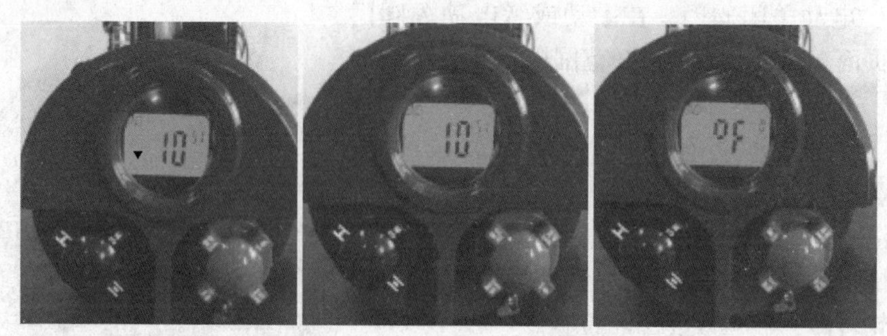

图 3.216　保存关向行程参数

(3) 开向行程限位设定。

开向行程限位设定步骤如下：

① 进入行程设定页面 S1；

② 手动或电动操作电装，直至阀门全开；

③ 调整机械行程控制器开方向限位凸轮；

④ 保存开向行程参数。

开向行程限位设定的步骤与关向总体相同，但是有三点需要注意：

① 开向限位凸轮是上面的一个凸轮；

② 开向不要调整行程传感器；

③ 开向参数保存是将红色旋钮旋至“远控”。

(4) 远程控制方式设定。

① 进入设定项目页面 S2。

红色旋钮旋转至“设定”，黑色旋钮旋至“停—开—停”，等待 3s 后，进入 S2 页面。

② 选择所需的远控方式。

各个远控方式的作用如下：

(a) 自保持方式（F1）可实现阀门的开、关、停控制，控制信号应持续 500ms；

(b) 点动方式（F2）可实现阀门的开、关控制，控制信号应持续到开、关到位；

(c) 双线开（F3）可以实现阀门两根线、单个干接点控制，接点闭合时打开，断开时关闭；

(d) 双线关（F4）可以实现阀门两根线、单个干接点控制，接点断开时打开，闭合时关闭；

(e) 模拟量方式（F5）可实现阀门接收 4~20mA DC 模拟量信号，并根据模拟量信号使阀门运行到与其相适应的位置（调节型具有）。

选择完毕后，要保存参数：黑色旋钮旋至“停止”状态，将红色旋钮旋转至“现场”状态（或“远控”状态），出现“▼”或“▲”，保持3s，待“▼”或“▲”消失，参数设置完成，然后将红色旋钮旋至“断开”状态。

③ 死区调整。

当进入死区调整页面后，旋转黑色旋钮到“开”位置，可使页面上的数值由5~90（相当于死区0.5%~9%）循环递增；若旋转黑色旋钮到“关”位置，可使页面上的数值由90~5循环递减；当到达用户认可的百分比时，将黑色旋钮旋转到“停”状态，红色旋钮旋转到“现场”状态或者“远控”状态，出现“▼”，保持3s，待“▼”消失，死区调整完成（图3.217）。死区调整完成后，将红色旋钮旋转至“断开”状态。死区百分比的出厂默认值为3%。死区调整为调节型所具有，开关型无此选项。

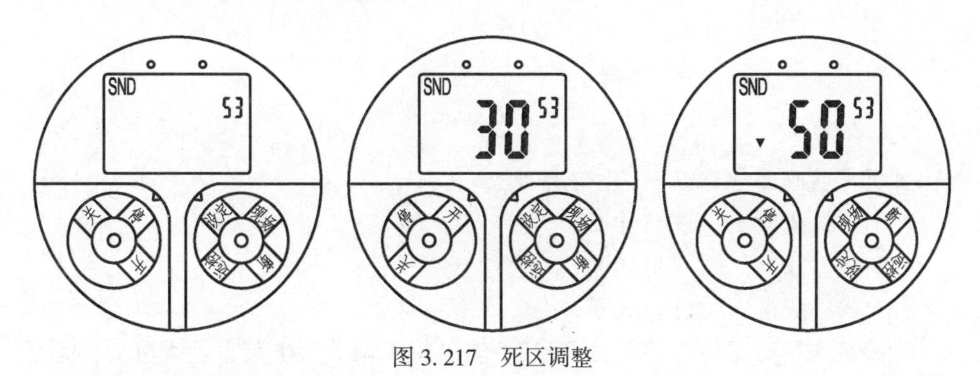

图3.217 死区调整

④ 停止提前量的调整。

当进入停止提前量的调整页面后，旋转黑色旋钮到“开”位置，可使页面上的数值由1~50循环递增；若旋转黑色旋钮到“关”位置，可使页面上的数值由50~1循环递减；当到达用户认可的数值时，将黑色旋钮旋转到“停”状态，红色旋钮旋转到“现场”状态或者“远控”状态，出现“▲”，保持3s，待“▲”消失，停止提前量调整完成（图3.218）。

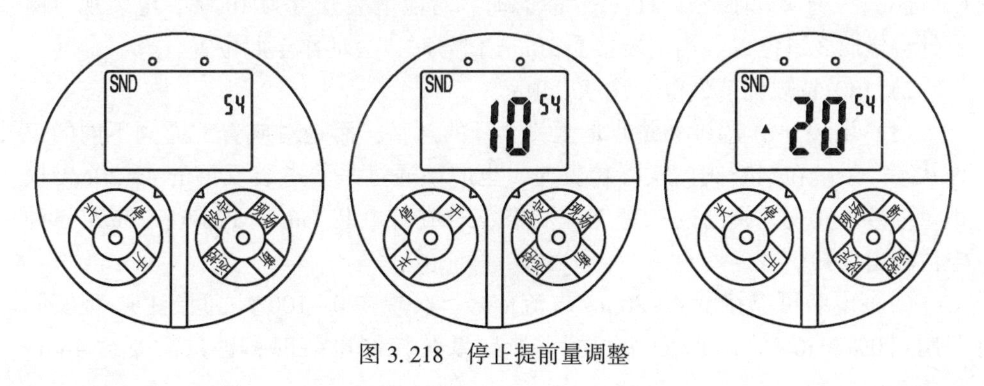

图3.218 停止提前量调整

3.17.3.4 调节型电装（特规）与三通阀

SND-QE 常规产品为部分回转电动执行机构，动作角度为 90°，常用于球阀、蝶阀、风门等的控制。

1）三通阀的三种工作状态

对于一些特殊的三通阀，如图 3.219 所示，其工作状态不局限于传统的全开或全关，而是阀门三个口在不同工况要求下的导通和截止。此类三通阀通常动作角度达到 180°。

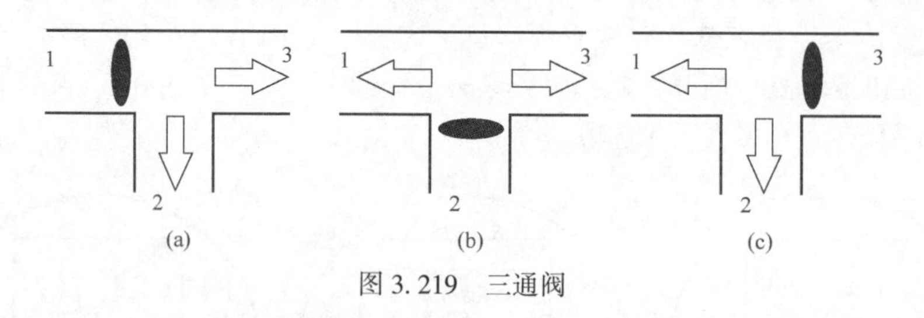

图 3.219　三通阀

此类三通阀通常有以下三种工作状态：

（1）1 口截止，2、3 口导通；

（2）2 口截止，1、3 口导通；

（3）3 口截止，1、2 口导通。

为满足这种工况要求，研发了 SND-QET 特规调节型电装，此类电装仍是部分回转电装，但是工作角度达到了 180°。此类电装可通过 4~20mA 模拟量信号控制，从而实现 0°、90°、180°三个位置的控制：

（1）三通阀处于图 3.219(a) 状态时，对应电装开度为 0%，电装视窗内指针会指向 1 口位置。当电装接受 4mA 信号时，会动作至此位置。

（2）三通阀处于图 3.219(b) 状态时，对应电装开度为 50%，电装视窗内指针会指向 2 口位置。当电装接受 12mA 信号时，会动作至此位置。

（3）三通阀处于图 3.219(c) 状态时，对应电装开度为 100%，电装视窗内指针会指向 3 口位置。当电装接受 20mA 信号时，会动作至此位置。

2）180°特规调节型电装注意事项

（1）电装 0%与 100%并非是全关全开的意义，而是对应着三通阀不同的工作状态。系统在判断阀门实际位置时，也应该通过采集电装反馈的 4~20mA 模拟量信号来实现。阀门的三种工作状态，对应着电装 4mA、12mA、20mA 三种电流输出反馈。

（2）电装可以接受 4~20mA 电流信号，实现在 0~100%之间定位，但实际只用到 0%、50%、100%三个位置，所以系统控制电装时，也只需要给 4mA、

12mA 或者 20mA 三种信号即可。

(3) 受现场安装条件、管道布局的影响，不同站点上，三通阀的三个工作状态所对应的工作流程不一定相同，做控制系统时需根据实际情况给信号。

(4) 电装上视窗内的指针默认指向三通阀中截止的口，如果出现断电情况，可以通过该指针来判断阀门的工作状态。

3.17.4 SND-QE 常见故障处理

3.17.4.1 故障类型 1

执行机构的液晶显示屏上方的报警符号“!”和报警“1”同时闪烁，表示执行机构电源缺相，如图 3.220 所示。

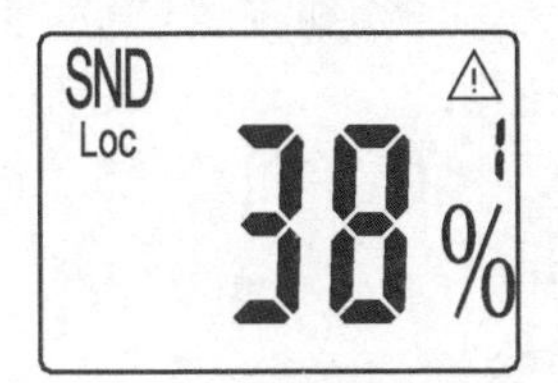

图 3.220 执行机构电源缺相

处理方法：

(1) 检查 380V 输入电源是否正常。

(2) 检查内部电源板红色电源插头是否掉落或者松动，如有松动掉落，重新插紧即可。

(3) 内部电源板故障，需更换电源板。

3.17.4.2 故障类型 2

执行机构的液晶显示屏上方的报警符号“!”和报警“2”同时闪烁，表示执行机构过热。

处理方法：

(1) 如果是电装长时间动作导致电动机过热，可将执行机构停止运行，待电动机冷却以后，电动机线圈内的热保护开关可自动恢复。

(2) 如果电动机并未发热，则检查电动机热保护开关引出线是否断开，接入电源板的热保护信号插头是否掉落松动。

(3) 短接线路板上 GR 标记的引脚，可以屏蔽过热保护功能。

3.17.4.3 故障类型 3

执行机构的液晶显示屏上方的报警符号“!”和报警“3”同时闪烁，表示执行机构执行动作命令后未检测到位置变化。

处理方法：

（1）如果给命令后，红色或者绿色指示灯闪烁，但是电动机没有转动，则考虑内部的固态继电器模块损坏，需更换。

（2）如果给命令后，红色或者绿色指示灯闪烁，电动机转动，输出轴不转动，则考虑手电动切换零部件异常。可在电动机转动时，手动将手电动切换手柄退回原位后继续使用，后期再更换手电动切换零部件。

（3）如果给命令后，红色或者绿色指示灯闪烁，电动机转动，输出轴也转动，但是显示的阀位不变化，则检查行程传感器接线是否正常。若正常，再检查行程传感器传动齿轮旋转是否正常。若也正常，则考虑更换行程传感器。

3.17.4.4　故障类型 4

执行机构的液晶显示屏上方的报警符号“!”和报警“4”同时闪烁，表示执行机构在关闭过程中被卡住，关向已过扭矩。

执行机构的液晶显示屏上方的报警符号“!”和报警“5”同时闪烁，表示执行机构在开启过程中被卡住，开向已过扭矩。

处理方法：

（1）检查阀门是否有卡死情况。

（2）切至手动操作，如果手动操作起来比较轻松，则需检查力矩控制器的接线。

3.17.4.5　故障类型 5

执行机构的液晶显示屏上方的报警符号“!”和报警“6”同时闪烁，表示执行机构行程限位微动开关故障或未正确接线。

处理方法：检查执行机构行程限位开关是否完好或者行程限位开关到控制板的接线是否正确。

3.17.4.6　故障类型 6

执行机构反馈的 4~20mA 与阀位开度不对应。

处理方法：

（1）检查外部有没有接入 24V，如果有，需拆除。

（2）内部线路板损坏，需要更换。

3.17.4.7　故障类型 7

执行机构现场开关正常，远程控制无反应。

处理方法：

（1）检查执行机构远控方式设置是否正确。

（2）检查外部所给信号是否正确。

第四章　数字化集成设备

4.1　数字化抽油机控制柜

4.1.1　数字化抽油机控制柜概述

数字化抽油机智能控制柜（图4.1）是以RTU为核心，实现冲次手/自动调节、平衡手/自动调节、工/变频切换功能，同时实现无线远程监控的一体化智能控制系统。该系统具有良好的稳定性和自适应能力。

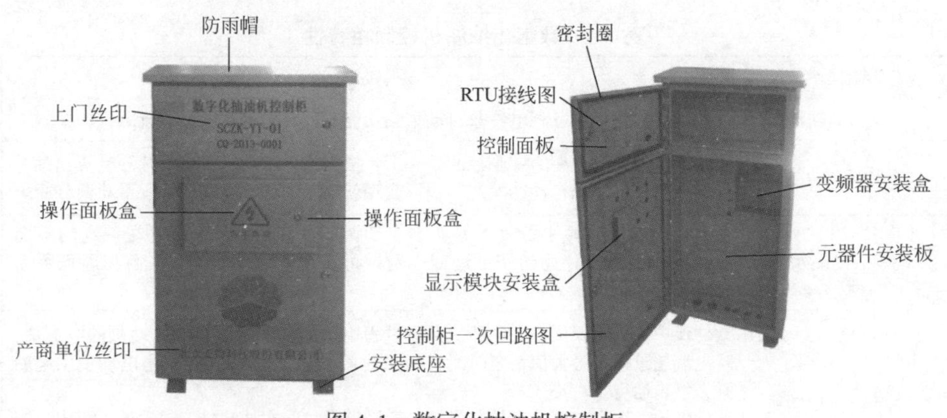

图4.1　数字化抽油机控制柜

数字化抽油机控制柜分上下两层设计，上层为RTU控制系统，下层为工频和变频控制回路、平衡控制回路、二次回路、其他电气元件及接线端子。

4.1.1.1　内部结构布局

数字化抽油机控制柜柜内电气元件如图4.2所示。上层RTU系统从左向右依次为开关电源模块、数据通信模块、电量采集模块以及控制器模块RTU。

下层电气控制回路从左向右，从上向下依次为断路器、浪涌保护器以及电流互感器部分，变频器部分，接触器、电动机综合保护器、中间继电器、时间继电器以及插座部分，接线端子、电流变送器、温控器以及接地汇流铜排部分。

图 4.2　数字化抽油机控制柜柜内电气元件

4.1.1.2　特性

数字化抽油机控制柜特性见表 4.1。

表 4.1　数字化抽油机控制柜特性

功能模块	特性
数据采集功能	油井载荷、位移和三相电参数自动采集功能，计算出示功图、电流图、功率图
冲次调节功能	变频运行情况下，在给定泵径的条件下，根据油井示功图，RTU 模块计算出油井最佳冲次，并实现自动冲次调节；可实现就地手动调节冲次和远程手动调节冲次
平衡度调节功能	根据电流自动计算平衡度，并实现自动调节，使抽油机平衡度在一定的范围内运行，平衡度计算周期可远程设定；可实现就地手动调节平衡和远程手动调节平衡
主电动机保护功能	软件保护：电流保护。在抽油机运行过程中，RTU 实时监视主电动机的电流值，若电流超过设定最大值一定时间（超限时间）时，则 RTU 控制主电动机供电断开，停止运行。 硬件保护：综合电动机保护器保护、变频器保护。在抽油机工频运行过程中，当出现过载、过流、过压、短路、缺相、过载等故障时，综合电动机保护器常闭点自动断开，工频接触器 KM1 停止工作，对电动机起保护作用
平衡电动机保护功能	限位保护：在平衡调节过程中，当平衡块到达极限位置时，将触发限位开关，通过电气控制回路使调节继电器断开，停止平衡调节操作，保护电动机。 电流保护：在调节过程中，RTU 需监视调平衡电动机的电流值，若电流超过设定最大值一定时间（超限时间），则 RTU 控制调节继电器断开，停止调节。此种保护方式是在限位开关失效时或平衡块卡死时使用
运行模式切换功能	具备工频和变频两种工作模式，且可实现变频故障时自动切换到工频运行
数据传输功能	RTU 的通信端口可支持 RS485、RS232 有线方式传输，也可连接无线数传模块，进行无线传输
防护功能	系统应具备防雷电、防电源闪断功能，具备电动机过载保护、电流限幅、输入缺相检测、输出缺相检测、加速过流、减速过流、恒速过流、接地故障检测、散热器过载和负载短路等保护功能

4.1.1.3　组成

1）控制面板

控制面板（图 4.3）由工频和变频转换按钮、启动按钮、停止按钮、复位按钮、冲次调节按钮、平衡调节按钮和数据显示模块等组成。该部分可实现抽油机的本地启动/停止、工频/变频切换、冲次的本地调节、平衡的本地调节及抽油机实时冲次及平衡度显示。

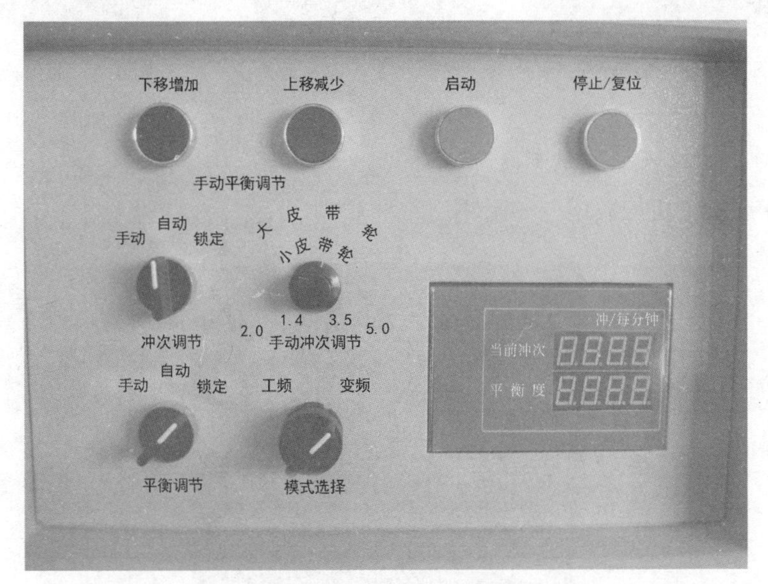

图 4.3　控制面板图

2）变频控制系统

变频控制系统由变频器、制动单元、交流接触器、继电器以及相关电器元件等组成，实现抽油机冲次手动/自动调节、电动机软启动和电动机智能保护等功能。

3）工频控制系统

工频控制系统由继电器、断路器、接触器等相关电气元件组成，具有工频启动、停止、过流、过载、缺相等保护功能。当变频器发生故障时，系统可自动切换到工频状态，实现油机平稳、安全运行。

4）尾平衡调节系统

尾平衡调节系统由继电器、平衡电动机接触器、行程开关等相关电气元件组成，具有增加和减少配重的能力，实现自动/手动调节平衡的功能。

5）数据采集及传输系统

数据采集及传输系统由井口 RTU 控制器、三相电参采集模块和数据通信模块等部分组成。主要完成载荷和角位移数据的采集、井口三相电参的采集、示功图电流图的生成、抽油机的远程启停、冲次/平衡的自动调节、控制柜的智能保护以及数据的远程传输等功能，如图 4.4 至图 4.6 所示。

图 4.4　控制器模块

图 4.5　电参模块

图 4.6　通信模块

4.1.1.4　电气元件

数字化抽油机控制柜电气元件，如图 4.7 所示。

图 4.7　电气元件图

①—断路器 QF1；②—空气开关 QF2；③—空气开关 QF4；④—电流互感器；⑤—避雷器；⑥—空气开关 QF3；⑦—变频器；⑧—工频交流接触器；⑨—辅助触头；⑩—变频交流接触器；⑪—平衡上移交流接触器 KM3；⑫—平衡下移交流接触器 KM4；⑬—中间断电器（AC 220V）K1、K2、K5；⑭—中间断电器（DC 24V）K3、K4；⑮—时间继电器；⑯—插座；⑰—电动机综合保护器；⑱—加热器；⑲—强电端子；⑳—信号端子；㉑—电流变送器；㉒—温控开关；㉓—航空插头

4.1.2 数字化抽油机控制柜电气原理

4.1.2.1 电气控制原理

1）主回路

主回路为数字化抽油机控制柜的主电动机和平衡电动机的供电回路。主电动机主回路主要分为工频回路和变频回路：工频回路主要由断路器、工频交流接触器、电动机综合保护器等组成，保证主电动机工频运行供电；变频回路主要由变频器、制动单元、变频交流接触器组成，保证主电动机变频运行供电等功能。平衡主回路主要由上、下行交流接触器及空气开关组成，保证平衡电动机正常工作供电。主回路电气控制原理如图 4.8 所示。

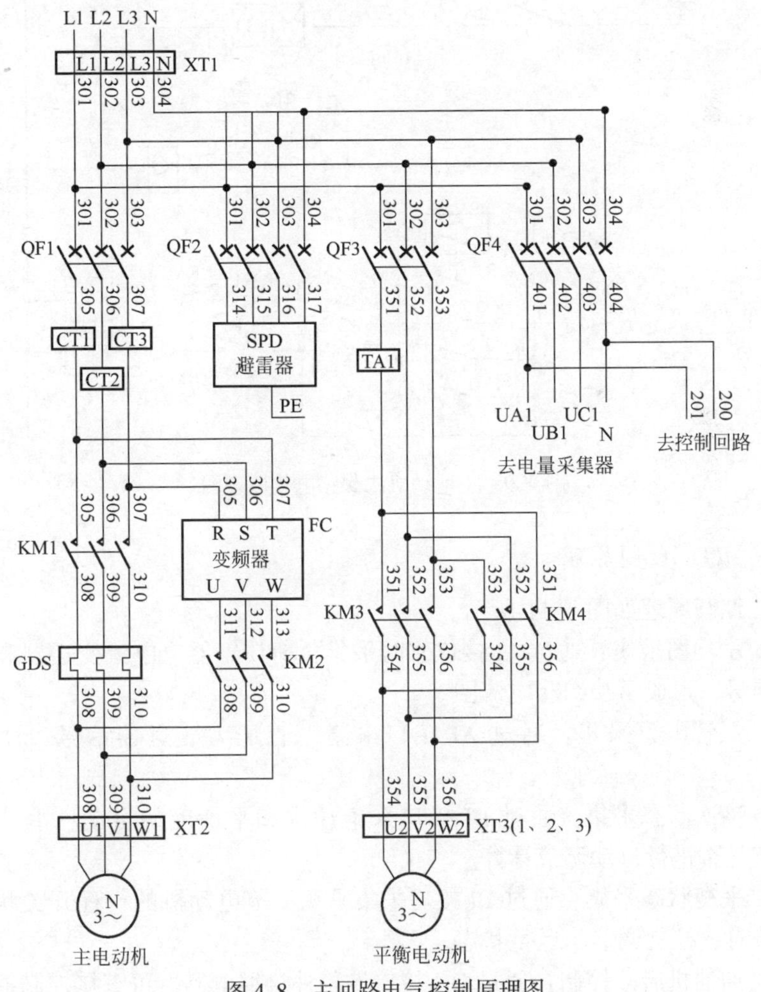

图 4.8 主回路电气控制原理图

2）控制回路

控制回路，即二次回路，为数字化抽油机控制柜电气控制部分，主要完成控制柜的变工频转换、抽油机启停、手自动平衡调节转换、手自动冲次调节转换功能，同时还具备过流、过载、缺相等保护功能。当变频器发生故障时，系统可自动切换到工频状态，实现抽油机平稳、安全运行。二次回路电气原理如图 4. 9 和图 4. 10 所示。

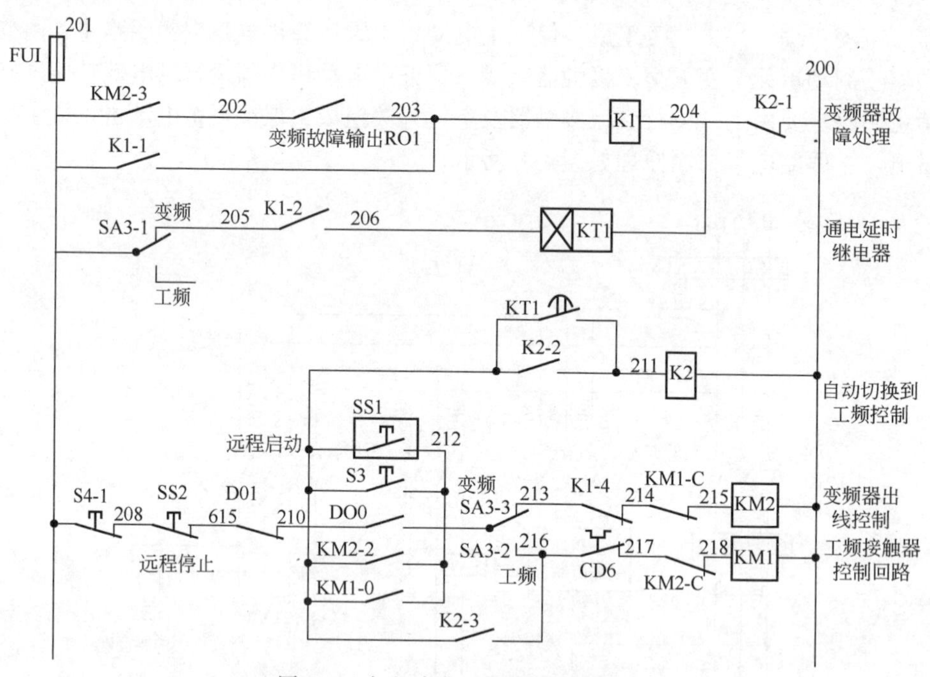

图 4. 9　主电动机二次路电气原理图

4. 1. 2. 2　RTU 控制原理

RTU 控制原理如图 4. 11 所示。

（1）示功图采集：通过 AI 接口实时采集负荷传感器、电流变送器和角位移传感器信号，形成示功图和电流图。

（2）汇管压力采集：通过 AI 接口采集汇管压力变送器信号，计算汇管压力。

（3）冲次状态采集：通过 DI 接口采集冲次和平衡度的自动、手动调节状态，确定是否进行自动调节计算。

（4）平衡状态采集：通过 DI 接口采集平衡调节电动机的行程开关状态，在自动调节时，控制调节的运行状态。

（5）抽油机启停控制：通过 DO 接口控制外接继电器，可直接控制抽油电动机的启停。

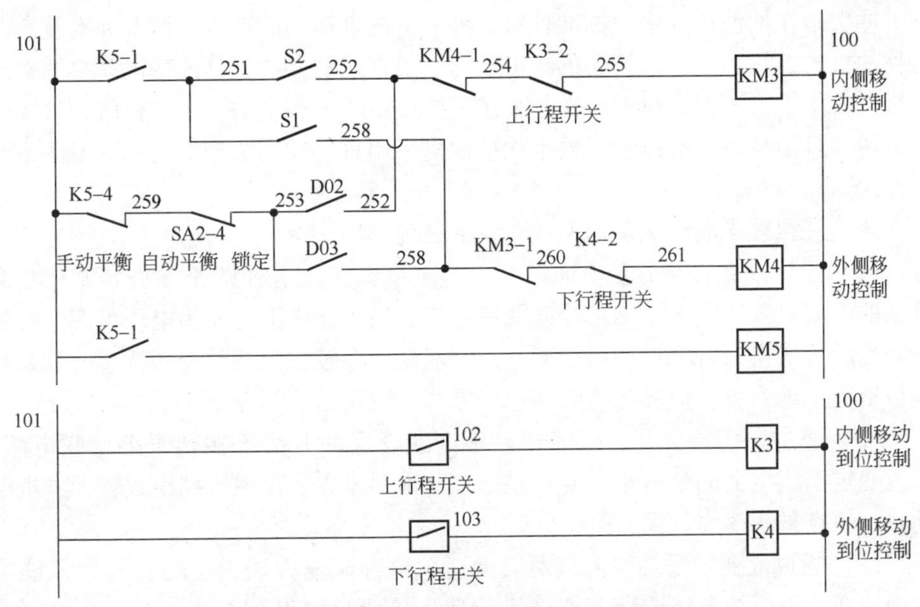

图 4.10　平衡电动机二次路电气原理图

（6）平衡电动机启停控制：通过 DO 接口控制外接继电器，控制调平衡电动机的运行。

（7）RS485 数据采集：通过 RS485 接口与 LED 显示器连接，显示当前冲次和当前平衡度。二者之间通信协议为 Modbus RTU，其中 LED 显示器为从站，控制器为主站。

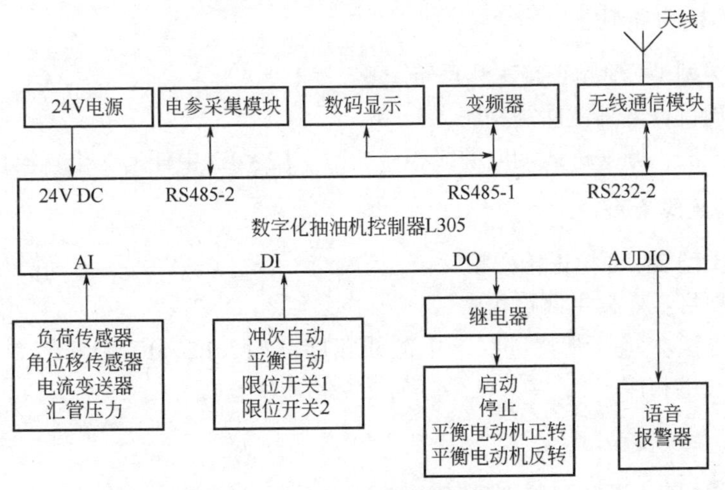

图 4.11　RTU 控制原理图

4.1.2.3 冲次调节原理

冲次指在抽油机井中，抽油杆每分钟上下往复运动的次数。调节冲次就是改变抽油机的运行速度、减速箱的输出转速，最直接的办法就是改变电动机的输出速度。常规游梁式抽油机的冲次是采用更换皮带轮来调整的，劳动强度大、操作不方便，且不具备无级调速。数字化抽油机采用直接改变电动机转速的方法来调节冲次。

普通三相异步电动机调速方法有以下三种：

（1）通过改变供给异步电动机电源的频率调速。这种调速方法需要有频率可调的交流电源。它是采用可控硅调速系统，先将交流电变换为电压可调的直流电，然后再变换为频率可调的交流电。这就是现在较为流行的变频调速。其缺点是投资大、维修难，但具备无级调速，操作方便快捷。

（2）通过改变异步电动机的转差率调速。这种方法可在转子上串联电阻，或改变定子绕组上的电压来改变转差率。这种调速方法仅限于绕线式转子异步电动机，缺点是功率损耗大、效率低。

（3）通过改变定子绕组磁极对数调速。这种调速方法由于磁极对数只能成对地改变，因而是有级调速，即变级调速，一般只能做到2速、3速、4速等。控制器通过DI接口采集平衡调节电动机的行程开关，在自动调节时，控制调节的运行状态。

鉴于以上原因，数字化抽油机采用变频器改变电动机电源频率的方法调节电机输出频率，达到调节抽油机冲次的目的。

4.1.3 数字化抽油机控制柜故障处理

4.1.3.1 故障类型1

故障类型1：变频正转工频反转。

检查项目：工频主回路相序。

处理方法：调整进线端电源线相序，L1、L2、L3中任何2个互换位置。

4.1.3.2 故障类型2

故障类型2：工频正转变频反转。

检查项目：变频主回路相序。

处理方法：同时调整进线端电源线相序（L1、L2、L3中任何2个互换位置）与出线端相序（U、V、W中任何2个互换位置）。

4.1.3.3 故障类型3

故障类型3：工频变频都反转。

检查项目：控制柜电动机线。

处理方法：调整出线端电源线的相序，U、V、W 中任何 2 个互换位置。

4.1.3.4 故障类型 4

故障类型 4：手动无法调节冲次。

检查项目：冲次调节转换开关、手动冲次调节旋钮及接线。

处理方法：检查冲次调节转换开关是否打到手动状态，接线是否正确；检查变频器 S2/COM 端子接线是否正常；检查电位器电阻是否变化，电位器与变频器连接线路是否正常，变频器模拟量输入端子 AI1、GND、+10V 接线是否正常；检查变频器电路板上 J16 跳线是否正常。

4.1.3.5 故障类型 5

故障类型 5：工频和变频都无法启动。

检查项目：

(1) 查看控制柜是否供电：将柜内所有断路器断开，用万用表测量控制柜进线端子 XT1 的 L1、L2、L3 之间电压是否为 AC 380V，L1/L2/L3 与 N（零线）和 PE（接地线）之间的电压是否为 AC 220V，如果以上测量达标，则说明控制柜供电正常。

(2) 检查断路器 QF1、QF4 的进线端接线是否松动：用万用表测量 QF1 的 L1/L2/L3 之间电压是否为 AC 380V，QF5 的 L/N 之间电压是否为 AC 220V，如二者电压均达标，闭合 QF1 和 QF5，检测其输出端电压是否为 AC 380V 和 AC 220V，若正常，则断开 QF1、QF5，进入控制回路的检测工作。

(3) 工频/变频转换开关接线、工作是否正常：用万用表测量工频/变频转换开关的接线端子，将转换开关打到“工频状态”；若 1NC 与 2NC 端子连通，3NO 与 4NO 断开，打到“变频状态”；若 1NC 与 2NC 端子断开，3NO 与 4NO 连通，则说明转换开关正常。

(4) 启动/停止按钮接线、工作是否正常：用万用表测量启动按钮的接线端子，按下启动按钮为连通，松开之后为断开，说明启动按钮正常；用万用表测量停止按钮的 1NC/2NC 端子，按下停止按钮为断开，松开之后为连通，说明停止按钮正常。

(5) 检查控制器模块 DO1 常闭端子、DO0 常开端子接线是否正常：用万用表测量 DO1 的 DO1 端子与 NC 端子，若连通则 DO1 正常；测量 DO0 的 DO0 端子与 NO 端子，若断开则 DO0 正常。

(6) 检查工频控制回路：

① 用万用表测量综合电动机保护器的 K1、K2 端子，若连通，则说明保护器正常，否则为故障；测量交流接触器 KM2 的常闭端子 21NC、22NC，若连通，

则该端子正常，否则为故障。

② 闭合 QF4，测量交流接触器 KM1 的线圈 A1/A2 端子之间的电压，若为 AC 220V，则说明该线圈正常，否则为故障；将工频/变频转换开关打到“工频状态”，按下启动按钮，交流接触器 KM1 吸合，按下停止按钮，交流接触器 KM1 断开，说明交流接触器 KM1 控制部分正常。

③ 闭合 QF1，按下启动按钮，测量 KM1 输出端三相电压，若三相之间线电压为 AC 380V，三相与零线之间相电压为 AC 220V，则说明交流接触器 KM1 正常，控制柜工频部分正常，否则为交流接触器故障。若一切正常，需检查控制柜到电动机线缆及电动机是否正常。

（7）检查变频控制回路：

① 用万用表测量中间继电器 K1 的 4 号、12 号端子，若连通说明该端子正常，否则为故障。

② 测量交流接触器 KM1 的常闭端子 21NC、22NC，若连通，则该端子正常，否则为故障。

③ 闭合 QF5，测量交流接触器 KM2 的线圈 A1/A2 端子电压，若为 AC 220V，则说明该线圈正常，否则为故障。

④ 将工频/变频转换开关打到“变频状态”，按下启动按钮，交流接触器 KM2 吸合，按下停止按钮，交流接触器断开，说明交流接触器 KM2 控制部分正常。

⑤ 闭合 QF1，按下启动按钮，KM2 吸合，变频器启动，测量 KM2 输出端三相电压，若三相之间线电压为 AC 380V，三相与零线之间相电压为 AC 220V，按下停止按钮，KM2 与变频都断开，则说明交流接触器 KM2 与变频器都正常，控制柜变频部分正常。

⑥ 若变频器未启动，检查变频器 S1/COM 端子接线是否松动，同时将 S1/COM 短接，若变频器启动，等变频器完全稳定工作后，将 S4/COM 短接，变频停止，则说明变频器正常。

⑦ 检查 KM2 常开点 73NO/74NO 之间电压，若为 0，则说明正常；若为 AC 220V，则该组端子故障，断开电源，更换 KM2 常开点。若一切正常，需检查控制柜到电动机线缆及电动机是否正常。

4.1.3.6 故障类型 6

故障类型 6：无法手动调平衡。

检查项目：QF3、查看旋钮挡位、接线、按钮、KM3/KM4、航空插头、平衡电动机。

处理方法：

(1) 检查 QF3 供电是否正常，平衡调节按钮是否工作正常，交流接触器 KM3/KM4 上端是否有电压（351、352、353），如有限位开关，检查开关常开点是否正常；

(2) 检查抽油机从平衡电动机出线端到控制柜电动机接线端子线路是否正常，各个航空插头连接是否到位，旋钮是否打到手动挡，接线是否有脱落；

(3) 检查中间继电器 K3、K4 的常闭触点 4 号、12 号是否正常，接线是否有脱落；

(4) 检查抽油机平衡装置是否机械卡死。

数字化抽油机控制柜故障处理见表 4.2。

表 4.2　数字化抽油机控制柜故障处理

序号	故障现象	检查项目	故障处理方法
1	工频无法启动	检查控制柜是否供电，包括总电源及 QF1、QF4 是否合闸	正确供电，并将 QF1、QF5 合闸
		控制柜进线口接线是否错误	查看接线图纸（该控制柜必须接零线）
		检查工频/变频转换开关是否在工频位置	转换开关调至工频位置
		查看启动按钮是否损坏	若损坏，更换启动按钮
		查看停止按钮是否损坏	若损坏，更换停止按钮
		检查变频/工频转换开关是否故障	找出故障点并处理
		检查工频控制回路是否故障	找出故障点并处理
		检查工频交流接触器（KM1）是否吸合	若不吸合，查看变频交流接触器（KM1）不吸合处理方法
		检查电动机电源线是否损坏或接触不良	正确可靠接线，若损坏，更换导线
		检查电动机是否损坏	若损坏，更换电动机
2	变频无法启动	检查控制柜是否供电，包括总电源及 QF1、QF4 是否合闸	正确供电，并将 QF1、QF5 合闸
		控制柜进线口接线是否错误	查看接线图纸（该控制柜必须接零线）
		检查工频/变频转换开关是否在工频位置	打到变频位置
		检查变频/工频转换开关是否故障	找出故障点并处理
		查看变频器是否报故障	查看变频器故障代码及排除方法，并处理

续表

序号	故障现象	检查项目	故障处理方法
2	变频无法启动	查看启动按钮是否损坏	若损坏，更换启动按钮
		查看停止按钮是否损坏	若损坏，更换停止按钮
		变频器损坏（包括变频器及制动电阻）	联系专业人员处理
		检查变频交流接触器（KM2）是否吸合	若不吸合，查看变频交流接触器（KM2）不吸合处理方法
		检查变频交流接触器（KM2）吸合后辅助触头接触是否良好	若接触不良，更换辅助触头
		检查电动机电源线连接是否接触不良或损坏	正确可靠接线，若损坏，更换导线
		检查电动机是否烧毁	若烧毁，更换电动机
3	工频交流接触器（KM1）不吸合	检查控制柜是否供电，包括总电源及QF4是否合闸	正确供电，并将QF4合闸
		检查KM1是否损坏	若损坏，更换接触器
		检查工频控制回路是否故障	找出故障点并处理
4	变频交流接触器（KM2）不吸合	检查控制柜是否供电，包括总电源及QF4是否合闸	正确供电，并将QF4合闸
		检查KM2是否损坏	若损坏，更换接触器
		检查变频控制回路是否故障	找出故障点并处理
5	工频、变频均翻转	控制柜电动机电源出线口相序错误	调整电动机电源线相序
6	工频正转变频翻转	变频主回路相序错误	调整控制柜进线电源线相序及电动机电源线相序
7	工频反转变频正转	工频主回路相序错误	调整控制柜进线电源线相序
8	无法调节冲次（频率）	检查频率调节转换开关是否在手动调节位置	频率调节转换开关调至手动调节位置
		检查电位器是否损坏	若损坏，更换电位器
		检查变频器是否损坏	若损坏，更换变频器
		变频器程序错误	联系专业人员处理
9	无法手动调节平衡	检查控制柜是否供电，QF3、QF4是否合闸	正确供电，并合闸
		检查平衡调节转换开关是否在手动位置	平衡调节转换开关调至手动调节位置

续表

序号	故障现象	检查项目	故障处理方法
9	无法手动调节平衡	平衡调节转换开关故障	找出故障点并处理
		检查上移交流接触器（KM3）/下移交流接触器（KM4）是否吸合	查看上移交流接触器（KM3）/下移交流接触器（KM4）不吸合处理方法
		检查平衡块是否机械卡死	排除机械故障
		检查平衡块是否已经到达最上极限位置	限位开关保护，无法往上调节
10	上移交流接触器（KM3）不吸合	检查控制柜是否供电，QF4是否合闸	正确供电，并合闸
		查看平衡块是否已经到达极限位置	可查看上限位保护中间继电器（K3）或下限位保护中间继电器（K4）是否动作，动作表示限位保护，无法调节
		控制回路故障	检查控制回路并处理故障
11	电量采集模块（SU306）不通电	检查电量采集模块电源线是否连接正确可靠	正确连接
		检查电量采集模块开关电源是否有输出	若无输出，参考开关电源无输出处理方法
		电量采集模块损坏	更换电量采集模块
		检查无线通信模块电源线是否连接正确可靠	正确连接
		检查无线通信模块开关电源是否有输出	若无输出，参考开关电源无输出处理方法
		无线通信模块损坏	更换无线通信模块
		检查显示模块电源线是否连接正确可靠	正确连接
		检查显示模块开关电源是否有输出	若无输出，参考开关电源无输出处理方法
		显示模块损坏	更换显示模块
12	显示模块不通电	检查串口驱动是否正常	更换适合串口线的驱动
		检查RTU的串口是否损坏	若损坏，更换RTU
		检查RTU是否死机	若死机，更换RTU
		检查电脑COM口是否设置正确	正确设置电脑COM口
		检查调试软件RPC（sxb）的本地设置是否正确	正确设置调试软件RPC（sxb）的本地设置
		检查串口线是否正常	更换正常的串口线

续表

序号	故障现象	检查项目	故障处理方法
13	无线通信模块（SZ930）不通电	检查COM口是否设置正确	正确设置COM口
		检查程序下载软件ESD32_ V522（udp）.exe的本地设置是否正确	正确设置程序下载软件ESD32_ V522（udp）.exe的本地设置
		检查串口线是否正常	更换正常的串口线
14	程序下载软件ESD32_ V522（udp）.exe无法连接RTU	检查载荷线是否连接正确可靠	正确可靠连接载荷线
		检查载荷是否损坏	若损坏，更换载荷
		检查熔断器是否烧断	若烧断，更换熔断器
		查看RTU接角载荷的通道是否损坏	若损坏，更换RTU
15	调试软件RPC（sxb）无法连接RTU	检查角位移线是否连接正确可靠	正确可靠连接角位移线
		检查角位移否损坏	若损坏，更换角位移
		检查熔断器是否烧断	若烧断，更换熔断器
		查看RTU接角位移通道是否损坏	若损坏，更换RTU
16	调试软件RPC（sxb）上无载荷值	查看角位移或载荷是否有值	如无，参考调试软件RPC（sxb）上无载荷或角位移值处理方法
		查看RTU接角位移或载荷的通道是否损坏	若损坏，更换RTU或修改通道
17	调试软件RPC（sxb）上无角位移值	检查QF4是否合闸	将QF4合闸
		检查电量模块至RTU的RS485通信是否正常	使通信正常
		检查电量采集模块（SU306）是否未供电	给电量采集模块正确供电
		电量采集模块（SU306）损坏	更换电量采集模块
18	用调试软件RPC（sxb）在井口扫描，无示功图	检查频率调节转换开关是否在自动调节位置	频率调节转换开关调至自动调节位置
		检查调试软件RPC（sxb）频率调节选择是否正确	调试软件RPC（sxb）频率选择应为手动调节
		检查串口线等是否正常	更换好的串口线
		RTU至变频器的RS485通信故障	恢复通信
		变频器程序错误	联系专业人员处理
19	调试软件RPC（sxb）上无电参数据	检查控制柜是否供电，QF5是否合闸	正确供电，并合闸
		检查QF5至开关电源线路是否故障	排除线路故障
		检查开关电源是否损坏	若损坏，更换开关电源

4.2　数字化集成增压橇

4.2.1　控制系统概述

本集成装置采用两台螺杆油气混输泵为输出动力，是以一主一辅运行方式为增压输出流程设计的。以油气加热密闭混输为条件，分离出的气体满足装置加热部分燃烧外，剩余气体全部油气混输至下一级站。自动动态控制两台螺杆泵的转速使来油与其外输对应，达到油气平稳输送。两泵可相互主辅切换，主要生产流程实现“一键式”式流程切换，辅助流程方式中也可运行单泵或控制阀的任意控制。因此，大大降低了现场员工的劳动强度和切换运行的误操作风险。

4.2.2　系统配置及功能

系统原理如图 4.12 所示。控制阀 1、控制阀 3 是电动换向三通阀，为实现一键式切换主辅泵使用。两台泵一对一采用了两台变频器，具备远程软启动和调频功能。阀 2 为调节阀，通过调节阀 2 的开度来平稳缓冲区的液位。

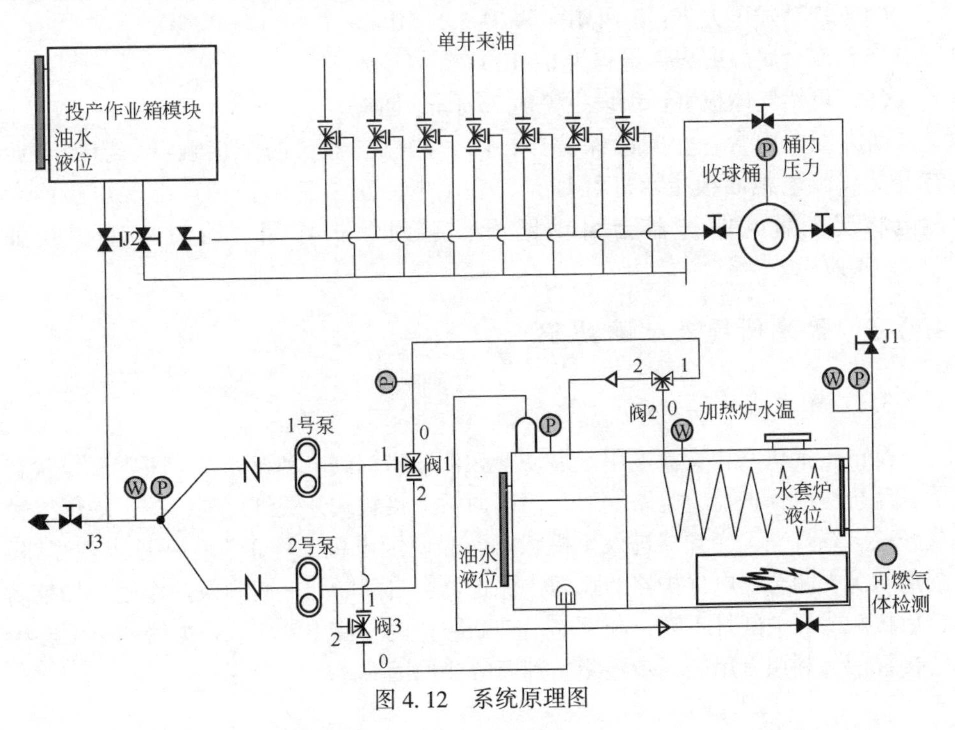

图 4.12　系统原理图

控制流程以缓冲区的液位为调控依据，先设定旁通开度调节阀（阀2）进缓冲区的开度，监测罐内液位，当液位上升（或下降）则通过变频器调节外排泵转速；当调节泵速至最大（或最小）时，液位仍然不能平稳，则再调节阀2的开度；在升降一台泵时，对另一台泵随之反调节，确保总输出与总来油的平衡关系。为保证分离出的气体满足燃烧器使用，系统还监测分离缓冲区压力，当缓压力低至0时，说明气体较少，自动调节阀2开度增大分流量同时增大排量；在该装置控制上采用了PLC闭环控制和外部计算机指令控制相互作用，即使控制计算机死机或通信失败，装置上的PLC仍会自动控制运行。

站控计算机既控制站控设备，还运行油井系统检测，系统实现了井站一体化操作，对站、井、视频等同界面操控。系统全属性WEB发布实现远程操控，如图4.13所示。

橇装增压集成装置仪表规格如下：

（1）压力变送器：铝壳密封不锈钢结构，体积小，高灵敏度，测量范围为0~4MPa，对应4~20mA，两线制，防爆。

（2）温度变送器：-20~100℃，对应4~20mA，两线制，防爆。

（3）液位变送器：测量管中心距为0~110cm，对应4~20mA，两线制，DN25mm，PN1.6MPa，防爆，带伴热保温。

（4）指针式压力表：0~4MPa和0~2.5.MPa。

（5）双金属温度表：量程为0~100℃。

（6）可燃气体报警：预设报警值25ppm，防爆。

动力配电内含一个漏电保护器，两个热保护器，两个接触器。当闭合所有开关，配电柜面板指示灯红灯亮，表示电路正常工作，一旦出现短路或者漏电状况，漏电保护器会自动断开，起到保护作用。动力控制接线如图4.14所示。

4.2.3 常见问题及故障处理

4.2.3.1 配电柜故障分析

配电柜提供三相交流电用于启动变频器输出控制电动机动作。正常工作状态下，闭合漏电保护器，电路导通，控制面板上接触式开关红灯亮；按下绿色接触式开关，绿灯亮，变频器进入待机状态，表明配电柜工作正常；一旦出现短路、漏电状况，闭合漏电保护器的瞬间，保护器会自动断开，起到保护作用。如果闭合后接触式开关红灯不亮，则可能出现断路情况，使用者应该根据说明书配电柜的接线图，利用万用表逐步检测，判断故障原因。

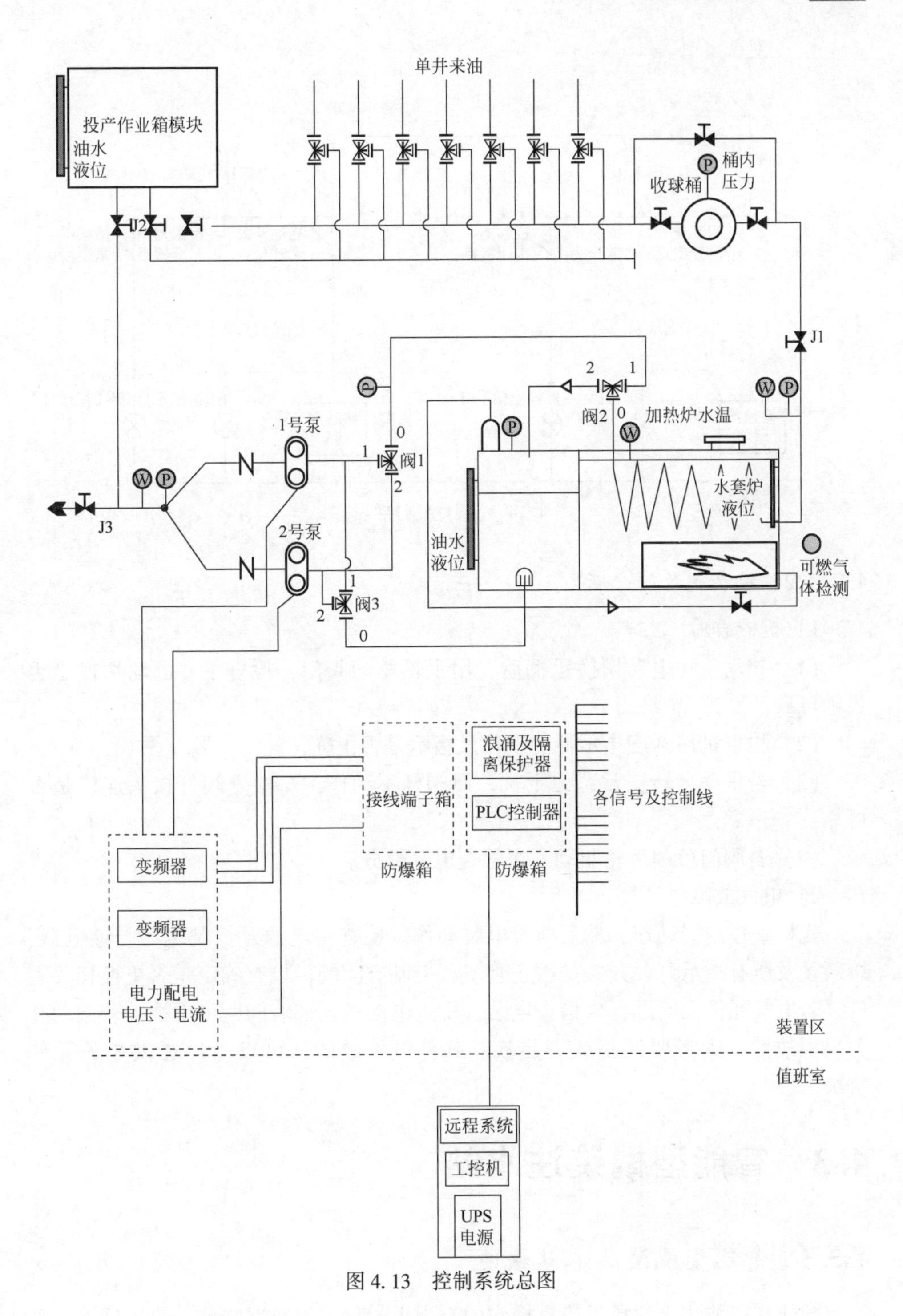
单井来油
投产作业箱模块
油水
液位
J2
桶内
压力
收球桶
J1
加热炉水温
阀2
1号泵
阀1
2号泵
阀3
J3
油水
液位
水套炉
液位
可燃气
体检测
浪涌及隔
离保护器
PLC控制器
接线端子箱
各信号及控制线
防爆箱
防爆箱
变频器
变频器
电力配电
电压、电流
装置区
值班室
远程系统
工控机
UPS
电源

图 4. 13　控制系统总图

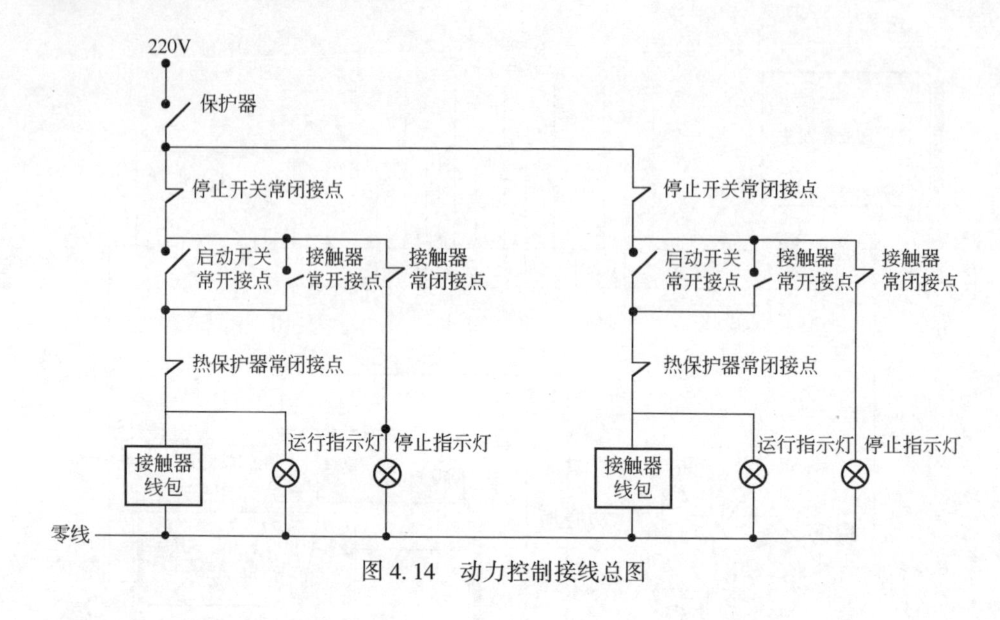

图 4.14　动力控制接线总图

4.2.3.2　控制阀故障分析

1）机械故障

（1）拉动手—电动切换手柄后，用手轮驱动阀门，检查手—电动切换是否灵敏可靠；

（2）检查机械开度指示器的动作及指示是否正确；

（3）若手动运转正常，无干扰，而阀杆不动作，需检查阀杆接头连接是否可靠；

（4）若阀门可用手轮驱动，再检查电气部分。

2）电气故障

先检查控制器动作，然后检查电装动作。检查主电源及控制电源、继电器、熔断丝及所有指示灯、开关是否正常。若控制有问题，检查确定是否更换相关零件，若电气元件无问题，再检查电装。检查电动机，如有问题可更换。若微动开关出现故障，则需要调整或者更换。其他电气故障，可以通过更换相关元件解决。

4.3　智能型橇装注水站

4.3.1　智能型橇装注水站概述

智能型橇装注水站是以信息操作中心为主的集远程数据监控、信息反馈、资料收集、生产调度、指挥协调于一体的管理模式，实现了生产数据处理智能化、生产动态实时监控、生产指挥信息化。研制的稳流测控装置，能够实现平稳精细注水，自动调节流量，是数字化油田的建设的重要组成部分。

4.3.2 智能型橇装注水站组成

4.3.2.1 CQZSZ（N）-I 系列智能注水站

该装置为适应数字化油田需要，配置有标准 RS-485 接口，可与无线数传电台、GSM 短信数传、GPRS 数字在线传输直接接口联网。其组成如下：

（1）增压系统：柱塞泵、变频柜。

（2）流量测控系统：智能旋涡流量计、数显压力变送器、电动双流阀。

（3）数据传输系统：主机—智能注水控制终端；智能旋涡流量计、数显压力变送器的有线传输。

（4）数据处理系统：智能注水控制平台、工业控制软件。

4.3.2.2 CQZSZ（N）-II 系列智能注水站

（1）增压系统：柱塞泵、变频柜。

（2）流量测控系统：智能精控注水仪、数显压力变送器。

（3）数据传输系统：主机—通信控制器；注水仪、压力表的无线传输；电台。

（4）数据处理系统：工作站、工业控制软件。

4.3.3 智能型橇装注水站原理

4.3.3.1 CQZSZ（N）- I 系列智能注水站的原理及特点

CQZSZ（N）- I 系列智能注水站的原理（图 4.15）是：智能旋涡流量计、数显压力变送器将注水系统运行状况反馈给智能注水控制终端，并由智能注水控制平台分析采取措施给控制终端信号，由控制终端调节变频器、电动双流阀调节注水压力和流量；可制定流量、压力、阀门的开关等报警参数，自动调节注水泵及每口井的瞬时流量过程中，发生异常自动报警，结合视频系统，实现了现场无人值守；同时配备橇装注水站室内视频，用以观察站内设备和各个元器件的运行状况；增加动力箱箱体温度传感器，及时掌握注水泵动力箱内曲轴、连杆及十字头的运行情况。

CQZSZ（N）- I 系列智能注水站的系统特点是：该装置为适应数字化油田需要，配置有标准 RS485 接口，可与无线数传电台、GSM 短信数传、GPRS 数字在线传输直接接口联网。

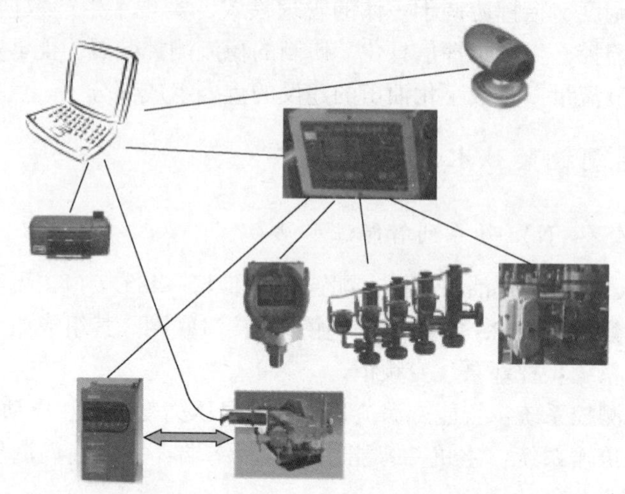

图 4.15 CQZSZ（N）-Ⅰ系列智能注水站原理示意图

4.3.3.2 CQZSZ（N）-Ⅱ系列智能注水站的原理及特点

CQZSZ（N）-Ⅱ系列智能注水站的原理（图 4.16）是：由数显压力变送器将注水系统运行压力状况反馈给变频器，由变频器控制注水泵注水压力和流量，电动双流阀调节注水流量；同时配备橇装注水站室内视频，用以观察站内设备和各个元器件的运行状况；增加动力箱箱体温度传感器，及时掌握注水泵动力箱内曲轴、连杆及十字头的运行情况。

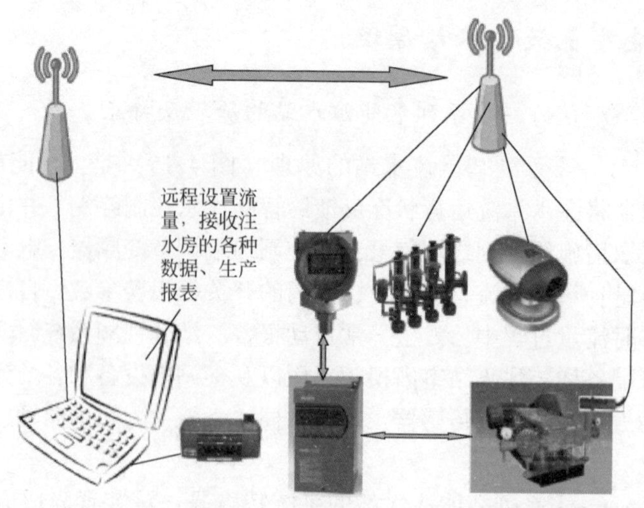

图 4.16 CQZSZ（N）-Ⅱ系列智能注水站原理示意图

CQZSZ（N）-Ⅱ系列智能注水站的系统特点是：主要用于解决目前 CQZSZ

系列橇装式注水站在使用过程中操作区域属于高压危险环境，阀门调节费力、耗时，阀座易堵易卡，关闭不严，使用寿命短，注水流量误差大，现场管理不方便，容易造成注水设备损坏和注水失控，注水干压波动、干压较低时出现“倒灌”现象，造成出砂严重，影响油田稳定开发等诸多问题。

4.4 变频柜

4.4.1 变频柜组成

变频柜，即变频器控制柜（变频器电气控制柜/电控柜/电控箱），是采用变频器而开发的电气控制柜，根据工况需要可在变频柜内安装交流输入电抗器、输出电抗器、直流电抗器及 EMI 滤波器、制动单元、制动电阻、接触器、中间继电器、热继电器、可编程控制器（PLC）、可编程操作终端（GOT）、电度表、散热风扇等。根据系统工况在变频柜面板上设置多种控制按钮和指示灯，如正转、反转、电动机增速、电动机减速、点动正转、点动反转、手动/自动、紧急停止、变频/工频、PLC 控制、触摸屏等。目前比较定型的有：恒压供水变频柜（1 控 1，1 控 2，1 控 3 等）、自动扶梯变频柜、中央空调循环水泵变频柜、风机变频节能柜、空压机恒压供气系统（变频器节能软启动控制系统）等。

4.4.2 变频柜结构

变频柜采用封闭柜式结构，防护等级一般为 IP20、IP21、IP30 等，采用型材骨架，表面涂敷喷塑，且容易并柜安装，上端可配置母线。变频器面板外引至柜体外表可直接操作，根据需要可设置就地和远程控制或 PC/PLC 通信控制，具有很直观的各种显示功能。

变频器是变频柜的专用配套产品，其变频调速功能及主要技术参数取决于内设变频器的规格型号和外围的配置状况。变频柜根据用途的不同和功能的各异，其差别也很大，一般根据工况要求定制。目前比较定型的有：恒压供水变频柜（1 控 1，1 控 2，1 控 3 等）、自动扶梯变频柜、中央空调循环水泵变频柜、风机变频节能柜等。

4.4.3 变频器概述

变频器（variable-frequency drive，VFD）是应用变频技术与微电子技术，通过改变电动机工作电源频率方式来控制交流电动机的电力控制设备。

变频器主要由整流（交流变直流）、滤波、逆变（直流变交流）、制动单元、驱动单元、检测单元、微处理单元等组成。变频器靠内部 IGBT 的开断来调整输出电源的电压和频率，根据电动机的实际需要来提供其所需要的电源电压，进而达到节能、调速的目的。另外，变频器还有很多的保护功能，如过流、过压、过载保护等。随着工业自动化程度的不断提高，变频器也得到了非常广泛的应用。

4.4.4 变频器原理

4.4.4.1 整流桥

一般由三相全波整流桥对工频三相交流电源进行整流，给逆变电路和控制电路提供直流电源；整流桥由二极管构成。

4.4.4.2 缓冲电路

由于储能电容较大，接入电源时电容两端电压为零，因而在上电瞬间滤波电容的充电电流很大，过大的电流会损坏整流桥二极管，为保护整流桥，上电瞬间将大功率充电电阻串入直流母线中以限制充电电流，当电容充电到一定程度时由接触器将充电电阻短路。

4.4.4.3 直流中间电路

直流中间电路对整流电路的输出波形进行平滑，提高直流电源的质量，同时储存、吸收能量；由大容量的电解电容构成，部分机器中间电路有直流电抗器。

4.4.4.4 逆变桥

在控制电路的控制下，逆变桥将直流电源转换为频率、电压均可任意调节的交流电源，实现对电动机的调速控制。逆变桥由可控的半导体器件构成，目前主流是 IGBT。

4.4.4.5 控制电路

控制电路根据用户指令、检测信号，向逆变桥发出控制脉冲，控制变频器的输出；同时检测外部接口信号、变频器内部工作状态等，以及进行各种故障保护。

15kW 以下（包括 15kW）的变频器整流桥跟逆变模块是集成在一块功率模块上的整流桥，就是在将几个二极管封装在一起构成了桥式整流电路。

4.4.4.6 缓冲电阻

缓冲电阻原理如图 4.17 所示。由于储能电容较大，接入电源时电容两端电压为零，因而在上电瞬间滤波电容的充电电流很大，过大的电流会损坏整流桥二极管，为保护整流桥，上电瞬间将大功率充电电阻串入直流母线中以限制充电电流，当电容充电到一定程度时，由接触器将充电电阻短路。缓冲电阻检测见表 4.3。

表 4.3　缓冲电阻检测表

测试项目	工具	测试方法	正常状态	异常及失效	引发的故障
外观检测	眼睛	目测	外观良好	外观炸裂、破损	上电接触器不吸合；带载运行跳UV故障或烧坏缓冲电阻
缓冲电阻阻值	万用表电阻挡	万用表打到电阻挡直接测试	阻值和标注值一致	电阻开路；电阻阻值变大	

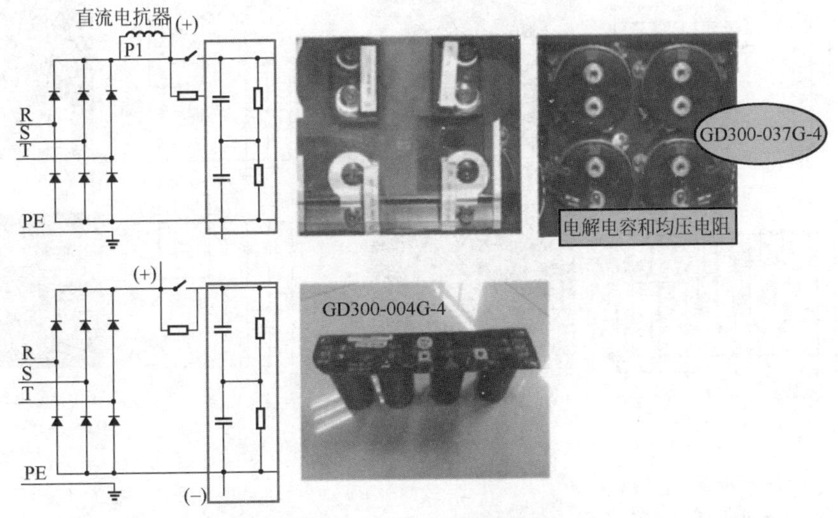

图 4.17　缓冲电阻原理图

4.4.4.7　储能滤波电路

滤波储能部分为“电解电容+均压电阻”。

二极管整流后的电压为脉动电压，必须加以电容滤波，滤波电容除滤波作用外，还在整流与逆变之间起去耦作用，消除干扰。由于电容储存能量，在断电的短时间内电容两端存在高压电，因而要在电容充分放电后才可进行操作。

4.4.4.8　逆变部分

逆变原理如图 4.18 所示。逆变部分器件为 IGBT，是一种绝缘栅双极型晶体管。主回路接线端子功能见表 4.4。

表 4.4　主回路接线端子功能

端子标识	端子功能描述
R、S、T	三相交流输入端子，与电网连接
PB、(+)	外接能耗制动电阻端子

续表

端子标识	端子功能描述
(+)、(-)	共直流母线输入端子，外接制动单元端子
U、V、W	三相交流输出端子，一般接电动机
PE	接地端子

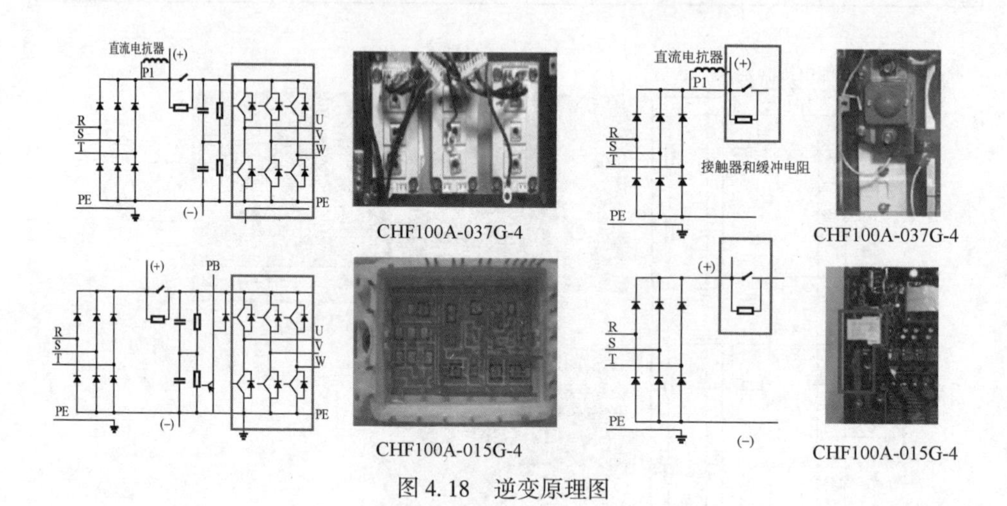

图 4.18　逆变原理图

4.4.5　变频器功能

4.4.5.1　变频节能

变频器节能主要表现在风机、水泵的应用上。为了保证生产的可靠性，各种生产机械在设计配用动力驱动时，都留有一定的富余量。当电动机不能在满负荷下运行时，除达到动力驱动要求外，多余的力矩增加了有功功率的消耗，造成电能的浪费。风机、泵类等设备传统的调速方法是通过调节入口或出口的挡板、阀门开度来调节给风量和给水量，其输入功率大，且大量的能源消耗在挡板、阀门的截流过程中。当使用变频调速时，如果流量要求减小，通过降低泵或风机的转速即可满足要求。

电动机使用变频器的作用就是为了调速，并降低启动电流。为了产生可变的电压和频率，该设备首先要把电源的交流电变换为直流电（DC），这个过程称为整流。把直流电（DC）变换为交流电（AC）的装置，其科学术语为“inverter”(逆变器)。一般逆变器是把直流电源逆变为一定的固定频率和一定电压的逆变电源。把逆变为频率可调、电压可调的逆变器称为变频器。变频器输出的波形是模拟正弦波，主要是用在三相异步电动机调速，又称为变频调速器。对于主要用在仪器仪表的检测设备中的波形要求较高的可变频率逆变器，要对波形进行整理，可以输出标准的正弦波，称为变频电源。一般变频电源是变频器价格的15~20倍。

变频不是到处可以省电的，有不少场合用变频并不一定能省电。作为电子电路，变频器本身也要耗电（为额定功率的3%~5%）。一台1.5匹的空调自身耗电算下来也有20~30W，相当于一盏长明灯。变频器在工频下运行，具有节电功能是事实，但其前提条件是：大功率并且为风机/泵类负载；装置本身具有节电功能（软件支持）。

4.4.5.2 功率因数补偿节能

无功功率不但增加线损和设备的发热，更主要的是功率因数降低会导致电网有功功率的降低，大量的无功电能消耗在线路当中，设备使用效率低下，浪费严重。使用变频调速装置后，由于变频器内部滤波电容的作用，从而减少了无功损耗，增加了电网的有功功率。

4.4.5.3 软启动节能

电动机硬启动对电网造成严重的冲击，而且还会对电网容量要求过高，启动时产生的大电流和震动时对挡板和阀门的损害极大，对设备、管路的使用寿命极为不利。而使用变频节能装置后，利用变频器的软启动功能将使启动电流从零开始，最大值也不超过额定电流；减轻了对电网的冲击和对供电容量的要求，延长了设备和阀门的使用寿命，节省了设备的维护费用。

从理论上讲，变频器可以用在所有带有电动机的机械设备中。电动机在启动时，电流会比额定电流高5~6倍，不但会影响电动机的使用寿命，而且会消耗较多的电量。系统在设计时在电动机选型上会留有一定的余量，虽然电动机的速度固定不变，但在实际使用过程中，有时要以较低或者较高的速度运行。因此，进行变频改造是非常有必要的。

第五章　数字化应用平台

5.1　SCADA 系统

5.1.1　SCADA 系统功能

5.1.1.1　系统总体架构

采油作业区 SCADA 系统总体架构如图 5.1 所示。

SCADA 系统用 5 台服务器来搭建，包括 2 台实时数据库服务器（冗余配置）、1 台历史数据库服务器、1 台视频转发服务器、1 台示功图服务器。50 个 C/S 客户端，用于站点、调控中心等操作岗位员工远程监控；50 个 B/S 客户端，用于作业区经理、技术室等管理岗位远程监视。

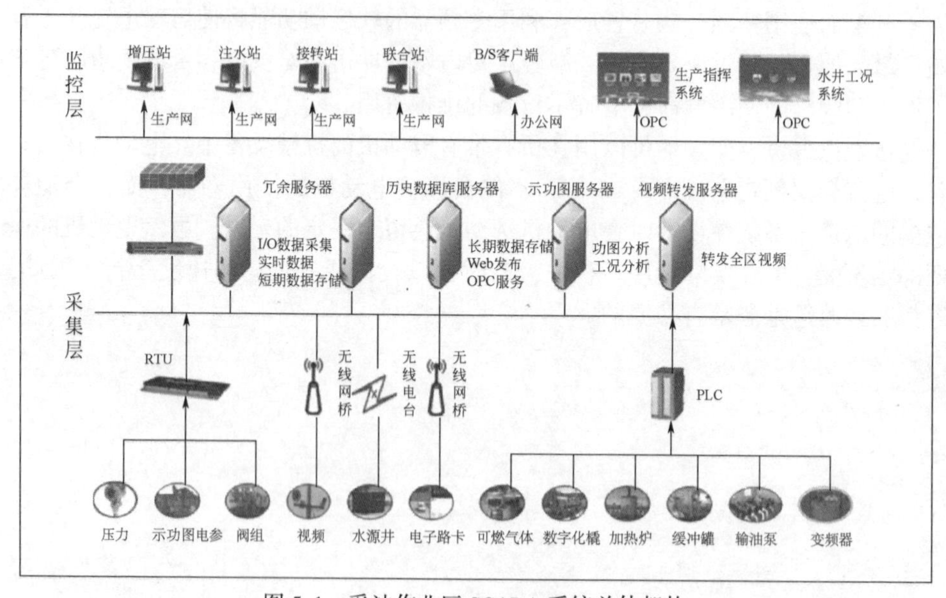

图 5.1　采油作业区 SCADA 系统总体架构

5.1.1.2　系统软件规模

（1）服务器：主、备冗余模式；

（2）数据点：实时数据库，10 万点；

（3）I/O 接入点数：≤5.0 万个；

（4）C/S 客户端：50 个；

（5）B/S 客户端：50 个操作系统，简体中文标准版 Windows 2008 R2（64 位）标准版。

5.1.1.3 服务器硬件配置标准

（1）处理器≥2 颗 Intel Xeon E5-2630 处理器（2.3GHz 主频，6 核）；

（2）32G 以上 DDR3 RDIMM 内存；

（3）2 块 1TB SAS 热插拔硬盘；

（4）配置磁盘阵列卡，缓存≥1G。

5.1.1.4 组态点命名规则

执行长油（2011）170 号文件《长庆油田数字化前端建设数据输入/输出点命名规则（试行）》，以及《长庆油田油气生产物联网数据命名规范》。

5.1.1.5 关键技术性能指标

关键技术性能指标见表 5.1。

表 5.1 SCADA 系统关键技术性能指标

序号	名称	指标要求
1	系统热启动或复位后启动时间	≤20s
2	冗余服务器手动/自动切换时间	≤10s
3	冗余服务器数据自动/手动同步时间	≤2min
4	发送控制命令响应时间	≤2s
5	SCADA 系统时钟自动同步精度	≤1s
6	控制客户端与 Web 客户端数据自动同步时间	≤2s
7	SCADA 服务器的运行负荷	≤20%
8	SCADA 系统单服台务器下挂 PLC 或 RTU 的数量	≤250 套
9	数据标签（位号或变量名）允许的字节数	≤64 个字节

5.1.1.6 人机界面标准

SCADA 系统人机界面标准如图 5.2 所示。

5.1.1.7 标准功能模块

采油作业区 SCADA 系统由八个基本功能模块、两个基本管理模块组成，如图 5.3 所示。

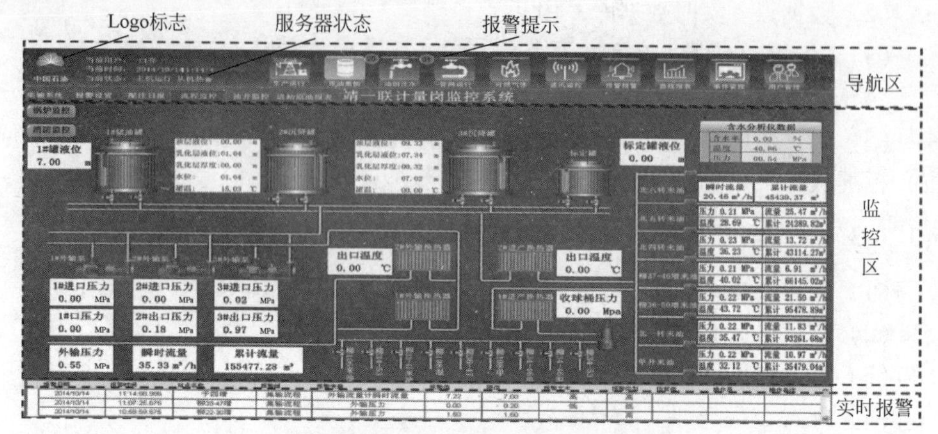

图 5.2　SCADA 系统人机界面标准

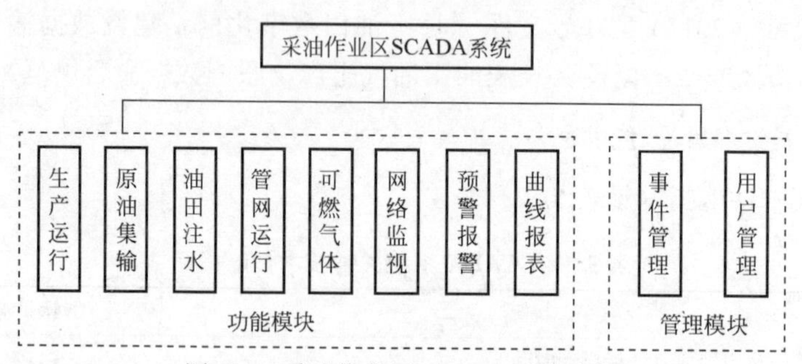

图 5.3　采油作业区 SCADA 系统功能

1）生产运行模块

生产运行模块主要完成作业区下辖各站点、井场的产液量和配注量的实时监测、趋势分析等，出现产量异常波动，系统自动预警提示，如图 5.4 所示。

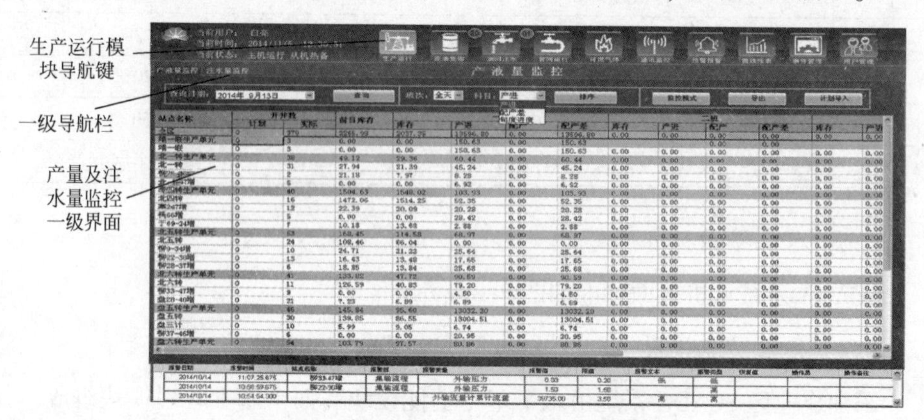

图 5.4　采油作业区 SCADA 系统界面构成

一级界面包括产量监控与注水量监控两部分。

（1）产量监控，如图 5.5 所示。

① 显示全区各站产进液量，并与配产计划比较，进行欠产站点预警提示和欠产原因简单分析。

② 数据项至少包含站点名称、总井数、开井数、日配产液量、前日产液量、库存、产量进度、数据分析等。

③ 点击数据分析，进入二级监控界面，实现井场产液量实时监控及单井运行状态监控。

油井产液量原因分析

分析时间：12 : 00

单井产量原因分析

上游站点	井号	当前状态	油井工况	功图计产 (m³)	停井时间 (h)	影响产量 (m³)	总影响产量 (m³)
北一转	柳25-46		轻度结蜡	17.65	0.00	0.000000	0.887850
	柳26-48		轻度出砂	14.95	0.00	0.000000	
	柳26-46		轻度供液不足	10.64	0.00	0.000000	
	柳27-45		轻度供液不足	19.93	0.00	0.000000	
	柳27-49		轻度供液不足	14.90	0.00	0.000000	
	柳27-50		轻度出砂	0.00	0.02	0.000000	
	柳28-491		轻度结蜡	15.88	0.00	0.000000	
	柳29-50		工作基本正常	0.00	0.00	0.000000	
	柳30-50		轻度结蜡	18.83	0.00	0.000000	
	柳27-46		中度供液不足	12.11	0.00	0.000000	
	柳29-45		轻度结蜡	18.56	0.00	0.000000	
	柳27-52		轻度结蜡	15.71	0.00	0.000000	
	盘22-37		严重供液不足	3.18	0.00	0.000000	
	盘22-38		中度供液不足	3.37	0.00	0.000000	

报警日期	报警时间	站点名称	报警组	报警变量	报警值	限值	报警文本	报警类型	恢复值	操作员	操作备注
2014/11/05	12:29:41.856	盘三计	集输流程	外输温度	24.99	25.00	低	低			
2014/11/05	12:29:45.52	柳28-37增	集输流程	外输温度	39.99	40.00		低			

图 5.5 油井产液量分析界面

（2）注水量监控，如图 5.6 所示。

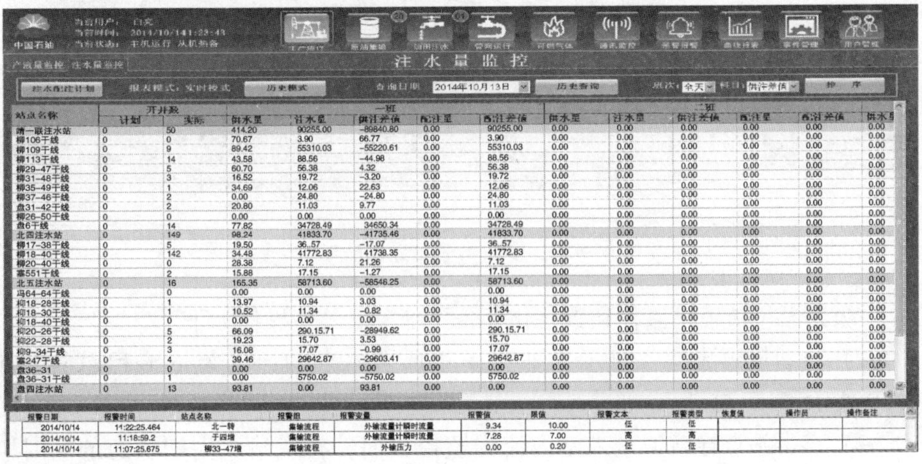

注水量监控

查询日期 2014年10月13日

站点名称	开井数		一班					二班					
	计划	实际	供水量	注水量	供注差值	配注量	配注差值	供水量	注水量	供注差值	配注量	配注差值	供水量
靖一联注水站	0	50	414.20	90255.00	-89840.80	0.00	90255.00	0.00	0.00	0.00	0.00	0.00	0.00
柳106干线	0	0	70.67	3.90	66.77	0.00	3.90	0.00	0.00	0.00	0.00	0.00	0.00
柳109干线	0	9	89.42	55310.03	-55220.61	0.00	55310.03	0.00	0.00	0.00	0.00	0.00	0.00
柳113干线	0	14	43.58	88.56	-44.98	0.00	88.56	0.00	0.00	0.00	0.00	0.00	0.00
柳29-47干线	0	5	60.70	56.38	4.32	0.00	56.38	0.00	0.00	0.00	0.00	0.00	0.00
柳31-48干线	0	3	16.52	19.72	-3.20	0.00	19.72	0.00	0.00	0.00	0.00	0.00	0.00
柳35-49干线	0	1	34.69	12.06	22.63	0.00	12.06	0.00	0.00	0.00	0.00	0.00	0.00
柳37-46干线	0	2	0.00	24.80	-24.80	0.00	24.80	0.00	0.00	0.00	0.00	0.00	0.00
盘31-42干线	0	2	20.80	11.03	9.77	0.00	11.03	0.00	0.00	0.00	0.00	0.00	0.00
柳26-50干线	0	0	0.00	0.00	0.00	0.00	0.00	0.00	0.00	0.00	0.00	0.00	0.00
盘6干线	0	14	77.82	34728.49	34650.34	0.00	34728.49	0.00	0.00	0.00	0.00	0.00	0.00
北四注水站	0	149	98.24	41833.70	-41735.46	0.00	41833.70	0.00	0.00	0.00	0.00	0.00	0.00
柳17-38干线	0	5	19.50	36..57	-17.07	0.00	36..57	0.00	0.00	0.00	0.00	0.00	0.00
柳18-40干线	0	142	34.48	41772.83	41738.35	0.00	41772.83	0.00	0.00	0.00	0.00	0.00	0.00
柳20-40干线	0	0	28.38	7.12	21.26	0.00	7.12	0.00	0.00	0.00	0.00	0.00	0.00
寨551干线	0	2	15.88	17.15	-1.27	0.00	17.15	0.00	0.00	0.00	0.00	0.00	0.00
北五注水站	0	16	165.35	58713.60	-58548.25	0.00	58713.60	0.00	0.00	0.00	0.00	0.00	0.00
冯64-64干线	0	0	0.00	0.00	0.00	0.00	0.00	0.00	0.00	0.00	0.00	0.00	0.00
柳18-28干线	0	1	13.97	10.94	3.03	0.00	10.94	0.00	0.00	0.00	0.00	0.00	0.00
柳18-30干线	0	1	10.52	11.34	-0.82	0.00	11.34	0.00	0.00	0.00	0.00	0.00	0.00
柳18-40干线	0	0	0.00	0.00	0.00	0.00	0.00	0.00	0.00	0.00	0.00	0.00	0.00
柳20-26干线	0	5	66.09	290.15.71	-28949.62	0.00	290.15.71	0.00	0.00	0.00	0.00	0.00	0.00
柳22-28干线	0	2	19.23	15.70	3.53	0.00	15.70	0.00	0.00	0.00	0.00	0.00	0.00
柳9-34干线	0	3	16.08	17.07	-0.99	0.00	17.07	0.00	0.00	0.00	0.00	0.00	0.00
寨247干线	0	4	39.46	29642.87	-29603.41	0.00	29642.87	0.00	0.00	0.00	0.00	0.00	0.00
盘36-31	0	0	0.00	0.00	0.00	0.00	0.00	0.00	0.00	0.00	0.00	0.00	0.00
盘36-31干线	0	1	0.00	5750.02	-5750.02	0.00	5750.02	0.00	0.00	0.00	0.00	0.00	0.00
盘四注水站	0	13	93.81	0.00	93.81	0.00	0.00	0.00	0.00	0.00	0.00	0.00	0.00

报警日期	报警时间	站点名称	报警组	报警变量	报警值	限值	报警文本	报警类型	恢复值	操作员	操作备注
2014/10/14	11:22:25.464	北一转	集输流程	外输流量计瞬时流量	9.34	10.00	低	低			
2014/10/14	11:18:59.2	于四增	集输流程	外输流量计瞬时流量	7.28	7.00	高	高			
2014/10/14	11:07:25.675	柳33-47增	集输流程	外输压力	0.00	0.20	低	低			

图 5.6 注水量监控界面（一）

① 监控全区注水干线注水量，根据配注情况自动显示欠注干线，分析欠注原因。

② 数据项至少包含站点名称、总井数、开井数、日配产注水量、前日注水量、当日注水量、配注差值、数据分析等。

③ 点击数据分析，进入二级监控界面，实现该站所属阀组注水量实时监控，如图 5.7 所示。

注水井原因分析

分析时间：11:00　站点：靖一联

注水井名称	配注量（m³/h）	计划日注（m³/天）	当天注水量（m³）	折算日注（m³/天）	超欠情况（m³/天）	超欠比例（%）
柳106	0.00	0.00	2.54	15.24	15.24	0.00
柳25-37	1.50	36.00	7.46	44.76	8.76	24.33
柳25-45	1.50	36.00	0.00	0.00	-36.00	-100.00
柳26-37	1.00	24.00	7.81	46.86	22.86	95.25
柳26-37线	0.00	0.00	0.00	0.00	0.00	0.00
柳26-50	0.65	15.60	0.00	0.00	-15.60	-100.00
柳26-50线	0.00	0.00	0.00	0.00	0.00	0.00
柳27-37	1.36	32.64	6.70	40.20	7.56	23.16
柳27-39	1.58	37.92	0.23	1.33	-36.54	-96.36
柳27-44	0.02	0.39	0.00	0.00	-0.39	-100.00
柳27-47	0.85	20.40	7.23	43.38	22.98	112.65
柳28-45	1.63	39.12	0.00	0.00	-39.12	-100.00
柳28-48	1.07	25.68	7.23	43.38	17.70	68.93
柳28-50	1.40	33.60	5.28	31.68	-1.92	-5.71
柳29-40	1.45	34.80	0.10	0.60	-34.20	-98.28
柳29-47	1.04	24.96	7.23	43.38	18.42	73.80
柳30-48	1.63	39.12	0.00	0.00	-39.12	-100.00

报警日期	报警时间	站点名称	报警组	报警变量	报警值	限值	报警文本	报警类型	恢复值	操作员	操作备注
2014/10/14	11:22:25.464	北一转	集输流程	外输流量计瞬时流量	9.34	10.00	低	低			
2014/10/14	11:18:59.2	于四增	集输流程	外输流量计瞬时流量	7.28	7.00	高	高			
2014/10/14	11:07:25.675	柳33-47增	集输流程	外输压力	0.00	0.20	低	低			

图 5.7　注水量监控界面（二）

2）原油集输模块

原油集输模块实现“采、集、输、处”一体化监控，如图 5.8 所示。

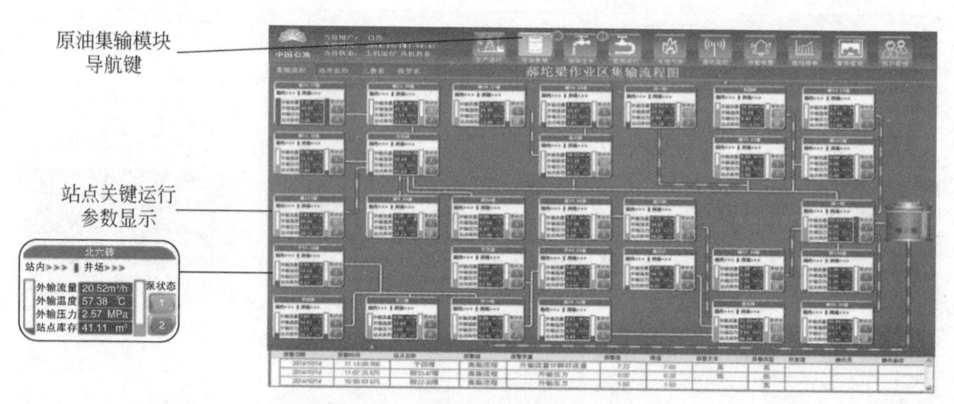

图 5.8　原油集输总界面功能

一级界面包括集输流程和数字化装备两部分。具体操作如下：

（1）原油集输流程：显示作业区下辖所有站点的原油集输流程总貌，如图 5.9 所示。

（2）点击站点导航，进入站内流程监控界面，实现站内生产状态的实时监控，如图 5.10 所示。

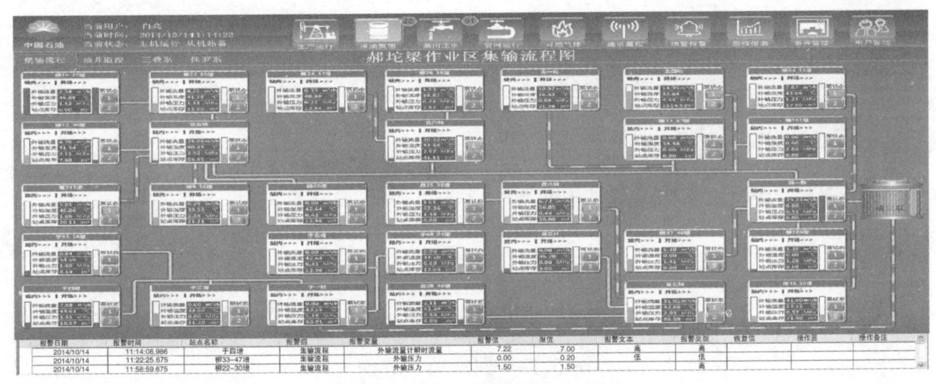

图 5.9　原油集输流程一级界面

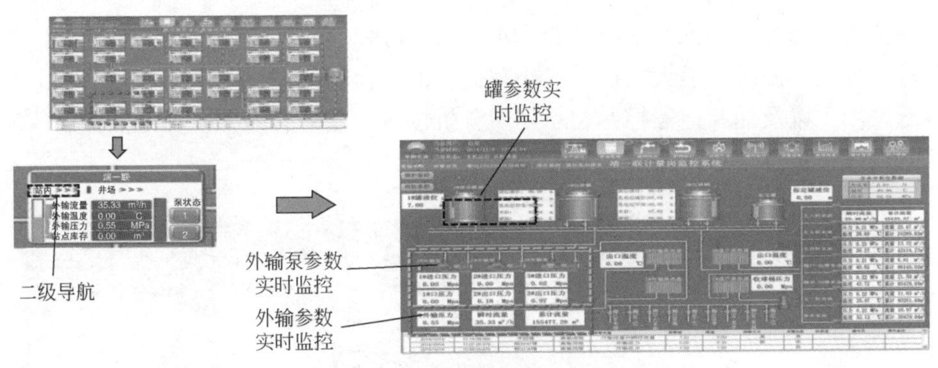

图 5.10　原油集输流程二级界面

（3）点击输油泵泵体，弹出输油泵的电参、频率、运行状态、控制方式等，同时实现对输油泵的远程启、停控制，如图 5.11 所示。

（4）点击运行参数，弹出相关趋势分析曲线，其时间间隔宜为 5min、10min、30min 可选。趋势分析曲线从历史数据库调用，不能实时刷新显示，如图 5.12 所示。

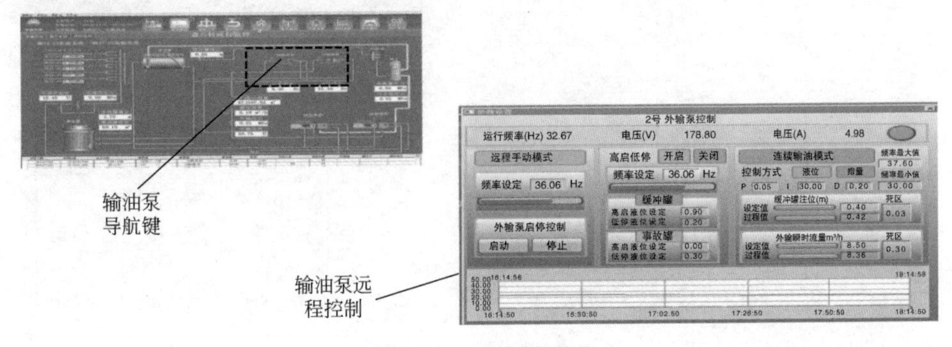

图 5.11　泵控制界面

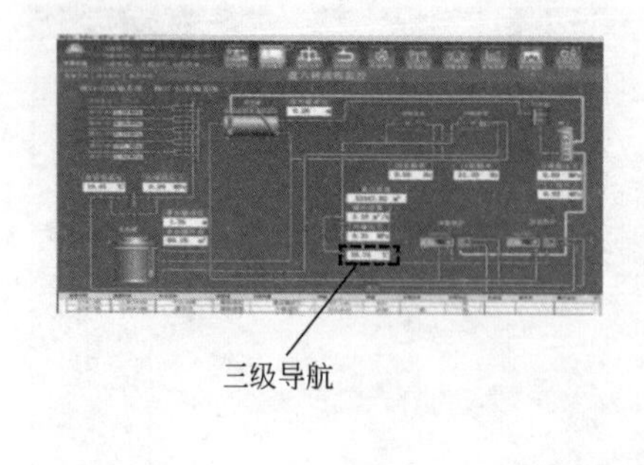

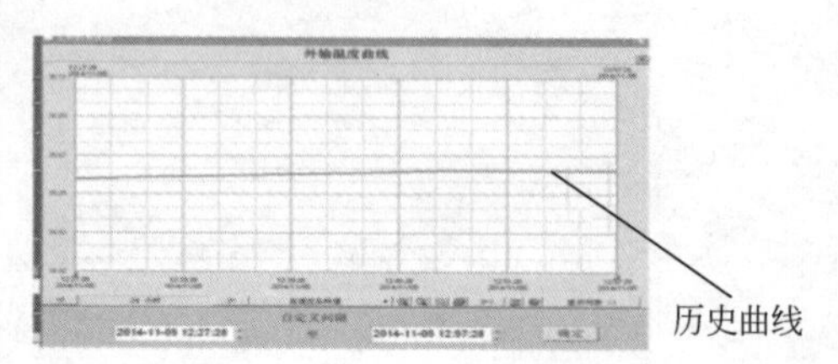

图 5.12　曲线监控界面

（5）点击井场导航，进入油井生产状态实时监控，包含常规抽油机与数字化抽油机两部分，如图 5.13 和图 5.14 所示。常规抽油机，显示井场名称、油井名称、冲程、冲次、最大载荷、最小载荷、油井运行状态、井场回压、三相电参等数据项，以及油井启停控制与示功图分析按钮。点击启停井，弹出油井启停窗口，输入保护口令后，完成油井远程启停控制。

图 5.13　油井实时监控界面功能

油井实时监控

1	站点名称	井场名称	单井名称	井场回压	单井产液量	单井工况	单井状态	控制	功图查看	运行状态	运行状态标定说明
236	柳37-53增	柳38-53	柳38-53	0.99	1.16	中度供液不足		【启停】	查看	正常运行	
237	柳37-53增	盘28-46	柳36-521	1.08	12.04	轻度结蜡		【启停】	查看	正常运行	
238	柳37-53增	盘28-46	柳36-521	1.08	6.30	中度供液不足		【启停】	查看	正常运行	
239	柳37-53增	盘28-46	柳37-521	1.08	11.51	轻度出砂		【启停】	查看	正常运行	
240	柳37-53增	盘28-46	柳37-531	1.08	8.38	轻度出砂		【启停】	查看	正常运行	
241	柳37-53增	盘28-46	盘28-46	1.08	34.47	正常		【启停】	查看	正常运行	
242	柳9-34增	柳12-32	冯45-59A	0.21	9.90	轻度结蜡		【启停】	查看	正常运行	
243	柳9-34增	柳12-32	冯47-59	0.21	27.14	轻度出砂		【启停】	查看	正常运行	
244	柳9-34增	柳12-32	柳12-32	0.21	14.87	轻度供液不足		【启停】	查看	正常运行	
245	柳9-34增	柳12-32	柳12-33	0.21	15.29	中度供液不足		【启停】	查看	正常运行	
246	柳9-34增	柳12-32	柳13-31	0.21	14.92	轻度供液不足		【启停】	查看	正常运行	
247	柳9-34增	柳13-30	柳13-30	1.10	28.43	轻度结蜡		【启停】	查看	正常运行	
248	柳9-34增	柳13-33	柳13-33	0.15	18.33	轻度结蜡		【启停】	查看	正常运行	
249	柳9-34增	柳13-33	柳14-32	0.15	13.89	正常		【启停】	查看	正常运行	
250	柳9-34增	柳13-33	柳14-33	0.15	12.10	轻度供液不足		【启停】	查看	正常运行	
251	柳9-34增	柳9-34	冯44-59	0.00	17.82	轻度供液不足		【启停】	查看	正常运行	

报警日期	报警时间	站点名称	报警组	报警变量	报警值	限值	报警文本	报警类型	恢复值	操作员	操作备注
2014/11/05	12:30:54.835	于55-18增	集输流程	事故罐液位	0.49	0.50		低			
2014/11/05	12:29:41.856	盘三计	集输流程	外输温度	24.99	25.00	低	低			

图 5.14　油井实时监控界面

(6) 点击示功图分析，弹出油井工况分析结果（链接作业区油井示功图客户端分析结果数据），如图 5.15 所示。

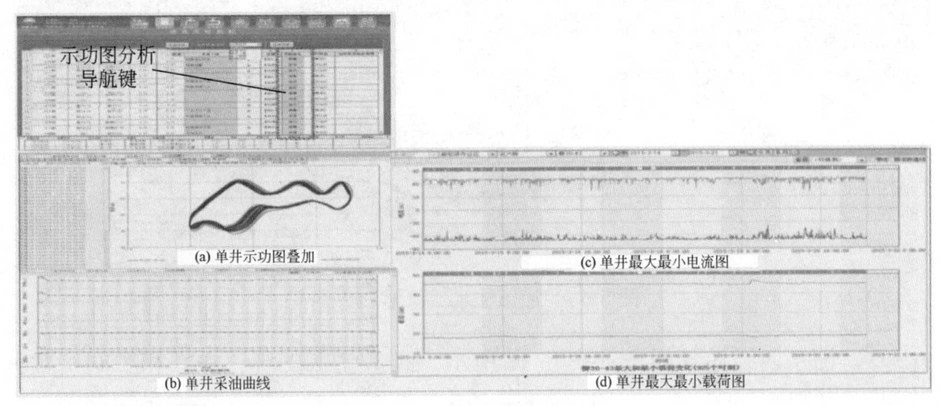

图 5.15　油井功图分析界面

3）油田注水模块

油田注水模块实现“源、供、注、配”一体化监控，具体操作如下：

(1) 油田注入界面如图 5.16 所示，界面显示了清水罐液位、污水管液位、分水器压力、干线压力、瞬时流量、累计流量等数据。

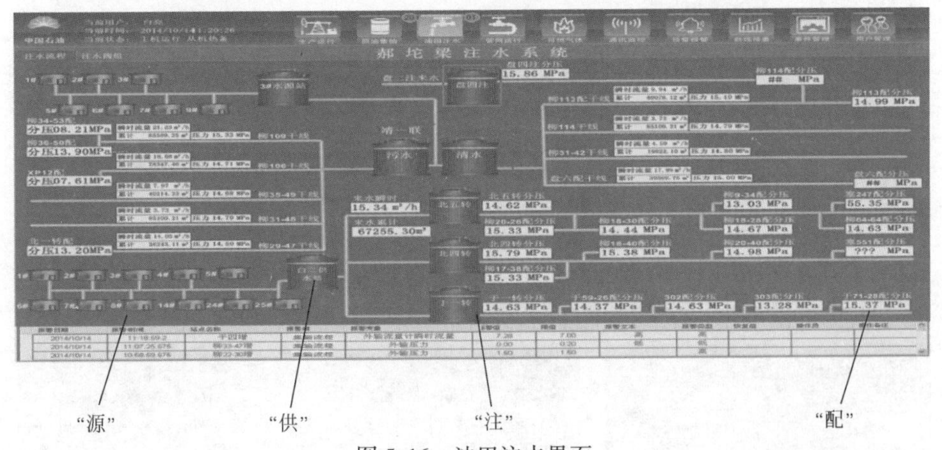

图 5.16　油田注水界面

(2) 点击注水站名称，进入注水站站内流程监控界面，实现注水站生产运行状态的实时监控，如图 5.17 所示。站内流程监视的数据项至少包含：来水瞬时流量、来水累计流量、源水罐液位、清水罐压力、反冲洗罐液位、污水池液位、喂水泵压力、注水瞬时流量、注水累计流量、干线压力、干线瞬时流量、干线累计流量等。点击运行参数，弹出相关趋势曲线。

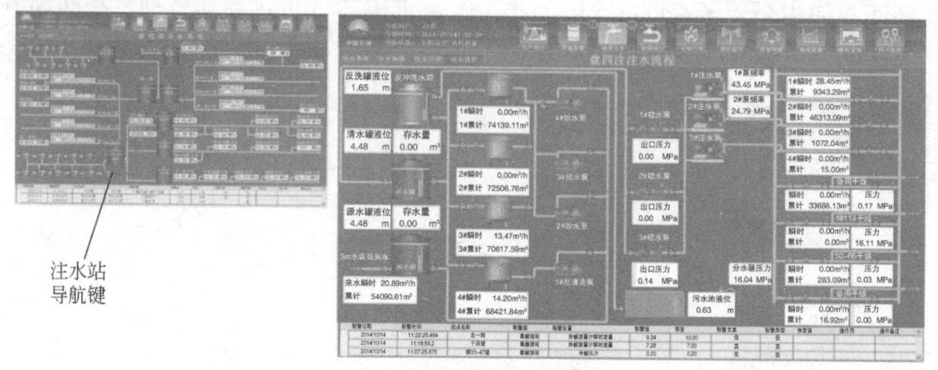

图 5.17　油田注水二级监控界面

（3）注水曲线监控界面如图 5.18 所示。点击注水支线，进入相关阀组数据监控界面（图 5.19），实现每口注水井的生产运行实时监控，完成远程调配。阀组间至少包含阀组名称、注水井名称、分水器压力、管压、计划注水量、当前注水量、瞬时流量、累计流量等数据项，以及远程调配、工况分析、所属干线、计划修改等导航按钮。

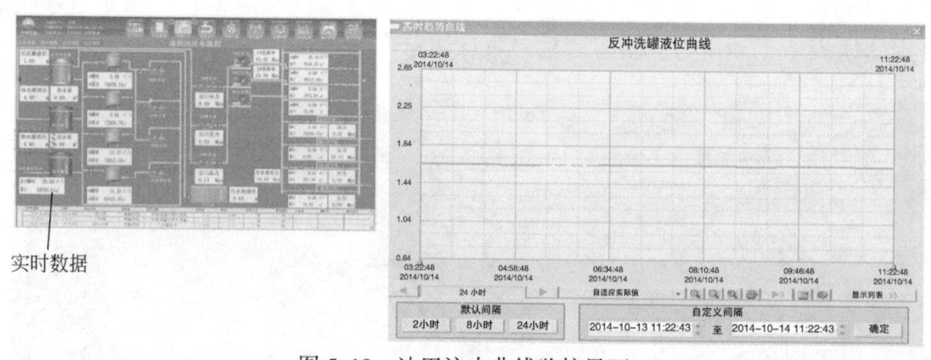

图 5.18　油田注水曲线监控界面

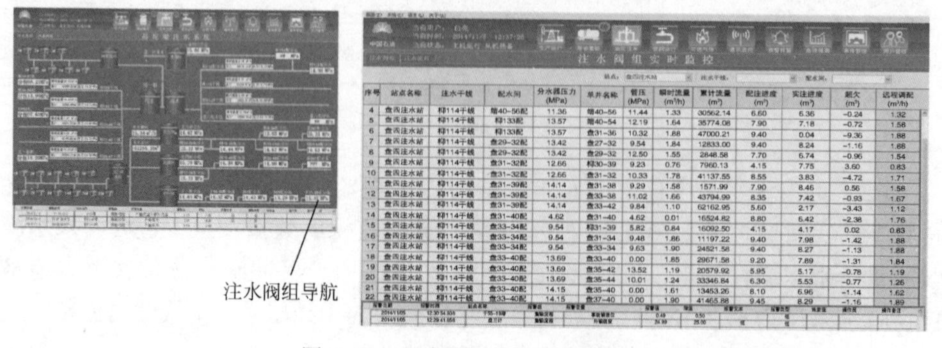

图 5.19　注水阀组实时监控界面

(4) 点击水源井，进入水源井实时监控界面（图 5.20），实现水源井生产状态的实时监控及远程启停。数据项至少包含压力、瞬时流量、累计流量、电参等。

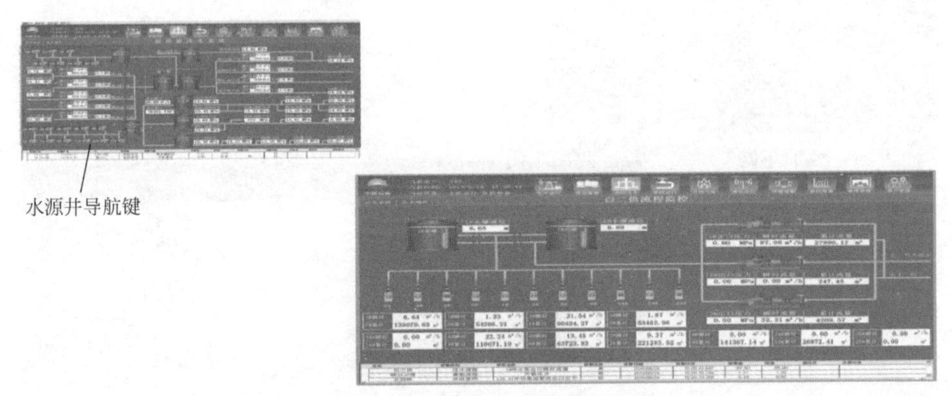

图 5.20 水源井实时监控界面

4）管网运行模块

管网运行模块实现作业区下辖管网运行状态的实时监控，界面如图 5.21 所示。站点管网流程图上需标示原油外输流向。具体操作如下：

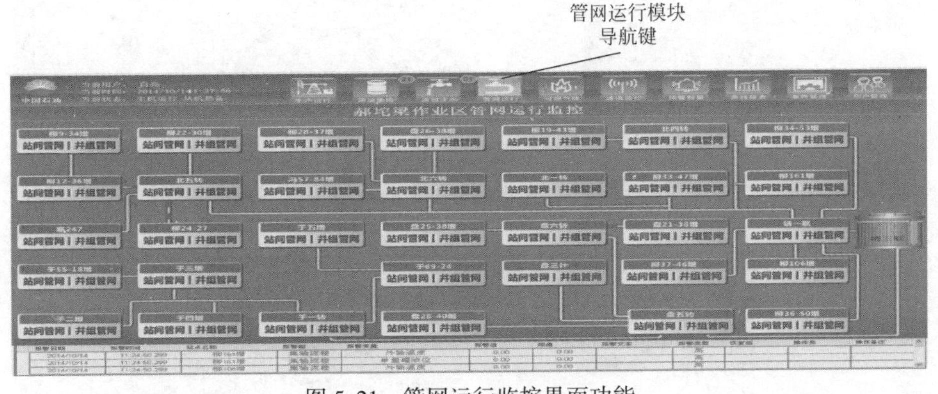

图 5.21 管网运行监控界面功能

(1) 点击站点名称，进入站间管网监控界面（图 5.22），实现站间管网进出口压力、流量以及外输泵进出口压力、电参的实时监测。紧急情况下可一键停泵。

(2) 点击井组管网，进入井场集油管线实时监控界面（图 5.23），集中监控井组管网运行状态。

5）可燃气体模块

可燃气体模块实现管辖区域可燃气体的集中监测，显示作业区所辖站点可燃气体探测仪数量及报警数量，自动统计全区安装数量与报警数量，提示下次校验日期，如图 5.24 所示。点击站点，进入站内可燃气体监控界面，如图 5.25 所示。

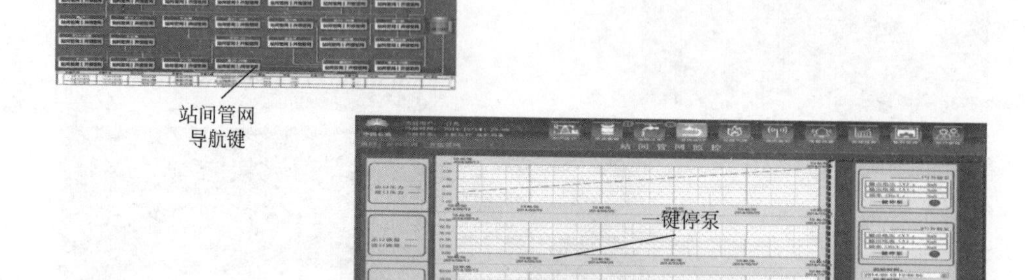

图 5.22　站间管网监控界面

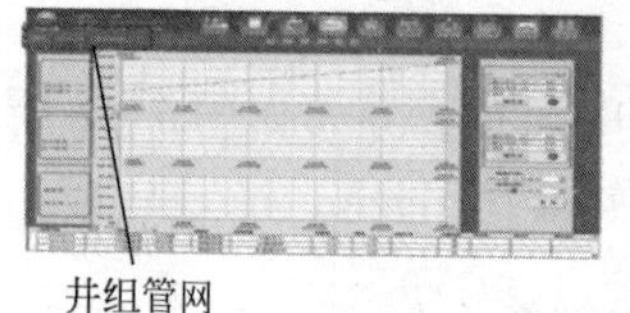

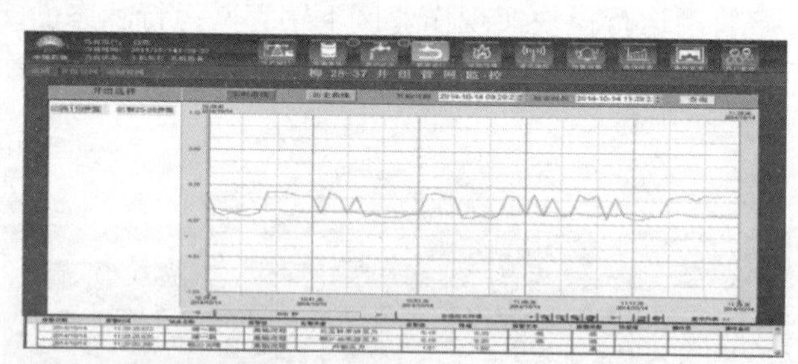

图 5.23　井场集油管线实时监控界面

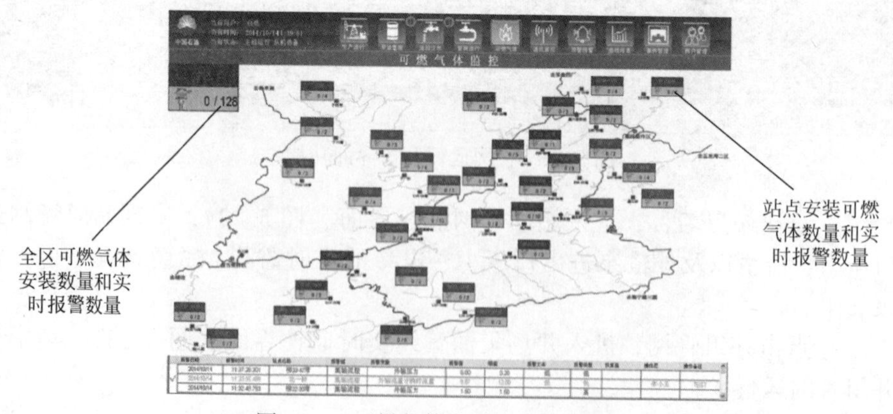

图 5.24　可燃气体实时监控界面功能

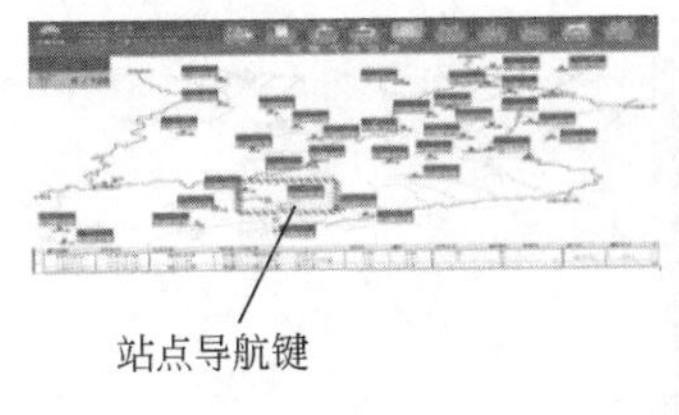

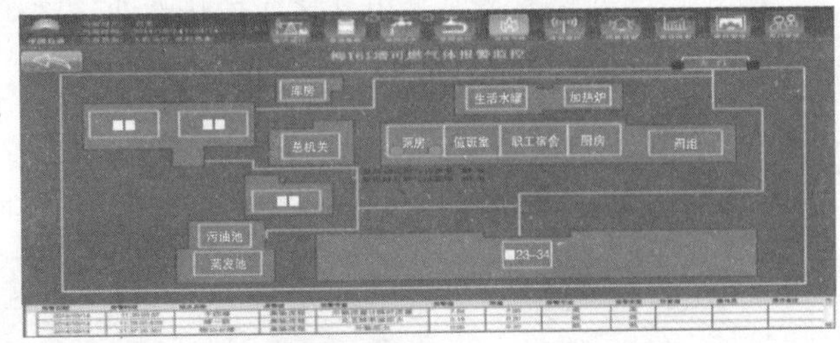

图 5.25　可燃气体二级监控界面

6）网络监视模块

（1）对作业区所辖站点、井场的网络状况进行实时监测，显示作业区所辖各站网络运行异常数量，如图 5.26 所示。

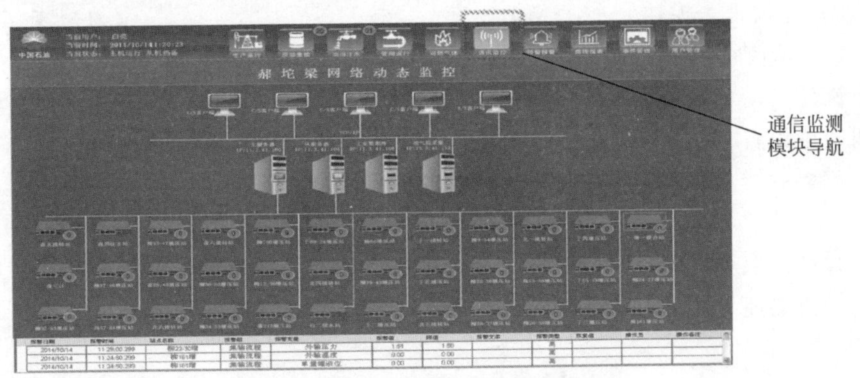

图 5.26　网络通信监控界面功能

（2）点击站点，进入所辖井场网络实时监测界面（图 5.27）。

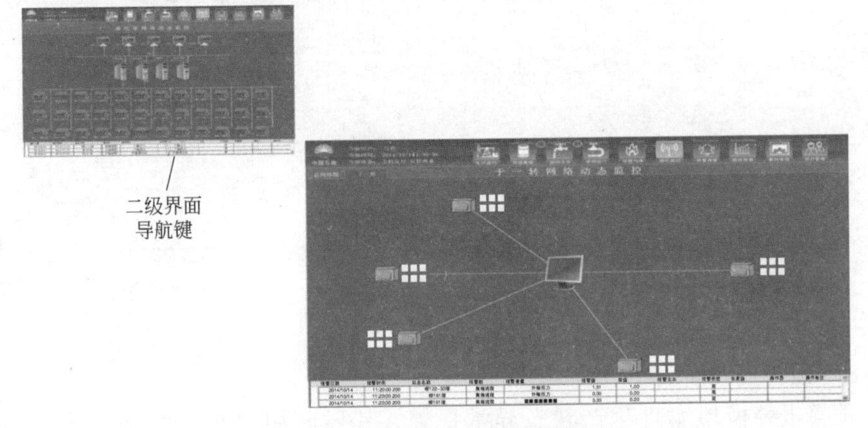

图 5.27　网络通信二级监控界面

（3）点击 IP 地址，弹出网络自检界面。

（4）点击井场名称，弹出井场通信状态曲线图（图 5. 28）。

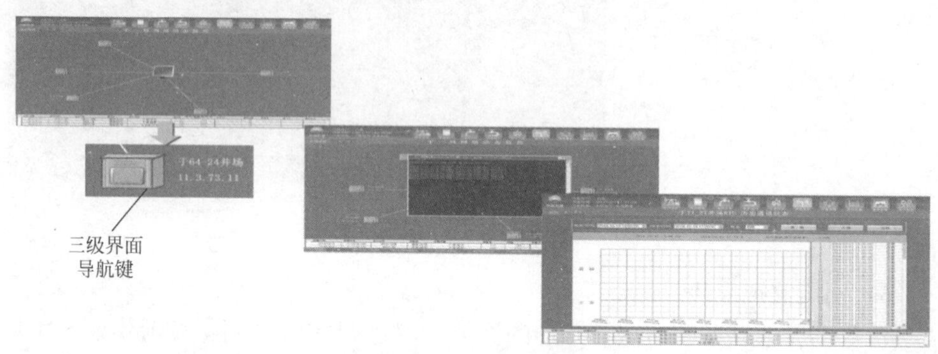

图 5. 28　网络通信三级监控界面

7）曲线报表模块

（1）趋势曲线。

岗位员工可直观监视本站和上下游相关站点的实时外输情况，在同一坐标系下可自由设置、显示岗位员工关心数据的当前变化趋势。设置内容可保存。

趋势曲线从实时数据库调用生成，时间间隔 30min 即可。

（2）生产报表。

自动提取与人工补录相结合，自动生成作业区生产参数运行监控报表，具备数据导出功能（图 5. 29）。

导出.excel文件

图 5. 29　曲线报表监控界面

8）预警报警模块

预警报警模块实现生产状态异常报警，其界面如图 5. 30 所示。具体功能如下：

（1）实时报警信息至少包含报警类别、报警时间、报警数值、报警限值、确认时间、报警确认（处置）等。

（2）历史报警信息至少包含处置时间、是否恢复、恢复时间、处置办法等。

（3）报警处置信息包含处置时间、处置人、是否恢复、恢复时间、处置办法等数据项。

（4）“报警死区”设置为2%，报警延时设置为0~60s，如图5.31所示。

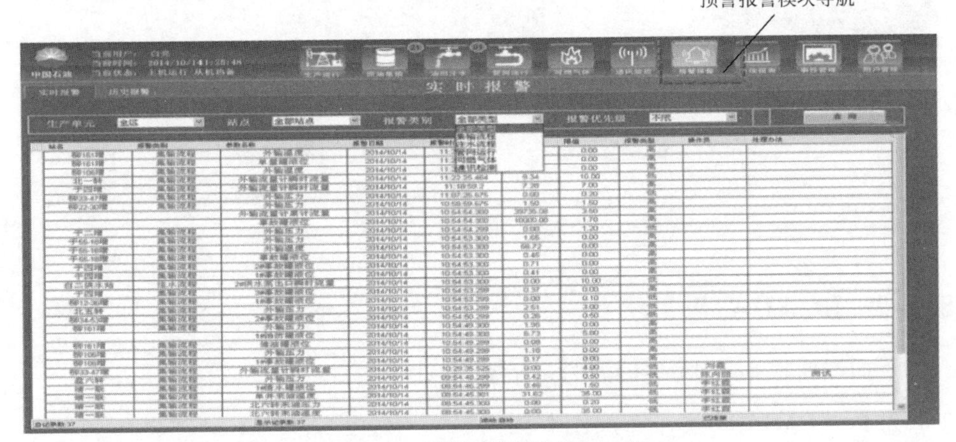

图5.30 预警报警监控界面功能

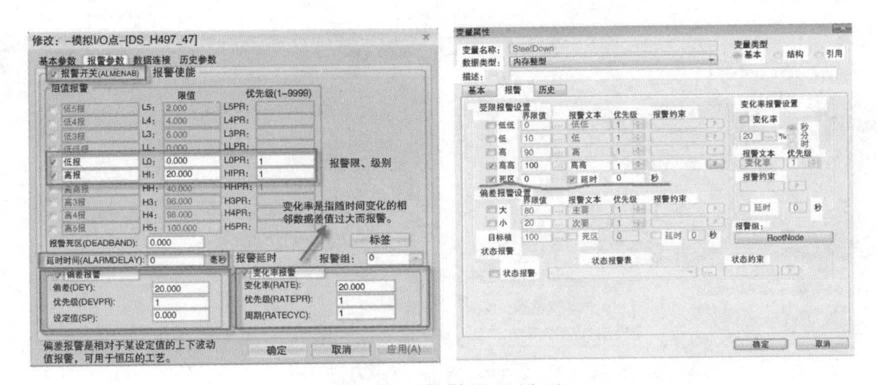

图5.31 报警设置界面

9）事件管理模块

事件管理模块记录系统状态、操作记录、用户登录等事件，事件可追溯。

事件管理开发要求如下：

（1）报警限值修改、设备远程控制等操作信息必须写入事件管理。

（2）点的描述、油井启停状态等信息不能用编码语言表示。

（3）显示数值应保留两位小数。

（4）登录用户的 Windows 用户名和 IP 地址必须写入事件管理。

10）用户管理模块

用户管理模块实现用户实名授权、权限分级设置，如图 5.32 所示。

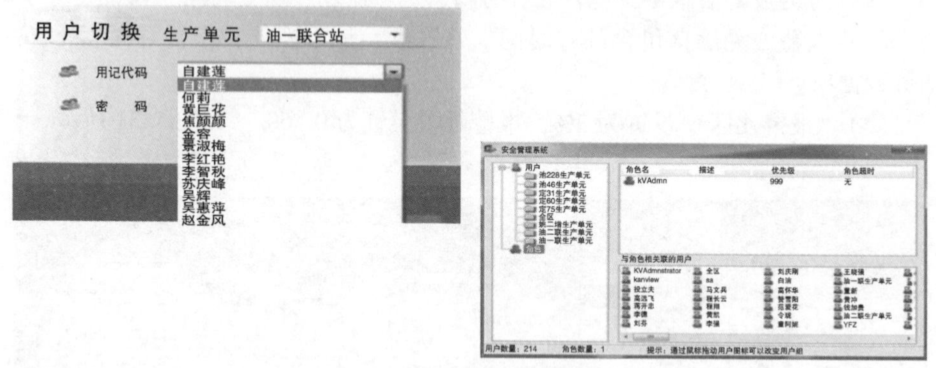

图 5.32　用户管理界面

5.1.2　SCADA 日常维护

下面以亚控 SCADA 维护为例，介绍 SCADA 的日常维护。

5.1.2.1　SCADA 站控部署操作步骤

系统安装界面如图 5.33 所示。

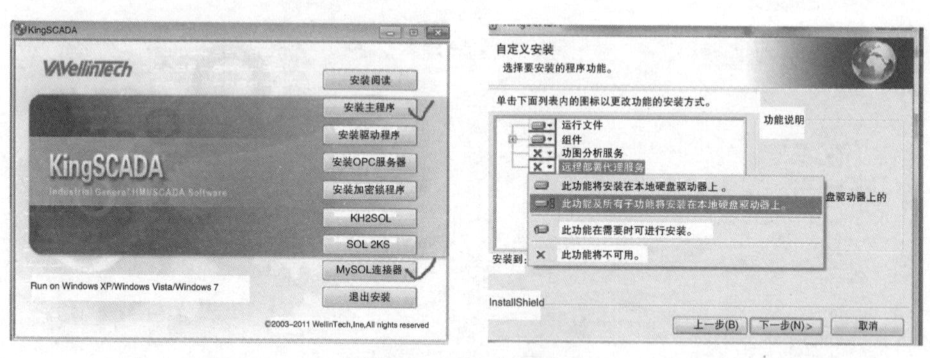

图 5.33　系统安装界面

（1）将竣工最终版本的作业区 SCADA 安装软件拷贝到本地电脑 D 盘根目录下。

（2）将 SCADA 安装软件（KS 油田版安装程序）解压，点击“setup”，安装顺序依次为：安装主程序—安装驱动程序—安装加密锁程序，安装到默认路径下即可。安装过程中，用户名和单位默认即可，示功图分析服务不安装，远程部署代理服务安装第二项。系统安装界面如图 5. 34 所示。

（3）将 KingHtmlView. ocx 控件拷贝到 KingSCADA 安装 bin 目录下（点击桌面上的图标，右键属性，查找目标，出现的位置即是），将“SCADAView. exe”发送到桌面快捷方式。

（4）将控件注册文本里的内容复制到运行下，点击“确定”，注册。

（5）安装 MySql 连接器。双击“mysql-connector-odbc-5. 1. 5-win32. msi”，安装到默认路径下即可。

（6）将微软雅黑安装字体的压缩文件解压，将解压后的两个字体安装到“控制面板→字体”中。

（7）将客户端工程解压，双击桌面上 KingSCADA 图标，进行开发态，点击工具栏上的“打开”按钮，找到客户端工程解压位置，找到“新寨作业区客户端工程. kcapp”双击即可。

5. 1. 2. 2　SCADA 网页版安装步骤

（1）打开浏览器，点击工具栏 Internet 选项，如图 5. 34 所示。

图 5. 34　网页版 SCADA 设置（一）

（2）点击安全，选择受信任的站点，然后点击站点，如图 5. 35 所示。

（3）在将该网站添加到区域中内填写作业区 WEB 发布地址，点击“添加”，如图 5. 36 所示。

（4）在地址栏输入作业区 WEB 发布地址，按照提示点“确定”，如图 5. 37 所示。

（5）正常运行，如图 5. 38 所示。

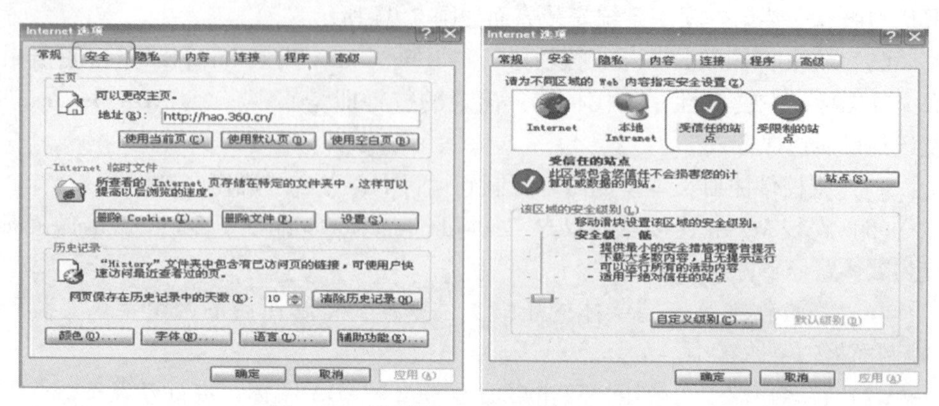

图 5.35　网页版 SCADA 安全设置（二）

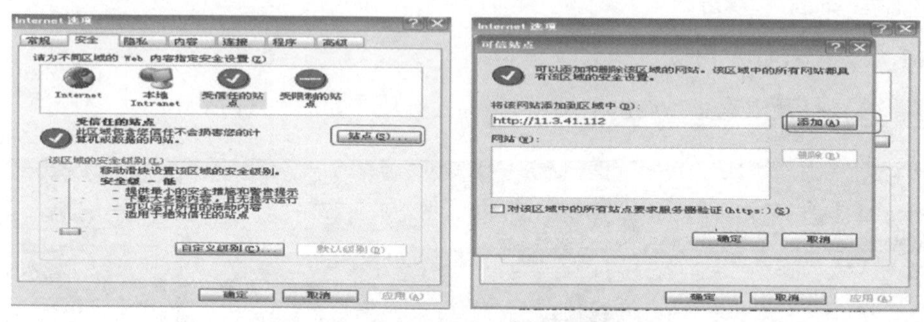

图 5.36　网页版 SCADA 安全设置（三）

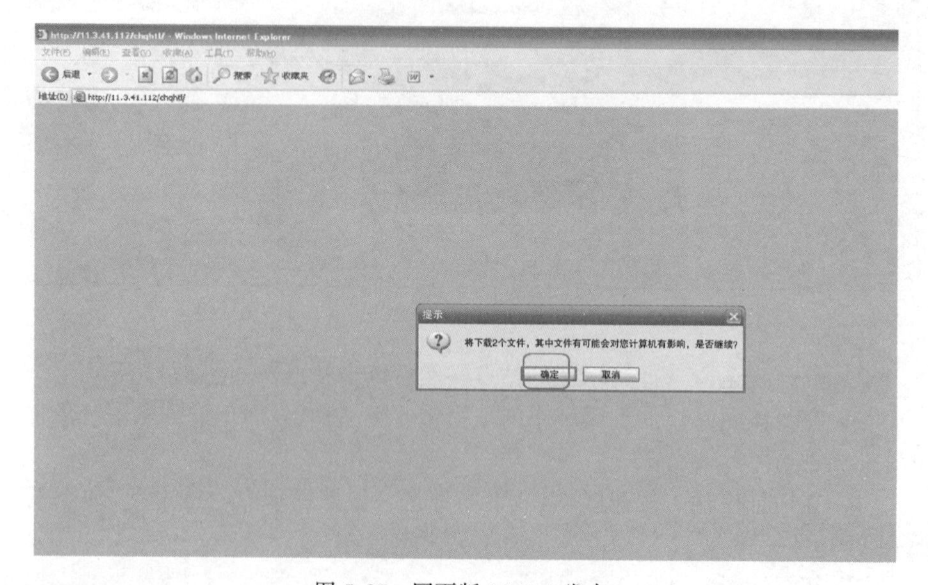

图 5.37　网页版 SCADA 发布

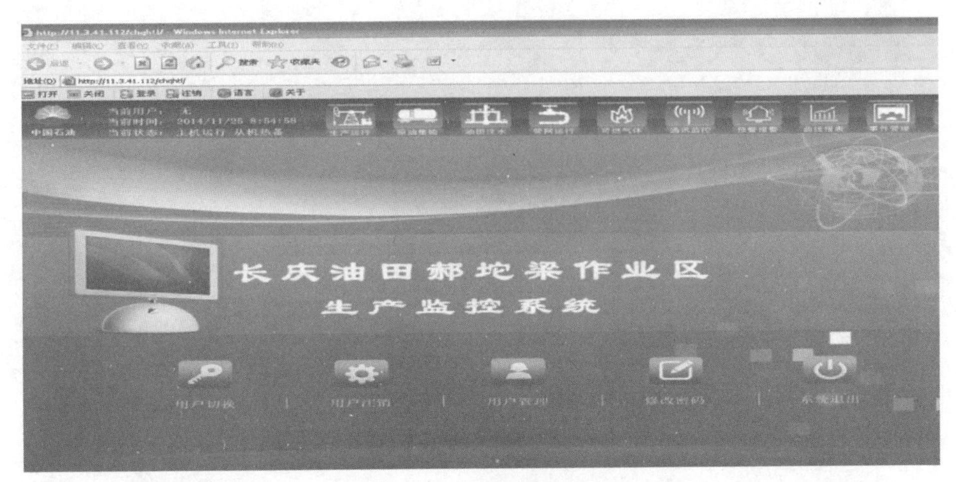

图 5.38　网页版 SCADA

5.1.3　冗余配置

以亚控 SCADA 系统为例，操作步骤如下：

(1) 将 SCADA 主服务器上的工程拷贝至冗余服务器上后，点击 IOServer 的网络配置，弹出对话框。将基本属性中的 IP 地址改为从服务器的 IP 地址，将冗余属性页中本机设置为从机，从机 IP 改为主服务器地址，如图 5.39 所示。

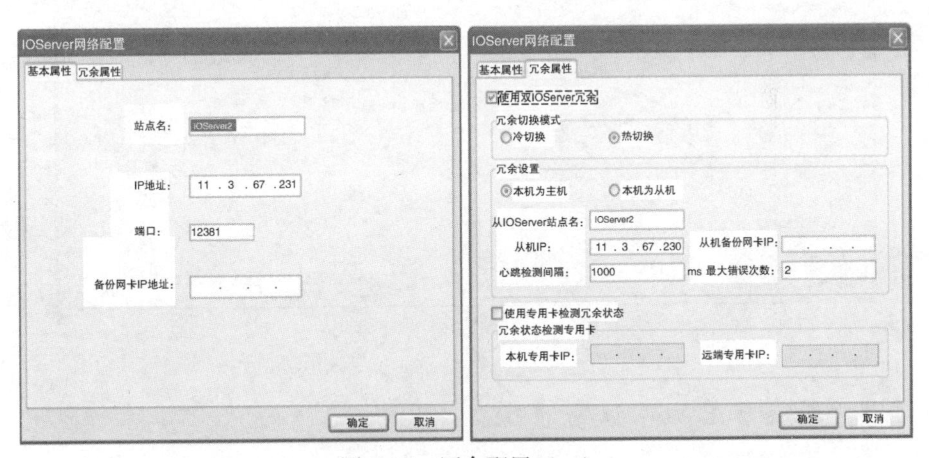

图 5.39　冗余配置（一）

(2) 打开服务器应用组下的作业区集控系统，找到其他服务器下面的 IOServer 服务站点管理，点击刷新站点 IOServer2，点击“确定”即可，如图 5.40 所示。

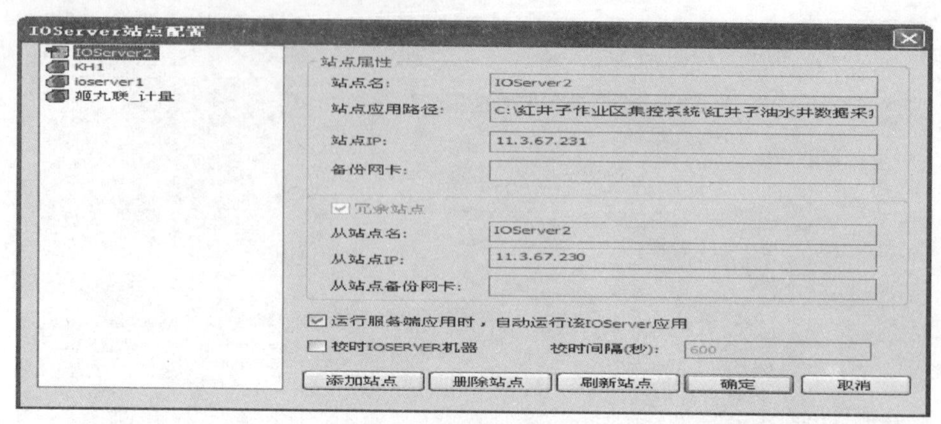

图 5.40　冗余配置（二）

（3）找到本服务器设置，点击“打开”。将本地站点 IP 修改为主 IP，本地站点设置为从站，将主站 IP 改为冗余服务器地址，如图 5.41 所示。

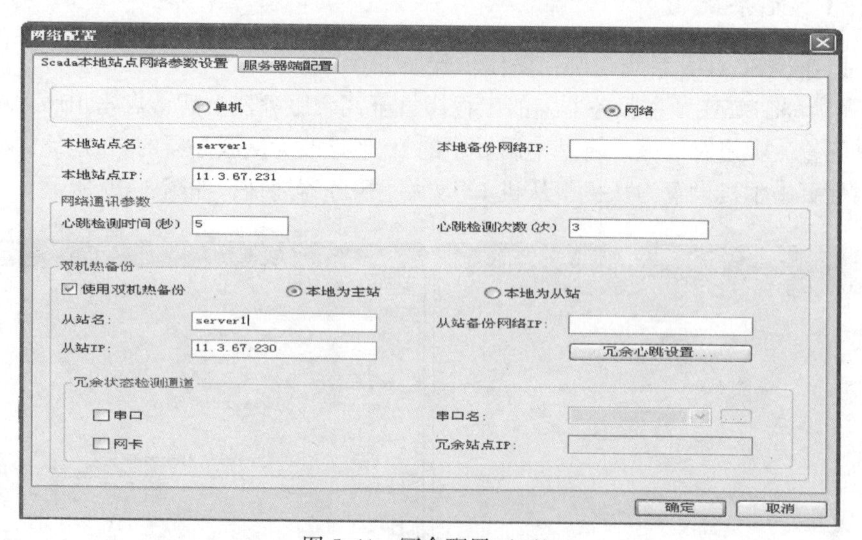

图 5.41　冗余配置（三）

5.1.4　服务器启动及注意事项

以亚控 SCADA 系统为例。先将主服务器上服务端工程右键设置为当前应用，运行后会自动启动服务端工程及 IOServer。启动 15s 左右观察报警是否启动，若启动正常就进行下一步——在工业库启动 OPCDAS；若不正常，报警未启动则关闭服务端工程及 IOServer，重新开始第一步。主服务器需启动服务端工程及 IOServer。工业库服务器需启动示功图 IOServer、校时服务器及 OPCDAS。各个示功图服务器需启动相应的 KH2SQ 及 SQL2KS，如图 5. 42 所示。

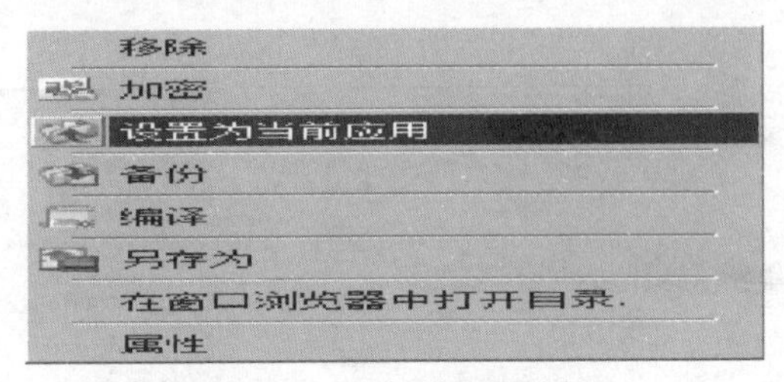

图 5. 42 服务器工程选择

5.1.5 添加用户

以亚控 SCADA 系统为例。目前所有用户信息都在［user_ infomation］表中，添加用户要在 SCADA 以及用户表中同时添加，如图 5. 43 所示。

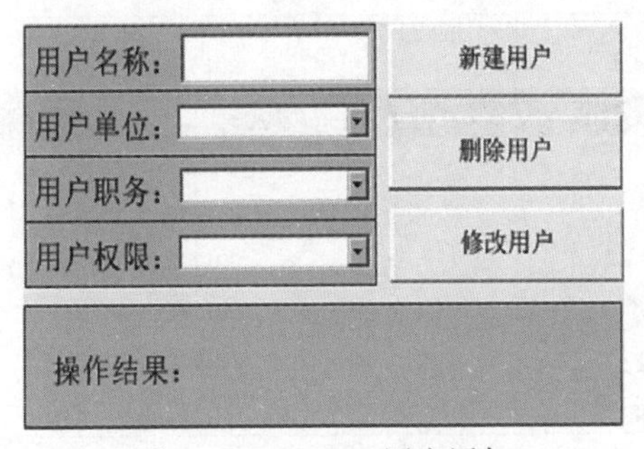

图 5. 43 SCADA 用户添加

SCADA 增加或修改用户：站长或者数字化岗位的人员可以在用户管理模块选择“用户管理”，选择第一个步骤。

在 MYSQL 增加或修改用户：站长或者数字化岗位的人员可以在用户管理模块选择“用户管理”，选择第二个步骤。

5.1.6 数据核查及寄存器地址更改

先对与现场不符的数据进行核查，一般用 Modscan32 进行核查，输入设备 IP 及变量的寄存器地址将显示的数据与现场及 IOServer 上变量采的值作比较，得出正确的寄存器地址。然后将正确的寄存器地址在工程设计器相应的 IOServer 中更改，如图 5. 44 所示。

5.1.7 示功图不上线的简单排查

以亚控 SCADA 系统为例，排查步骤如下：

（1）检查 KH2SQL 中相应井对应的井号信息是否正确，重启 KH2SQL，如图 5.45 所示。

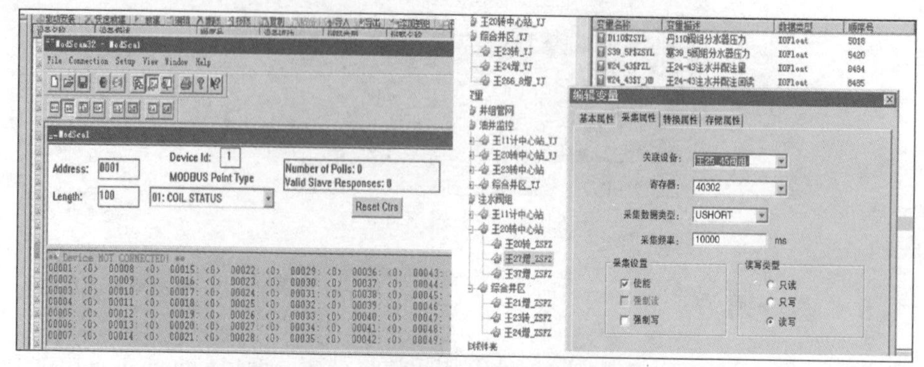

图 5.44　数据核查及寄存器地址更改

KCCommon. dll	2013/9/16 9:40
KH2SQL	2016/12/19 12:04
KH2SQL	2015/4/1 14:44
KH2SQL	2017/2/6 19:38
KH2SQL	2017/2/7 10:28
KH2SQL. log	2017/2/7 7:28
KH2SQL. log	2017/2/7 3:28
KH2SQL. log	2017/2/6 23:28

图 5.45　示功图不上线的简单排查（一）

（2）检查“wellgroup. new”表中井的信息是否正确对应，如图 5.46 所示。

（3）检查工业库的“modbusdiagram”表中井的信息是否与上两个对应且编号无重复等问题，确保信息无误，如图 5.47 所示。

dbo. dbat3005
dbo. dbat3006
dbo. dbat5001
dbo. OilWellStaticInfo
dbo. SRPReportDailyD
dbo. SRPResultD
dbo. ValveInfo
dbo. WaterWellInfo
dbo. well_mstr
wellgroup_new
dbo. WellGroupInfo
dbo. WellTransInfo
视图

	well_name	well_group	organization_l4	well_comment	well_field_belong
1	丹139	丹139	王23转	临时停井	综合井区
2	丹209	丹209	王三转	地关	王三转中心站
3	丹平1	丹平1	王五转	正常开井	王五转中心站
4	丹平2	丹平1	王五转	正常开井	王五转中心站
5	丹平3	丹平3	王五转	正常开井	王五转中心站
6	丹平4	丹平3	王五转	正常开井	王五转中心站
7	高35	高35	王24增	临时停井	综合井区
8	高39-31	王262-3	王24增	临时停井	综合井区
9	王10-09	王10-9	王二转	正常开井（产建）	王二转
10	王10-252	王11-26	王10转	正常开井	王五转中心站

图 5.46　示功图不上线的简单排查（二）

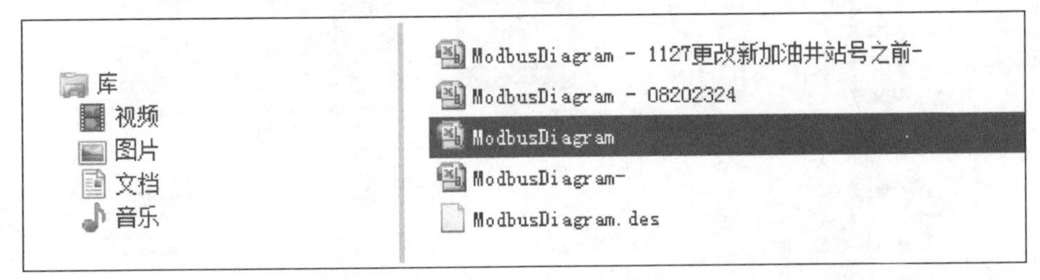

图 5.47　功图不上线的简单排查（三）

5.1.8　服务器日常清理操作

以亚控 SCADA 系统为例。打开主服务器的 c 盘→inetpub 文件夹→logs/logfiles/v3svc1，根据日期酌情删减。工业库服务器的清理操作需进入工业库，每个作业区存储路径不同，进入相应的存储盘内找到“kinghistorian3.1/server/datafile”文件夹下，根据日期删除较早的备份来腾出空间。

注意事项：一般在磁盘满或者快满的状态清理，因为有些历史数据还会用到。

5.2　数字化生产指挥系统 2.0

5.2.1　总体介绍

数字化生产指挥系统 2.0 是在 1.0 基础上采用大数据、云计算、移动互联网等技术对现有数字化生产指挥系统进行重构和升级，结合新的业务流程，继承已有建设成果；按照便捷实用、分析强大、扩展简易的原则，建成集生产监控、智能预警、生产动态、调度运行、生产管理、应急处置于一体的新版生产指挥平台。该系统可实现对油气生产全过程的实时监控、远程管控、协同管理、高效处置，总体框架如图 5.48 所示。

生产指挥系统 2.0 采用统一技术平台，统一认证、统一标准、统一技术、统一风格，支持手机、平板、电脑、大屏等终端的一体化应用。

5.2.2　系统发展历程

长庆油田 2009 年 5 月启动生产指挥系统建设，先后经历了业务集成、系统融合两个建设阶段。最近一次系统升级在此基础上开展，主要采用大数据、云计算等新技术对系统功能进行全面提升，建成更加贴合实际工作的新版生产指挥平台。生产系统发展历程如图 5.49 所示。

图 5.48　生产指挥系统总体框架

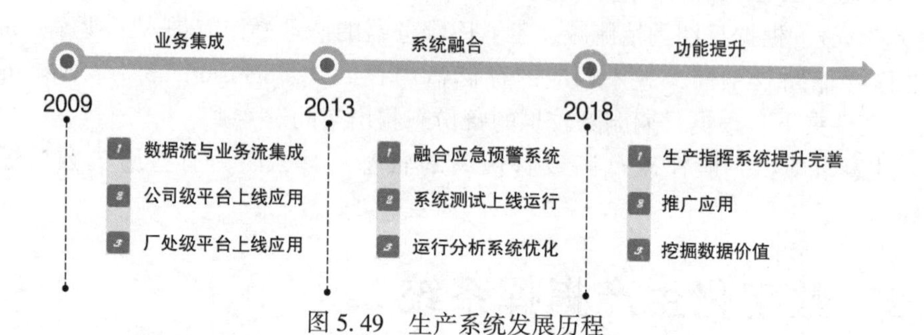

图 5.49　生产系统发展历程

5.2.3　系统体系框架

新版本生产指挥系统按照 3 个层级、6 个模块、1 个平台的模式进行架构，实现三级联动、上下贯通、层层穿透，如图 5.50 所示。

图 5.50　系统体系框架图

三个层级是指针对公司、厂处、作业区 3 个管理层级，明确应用功能定位：

（1）公司级定位：宏观监控、分析决策、指挥运行；

（2）厂处级定位：动态分析、生产组织、工作协调；

（3）作业区及定位：运行监控、现场作业，日常管理。

5.2.4　系统功能模块

系统六大功能模块包括：生产监控、智能预警、生产动态、调度运行、生产管理、应急处置，覆盖油气田生产管理业务。

5.2.4.1　生产监控

生产监控包括采油监控、采气监控、轻烃监控、注水监控、集输监控、智能巡护等6个子模块，29项业务功能，主要依托油气田SCADA建设成果实现对生产现场的24h不间断实时自动监控。

（1）采油监控，包括参数监控、示功图监控、视频监控、趋势监控、远程控制。以油井为基本单元，采用参数、示功图、视频、曲线、远程操作等方式实现实时监控，如图5.51所示。

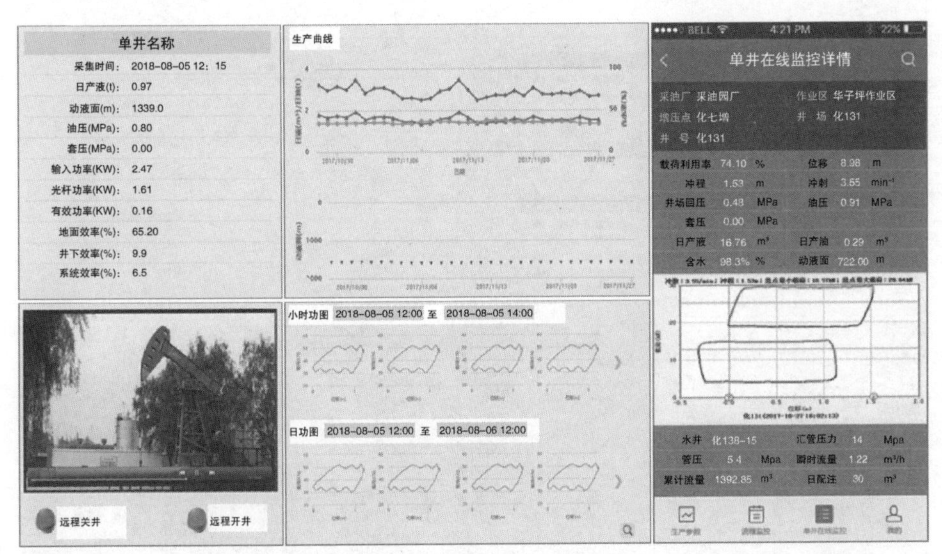

图5.51　采油监控功能

（2）气田监控，包括参数监控、示功图监控、视频监控、趋势监控、远程控制。以气井为基本单元，采用参数、视频、曲线等方式实现实时监控，如图5.52所示。

（3）轻烃监控，包括参数监控、站场监控、装置监控、视频监控。对油田所有轻烃厂运行状态、场站装置运行状态、重点设备运行状态进行实时监控，如

图 5.53 所示。

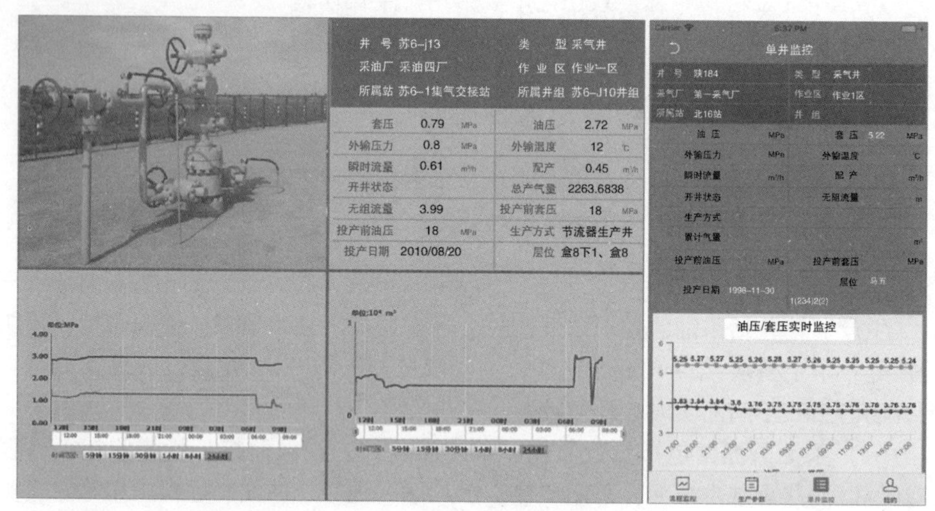

图 5.52　气田监控功能

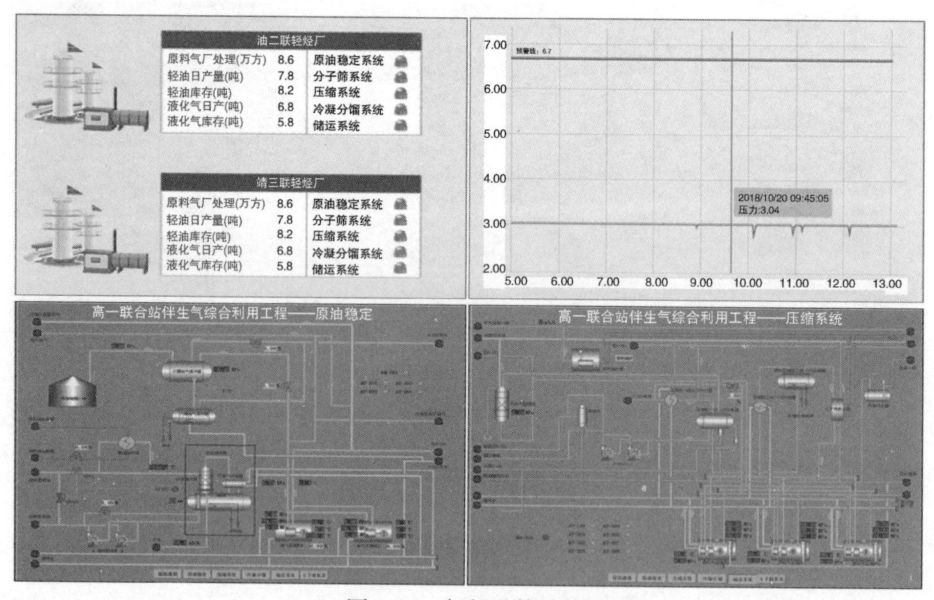

图 5.53　轻烃监控功能

（4）注水监控，包括参数监控、水井监控、阀组监控、视频监控、远程控制。对注水井实时工况和注水阀组运行状态进行实时监控，如图 5.54 所示。

（5）原油集输监控，包括油田管网监控、原油产销监控、原油库存监控。按照集输管网—原油销售—原油库存—场站进行监控。通过对原油产进、库存、外销的实时监控，确保公司原油产销平衡。

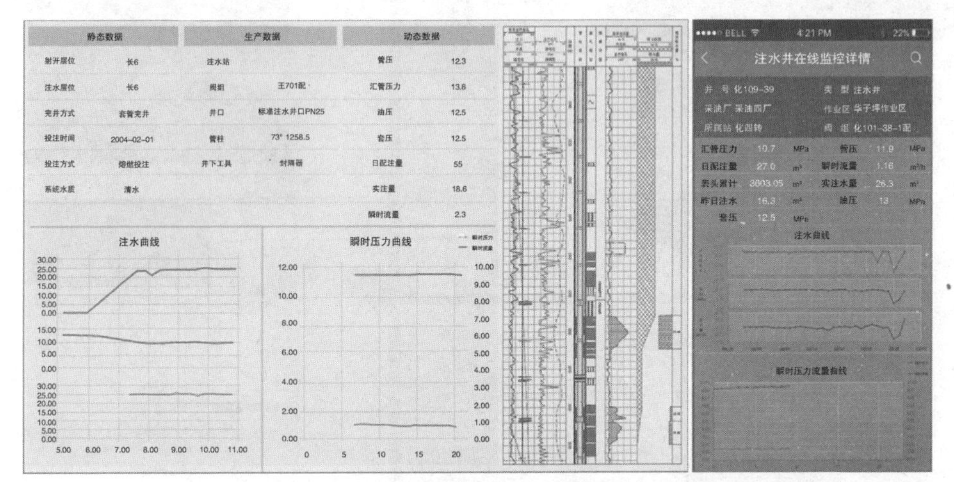

图 5.54　注水监控功能

（6）天然气集输监控，包括气田管网监控、天然气产销监控、供气用户监控。按照集输管网—产销—站场进行监控。对产气量、处理量、供气量进行实时跟踪，对管线及场站的运行参数进行实时分析，确保安全生产、平稳供气。

（7）智能巡站，包括智能巡护、巡井作业、巡站作业、巡线作业。采用“智能巡站机器人+现场作业 APP”相结合的方式，实现单井、场站、管线的流程化巡护，如图 5.55 所示。

5.2.4.2　智能预警

智能预警模块包括采油预警、采气预警、轻烃预警、注水预警、集输预警、重点信息等 6 个子模块，26 项业务功能，主要对生产运行过程中的预警信息进行即时跟踪，按照异常发现—信息推送—分级处置—综合分析的步骤构建闭环管理体系，实现预警信息的高效处置和流程化管理，如图 5.56 所示。

（1）采油预警，包括油井预警、站场预警、设备预警、产量预警。以油田单井和场站为管理单元，采用大数据和人工智能方法对油井工况、场站运行状态、设备运行参数进行监控和分析，对采油生产过程中的异常状态进行实时预警，如图 5.57 所示。

（2）采气预警，包括气井预警、站场预警、设备预警、产量预警。以气田单井和场站为管理单元，对气井开关状态、油套压参数、场站运行状态、设备运行参数进行监控和分析，对采气生产过程中的异常状态进行实时预警。

图 5.55　智能巡站监控功能

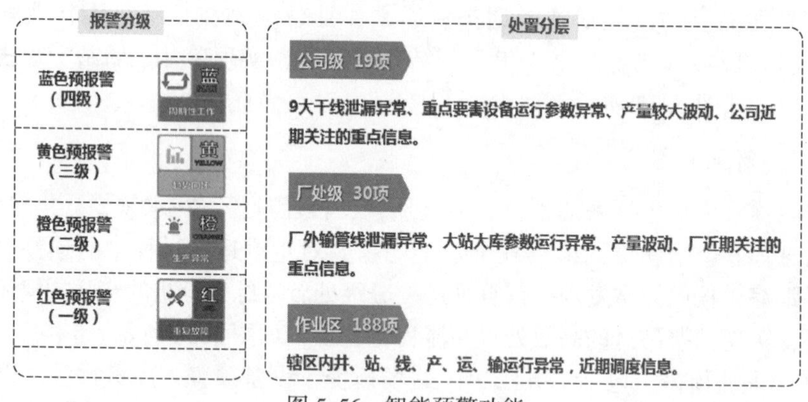

图 5.56　智能预警功能

（3）轻烃预警，包括站场预警、装置预警、设备预警、产量预警。对油田所有轻烃厂参数运行异常进行实时报警，对轻烃和凝析油产量波动进行实时预警，如图 5.58 所示。

（4）注水预警，包括工况预警、阀组预警、指标预警。实时采集油套压、流量等数据，对注水井工况异常情况进行预警；对注水阀组压力异常进行预警；对水井利用率、分注率、配注合格率等管理指标异常进行预警。

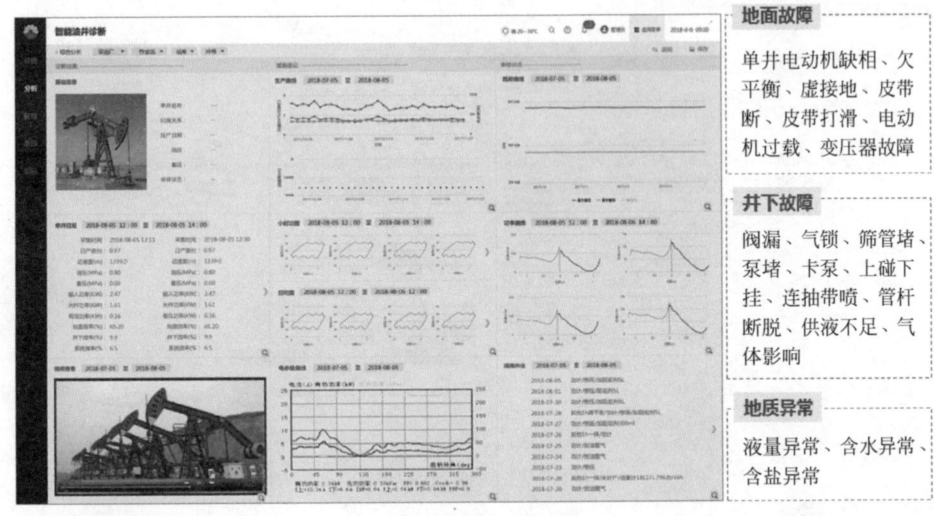

图 5.57　采油预警功能

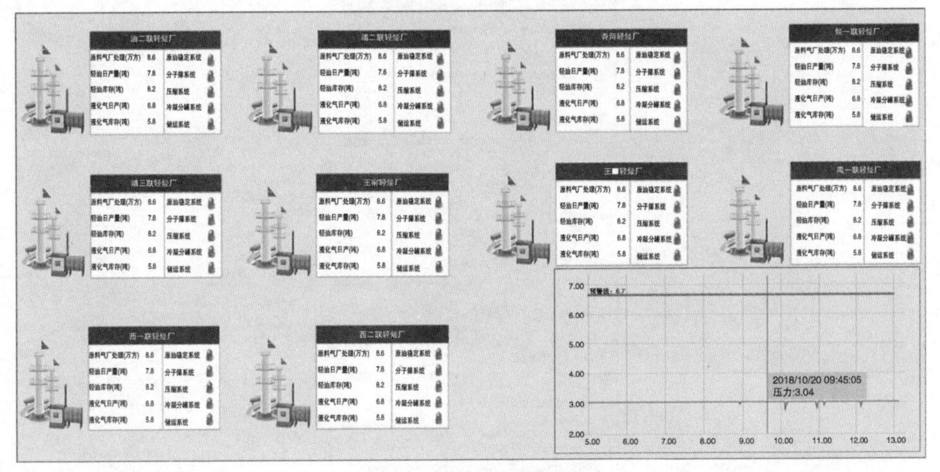

图 5.58　轻烃预警功能

（5）集输预警，包括泄漏预警、场站预警、库存预警、供气预警。实时采集外输压力、外输流量等数据，采用大数据和人工智能方法对输油管线泄漏异常进行预警；对外输场站运行参数异常进行预警；对油气田产销平衡情况进行预警，如图 5.59 所示。

（6）重点信息，包括生产预警、任务预警、气象预警、计划预警、信息推送。对生产波动异常、任务落实滞后、计划执行异常、天气异常等情况进行预警；同时分时段统计重点工作信息，对用户关注信息进行自动推送；如图 5.60 所示。

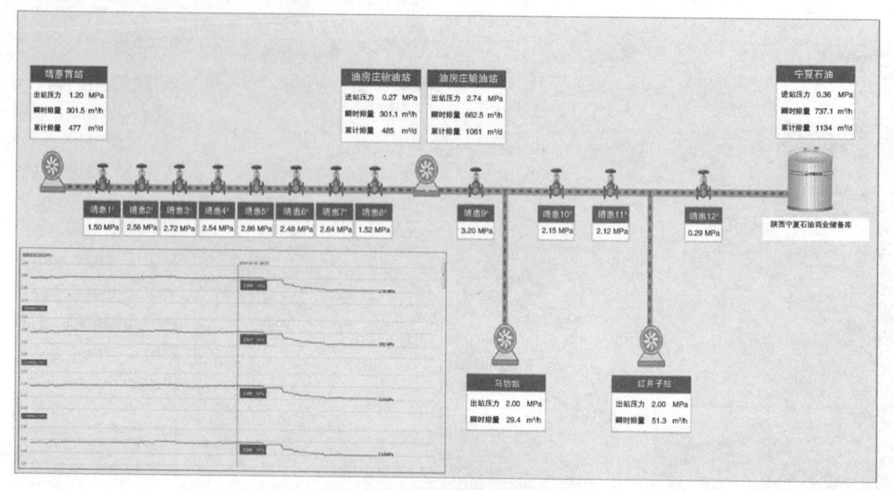

图 5.59　集输预警功能

图 5.60　重点信息功能

5.2.4.3　生产动态

生产动态模块包含采油动态、采气动态、注水动态、集输动态、钻井动态、试油气动态、投产投注等 7 个子模块，35 项业务功能；主要通过数据分析和对比，对油气田产量进度、产能建设动态进行跟踪和管理。

（1）采油动态，包括原油日产、原油月产、原油年产、历年生产，按照公司—厂—作业区—站点—单井进行链式监控，结合生产计划、日产量等管理数据进行日、月、年产量跟踪，如图 5.61 所示。

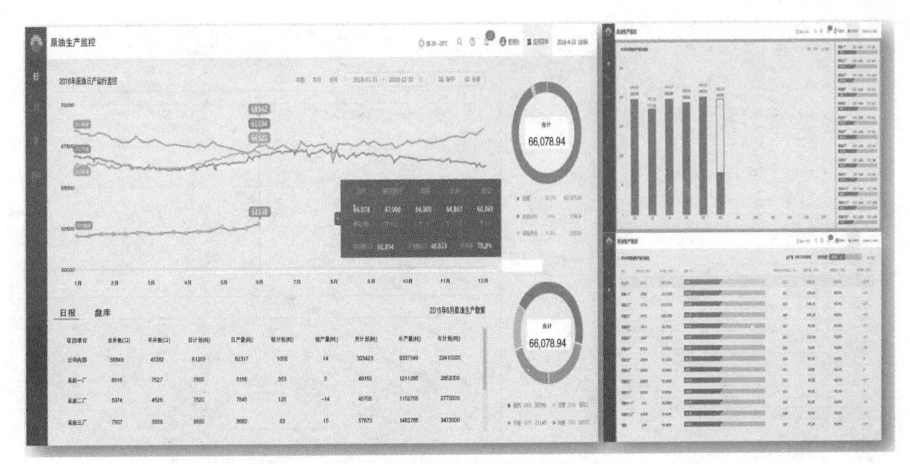

图 5.61 采油动态功能

（2）采气动态，包括天然气日产、天然气月产、天然气年产、历年生产。按照公司—厂—作业区—集气站—单井进行链式监控，结合生产计划、日产量等管理数据，利用天然气日产、月累、年累曲线进行产量动态跟踪，如图 5.62 所示。

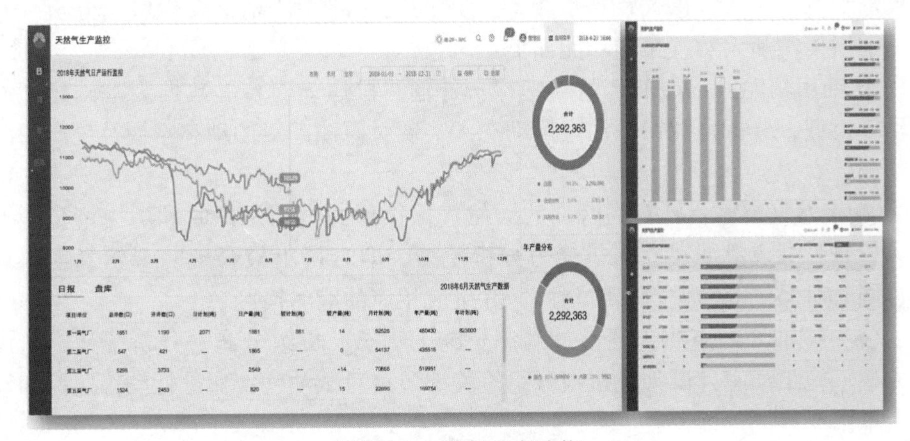

图 5.62 采气动态功能

（3）注水动态，包括指标分析、工况分析、合格率跟踪、超欠注跟踪。对水井开井率、水井利用率、注水时率、注水合格率、分注率、配注合格率等动态指标进行跟踪分析；对超欠注情况进行跟踪，为提高注水效率提供依据。

（4）钻井动态，包括设计动态、施工动态、钻井进尺、钻机分布、动用钻机、钻机预测。从设计方案、施工动态、进尺动态、钻机分布、钻井统计等关键节点对钻井作业进行动态监控和管理；同时与市场准入、套管供应等业务联动响应，提高管理效率；钻机预测功能如图 5.63 所示。

项目组		小于30	30~40	40~50	50~70	大于70
全公司		48	198	285	297	172
油田	陕北石油预探	5	8	10	8	10
	陕东石油预探	3	6	8	6	3
	陕北石油评价	3	6	6	8	5
	陕东石油评价	2	8	9	9	4
	采油一厂产建	1	9	1	7	5
	采油二厂产建	1	6	12	9	5
	采油三厂产建	2	8	16	10	5
	采油四厂产建	1	6	14	12	6
	采油五厂产建	2	8	5	8	8
	采油六厂产建	1	6	8	18	3
	采油七厂产建	1	8	9	6	4
	采油八厂产建	3	6	10	7	5
	采油九厂产建	0	4	12	6	6
	采油十厂产建	1	8	16	9	5
	采油十一厂产建	0	9	14	15	1
	采油十二厂产建	1	6	16	8	2
	致密油产建项目组	1	5	8	8	5
	长实集团产建	2	6	9	15	8
	长实合作产建	1	4	12	6	8
气田	盆地东部天然气勘探	3	5	6	6	6
	盆地中西部天然气勘探	1	8	10	6	6
	采气一厂产建	1	6	5	12	8
	采气二厂产建	4	8	5	10	6
	采气三厂产建	0	7	3	16	2
	采气四厂产建	1	6	8	14	13
	采气五厂产建	1	6	9	18	15
	采气六厂产建	2	5	8	12	10
	陇东天然气项目部	1	6	10	8	1
	储气库项目组	1	5	11	7	0
	直黄产建项目组	1	5	10	6	5
	采气产建	1	4	5	9	2

图 5.63　钻机预测功能

（5）集输动态，包括原油集输动态、原油销售动态、油田管网动态、天然气集输动态、天然气供气动态、重点用户供气、供气计划落实、供气分析。其中，油田集输和天然气集输功能如下：

① 油田集输：以原油产量、库存、外输、拉运、罐容等数据为基础建立油量量算模型，分析全油田原油产量动态，实现对原油产量的动态掌握及生产情况的预测。

② 天然气集输：针对高峰期的天然气保供压力，利用即时和历史产量、外输、检修等综合数据建立保供能力分析模型，即时得出最合理的天然气生产计划；同时对保供能力进行实时预测，并生成相应的应对措施。

（6）试油气动态，包括设计动态、施工动态、机组分布、分析统计。从设计方案、施工动态、试油气机组分组等关键节点对试油气作业进行动态监控和管理，如图 5.64 所示。

（7）投产投注，包括油井投产、气井投产、水井投注、新井产量、分析统计。对油井投产、水井投注、气井投产进行监控，按照周期对投产数量、产量进行跟踪，如图 5.65 所示。

5.2.4.4　调度运行

调度运行包括在线调度、调度会议、重点工作、报表管理、计划管理、资料管理、矿权维护、物资保障等 8 个子模块，35 项业务功能。实现人员动态、日常调度、重要工作流程化管控；分级、分事件类型建立要素标准模板，落实到岗位，指挥到单兵、考核到个人，实现“三级贯通一体化，横向联动协同化”。

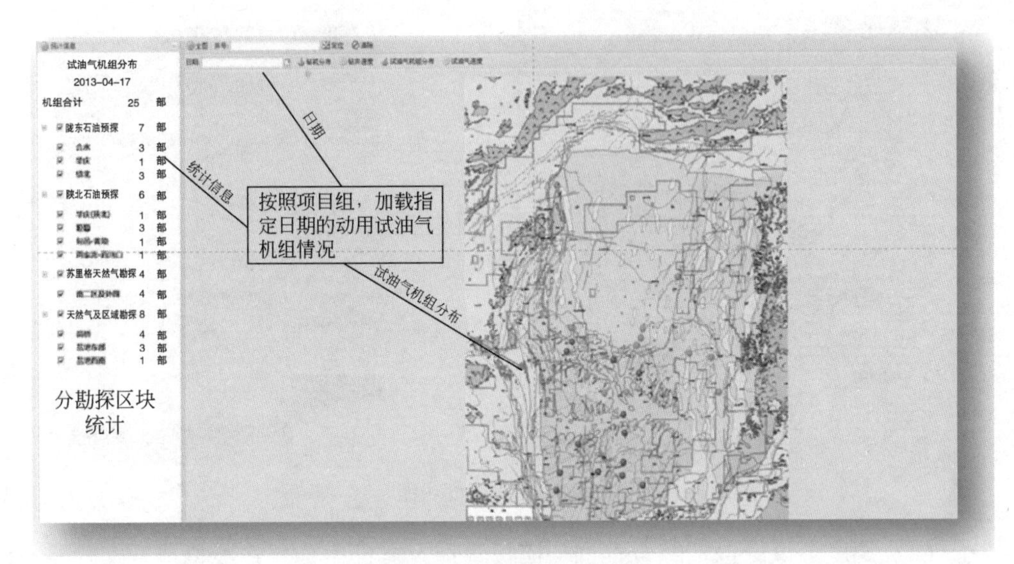

图 5.64　试油气动态功能

投产投注

新井投产监控

2018-01-01 — 2018-12-31　保存　全屏

单位	油气井投产												
	开发井年投产计划(口)	月计划(口)	日投产(口)	开发井月累投产(口)	探井月累投产(口)	评价井月投产(口)	单井日产水平(吨/万方)	开发井年累投产(日)	开发井年投产完成率(%)	探井年累投产(口)	评价井年累投产(口)	单井日产水平(吨/万方)	年累计产量(吨/万方)
采油一厂	0	32	4	27	0	2	1.71	379		17	14	1.54	1174
采油二厂	0	21	1	13	2	3	1.08	405		37	68	2.85	2000
采油三厂	0	0	0	2	1	0	0.35	436		42	22	1.64	1388
采油四厂	0	7	1	5	0	1	1.77	167		2	12	1.21	360
采油五厂	0	11	1	0	0	3	0.06	298		14	34	1.94	1187
采油六厂	0	19	1	11	3	0	0.55	421		29	9	1.68	1245
采油七厂	0	0	0	14	4	4	1.64	406		22	30	1.70	1264
采油八厂	0	8	0	0	2	2	0.87	170		14	14	1.67	607
采油九厂	0	19	0	0	0	0	0.00	253		1	21	1.80	694
采油十厂	0	16	0	0	0	0	0.00	207		10	10	2.05	733
采油十一厂	0	5	0	6	0	0	1.99	168		11	15	2.14	728
采油十二厂	0	71	0	17	0	0	1.79	125		24	15	2.00	1120
长实集团	0	0	0	3	0	0	2.18	50		0	0	2.16	228
油田小计	0	208	0	98	12	13	1.46	3045		222	260	1.85	12817
第一采气厂	0	90	0	16	0	0	0.19	259		5	0	0.74	362
第二采气厂	0	90	0	37	0	0	0.28	391		11	4	0.07	25
第三采气厂	0	86	2	75	0	0	0.00	589		4	0	0.00	0
第四采气厂	0	46	2	45	0	0	0.98	298		1	0	0.80	369
第五采气厂	0	80	0	55	2	1	0.14	338		2	3	0.07	35
第六采气厂	0	26	1	13	0	1	1.00	111		4	2	0.60	93
气田小计	0	430	5	241	2	2	0.27	2006		29	6	0.25	865
公司内部	0	638	13	339	14	17		5651		252	269		19800

月投产监控　75%　月投产 425 口　月计划 438 口　开发井 90% 339　评价井 4.5% 17　探井 3.7% 14

年投产监控　42%　年投产 2158 口　年计划 5551 口　开发井 88% 4068　评价井 5.8% 269　探井 5.4% 252

油田　月累计产量 1068 万吨　单井日产水平 1.46 万吨

油田　年累计产量 12817 万吨　单井日产水平 1.46 万吨

气田　月累计产量 1655.75 万吨　单井日产水平 1.09 万吨

气田　年累计产量 19869 万吨　单井日产水平 0.25 万吨

图 5.65　投产投注功能

(1) 在线调度，包括指令发布、事件上报、落实跟踪、综合查询、分析统计。按照公司—厂处—作业区三级体系构建上下联动的综合调度平台。实现调度指令的即时送达，对落实情况进行全程跟踪，实现处置全过程留痕受控管理，如图 5.66 所示。

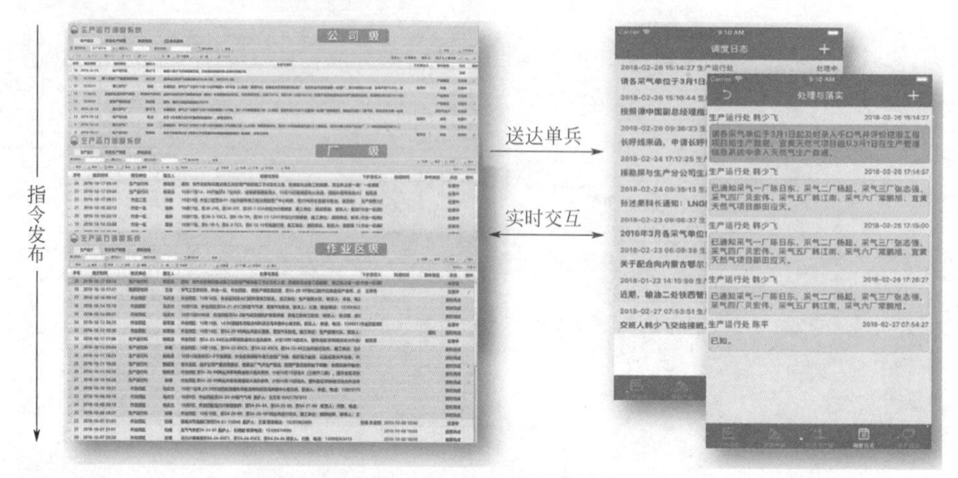

图 5.66　在线调度功能

（2）调度会议，包括综合查询、模板管理、文件生成、在线修改、文件管理，根据近期工作自动汇集相关调度信息，通过提取预先制定的会议内容模板，自动生成相关文件，提交调度人员审核，如图 5.67 所示。

调度会议　　晴 20–30℃　2018–8–10 15:59

调度会议　　类型　文件名　2018–01–01 – 2018–12–31　模板制作　保存　全屏

序号	日期	类型	文件名	发布人	状态	操作
1	2018–11–17	会议纪要	公司调度例会会议纪要20181116	指挥中心	已存档	查看　下载
2	2018–11–14	通知公告	2018年1–10月份小车平均行驶里程统计表	指挥中心	已存档	查看　下载
3	2018–11–09	会议纪要	公司调度例会会议纪要20181109	指挥中心	待审核	查看　下载
4	2018–11–05	调度指令	关于完善冬季施工运行方案及保障措施的通知	指挥中心	待审核	查看　下载
5	2018–11–05	生产会纪要	关于办理2019年运输市场准入证的通知	指挥中心	正修改	查看　下载
6	2018–11–02	会议纪要	公司调度例会会议纪要20181102	指挥中心	已存档	查看　下载
7	2018–11–01	产建计划	2018年9月份各采油单位用电单耗通报	生产指挥中心	已存档	查看　下载
8	2018–10–31	产建计划	2018年10月份供电线路功率因数考核通报	生产指挥中心	已存档	查看　下载
9	2018–10–26	产量计划	2018年数字化生产指挥系统运行通报（第9期）	生产指挥中心	待审核	查看　下载
10	2018–10–26	调度指令	关于油水井井场无功补偿装置安装运行情况的通报	生产指挥中心	已存档	查看　下载
11	2018–10–22	产建计划	关于进一步做好电力管理降本增效有关工作的通知	生产指挥中心	正修改	查看　下载
12	2018–10–15	产建计划	关于召开车辆区域共享工作会议的通知—陕北片区	生产指挥中心	已存档	查看　下载
13	2018–10–11	产建计划	关于下发集团公司《突发生产安全事件应急预案编制指南》的通知	生产指挥中心	正修改	查看　下载
14	2018–10–09	产建计划	关于召开车辆区域共享工作会议的通知—乌审旗片区	生产指挥中心	正修改	查看　下载
15	2018–10–09	产建计划	运输管理信息化平台九月份评价	生产指挥中心	待审核	查看　下载
16	2018–09–27	通知公告	运输费用提质增效进展统计表	生产指挥中心	待审核	查看　下载
17	2018–09–26	产建计划	2018年8月份各采油单位用电单耗通报	生产指挥中心	已存档	查看　下载
18	2018–09–20	生产会纪要	2018年数字化生产指挥系统运行通报（第8期）	生产指挥中心	待审核	查看　下载
19	2018–09–20	通知公告	关于2018年中秋节、国庆节期间巩固和拓展中央八项规定精神的通知	生产指挥中心	已存档	查看　下载

图 5.67　调度会议功能

（3）重点工作，包括综合查询、任务管理、督办催办、超期预警、分析统计。对近期重点工作进行自动工作督办和跟踪，用户可发布具体工作的督办任务，设定受理单位、受理人、受理方式、完成时间等内容，系统即可自动开启任务督办和提醒，通过邮件、腾讯通、短信、微信、任务消息等综合方式提醒受理人及时处理；同时按照用户设定的报告模板，自动采集和分拣受理人落实的信息（邮件、腾讯通消息等）汇总成任务相关的图文报告供工作人员审验。

（4）报表管理，包括报表汇总、报表查询、报表发布、报表打印、历史存档，梳理现有管理业务，设计满足数据应用需求的业务报表，同时支持移动平板、无预览功能桌面计算机、监控大屏标准化显示。

（5）计划管理，包括计划生成、计划审核、落实跟踪、综合查询，对生产计划完成情况进行动态分析，为产量考核提供数据依据，为计划制定提供信息支撑。天然气计划落实跟踪功能如图 5.68 所示。

单位	商品量日均	产量日均	分段计划（采暖期提量）		新井投产计划
			1–15日	16–30日	（口）
第一采气厂	2140	2385	2090	2190	97
第二采气厂	1365	1465	1320	1410	90
第三采气厂	2139	2299	2101	2177	90
自营区块	1243	1334	1212	1274	
风险一期	463	499	456	470	
风险二期	433	467	433	433	
第四采气厂	1378	1482	1345	1410	46
自营区块	520	558	500	540	
自营风险	323	347	310	335	
风险一期	253	273	253	253	
风险二期	282	304	282	282	
第五采气厂	1129	1213	1109	1149	89
自营区块	730	783	710	750	
风险一期	110	119	110	110	
风险二期	289	311	289	289	
第六采气厂	420	458	410	430	30
陇东天然气项目部	5	5	5	5	
宜黄天然气项目部	7	8	7	7	
千口气井挖潜项目部	4	4	4	4	
公司内部	6233	6785	6064	6001	
苏里格风险合作	2153	2319	2133	2172	
长北作业分公司	608	639	500	715	
苏南作业分公司	560	588	530	590	
对外合作	1168	1227	1030	1305	
长庆合计	9750	10535	9417	10083	442
陕224储气库	50			100	
供气总计	9800		9417	10183	

图 5.68　天然气计划落实跟踪功能

（6）资料管理，包括综合查询、文档管理、全文检索，设计综合资料管理模块，对生产情况和文件资料提供全文检索功能。

（7）矿权维护，包括侵权井监控、侵权井记录、护矿记录、护矿周报、护矿照片、护矿文件，对矿权侵占事件展开全过程的留痕管理，为矿权管理工作提供技术支撑。

（8）物资保障，包括物资需求和供应监控两部分，对油田生产重要物资库存和供需情况进行跟踪，保障生产有序进行，如图 5.69 所示。

5.2.4.5　生产管理

生产管理包括采油管理、采气管理、轻烃管理、集输管理、水电管理、路汛管理、市场管理、车辆管理等 8 个子模块，30 项业务功能。主要集合日常管理工作业务流程开展功能设计，最终为生产管理工作提供技术和平台支撑。

首页 > 综合统计 > 生产单位需求

请选择单位　　选择物资型号　　查询　　导出

油管　套管

单位名称	当前库存（吨）	月度库存（吨）	年度库存（吨）
采油一厂	133	94	567
采油二厂	158	112	545
采油三厂	127	63	454
采油四厂	161	121	325
采油五厂	192	87	474
采油六厂	133	45	524
采油七厂	185	93	478
采油八厂	127	102	657
采油九厂	133	94	567
采油十厂	158	112	545
采油十一厂	127	63	454
采油十二厂	161	121	325

图 5.69　生产单位物资需求功能

（1）采油管理，包括指标统计、指标分析、优化决策、跟踪评价。对主要生产技术指标进行实时跟踪、动态分析和评价优化，为专业化管理提供在线、实时、系统分析手段，如图 5.70 所示。

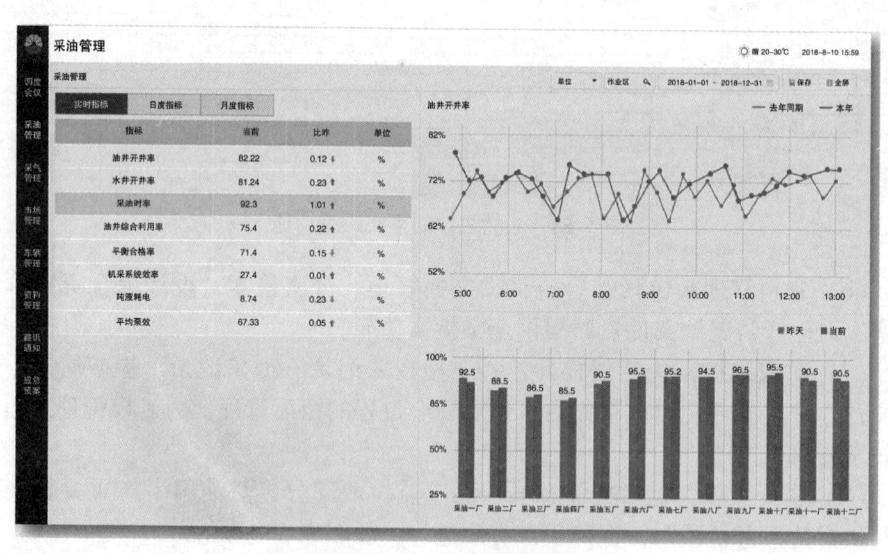

图 5.70　采油管理功能

（2）采气管理，包括指标统计、指标分析、优化决策、跟踪评价。对气井开井数、开井率、开井时率、气井利用率、油气比、水气比等动态指标进行跟踪分析，为提高采气效率，降低单井能耗提供数据支撑。

（3）轻烃管理，包括指标统计、产量管理、综合查询、分析统计。对轻烃和凝析油生产情况进行分析，对油气比等指标进行跟踪，为管理工作提供依据。油田轻烃管理对油田轻烃原料气处理、轻油和液化气的产量和库存进行跟踪监控；气田轻烃管理对气田轻烃和凝析油产销情况进行跟踪，对烃类污油处理情况进行监控。

（4）集输管理，包括产量查询、销量查询、用户分析、综合分析。对天然气产量、销量进行对比分析，对重点用户供气量进行实时分析，为生产安排提供依据。

（5）路汛管理，包括立项管理、审批管理、进度管理、结算管理、气象信息。对道路维修项目进行跟踪管理，从申报、审核、下达、立项、施工、结算、统计形成一个闭环的管理体系；对专项计划费用进行实时监控。

（6）市场管理，包括队伍管理、准入管理、综合查询、统计粉丝，依托市场准入证办理开展管理优化工作，为队伍高效管理提供技术支撑。

（7）车辆管理，包括车辆管理、准入管理、综合查询、分析统计、区域共享管理。对车辆准入进行集中管理，对车辆区域共享运行情况进行跟踪和分析，设计适应管理职能的数据查询和分析功能，实现按照时间、单位、车辆、区域、类型、运行过程、使用效果等多维度的综合统计和分析应用，量化降本增效成果。

5.2.4.6 应急处置

应急处置包括事件处置、应急预案、应急流程、应急专家、应急队伍、应急物资等6个子模块，15项业务功能。通过建立流程化的应急管理体系实现应急现场可视化、应急资源协同化、应急处置规范化。

5.3 油井工况诊断及示功图计产系统

5.3.1 系统应用功能

5.3.1.1 示功图计量技术发展

示功图计量技术最早可以追溯到20世纪80年代初，提出了简单的用示功图计算产液量的方法。在随后的几十年里，示功图计量技术经历了从“拉线法”处理示功图面积求产到“有效冲程法”求产的过程，示功图处理及液量计量发生了质与量的改变。理论技术也从定性逐渐发展到定量，最终发展到目前以油井工况诊断为基础，结合泵漏失、泵充满程度、气体影响等因素的“综合诊断法”油井计量技术。

1）拉线法

卡西扬诺夫在《油矿业专题调研资料》（1986年第4期）中发表了“杆式深井泵装置工作的诊断与优化”一文，此文论述了利用拉线法对示功图进行处理，计算产液量的方法。

拉线法的理论要点是：抽油机在运动过程中，上下冲程由于抽油杆柱振动、摩擦等动载因素的影响，绘出的示功图就有动载曲线。但实测静载线与动载阻尼曲线加以对比时，针对深井泵的实际做功大小而言，动载阻尼曲线对做功没有影响。

该方法只适合供液较好、黏度较低、惯性力和动载阻尼较小的油井。拉线法在示功图量油技术的发展历程中起到大胆的探索，功不可没。

2）面积法

面积法是在拉线法的基础上改进的一种方法，二者区别在于泵示功图是由地面示功图（或地面信号）采用数学方法转换求解得到的，同时利用计算机仿真技术，实现了油井工况的诊断。

面积法在泵示功图的处理上得到质的跨越，使大量油井示功图实时处理分析成为可能，但在液量计算上采用面积法仍然存在局限性，与拉线法计算产液量时相似。

3）有效冲程法

有效冲程法根据光杆载荷和位移实时采集数据，利用数学方法借助于计算机来求得各级抽油杆柱截面和泵上的载荷及位移，从而绘出井下泵示功图，并根据它们来判断和分析油井工作状况。由于消除了抽油杆柱的变形、杆柱的黏滞阻力、振动和惯性等的影响，泵示功图形状简单又能真实反映泵工作状况。根据求得的柱塞冲程和有效冲程，从而计算出泵排量。

泵示功图采用数学方法准确求解，通过泵示功图确定活塞的有效位移，也考虑了气体和供液不足对液量造成的影响。该方法为示功图量油技术的发展打下坚实的理论基础。

4）综合诊断法

综合诊断法将示功图诊断与液量计算紧密结合在一起，是以深井泵的工作诊断为主，液量计量为辅，解决油井求产、工况诊断、生产历史分析等一系列问题的新一代油井示功图计量诊断技术，如图5.71所示。

综合诊断法计量关键技术是通过计算机模型成功地实现了对泵示功图的获取与识别，可以准确地确定阀的开启、关闭四个关键点，描述出泵示功图的关键点、关键线和关键面积等的几何特征，计算出产液量，并且准确地运用几何特征、矢量特征实现对泵示功图故障的正确诊断。

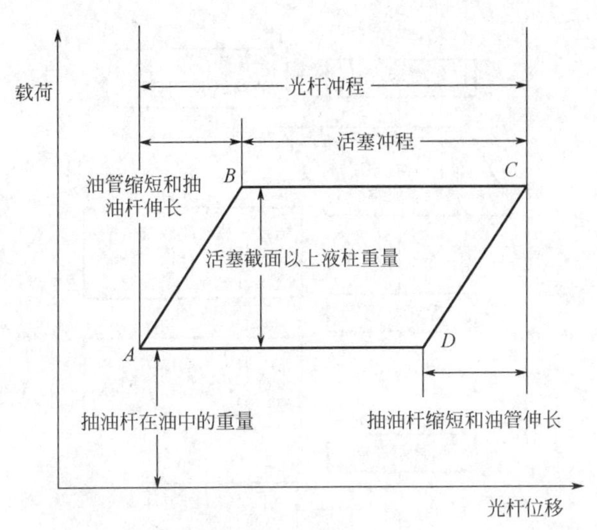

图 5.71 泵示功图描述示意图

5.3.1.2 长庆油田示功图计产技术

1）分析流程

该技术从能真实反映抽油系统有杆泵工况的示功图入手，把定向井有杆泵抽油系统视为一个复杂的三维振动系统，在一定边界条件和初始条件下，应用有限元方法、弹簧质量模型研究建立有杆泵抽油系统的力学、数学模型，计算出系统在不同井口示功图激励下的泵示功图响应；然后对泵示功图进行分析，采用多边形逼近法及矢量特征法进行工况诊断及有效冲程识别，从而得出油井地面有效排量。分析流程如图 5.72 和图 5.73 所示。

（1）泵示功图识别。

采用多边形逼近法对泵示功图进行预处理，再采用特征矢量法进行故障识别，充分考虑其他影响因素判断泵有效冲程，然后根据判断的有效冲程计算产液量。

（2）泵示功图多边形逼近。

由于计算得到的泵示功图数据点很多，而泵示功图的几何特征仅仅集中在某些点上，其他点对泵示功图的几何特征影响不大，因此采用多边形逼近法对泵示功图数据点进行预处理，过滤掉某些对泵示功图的几何特征影响不大的数据点。

（3）矢量特征法识别有效冲程。

将处理过的泵示功图标准化（无因次化），再用一系列连续的矢量把它描述出来，即建立该泵示功图的矢量链，把它和标准故障矢量链库中矢量链对比，来判别出一个或多个故障，剔除抽油杆断脱、阀失灵、卡泵、气锁等特殊工况井，对其余工作正常油井结合生产参数，确定有效冲程。

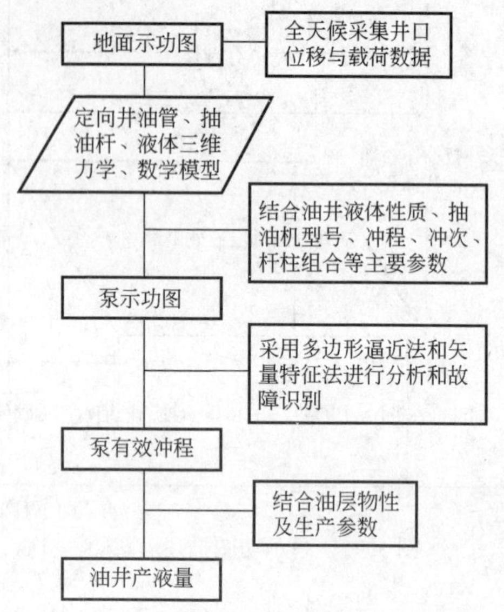

图 5.72　示功图法油井计量系统技术分析流程

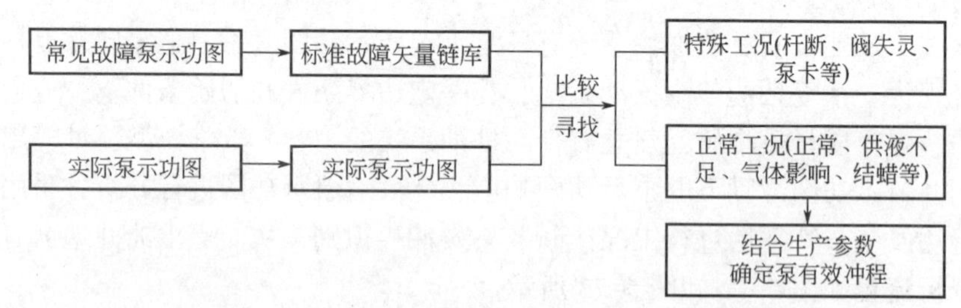

图 5.73　泵示功图工况及有效冲程识别过程示意图

① 多边形逼近：

(a) 若泵示功图上的两个数据点很接近，则删除其中一个；

(b) 若泵示功图上的几个连续数据点几乎在同一条直线上，则只保留其中第一个数据点和最后一个数据点；

(c) 把泵示功图上的所有数据点连接成封闭曲线，若相邻两条线段的夹角接近 180°，则去掉它们相交的数据点；

(d) 对以上三个步骤选择合适的阈值。

② 倾斜矫正。

泵示功图进行归一化处理和多边形逼近后（图 5.74、图 5.75），在泵示功图上寻找这样的线段：

(a) 比较长，例如大于 0.5×PPDYN_ WIDTH；

(b) 接近水平，例如和水平夹角小于 8°；

(c) 靠近上部或下部。

满足上面条件的线段应该是上下冲程的静载线，它们应该是水平的，据此对泵示功图进行倾斜矫正。

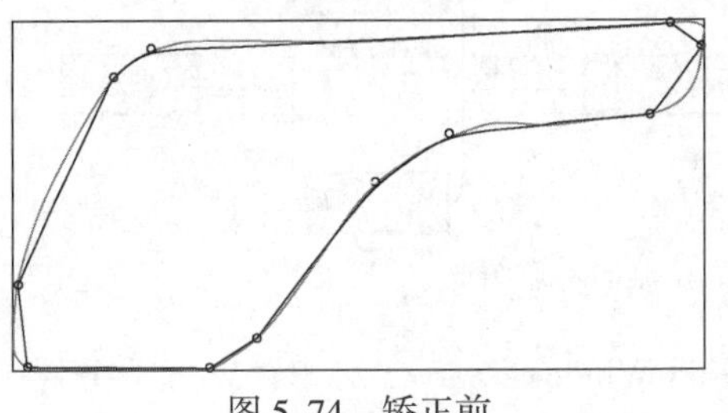

图 5.74 矫正前

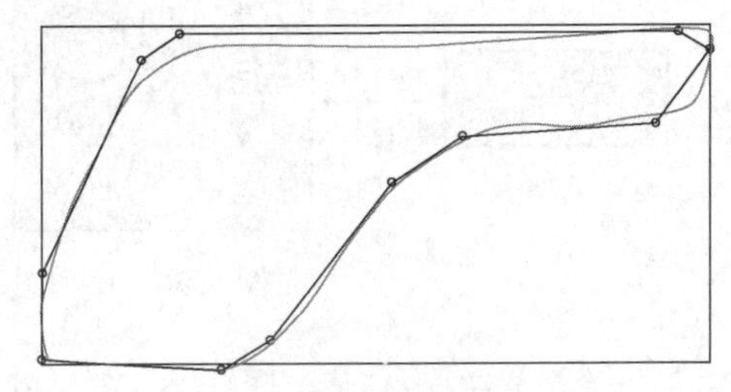

图 5.75 矫正后

将转换得到的泵示功图，按照柱塞行程展开，然后在展开的曲线计算任一点斜率变化量，求其最大值，即可归为非线性无约束最优化问题。在高载荷段找两个曲率变化峰值即为固定阀的开闭点位置；在低载荷段找两个曲率变化峰值即为游动阀的开闭点位置；有效冲程即为固定阀与游动阀开闭点位移的较小值。

2) 系统组成

该系统采用“C/S+B/S”结构，主要由前端数据采集点（位移及载荷传感器）、作业区客户端（数据处理）、数据库及 Web 发布服务器等组成。各部分采取分布式协同处理运行方式，作业区客户端利用前端采集的数据独立分析计算，分析完成后上传至厂数据库服务器，并通过网页发布服务器对外发布。系统采用分级分层次管理。

(1) 据采集点：由安装在抽油机井口的载荷传感器、位移传感器、数据采集控制器、数据处理模块、通信模块等组成。主要功能是全天候自动进行示功图数据采集，及时将采集数据传输到数据处理点和控制中心。数据采集是抽油机示功图油井计量的关键一步，直接决定了示功图的准确性和之后的油井计量准确性。

(2) 作业区客户端：对各数据采集点数据进行处理交换的平台。采用小型计算机控制，原则上一个客户端管理 300 口井（最多管理 600 口）。主要功能是完成油井工况诊断及产量计算，同时将数据上传。

(3) 数据库服务器：系统采用 Microsoft SQL Server，创建了 WPGUI 与 WPCHQ 数据库来管理油井数据采集、处理及存储等。建设数据表 200 余张，主要包括生产井的完井数据、静态数据、动态数据、采集数据、原油物性数据、机杆管泵等技术数据；同时系统保存了油井近几年示功图电参数据（每天每口油井至少 100 张)，以及根据这些数据分析计算出来的结果和汇总生成的数据。数据库服务器主要功能是对数据进行管理、定时存储、统计分析等，如图 5.76 所示。

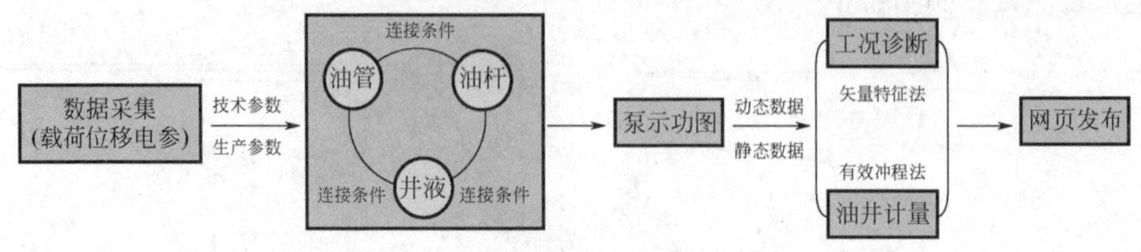

图 5.76　示功图系统数据流向示意图

(4) Web 服务器：操作系统选为 Microsoft Windows Server 2003，Web 服务器软件选用操作系统自带的 IIS 6.0，与数据库不是同一台计算机时，还需安装 SQL 客户端软件。主要功能是完成网页发布、系统数据维护、工况浏览、工况预警发布、生产日报及载荷电流等相关曲线查看等。

3) 系统主要功能

(1) 实时数据采集及工况诊断。数据采集周期为 10min，监测的参数主要有载荷、位移、电流、电压等。

(2) 油井工况实时预警。根据影响油井生产情况，预警分为三个级别：

一级预警，影响油井正常生产，如杆断、卡泵、双漏等；

二级预警，重点关注井，油井可生产，但效率低下，如严重供液不足、严重结蜡、严重气体影响等；

三级预警，开始关注井，如结蜡、供液不足、气体影响等。

(3) 工况诊断标准，见表 5.2。

表 5.2　工况诊断标准

示功图	故障名称	预警级别	故障说明	建议和措施
	固定阀失灵	1	由于固定阀处于常闭状态，使得游动阀处于常闭状态，柱塞以上的液柱压力不能卸载，泵示功图形状为水平的窄条状，并接近最大理论静载线	起泵检修
h	抽油杆断脱	1	固定阀处于常闭状态，光杆示功图位置较正常工作时偏下，抽油杆断脱位置越靠上，光杆示功图位置越偏下，而泵示功图是在正常工作的假设下计算的，它的位置在最小理论静载线之下	起泵检修

续表

示功图	故障名称	预警级别	故障说明	建议和措施
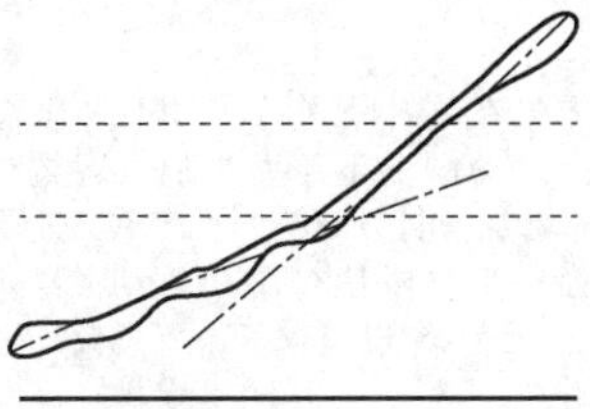	卡泵	1	柱塞被固定在泵桶上，而光杆在上下运动，抽油杆柱承受很大的轴向变形，使得柱塞在产生极小位移的情况下，受力变化很大，泵示功图形状为接近垂直的窄条状	起泵检修
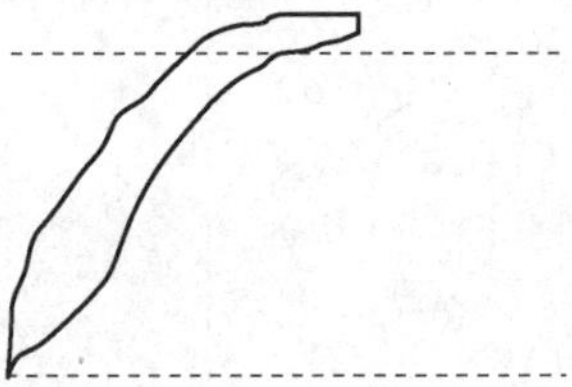	气锁	1	供液不足（液击）或气体影响（气锁）的存在使得上冲程时柱塞下面存在余隙，下冲程开始阶段游动阀受到的向上的力小于柱塞以上的液柱压力，不能打开，直到遇到液面或压缩气体压力很大时才能打开	采取防气措施
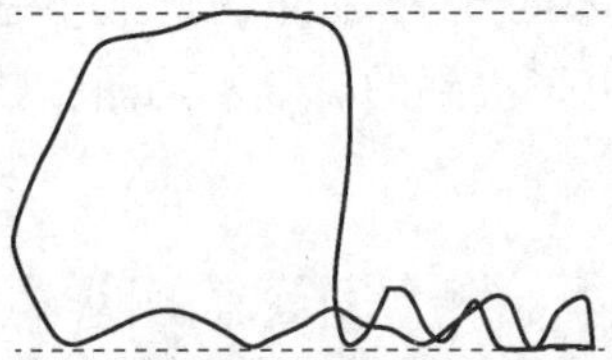	严重脱筒	1	脱筒导致固定阀提前关闭，柱塞以上的液柱压力立即消失	重新校对防冲距
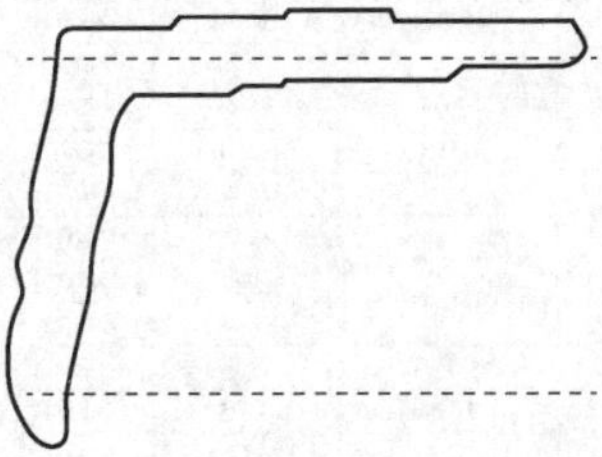	严重供液不足	3	供液不足（液击）或气体影响（气锁）的存在使得上冲程时柱塞下面存在余隙，下冲程开始阶段游动阀受到的向上的力小于柱塞以上的液柱压力，不能打开，直到遇到液面或压缩气体压力很大时才能打开	适当减小抽汲参数或加深泵挂
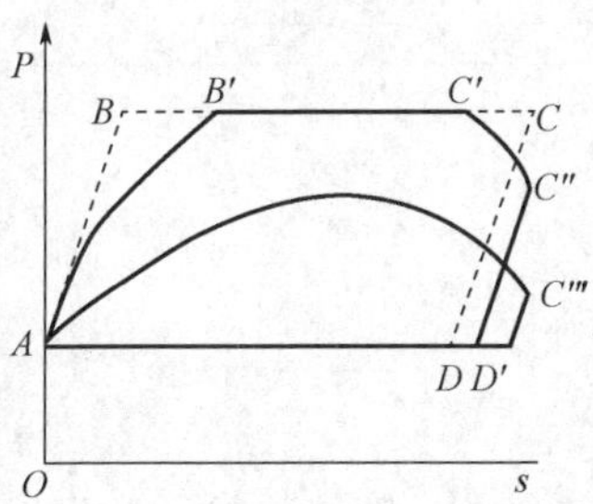	游动阀严重漏失	2	游动阀漏失在上冲程前半阶段使得固定阀上下压差增加缓慢，打开延迟；在上冲程后半阶段使得固定阀上下压差缓慢减小，提前关闭	井口憋压验证，若漏失严重，碰泵振动，若仍不见效，起泵检修

续表

示功图	故障名称	预警级别	故障说明	建议和措施
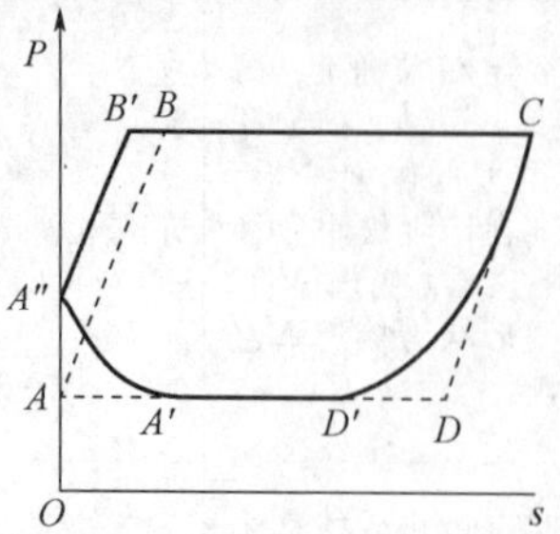	固定阀严重漏失	2	固定阀漏失在下冲程前半阶段使得游动阀上下压差不能立即增加，打开延迟；在下冲程后半阶段使得游动阀上下压差缓慢增大，提前关闭	井口憋压验证，若漏失严重，碰泵振动，若仍不见效，起泵检修
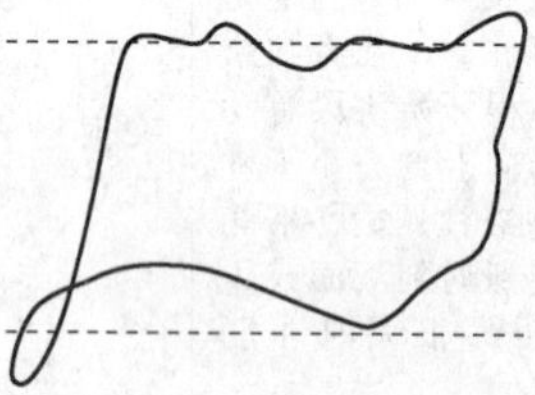	下碰	2	泵示功图左下部分有尖角	重新校对防冲距

（4）实时示功图分析及产量、系统效率等计算，如图 5.77 所示。产液量是利用有效冲程法计算的，生产日报中每天油井产液量由采集到的有效示功图张数计算的产量加权平均取得。

数字油田系统　让数字说话　听数字指挥

采油二厂　西峰二区　[井区(站、队)　2017-5-12

西峰二区油井生产工况分析系统油井计量生产报表

2017年5月12日

井区(站、队)	安装井数	采集井数	开井数	分析井数	日产液(m^3)	日产油(t)	含水(%)	液量变化(m^3)	油量变化(t)	详细资料
董二增	45	45	45	45	46.19	25.91	34.02	−1.65	−0.24	详细资料
董二转	47	47	47	47	85.31	42.02	42.05	−3.39	−3.25	详细资料
董三增	38	38	38	38	45.03	28.54	25.43	−8.93	−1.41	详细资料
董一增	33	33	33	33	63.95	22.60	58.43	−6.24	−1.78	详细资料
董一转	39	39	39	38	47.73	21.62	46.70	−4.99	−2.90	详细资料
宁102拉	22	22	22	22	52.27	13.65	69.29	−1.85	−0.45	详细资料
西86拉	6	6	6	5	12.17	7.43	28.20	−9.56	−7.31	详细资料
西八转	47	47	47	47	49.94	36.29	14.51	−11.00	−6.98	详细资料
西二联	38	38	38	38	67.05	41.87	26.54	17.80	8.26	详细资料
西七增	16	16	16	15	33.99	23.97	17.03	−5.45	−3.30	详细资料
西七转1	54	54	54	53	102.80	72.62	16.89	−4.54	−2.14	详细资料
西七转2	50	50	50	50	88.82	63.98	15.26	−4.18	−2.50	详细资料
合计	435	435	435	431	695.26	400.50	32.23	−43.99	−23.98	

图 5.77　报表显示界面

5.3.2　系统运行影响因素

5.3.2.1　影响示功图系统运行的因素

油井工况分析及示功图计产系统涉及前端硬件、客户端、网络传输、数据维护、软件改进完善等方方面面，只有建立有效的运维管理体系，不断强化提高管理维护水平，才能让系统用好，切实为油田生产管理提供技术支持。

5.3.2.2 影响示功图上线率的因素

示功图上线率是示功图采集井数与安装井数的比值。常见的影响主要有两大方面：硬件故障和软件设置。

1）硬件故障

如图 5.78 所示，硬件故障主要包括：

（1）载荷、位移传感器、井口 RTU 采集设备等损坏；

（2）硬件设备安装不当或连接有误；

(a) 载荷连线断

(b) 载荷连线虚接

(c) 角位移连线断

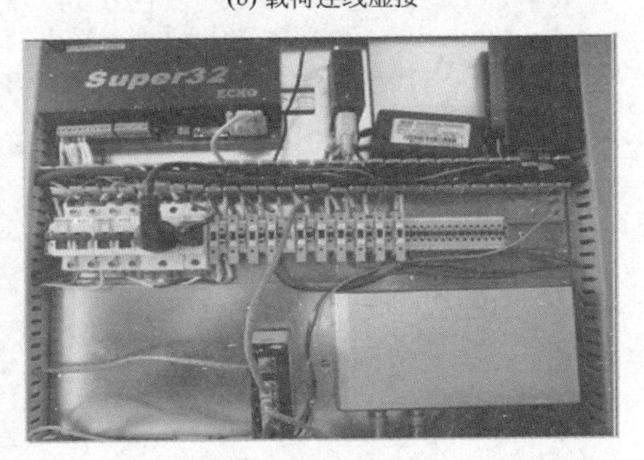

(d) 井口RTU连线虚接

图 5.78 硬件故障

（3）网络中断，站点全部数据不能上传，导致示功图上线率低。

2）软件故障

检查客户端是否开启，是否正常连接。

本地数据库连接不上的原因有：（1）服务器名字不对；（2）本地数据库表损坏；（3）计算机时间格式不是 24h 制；（4）用户名密码有误。

远程数字库连不上的原因有：(1) 密码错误；(2) 网络不通；(3) 数据采集方式不对，选用作业区 ECHOMS_ CQ_ Data 数据库中的 DABT2071 表格式；(4) 采集数据卡死在某一口井上，基础数据不全或示功图形状无效。

若软件部分确定正常，还是不能正常采集，就确定为前端设备故障，需联系厂家或维护单位，前往井场排查，确定是否为传感器故障或网络传输设备故障，并解决。

5.3.2.3 影响示功图分析成功率的因素

(1) 载荷位移传感器故障引起大量无效示功图，如图 5.79 所示。

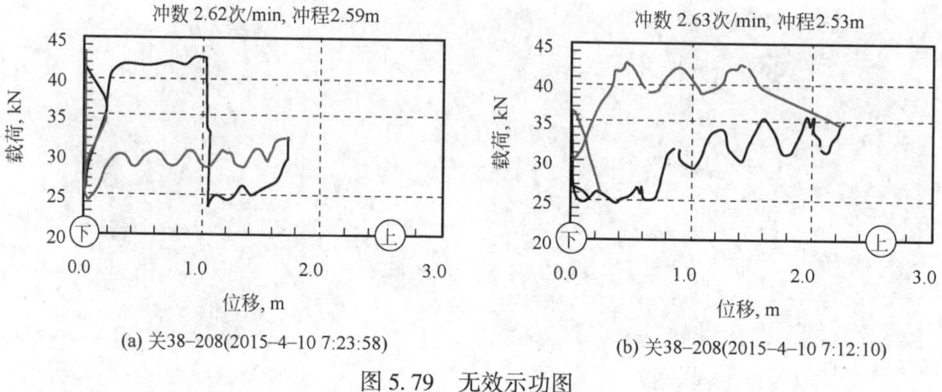

图 5.79 无效示功图

(2) 系统基础数据不全或相互矛盾引起示功图不能正常分析。

在分析不成功的井中，80%以上是由于基础数据引起的。基础数据错误一般表现为：

① 抽油杆长度大于油管柱长度；

② 抽油机型号录入错误；

③ 未录入定向井井身数据；

④ 未录入开发油层数据；

⑤ 抽油杆柱总长和泵挂相差太大；

⑥ 动液面在泵挂以下；

⑦ 未录入油井动态数据；

⑧ 未录入原油物性参数。

(3) 冲数为 0 或停电，造成示功图无法分析。存在大量冲数为 0 的示功图（即空示功图）和大范围信号为停电的情况，主要是因为没有按油井工作状态规定格式存入相应采集信号，如图 5.80 和表 5.3 所示。

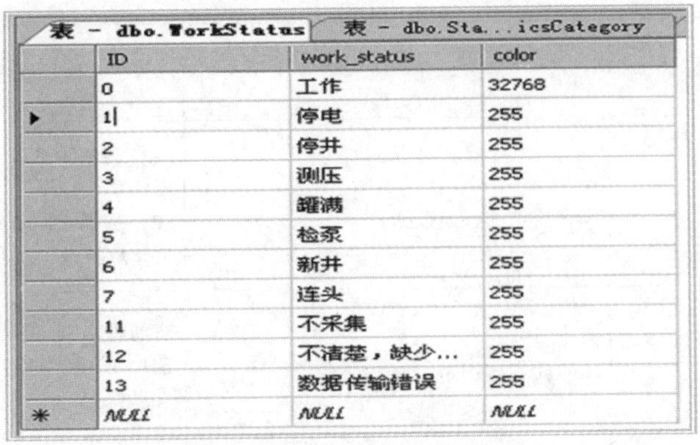

表 - dbo.WorkStatus	表 - dbo.Sta...icsCategory	
ID	work_status	color
0	工作	32768
1	停电	255
2	停井	255
3	测压	255
4	罐满	255
5	检泵	255
6	新井	255
7	连头	255
11	不采集	255
12	不清楚，缺少...	255
13	数据传输错误	255
NULL	NULL	NULL

图 5.80　油井状态及对应编码

表 5.3　示功图未分析常见问题及解决方法

数据故障名称	举例	原因及解决方法
抽油机不能达到给定冲程或其他尺寸不合适	新 35-015 抽油机为 4 型，最大冲程 1.50m，实测冲程 2.40m	(1) 安装后或更换传感器后未在井口采集器进行冲程初始化（利用便携式示功仪校正冲程后对应 4~20mA）。 (2) 抽油机型号输入有误（核实后重新录入）
没有找到油层数据	候 8-31 开采层位为长 6，站点层位有，没找到该井油层数据	(1) 站点层位没录入或录入层位不够（增加）。 (2) 油井没有录入油层数据（在站点层位中选择）
非直井没有井身数据	王 21-16 井别为定向井，但未输入井身数据	(1) 井别有误（核实更改）。 (2) 未输入井身数据（按斜深、井斜角、方位角输入形成.txt 文件后上传至站点完井数据）
没有找到原油物性参数	高 139-026 本期 12 月 1 日至 3 日没找到原油物性参数（已整改）	未输入油层物性（在原油物性参数表添加原油密度、黏度、体积等）
油管柱总长大于生产井最大斜深	查 79-5 本期 12 月 1 日至 10 日油管柱总长应小于生产井最大斜深（已整改）	数据矛盾，油管总长大于油井井身数据最大斜深（核实整改）
油层中深大于生产井最大斜深	查 88-23 本期 12 月 4 日至 10 日，油层中深应大于生产井最大斜深（已整改）	数据矛盾，油层中深应小于油井井身数据最大斜深（核实整改）

续表

数据故障名称	举例	原因及解决方法
没有找到油管串数据	查 89-25 没有找到油管串数据	(1) 数据未录入（在完井数据表中添加录入）。 (2) 数据未同步到站点（同步数据至站点）
抽油杆柱总长和泵挂相差太大（大于 30m）	坪 33-23 抽油杆总长 919m，泵挂 954m	抽油杆数据或泵挂错误，抽油杆总长应该与泵挂基本相同（核实更改）
泵挂在动液面之上	坪 33-23 泵挂 954m，液面深度在 1051m	液面或泵挂错误，液面应该在泵挂之上（核实更改）
光杆示功图无效	高 56-7 地面示功图为一条直线	(1) 载荷或位移传感器安装不正确。 (2) 载荷或位移传感器损坏。 (3) 载荷飘移，更换标定或维护传感器
冲次应大于 0	塬 54-94 测不到冲次	检测不到抽油机运行状态（核实抽油机状态）

(4) 保证示功图分析成功率的方法：

① 保证基础数据齐全，按要求对油压、套压、含水、动液面等动态参数定期及时更新；修井后及时更新管杆泵数据。

② 确保数据准确，管、杆、泵数据符合规律，不能互相矛盾；动液面不能大于泵深。

③ 按规定存取示功图数据，定期巡查、校验载荷及位移传感器，减少无效示功图及冲数为 0 等问题。

5.3.2.4 影响计量精度的因素

影响示功图计量误差分析如图 5.81 所示。示功图法计量是基于采集数据正确和基础数据齐全准确的基础上进行产液量计算的，因此硬件、系统模型以及基础数据等因素都会对计量精度产生影响。

1) 硬件因素

(1) 载荷精度及信号漂移影响测试准确度，如图 5.82 所示。

(2) 位移传感器安装偏差引起测试准确度，如图 5.83 所示。

(3) 采取的示功图数据点数不够 200 组，如图 5.84 所示。

(4) 冲程未初始化，影响有效冲程，如图 5.85 所示。

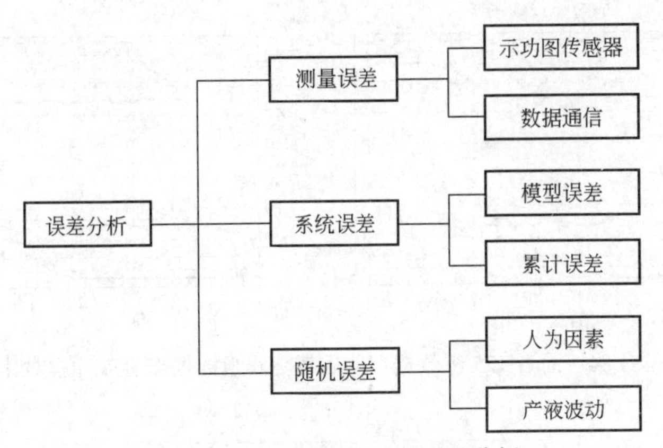

图 5.81　影响示功图计量误差分析

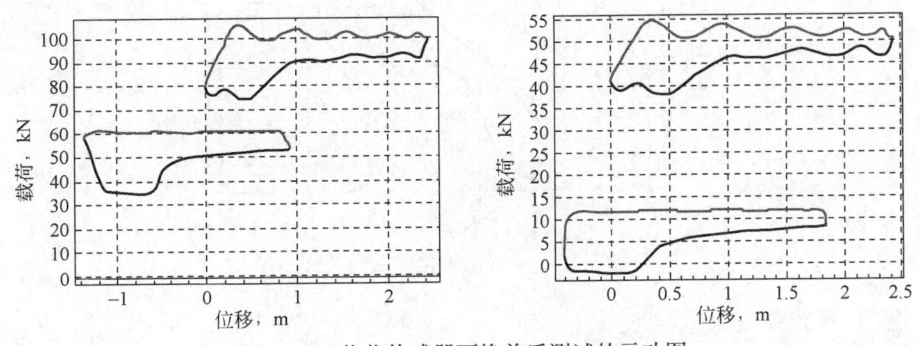

图 5.82　载荷传感器更换前后测试的示功图

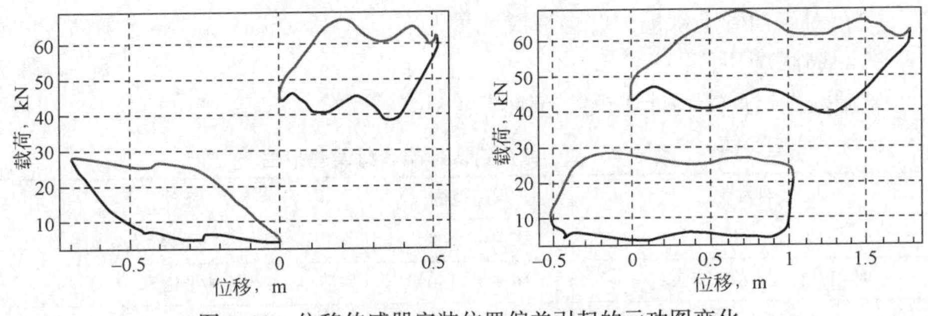

图 5.83　位移传感器安装位置偏差引起的示功图变化

（5）示功图采集数据量少的影响。由于通信故障等因素影响造成油井采集数据量少，不能达到每 10min 采集一组示功图数据的技术要求。尤其对于间歇出油和严重供液不足的井，如果采集数据量太少，示功图计产将不能反映油井全天的真实产量，造成与实际单量偏差大。

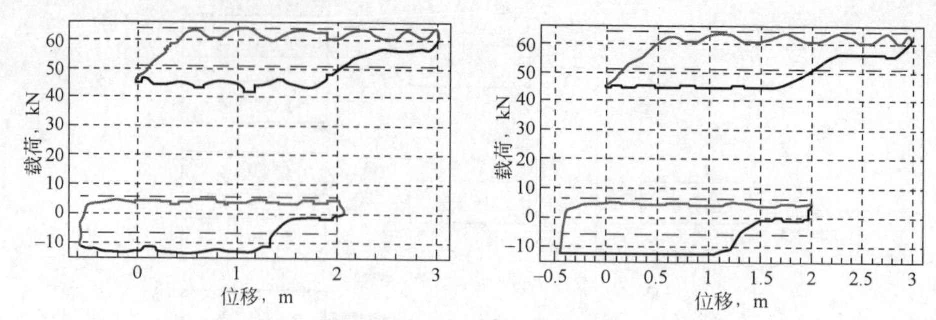

图 5.84　前者 125 组数据点，后者 200 组数据点有效冲程对比

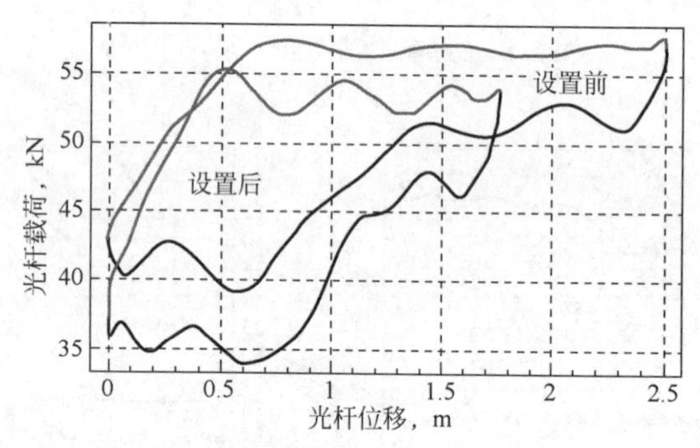

图 5.85　冲程初始化前后对比图

2）系统模型因素

（1）对连喷带抽油井无法计量：由于部分油井投产初期产能高，出现连喷带抽情况，计量软件无法计算。

（2）对于油管上部漏失井会造成计量失准。

3）基础数据因素

基础数据错误影响计量误差范围见表 5.4。

表 5.4　基础数据错误影响计量误差范围

影响因素	误差范围	备注
泵径（28、32、38）	23%～84%	主要因素
冲程（1.2/1.8/2.5/3.0）	16.6%～150%	主要因素
冲次（实测值）	5%	
抽油机型号	5%	
抽油杆材料		影响识别有效冲程
杆柱组合和泵挂	5%	
其他（如井身数据、原油物性）		影响工况分析

体积系数也是一个影响因素。体积系数是原油在地下的体积与地面脱气后的体积之比。主要受溶解气、热膨胀、压缩性3个因素的影响，示功图计产中直接应用这个参数，目前一般采用的是油田开发时所测的原油物性的数据，但随着油田开发，含气等因素发生变化，原油体积系数也会随之变化。

5.3.2.5 提高计量精度的技术要求

为确保油井计量精度和诊断符合率，系统建立过程中必须严格执行《抽油机井示功图法油井计量技术规程》和《抽油机井示功图法油井计量技术》企业标准。具体技术要求为：

（1）前端采集数据与传输，必须严格执行技术要求。

（2）传感器使用前，必须根据实测冲程对冲程进行初始化设置，依据便携测试仪（已标定的）实测示功图对采集示功图载荷进行校准。

（3）油井基础数据必须取全、取准，对油井油压、套压、含水、动液面等动态参数及时更新。检泵、修井作业之后及时对杆柱组合、泵径、泵挂等参数进行更新。

（4）将示功图计量结果与油井单量进行对比，得出计算结果的修正值。

5.3.3 系统应用管理

5.3.3.1 前端硬件数据采集的管理与维护

1）运行维护

载荷位移传感器及RTU是示功图前端采集传输的主要硬件，由于受传感器精度及稳定性、使用环境等因素的影响，容易出现损坏及漂移现象，应定期巡检，保证硬件完好，同时按期（每半年）进行标定，做到以下几点：

（1）硬件设备没有损坏、脱落、断线；

（2）保持载荷传感器及电子线路清洁；

（3）严禁震动、碰撞和敲击载荷传感器；

（4）油井维护作业按要求拆卸安装。

2）注意事项

（1）加强前端设备维护，建立定期巡查制度，发现硬件设备有损坏、脱落、断线、工作异常等现象时，应及时向维修人员反映；油井修井作业时，注意保护设备，按规定拆卸安装。

（2）查看采集的示功图是否线条连贯、有无异常现象，采集数据组数及示功图张数是否达到要求。

（3）强化培训，提高操作员工系统维护能力，出现问题及时解决。

（4）定期对载荷及位移传感器进行标定；使用已标定的便携式示功仪，对油井井口示功图进行测试。待运行平稳后，每口井在一定时间间隔（≤15min）测取3~5张示功图，并依据测试示功图冲程对系统管理油井逐个进行冲程初始化设置（4~20mA）。冲次偏差≤0.1次/min，冲程偏差±0.02m，载荷偏差≤测试载荷的5%。

5.3.3.2 客户端的维护管理

维护管理内容包括：

（1）程序是否开；

（2）软件连接设置是否正常（作业区名称、用户名及密码、时间格式），数据同步、分析、采集是否正常（本地与远程数据库）。

5.3.3.3 网页及数据库服务器的维护管理

（1）定期（每个月）备份数据库文件（DB）。

（2）定时（每天）查看日志，定期（每季度）清理日志。

（3）定期（每个月）重启系统及全面杀毒。

（4）加强服务器密码管理，控制操作人数。

① 服务器运行及日志查看。

（a）打开“程序—Microsoft SQL Server 2005—Microsoft SQL Server Management Studio—WPCHQ—查询分析器”，输入命令“DUMP TRANSACTION WPQJL WITH NO_ LOG”。

（b）打开数据库“WPQJL”—右键你要压缩的数据库—所有任务—收缩数据库—收缩文件—选择日志文件—在收缩方式选择收缩至XXM，系统给出一个允许收缩到的最小M数，直接输入这个数，确定即可。

② 实时工况有数据，但分析统计界面内无数据。

（a）原因：SQL Server代理中作业活动执行不成功。

（b）解决方法：打开MSSMS数据库管理，右键单击“SQL Server代理”，重新启动代理作业。

5.3.3.4 数据维护管理

基础数据是示功图计量分析依据，要确保数据齐全、准确、及时更新。数据维护更新是以站点为单元进行的。

1）动静态数据

动态数据导入界面如图5.86所示。更新可以单个点击最后一列添加，或者按一定的格式整体导入。动态数据可以保存多条，静态数据更新保持唯一。

（1）动液面数据要求每季度更新一次，当试动液面未测出时，按上季度测试结果，一直测不出的，根据实际情况进行估算，严禁动液面输入值为零；当测

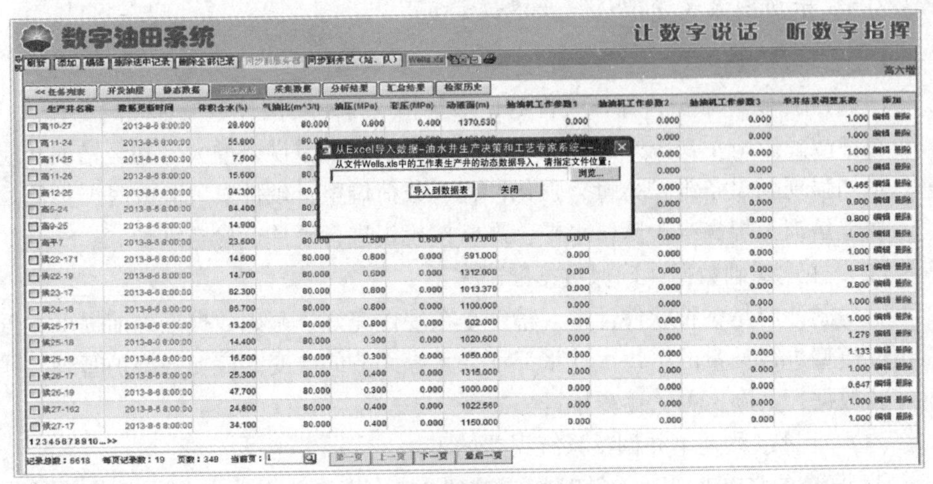

图 5.86 动态数据导入界面

试动液面大于泵深时，应核实确认，液面输入不能大于泵挂，否则系统测不计算产量。

（2）油井含水、油压、套压要求每 5d 更新一次，尤其含水变化在 5%以上的油井要及时更新。

（3）静态数据输入要规格，如“长 10”，不能输入成“长十”；同时要注意数据单位，如地面原油密度（单位为 kg/m^3），应输入“840”，而不是常说的“0.84”等。

（4）油井检泵作业后，应及时更新油管规格、抽油组合、泵径、泵挂、上次检泵日期等，要确保其数据准确。

2）井身数据

井身数据以二进制形式存储于 Wells 数据表“well_ hole_ data”字段中。井身数据维护可以手工输入，也可以从文本文件中导入。井身数据可以导出到文本文件中，井身曲线图显示在维护界面的右侧。

3）油管及杆串数据

油管及杆串数据存在静态数据中，当油井措施修井等作业完成后需要及时更新数据。

4）注意事项

基础数据更新都是在厂级服务器上完成的，而示功图系统工况分析及计产都是在作业区客户端完成的，所以数据维护在网页保存完成后，一定要到作业区示功图分析服务器上同步作业区客户端，即点击客户端软件菜单—选项与设置—从服务器同步所有数据。

5.3.3.5 示功图系统管理认识及建议

1）管理认识

（1）加强硬件维护，保证硬件数据采集精度是示功图计量最基础的工作。

硬件故障影响示功图采集率上线率，更会引起计量误差增大，甚至错误。应进一步加强现场设备维护力量，强化冲程、载荷调整；硬件安装验收时严把质量关，加强培训，提高维护队伍水平，严格按规定进行硬件巡检与维护。

（2）注重基础数据，确保数据准确完整。

示功图计产是一种软件计量，精度是在硬件完好、基础数据准确前提下，依靠预设模型进行计量的，每次计量都不会无缘无故的改变。应加强维护管理，注重基础数据，共同努力，逐步推进。

（3）计量系数是单井调整系统误差的方法。

① 设置系数单量时，单量时间要达到 24h，以减少计量装置误差带来的影响，尤其对于低产液井。

② 计量系数是调整因结蜡、载荷给计量带来误差的系数，当发现计量误差较大井时，首先查看基础数据是否准确，载荷位移是否正常完好，在软硬件无误的情况下设置系统计量系数，否则系数设置离奇。

③ 计量系统设置前应调阅近期采油曲线，查看计产液量是否平稳，不能用示功图计产的峰值与单量作比对设系数。当单量与示功图对比误差在 90%～110%之间，认可为计量误差，不需设置系数。

④ 计量系数设置时，保留两位小数，不能在原有数据记录上直接“编辑”，而应按规范要求“添加”记录，设置后要将数据同步至作业区服务器。

2）建议

（1）加强培训，掌握日常管理应用方法，是系统正常运行的保障。加强培训，提高现场技术人员系统维护能力，掌握软件应用日常操作，及时解决存在问题，从而提高示功图的采集率、上线率，为示功图计量提供翔实数据，减少计量误差。

（2）定期组织技术交流，畅通沟通渠道，共同提升示功图计产应用水平。以现场解答、视频会议、远程协助等方式进行示功图应用技术交流，使各厂示功图应用经验得到分享；搭建示功图计产应用技术交流平台，示功图系统运行中发现问题及时解答。

5.4 水井综合系统

注水是油田保持地层能量、维持高效经济开发最有效的手段。特别是随着油井工况分析技术在有效指导油田生产方面的成功应用，以及数字化注水橇、稳流配水、水源井智能控制等技术的应用，使注水井进行数字化统一管理成为可能。

在油田数字化管理模式下，注水井管理要求精细化、数字化、扁平化，所以实时采集注水井参数，实时分析注水井流量、压力、故障等工况变化，是提高效率、降低劳动强度，更好为油田精细化管理服务的有效方式。

油田数字化管理模式下，一般在注水井附近应用稳流配水阀组，取消了配水间，实现注水井的自动稳流注水。水井工况分析应结合稳流阀的情况，实现注水井的工况分析。注水井工况分析目前主要依靠技术人员按季度进行分析，主要存在两个方面的问题：

（1）工况分析滞后。工况按季度分析，不能及时掌握注水井实时工况，注水井出现了故障不能及时发现处理，影响了精细注水效果。

（2）人工工况分析工作量大。每个作业区要管理几百口注水井，油田数字化管理模式下，注水管理要精细化，重点向前端延伸至单井，导致技术人员日常工作量大、工作繁重。

5.4.1 系统架构

5.4.1.1 系统总体架构

长庆油田水井工况分析系统从软件架构上划分为六大层次，分别是数据服务层、应用服务层、逻辑处理层、接口服务层、系统服务层、Web 服务层，如图 5.87 所示。

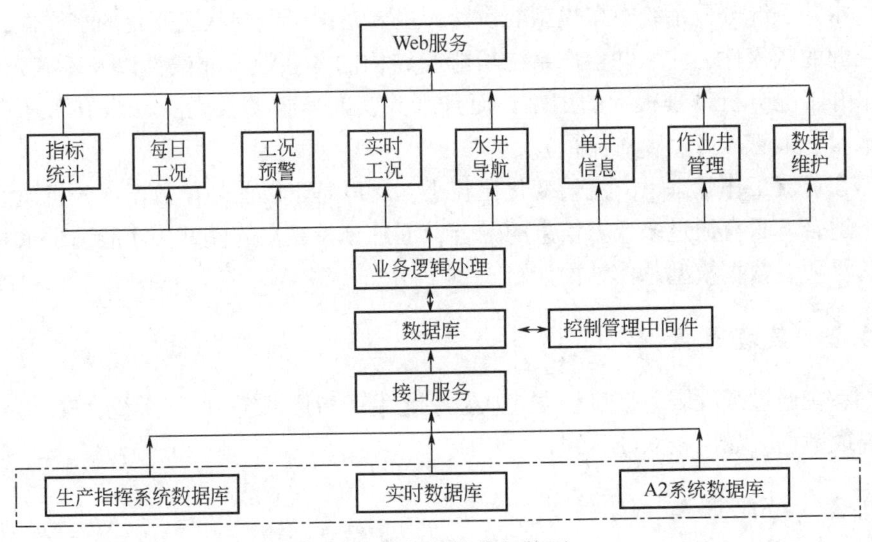

图 5.87 系统软件架构图

（1）Web 服务层：主要负责系统功能的发布。

（2）应用服务层：负责整个系统的业务实现。

（3）逻辑处理层：主要负责系统内部数据流转和数据处理任务。

（4）系统服务层：将系统应用功能进行整合，以统一风格的界面面向最终用户。

（5）接口服务层：负责系统所有接口的运行和管理任务。

（6）数据服务层：负责整个平台的数据存储、发布和管理任务。

5.4.1.2　系统数据架构

系统数据架构如图 5.88 所示。

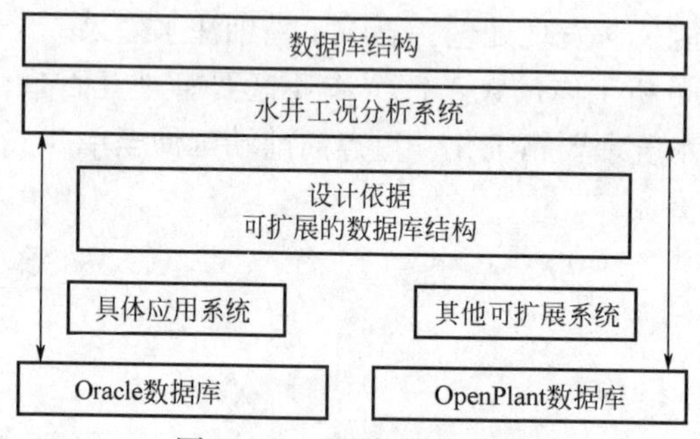

图 5.88　系统数据架构图

5.4.1.3　数据模型

水井工况分析系统数据模型的设计，主要是由于地层状态变化的多样性，动态调配的频繁性，注水井生产系统功能和结构的复杂性、非线性以及不确定性，给水井工况分析带来很大的困难，而且水井实时监控参数太少（只有管压、实注水量、汇管压力、瞬时流量）。

在稳流工作状态下，流量变化比较小，所以基于以前的单数据项分析模型已经不适合，只有通过多数据信息的融合，汇总分析建立的模型，才能满足水井工况的需要。数据模型总体结构如图 5.89 所示。

5.4.2　数据来源

系统通过远程服务接口的方式从数字化生产指挥系统和 A2 系统，SCADA 系统提取数据，如图 5.90 所示。

5.4.3　功能介绍

水井工况分析系统从应用功能上划分为水井指标统计、每日水井工况跟踪、水井工况预警、水井实时工况跟踪、水井信息导航、单井基础信息管理、作业井管理、欠注井管理、数据管理与维护、系统权限管理、系统日志管理、系统扩展接口。应用功能结构如图 5.91 所示。

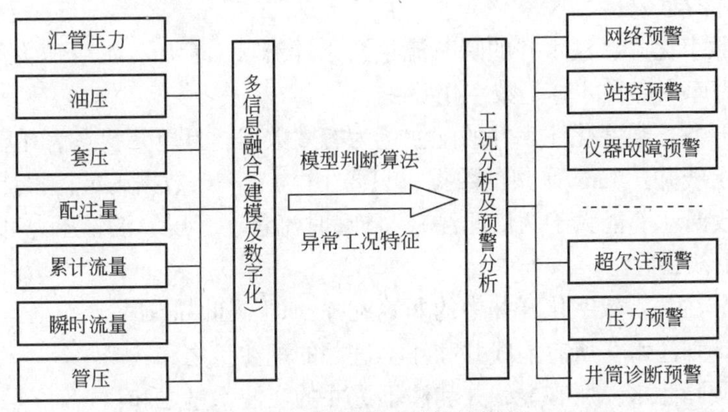

图 5.89　数据模型总体结构图

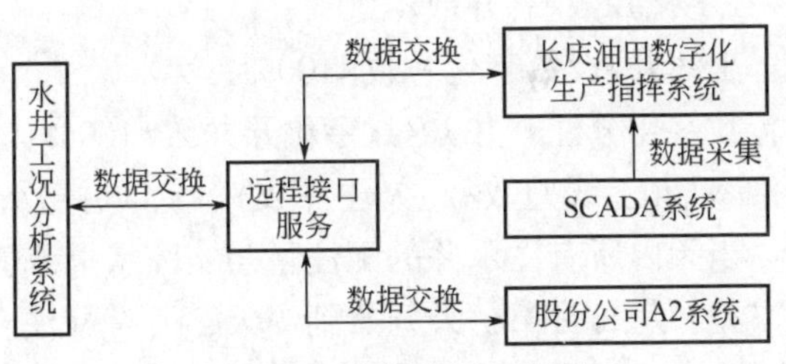

图 5.90　数据来源示意图

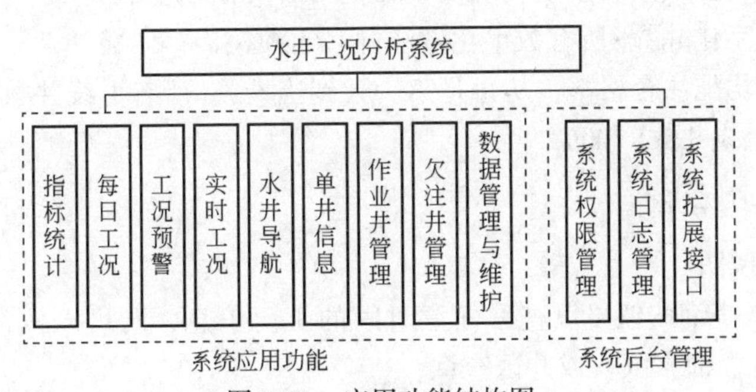

图 5.91　应用功能结构图

5.4.3.1　指标统计

系统界面：每天早上，系统会自动根据已获取的一天内的所有 5min 实时和基础数据，通过相应的数据模型分析出各作业区，以及全厂的数字化井数、数字化开井数、上线率等指标情况。

各项指标判断条件与计算公式如下：

（1）总井数：水井信息表中存在，且所属站、作业区、阀组等归属关系正确的注水井的总数；

（2）数字化井：注水井的瞬时流量、累计流量、管压、汇管压力等实时点，必须在实时库中存在才算是数字化井；

（3）开井：数字化注水井的配注量为有效数据，且单井状态为开启；

（4）上线井：5min 采集的数据，只要 1d 内有一条数据满足，累计流量变化量为有效数据（不能大于两倍配注），且瞬时流量、管压、汇管压力都为有效数据，就算上线；

（5）分注井：数字化开井中的非笼统井（即 welltype>1）；

（6）计划注水：所有上线井和注不进井的配注量之和；

（7）实际注水：所有上线井和注不进井的实注水量之和；

（8）利用率：开井数/总井数×100%；

（9）覆盖率：数字化井数/总井数×100%；

（10）上线率：上线井数/数字化井数×100%；

（11）分注率：数字化分注开井数/数字化开井数×100%；

（12）配注合格率：（上线井数-超欠注井数）/上线井数×100%；

（13）均方差：当天内所有注水井的配注量与实注水量差值的绝对值之和；

（14）累计均方差：从每月第一天开始到当天，所有配注合格率大于 50% 的所有均方差累计量；

（15）平均上线率：从每月第一天到当天，（所有上线井数+所有注不进井数）/（所有数字化井数-所有数字化停注井）×100%；

（16）平均配注合格率：从每月第一天到当天，（所有上线井数-所有超欠注井数）/所有上线井数×100%。

5.4.3.2 每日工况

1）界面说明

（1）点击查询按钮可以查看任意时间的工况信息，既可以按常规查询，也可以按工艺流、油藏区块或井区查询；

（2）点击数据补录按钮可以进行未数字化井和未上线井的数据补录；

（3）点击“分注井”选项，可以过滤出分注井的信息；

（4）点击“未上线井”选项，可以查看所有的未上线井信息，及未上线原因；

（5）点击“超欠注井”选项，可以查看所有超欠注井的详细信息；

(6) 点击“停注井”选项，可以查看所有的停注井及停注原因，还可以开启停注井。

(7) 点击每行的单井的详细按钮，进入单井详细信息界面。

2) 数据来源

每天早上，系统自动根据一天内的采集数据，汇总分析每口井的工况情况：

(1) 注水时间：通过累计一天内所有有效的5min获得。如果5min的采集数据、累计流量有变化，管压、汇管压力、瞬时流量为有效数据，就累计此5min；

(2) 汇管压力、管压：为一天5min数据的平均值；

(3) 油压、套压信息：取A2数据，若在水井信息表中维护了油压差和套压差，则油压=管压-油压差，套压=管压-油压差-套压差，六厂除外；

(4) 实注水量：取仪器一天内，累计表头的变化数据；

(5) 预警信息、预警原因、上线情况：根据一天的采集数据通过模型分析获得。

3) 注意事项

(1) 页面中字体为绿色的为延用数据，表示当天数据不合适，延用最近的有效数据。

(2) 上线情况若为空，则表示此井为注不进井，指标统计时按上线井统计。

(3) 若为未上线井，先看注水时间是否为0。若为0，则表示一天内没有采集到正确的数据，可能的原因为前端传回来的数据不正确或网络中断、前端各类仪器有问题、SCADA软件异常等；若不为0，再观察其值是不是很小而实注水量又比较大（一般5min累计流量的变化小于$1m^3$），这是由数据跳变引起的。

4) 数据补录

对于未采集到数据的井要进行手动录入相关数据项。点击每日工况中的“铅笔”图标出现的界面，如图5.92所示。

每天早上，系统自动汇总出当天的未数字化井和未上线井的相关数据；

(1) 未上线下载，点击“未上线”下载按钮，会下载相应未上线井的数据模板，在模板上填写缺失的数据；

(2) 未数字化下载，点击“未数字”下载按钮，会下载相应未数字化井的数据模板，在模板上填写缺失的数据；

(3) 未上线上传，点击“未上线”上传按钮，选择补好数据的模板，未上线井的工况数据就会入库，并在每日工况中展示，井号会显示为红色；

(4) 未数字化上传，点击“未数字”上传按钮，选择补好数据的模板，未数字化井的工况数据就会入库，并在每日工况中展示，井号会显示为黄色。

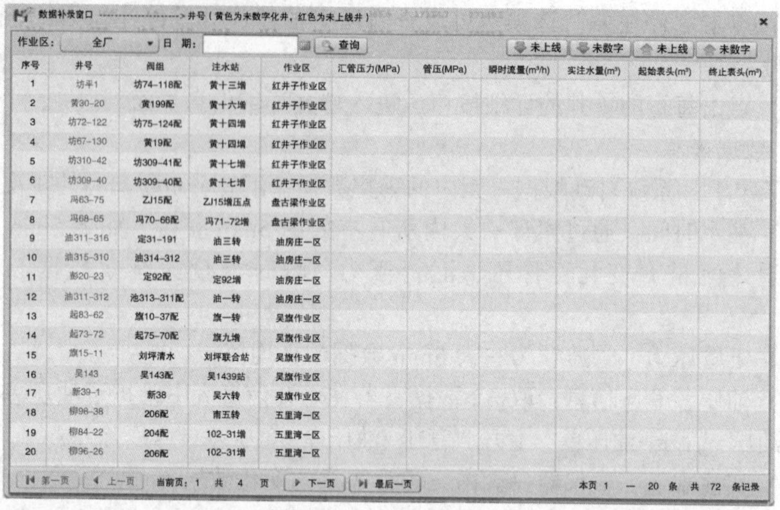

数据补录窗口 ---------------------> 井号（黄色为未数字化井，红色为未上线井）

作业区：全厂 日 期： 查询 未上线 未数字 未上线 未数字

序号	井号	阀组	注水站	作业区	汇管压力(MPa)	管压(MPa)	瞬时流量(m^3/h)	实注水量(m^3)	起始表头(m^3)	终止表头(m^3)
1	坊平1	坊74-118配	黄十三增	红井子作业区						
2	黄30-20	黄199配	黄十六增	红井子作业区						
3	坊72-122	坊75-124配	黄十四增	红井子作业区						
4	坊67-130	黄19配	黄十四增	红井子作业区						
5	坊310-42	坊309-41配	黄十七增	红井子作业区						
6	坊309-40	坊309-40配	黄十七增	红井子作业区						
7	冯63-75	ZJ15配	ZJ15增压点	盘古梁作业区						
8	冯68-65	冯70-66配	冯71-72增	盘古梁作业区						
9	油311-316	定31-191	油三转	油房庄一区						
10	油315-310	油314-312	油三转	油房庄一区						
11	彭20-23	定92配	定92增	油房庄一区						
12	油311-312	池313-311配	油一转	油房庄一区						
13	起83-62	旗10-37配	旗一转	吴旗作业区						
14	起73-72	起75-70配	旗九增	吴旗作业区						
15	旗15-11	刘坪清水	刘坪联合站	吴旗作业区						
16	吴143	吴143配	吴1439站	吴旗作业区						
17	新39-1	新38	吴六转	吴旗作业区						
18	柳98-38	206配	南五转	五里湾一区						
19	柳84-22	204配	102-31增	五里湾一区						
20	柳96-26	206配	102-31增	五里湾一区						

第一页 上一页 当前页：1 共 4 页 下一页 最后一页 本页 1 — 20 条 共 72 条记录

图 5.92 数据补录界面

在每日工况界面点击每口井“详细信息”中的“曲线”按钮时，弹出曲线查询窗口，可以查看任意时间段的注水参数变化曲线；同时通过选择打钩，过滤显示出分注井、未上线井、超欠注井、停注井。

5.4.3.3 工况预警

数字预警，主要展示 1h 内的预警情况，分为网络预警、站控预警、仪器故障预警。预警分析是在整点时刻，针对 1h 内所有每 5min 的采集数据及预警情况进行汇总分析（目前以 1h 内最新的一次预警为准）。点击作业区的“详细”按钮进入站的预警界面。

生产预警，主要展示前一天（默认 8：00 对 8：00）的预警情况，主要分为超欠注预警、压力预警、井筒诊断预警。预警分析是在每天早上 8：00，针对一天内采集的数据进行分析判断，具体分析步骤请查看水井系统说明。点击作业区的“详细”按钮进入站的预警界面。

5.4.3.4 实时工况

1）界面说明

（1）点击查询按钮可以查看任意时间的工况信息；

（2）点击报表按钮，可以将当前页面显示的数据，导出为 excel 报表；

（3）点击每行的单井的详细按钮，进入单井详细信息界面。

2）数据来源

整点时刻，根据采集到的 1h 内的实时数据，汇总分析注水井的运行和注水情况，并对注水井异常情况和上线情况进行相应的提示：

(1) 汇管压力、管压、瞬时流量：1h 内，所有数据 5min 的平均值；

(2) 油压、套压信息：取 A2 数据；

(3) 实注量：当天早上 8：00，到目前的累计表头变化量；

(4) 昨日注水：前一天的实注水量；

(5) 预警信息、上线情况：根据 1h 内的采集数据通过模型分析获得。

3) 注意事项

(1) 页面中字体为绿色的为延用数据，表示当天数据不合适，延用最近的有效数据；

(2) 上线情况若为未上线，则表示当前 1h 内不上线。若其他数据项都合适，则第二天统计时，肯定是上线的；若数据项不合适，需结合 5min 的采集数据，分析其不上线原因。

5.4.3.5 水井导航

水井导航中的地图展示功能，以作业区为单位，通过二维地图的形式，展示注水井的生产和数字预警情况，以及注水井与阀组的归属关系；以浮动窗口的形式，展示每口注水井的详细运行参数；同时注水管线可通过手动绘制形成。

注水管网在线绘制，可以使用户按照现场的实际情况，通过拖拽图标的方式，轻松直观地绘制出管网示意图，绘制好后需要设置图标和管线的属性参数，点击图标名称弹出功能菜单。

5.4.3.6 单井信息

在单井信息运行界面对各作业区注水井快速定位查询，显示单井基础信息、动态数据、注水曲线、压力流量曲线、井下管柱结构图、吸水剖面图等信息。

5.4.3.7 作业井管理

在作业井管理运行界面，通过报表柱状图的形式，展示全厂注水井措施计划完成情况，调用的是数字化生产指挥系统的界面。

5.4.3.8 欠注井管理

在欠注井管理运行界面，以欠注水井为基础，分别进行各种欠水量、欠注比率和欠注原因的汇总统计，以及查看欠注明细和针对欠水情况，制定相应的补水计划，进行相应的补水。

在补水界面，主要是具有权限的人员为需要补水的欠注井制定补水计划，并根据计划对补水过程进行跟踪监控。

5.4.3.9 数据管理与维护

数据管理与维护主要分为作业区、站、注水站、阀组、水井信息、实时点管理队伍的管理，注水井洗井、验封、水表更换、水表标定等基础信息的维护。其中站、阀组、水井信息的维护，有些特别需要注意的地方：

（1）站基本信息中，站控 IP、网络判断点、站控点表名为必填项，其中网络判断点和站控点表名，要与实时库一致，以便进行网络判断。

（2）阀组信息中，阀组的简拼要和实时库中保持一致，以便生产实时点时使用。

（3）水井信息中，水井的简拼要与实时库中保持一致，以便自动生成实时点使用。水井信息中的导入功能，主要是导入配注量数据、实时点功能，在水井简拼数据、阀组简拼数据、站点表名、简拼正确的情况下，可以自动创建水井的实时点。

（4）注水井洗井管理，主要是进行注水井洗井过程和效果信息的维护，也可上传相应的洗井方案和洗井过程文档。

（5）水井验封管理，主要是进行注水井验封信息的维护。

（6）水表更换管理，主要是进行水表标定信息的维护。水表标定系数是计算注水量的重要依据。

（7）水表标定管理，主要是进行注水井水表更换信息的维护。水表更换能够及时地调整表头数据，避免换表时造成的注水量计算误差，也可防止现场人员为提高水井工况率频繁更换表头。

5.4.3.10 权限管理

权限管理主要分为职务管理、部门管理、用户管理、角色管理、角色用户分配、角色导航分配：

（1）职务管理，主要进行用户职务信息的维护；

（2）部门管理，主要进行用户部门信息的维护；

（3）用户管理，主要进行用户基本信息的维护；

（4）角色管理，主要维护角色基本信息用以给其下的所有用户分配导航权限；

（5）角色用户分配，主要是给指定的角色添加用户，添加用户时，通过拖拽来进行数据维护；

（6）角色导航分配，主要为所有的角色配置可访问的导航地址，添加导航地址时，拖拽完成。

5.4.3.11 数字式分注管理

数字式分注管理运行界面如图 5.93 所示：主要是对数字式分注井进行监控管理，分为基本信息、实时监控、实时测调三个部分，其中实时测调只是界面没有数据。

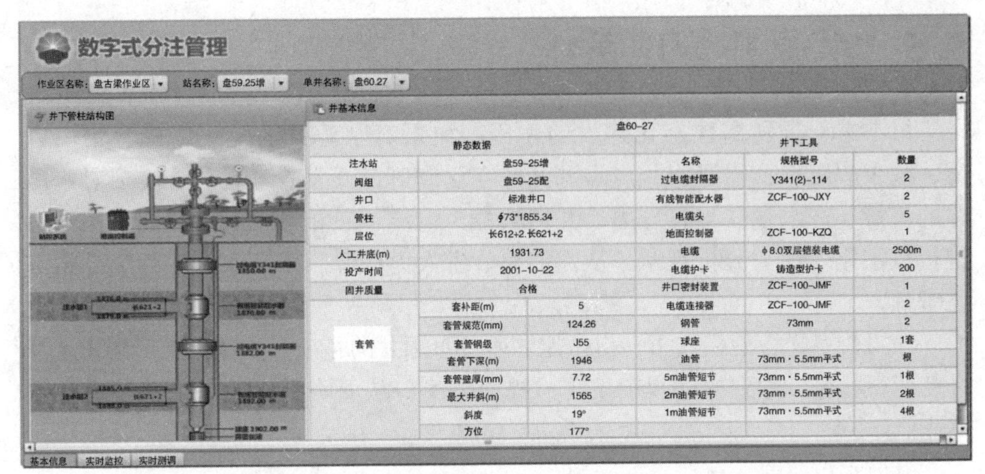

盘60-27					
静态数据			井下工具		
注水站	盘59-25增		名称	规格型号	数量
阀组	盘59-25配		过电缆封隔器	Y341(2)-114	2
井口	标准井口		有线智能配水器	ZCF-100-JXY	2
管柱	∮73*1855.34		电缆头		5
层位	长612+2.长621+2		地面控制器	ZCF-100-KZQ	1
人工井底(m)	1931.73		电缆	φ8.0双层铠装电缆	2500m
投产时间	2001-10-22		电缆护卡	铸造型护卡	200
固井质量	合格		井口密封装置	ZCF-100-JMF	1
套管	套补距(m)	5	电缆连接器	ZCF-100-JMF	2
	套管规范(mm)	124.26	钢管	73mm	2
	套管钢级	J55	球座		1套
	套管下深(m)	1946	油管	73mm · 5.5mm平式	根
	套管壁厚(mm)	7.72	5m油管短节	73mm · 5.5mm平式	1根
	最大井斜(m)	1565	2m油管短节	73mm · 5.5mm平式	2根
	斜度	19°	1m油管短节	73mm · 5.5mm平式	4根
	方位	177°			

图 5.93　数字式分注管理运行界面

5.4.3.12　同心双管分注

同心双管分注界面如图 5.94 所示：主要是对同心双管分注井进行监控管理，分为基本信息、监测数据、实时曲线三个部分，基本数据只是展示相关分注井的基本信息。

同心双管分注管理
作业区：五里湾一区
站名称：南六注
单井：柳102.30
井下管柱结构图
井基本信息

柳102-30					
静态数据			生产数据		
人工井底(m)	1754		注水站	南六注	
投注时间	2010-05-24		阀组	柳102-31	
固井质量	合格		井口	标准井口	
射孔方式			管柱	∮88.9*1711.99	
系统水质			层位	长612上段，长621下段	
	套补距(m)	2.6	井下工具		
	套管规范(mm)	124.26	名称	规格型号	数量
	套管钢级	J55	配水器		2
	套管下深(m)	0	封隔器		2
	套管壁厚(mm)	7.72	插管密封器		1
	最大井斜(m)	650	插管		1
	斜度(°)	24.02			
	方位(°)	307.12			
水泥返高	98				

基本信息　实时监控　实时测调

图 5.94　同心双管分注界面

同心双管分注管理的监测数据，主要是汇总分析同心双管分注井及层位的日工况数据。

同心双管分注管理的实时曲线，主要是汇总展示同心双管分注井、层位的日工况数据及小时工况曲线等信息。

5.5 水源井管理系统

为了进一步发挥数字化建设的作用，加强对水源井的统一管理、集中调配，减少故障率，需进行相应水源井数字化改造，开发管理软件，实现对水源井的流量、产水量、出口压力、井筒液位、电流、三相电参等必要的生产参数进行数字化管理与分析判断，从而能够节省人力资源，实现水源井的统一精细化管理。

油田数字化管理模式下，应该能够通过水源井的各项参数数据，分析出水源井的运行状况，做到故障提前发现、提前解决，从而降低水源井的故障率和维修率。

目前水源井主要存在以下问题：

（1）油田水源井数量众多，各厂的水源井系统分散，参差不齐，对水源井相关数据的统计与整合管理不全面，厂级和作业区级的数字化管理仍是个空白；

（2）水源井设备故障率高，易发生泵干抽等故障情况，造成过高的维修率，大大增加了水源井的管理成本。

5.5.1 系统架构

水源井管理系统总体架构是按照分单位的管理层级进行构架的，包括公司级、厂级和作业区级水源井管理系统。每一级都有相应的功能，并且相互之间协调工作，从而更有效地实现了每一口水源井的细化分类管理。

5.5.1.1 系统总体结构

水源井管理系统从软件架构上划分为六大层次，分别是数据服务层、应用服务层、逻辑处理层、接口服务层、系统服务层、Web 服务层，如图 5.95 所示。

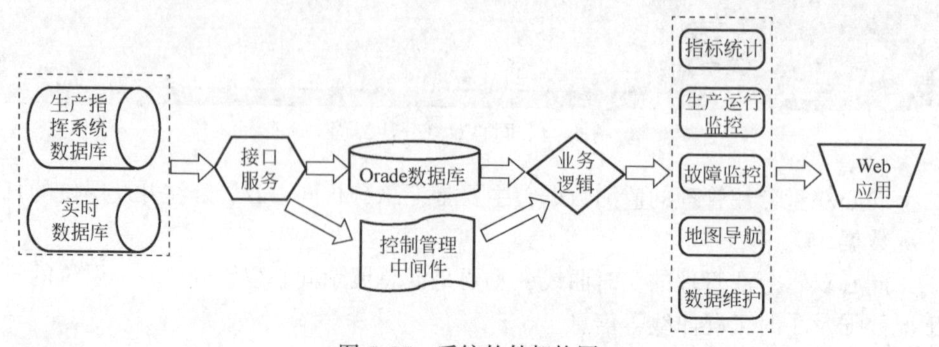

图 5.95　系统软件架构图

（1）Web 服务层：主要负责系统功能的发布；

（2）应用服务层：负责整个系统的业务实现；

（3）逻辑处理层：主要负责系统内部数据流转和数据处理任务；

（4）系统服务层：系统应用功能进行整合，以统一风格的界面面向最终用户；

（5）接口服务层：负责系统所有接口的运行和管理任务；

（6）数据服务层：负责整个平台的数据存储、发布和管理任务。

5.5.1.2　系统数据架构

系统数据架构如图 5.96 所示。系统数据库结构采用可扩展的数据库结构设计。其数据库应用分类主要分为 Oracle 数据库和 OpenPlant 数据库。Oracle 数据库主要用于系统的实际应用部分的数据存取，OpenPlant 数据库主要用于系统扩展部分实时数据的存取。

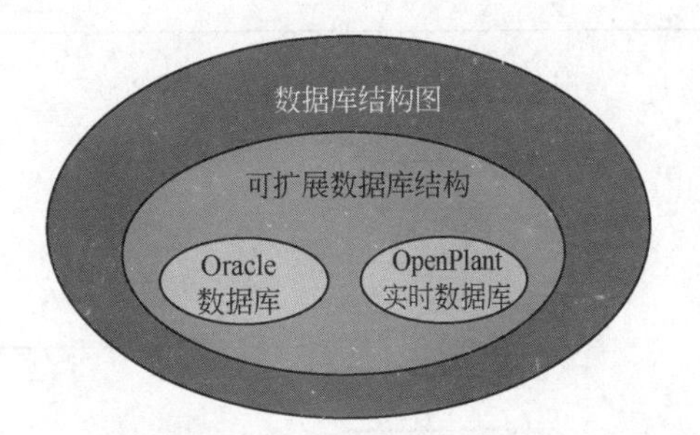

图 5.96　系统数据架构图

5.5.1.3　数据模型

水源井管理系统数据模型，主要是基于多数据信息融合的工况分析模型，故障分析流程如图 5.97 所示。故障分析分级描述见表 5.5。

表 5.5　故障分析分级描述

秒级故障分析	（1）每 10s，采集一次水源井所属站的网络判断点的实时数据，根据实时数据的结果，分析所属站的网络状况和站控情况，并根据分析结果进行相应的网络和站控故障提示，若无网络和站控故障，则进行相应的仪器故障分析和三相电压电流的数据分析。网络和站库故障判断依据：① 网络故障，发送 socket 测试分析每个站 7 个常用点的运行状态，综合分析出网络情况，若网络不正常，则网络故障；②站控故障，查看实时点的链接情况，若所有的实时点运行状态都为超时状态或者水井的四类实时点状态都为超时状态，即为站控故障。 （2）仪器故障分析，首先根据采集到的井口压力数据，分析其是否小于 0 或大于规定最大压力值 1.5 倍，若出现所述情况则提示压力表头故障；接着分析瞬时流量数据，若出现小于 0 或大于规定最大流量值 2 倍的情况，且表头累计流量变化正常，则提示流量计故障；最后分析水位数据，若水位数据小于 0 或大于规定最大值 1.2 倍，则提示液位计故障。 （3）三相电压电流数据分析，若三相电压数据均大于 0，且三相电压中最大电压值小于规定的低压故障限制值，则提示低压故障；若三相电压数据中，有任何一相数据为 0，则提示缺相故障；若电压正常，且电流≥电潜泵的额定功率×1000/最大电压，则提示过载故障

续表

分钟级故障分析	数据采集 5min 一次，根据采集的数据，进行相应的故障分析，分析步骤为： (1) 每 5min，采集一次水源井所属站的网络判断点的实时数据，根据实时数据的结果，分析所属站的网络状况和站控情况，并根据分析结果进行相应的网络和站控故障提示。若无网络和站控故障，则进行相应的仪器故障分析和三相电压电流的数据分析。 (2) 仪器故障分析，首先根据采集到的井口压力数据，分析其是否小于 0 或大于规定最大压力值 1.5 倍，若出现所述情况则提示压力表头故障；接着分析瞬时流量数据，若出现小于 0 或大于规定最大流量值 2 倍的情况，且表头累计流量变化正常，则提示流量计故障；最后分析水位数据，若水位数据小于 0 或大于规定最大值 1.2 倍，则提示液位计故障。 (3) 三相电压电流数据分析，若三相电压数据均大于 0，且三相电压中最大电压值小于规定的低压故障限制值，则提示低压故障；若三相电压数据中，有任何一相数据为 0，则提示缺相故障；若电压正常，且电流≥电潜泵的额定功率×1000/最大电压，则提示过载故障
小时级故障分析	汇总分析分钟级故障，根据水源井某种故障在 1h 内出现的次数和严重程度进行相应的预警

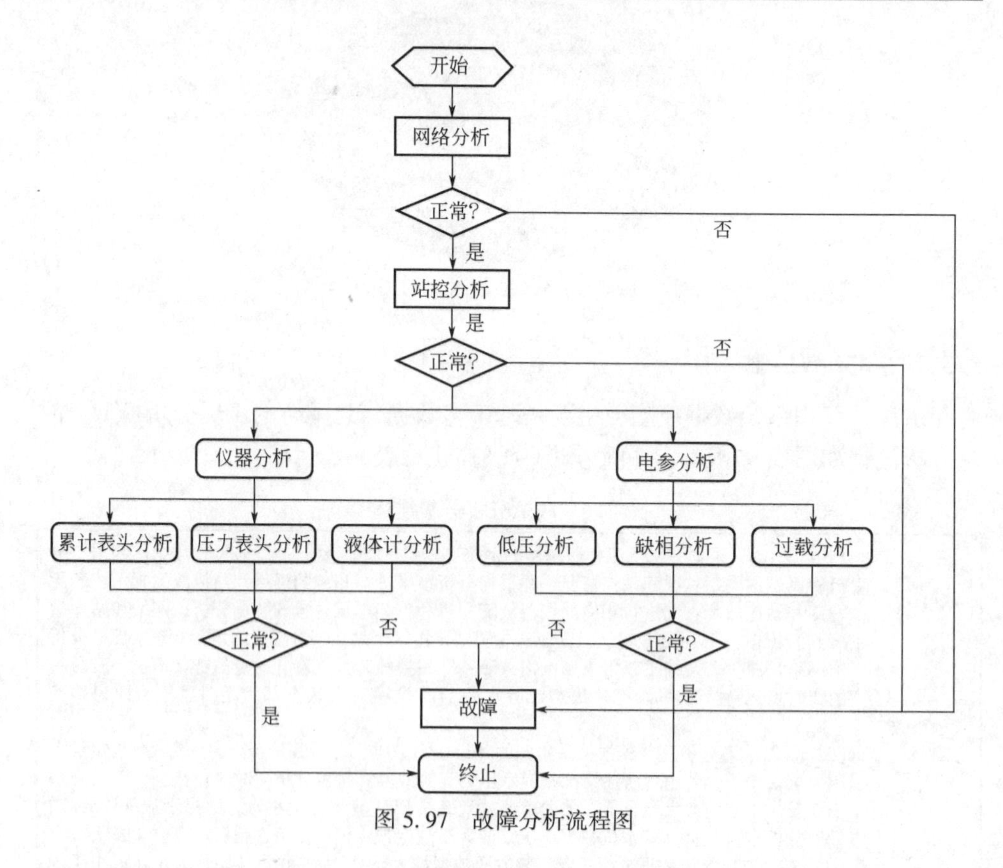

图 5.97　故障分析流程图

指标计算公式如下：

水源井利用率=数字化开井数/数字化井数；

水源井上线率=上线井数/数字化开井数；

数字化覆盖率=数字化井数/总井数。

5.5.2 数据来源

系统通过远程服务接口的方式从数字化生产指挥系统、站库系统提取数据，不需要人工录入数据，如图5.98所示。

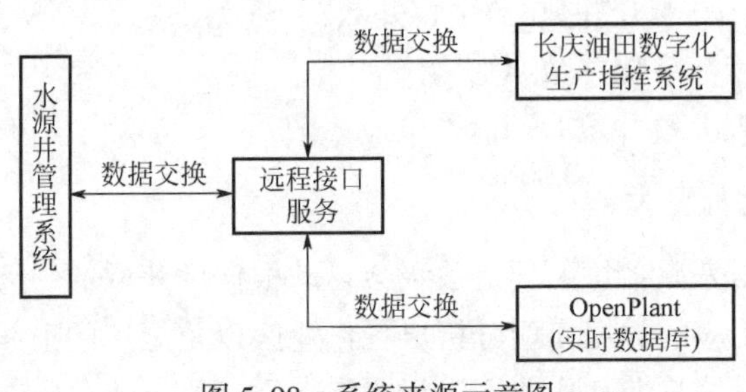

图5.98　系统来源示意图

5.5.3 功能介绍

水源井管理系统从应用功能上划分为指标统计、生产运行监控、故障监控、地图导航、数据维护、系统权限管理、系统日志管理、系统扩展接口，如图5.99所示。下面详细介绍其中几个功能。

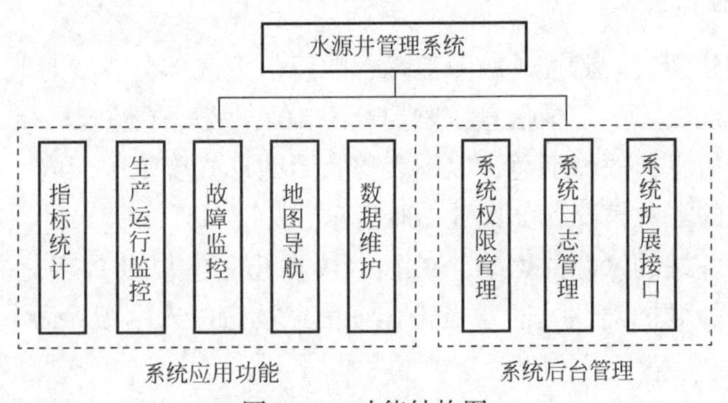

图5.99　功能结构图

5.5.3.1 指标统计

每天早上，系统会自动根据已获取的一天内的实时数据和基础数据，通过相应的数据模型分析出各作业区以及全厂的数字化井数、数字化开井数、上线率等指标情况。各项指标判断条件与计算公式如下：

(1) 数字化井：水源井的瞬时流量、井口压力、水位、电参等实时点，必须在实时库中存在才算是数字化（目前为瞬时流量和累计流量的点必须为“good”）；

（2）开井：水源井的瞬时流量三相电压，电流为有效数据就算开井（瞬时流量为有效数据就算开井）；

（3）上线井：水源井的瞬时流量为有效数据，且表头累计值有变化，就算上线；

（4）利用率：等于开井数/数字化井数；

（5）覆盖率：数字化井数/总井数；

（6）上线率：上线井数/开井数。

5.5.3.2 生产运行监控

每日监控数据来源：每天早上系统会自动根据已获取的一天内的实时数据和基础数据，通过相应的数据模型分析出各作业区以及全厂的上线井和未上线井的供水情况，还可以按日期和作业区进行查询。

实时监控数据来源：实时监控每口水源井的每项实时点的状态和数据的变化情况，数据每4s变化一次，上线情况和累计流量的状态每10min变化一次（注意：累计流量、瞬时流量数据为绿色且状态为正常，才算上线）。

点击水源井的运行状态按钮进入单井信息界面。单井信息界面显示单井基础信息、动态数据、日供水曲线、三相电压电流曲线等信息。

5.5.3.3 故障监控

故障监控分为实时监控、故障追踪、故障汇总三部分。实时监控，展示的是水源井首次出现故障的记录信息，监控频率10s；故障追踪，展示的是每口水源井的详细预警信息；故障汇总，以图表柱状图的形式展示一天内，各作业区、各站水源井故障的汇总情况，如图5.100所示。

汇总统计各站的水源井网络、站控、仪器预警，以及数字化井和开井情况（详细内容参见水井综合系统），点击详细信息按钮进入站级界面。

5.5.3.4 地图导航

以作业区为单位，通过二维地图的形式，展示水源井预警情况，以及水源井与供水站的归属关系，以浮动窗口的形式，展示每口水源井的详细运行参数。

5.5.3.5 单井信息

显示单井基础信息、动态数据、日供水曲线、三相电压电流曲线等信息，可查询不同水源井的信息。

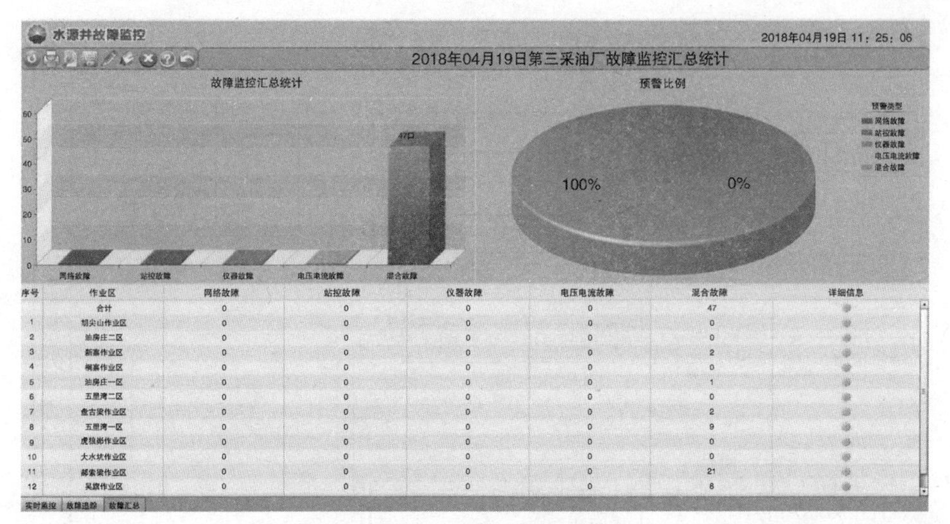

图 5.100　水源井故障监控界面

5.5.3.6　数据维护

数据维护主要是维护水源井管理系统的基础信息，主要包括供水站信息、水源井基础信息、实时点信息。这些数据是保障水源井管理系统自动采集数据、分析数据的基础。注意事项如下：

（1）水源井信息，水源井的简拼要与实时库中保持一致，以便自动生成实时点时使用。水源井信息中的实时点功能，在水源井简拼数据、站控点表名、简拼正确的情况下，可以自动创建所选水源井的实时点。

（2）供水站信息中，站控 IP、网络判断点、站控点表名为必填项，其中网络判断点和站控点表名，要与实时库一致，以便进行网络判断。

（3）实时点管理，主要是维护水源井的实时点信息，具体维护过程可查看水井系统相关内容。

5.6　机采系统效率优化分析系统

5.6.1　系统效率采集原理

系统效率在线监测技术通过对现有数据库中动、静态数据的分析研究，以实时监测的电参数动态数据库为基础，实现抽油机井能耗与系统效率的统计分析与电量计算、能耗与系统效率宏观评价，如图 5.101 所示。

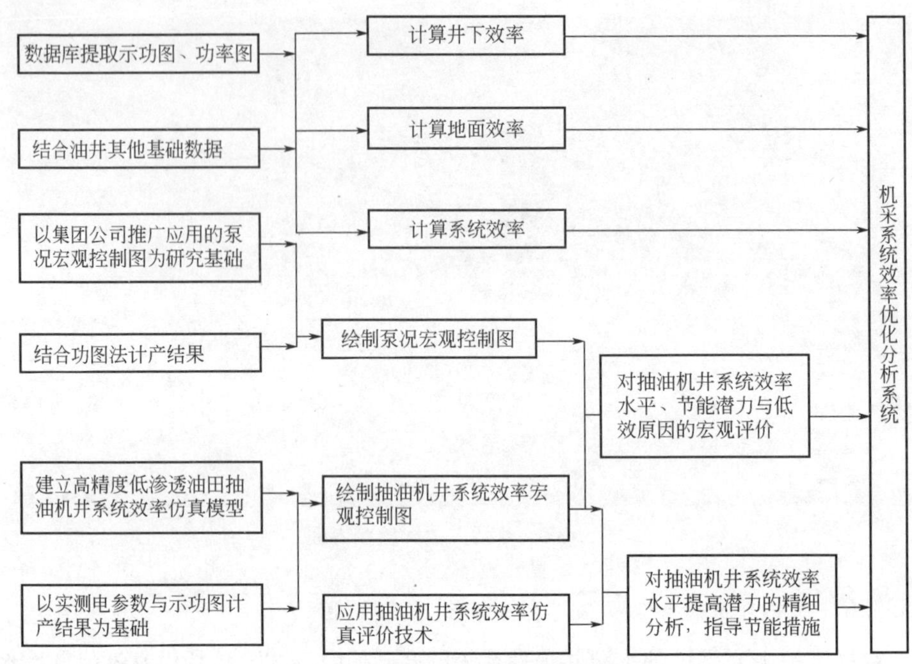

图 5.101　系统效率在线测试技术结构

5.6.2　数据来源

所有参数均来自油水井生产决策和工艺专家系统 SQL Server 数据库，见表 5.6。

表 5.6　系统效率数据来源统计表

<table>
<tr><th>数据名称</th><th>SQL 中字符</th><th>传输制式</th></tr>
<tr><td rowspan="2">悬点载荷</td><td>pr_min_f 悬点最小载荷</td><td rowspan="2">10min/次</td></tr>
<tr><td>pr_max_f 悬点最大载荷</td></tr>
<tr><td>悬点位移</td><td></td><td>10min/次</td></tr>
<tr><td>功率</td><td></td><td>10min/次</td></tr>
<tr><td>油层中深</td><td>mean_depth</td><td>定值</td></tr>
<tr><td>油井静压</td><td>formation_pressure</td><td>定值</td></tr>
<tr><td>饱和压力</td><td>satur_pressure</td><td rowspan="4">一个站
一组定值</td></tr>
<tr><td>原油黏度</td><td>viscosity</td></tr>
<tr><td>原油密度</td><td>density</td></tr>
<tr><td>天然气相对密度</td><td>gas_compress_factor</td></tr>
</table>

续表

数据名称	SQL 中字符	传输制式
下泵深度	pump_ set_ depth	某天的一个定值
泵径	pump_ nom_ diam	
使用冲次	n	10min/次
使用冲程	s	10min/次
数据名称	SQL 中字符	传输制式
气油比	gas_ oil_ ratio	一天一个数据（中间有中断如图）
井口油压	oil_ pressure	
井口套压	casing_ pressure	
含水率	water_ content	
动液面	dfl	
实际产液	liquid_ voutput_ on_ grd	基本 10min/次
油管是否锚定	tube_ anchor（type）	定值
油管规格	Tube（spec）	确定
最近检泵日期	pump_ check_ datetime	
杆柱级数	step_ index_ from_ top	确定日期的定值
抽油杆直径	nominal_ diameter	
抽油杆内径	无	
抽油杆长度	step_ length	
抽油杆强度等级	material_ grade	
抽油杆材质	material_ grade	
井结构数据	well_ hole_ data	定值

5.6.3　现场升级实施方式

5.6.3.1　硬件接线排查及规范

目前油井数据采集 RTU 已经完成了示功图采集的基本功能，所需要完成的主要工作是对井口 RTU 进行程序升级及现场供电参数的检查，从而实现功率图数据的采集功能。

油井三相电参采集线缆的检查及调整：根据输入功率采集要求，三相电压采集线和三相电流采集线必须一一对应起来（以安控设备为例，其他设备相类似），如图 5.102 和图 5.103 所示。

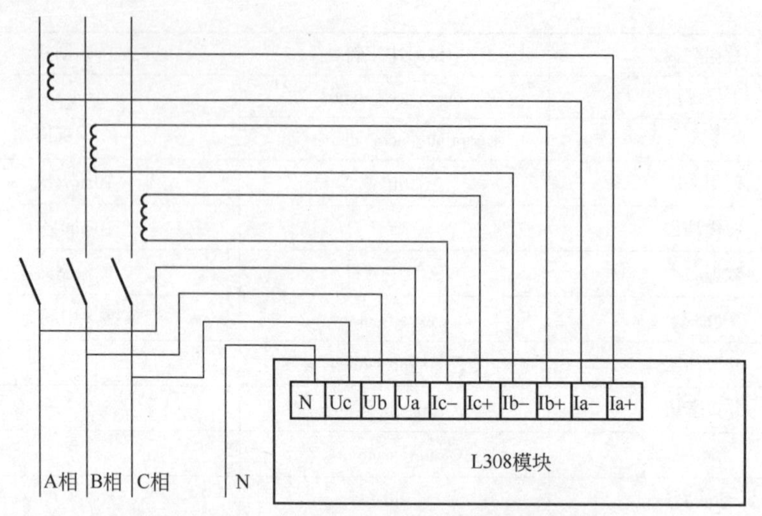

图 5.102　井口 RTU 三相电参采集接线标准

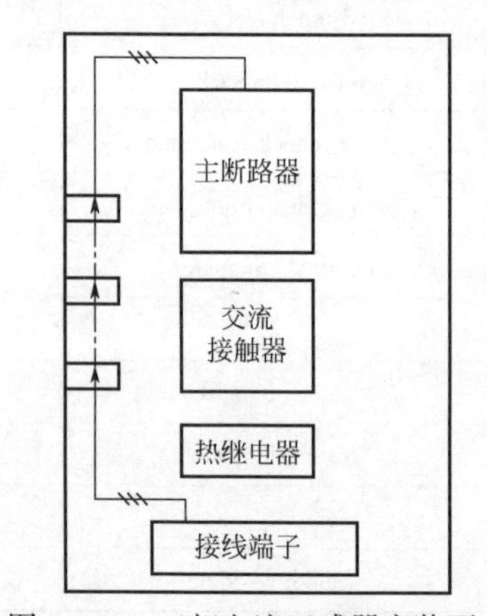

图 5.103　三相电流互感器安装要求

5.6.3.2　硬件升级步骤

1）安控设备

实现系统效率计算主要分为四个步骤，图 5.104 是根据现场实际完成的安控井口为 L308（L305）+井场 L201（L211）设备的基本步骤。

（1）井口 RTU 程序升级：完成油井三相电参采集线的检查及标准化接线后，进行油井 RTU 程序升级及调试工序。通过在现场进行测试及验证，E5318-I 井口 RTU 支持功率图采集的程序版本为 L308_ S907_ S910_ ZIGBEE_ V4.10.bin。其程序下载过程同其他安控产品程序升级步骤。

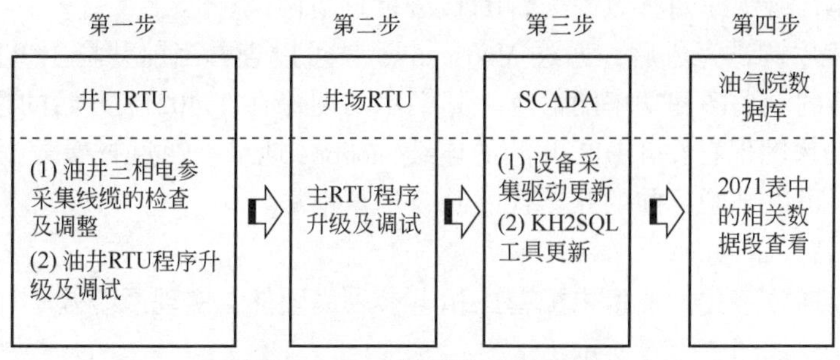

图 5.104　安控设备升级步骤

（2）对油井 RTU 进行调试的主要工作包括对油井三相电参数据的查看、示功图数据的查看、功率图数据的查看等内容，如图 5.105 所示。

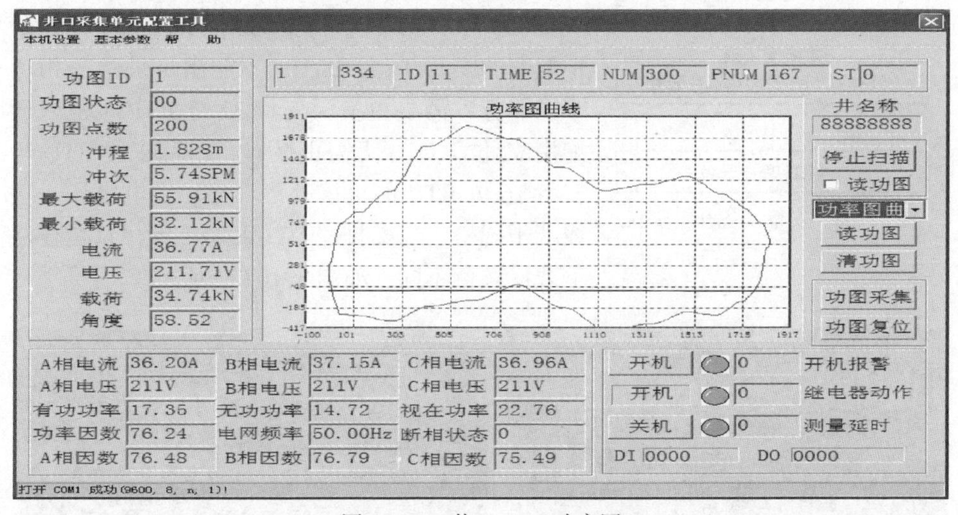

图 5.105　井口 RTU 功率图

（3）电参数核查：油井有功功率、无功功率、视在功率数据的合理性检查。A 相因数、B 相因数、C 相因数应随着油井运行进行同步变化。

（4）示功图检查：完整性检查、示功图冲程、冲次参数的准确性检查。

（5）功率图检查：功率图的外形随着油井平衡度的情况差异很大。如图 5.105 所示，该功率图基本呈一闭合形状。

（6）主 RTU 程序升级：完成油井程序升级及调试后，即可开展井场主 RTU 程序的升级和调试工作。井场主 RTU 所对应的程序为目前安控最新的井场主 RTU 程序——L211_ SCADA_ ZIGBEE_ V3.262.bin，程序升级步骤不再赘述。在升级过程中，只需要进行程序的“下载”和“存储”操作，无需进行参数初始化等操作，避免原始参数丢失，RTU 进行重新调试。

（7）程序调试完成后，通过 Modscan 工具可以查看当前井场主 RTU 是否读取到了最新的示功图和功率图信息。其中示功图保存在 40211 开始的连续 modbus 地址，功率图保存在 41011 开始的连续 modbus 地址。通过查看数据是否存在并且连续，可以判断目前的井场程序升级是否正常。

2）安特设备

安特前期数字化抽油机未配套三相电参采集硬件，实现系统效率计算主要分为四个步骤，如图 5.106 所示。

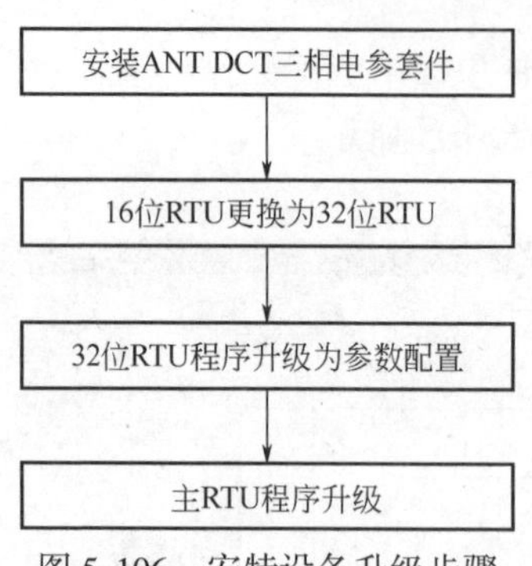

图 5.106　安特设备升级步骤

（1）安装 ANT DCT 三相电参套件：每台控制柜需增加三相电参模块 ANT DCT 三相电参模块一套。电参模块安装在 RTU 侧面，电流互感器安装在进线端。

（2）16 位 RTU 更换为 32 位 RTU：早期控制柜配套的安特 16 位 RTU，不能满足采集三相功率图业务，需要更换为安特 32 位 RTU（柜内已配用 32 位 RTU，无需更换）。安特 32 位 RTU 与安特 16 位 RTU 的机体外形尺寸、供电电压、接线端子规格、定义排序及线束均一致，只是程序下载口颜色不同，如图 5.107 所示。

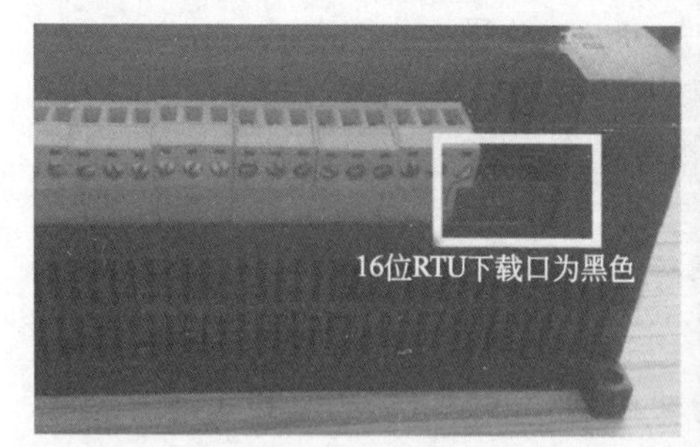

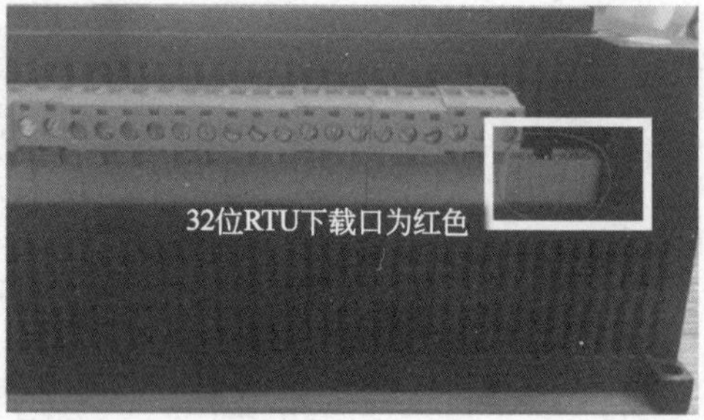

图 5.107　安特 16 位 RTU 与 32 位 RTU

（3）32 位 RTU 程序升级（图 5.108）：

① 打开调试软件进入固件升级界面；

② 点击选择需要下载的程序；

③ 点击“开始升级”；

④ 等待 63 包数据下载完成，重启 RTU。

（4）32 位 RTU 参数配置（图 5.109）：

① 设置平衡度算法为功率法，10 进制设成 17；

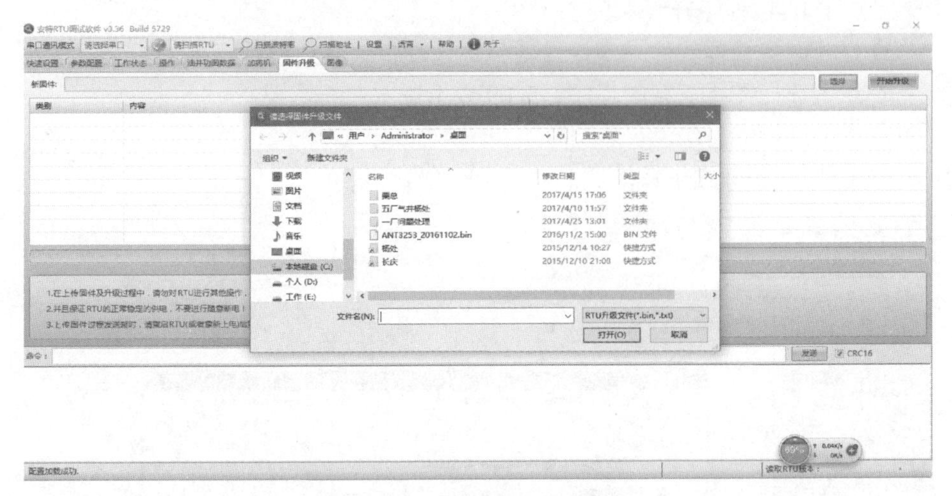

图 5.108　32 位 RTU 程序升级

② 设置三相电参型号，ANT DCT-50 10 进制设成 2，ANT DCT-80 10 进制设成 3。

安特RTU调试软件 v3.36 Build 5729

串口通讯模式 请选择串口 | 请扫描RTU | 扫描波特率 | 扫描地址 | 设置 | 语言 | 帮助 | 关于

快速设置 | 参数配置 | 工作状态 | 操作 | 油井功图数据 | 加药机 | 固件升级 | 图像

模版：10型15Kw电机　配置模版版本：20130817　重启　读取全部参数值　写入全部参数值　清空显示值

ID	参数名称	说明	参数值(10进制)	参数值(16进制)	读取	修改
P09	*		0	00	读取	修改
P10	平衡度算法	0，功率法；1，电流法	17	11	读取	修改
P11	电机温度保护值	0=不保护，1-255摄氏度	0	00	读取	修改
P12	状态更新间隔	工况的采样间隔，单位秒5-65535；默认值10秒	10	000a	读取	修改
P13	CPU温度修正		0	00	读取	修改
P14	电机温度通道	取值0-7，AI	0	00	读取	修改
P15	电平方式井启停通道	0-7，启动和停止用一个通道控制，DO	0	00	读取	修改
P16	脉冲方式井启动通道	0-7，脉冲启动，DO；默认值0	0	00	读取	修改
P17	脉冲方式井停止通道	0-7，脉冲停止，DO；默认值1	1	01	读取	修改
P18	自动起井延时	0不自动起井，1-255秒	0	00	读取	修改
P19	*		0	00	读取	修改
P20	三相电参型号	1=EDA9033,2=G7_530	2	02	读取	修改
P21	功图采集间隔	功图的采样间隔，单位秒60-65535；默认值600秒	600	0258	读取	修改
P22	功图采集超时	默认80秒	80	50	读取	修改
P23	自动冲次命令通道	取值0-7，DI；默认值4	4	04	读取	修改
P24	载荷通道	取值0-7，AI；默认值1	1	01	读取	修改

命令：　发送　CRC16

图 5.109　RTU 参数配置

(5) 主 RTU 程序升级（图 5. 110)：

① 打开设备管理软件→连接设备→进入设备软件升级界面；

② 点击选择需要下载的程序，5. 09 以上版本；

③ 点击“开始升级”；

④ 等待 13 包数据下载完成。

图 5. 110　主 RTU 程序升级

3）凯山设备

SCADA 系统效率功能升级需升级现场 RTU 软件和低于 2. 0 版本的电参软件，RTU 可在作业区任一台电脑上远程升级，而电参不支持无线升级，需用编程线对电参进行有线升级。

(1) 电流互感器安装要求：电参现场安装要求三相电流互感器电流方向标识应与现场电流方向一致，且三相电流与三相电压接线必须对应，否则将无法正常测试功率图，如图 5. 111 所示。

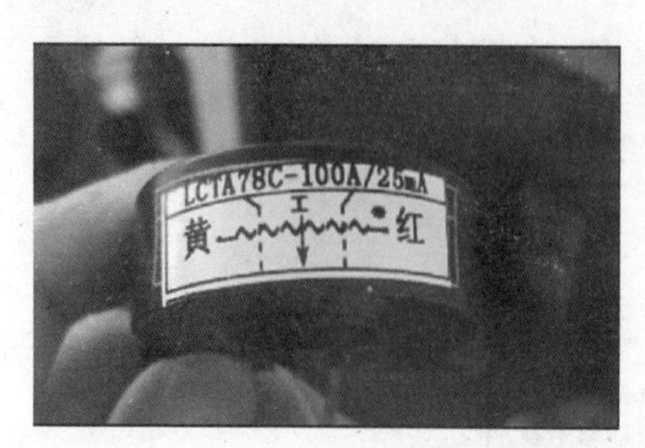

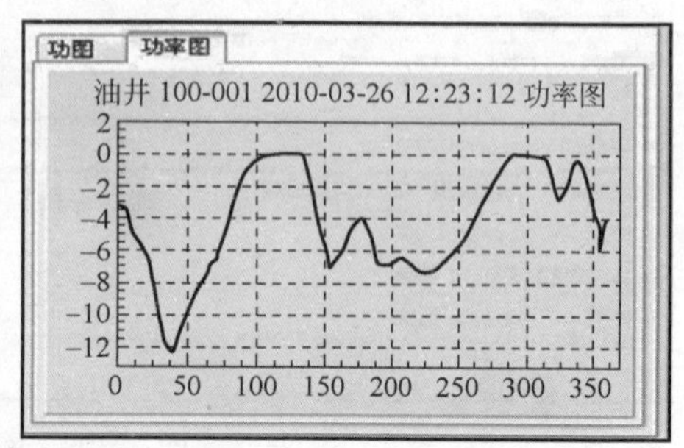

图 5. 111　凯山电流互感器安装

（2）电参升级（图 5.112）：

① 将 USB 编程器与计算机连接，在计算机上安装 USB 编程器驱动。

② 打开电参盒盖，将编程线 6 芯插头与电参电路板背面的白色 6 芯插座连接。

③ 将 USB 编程器与计算机连接，打开编程软件“AVR_ fighter. exe”。

④“芯片选择”中设置当前芯片为“Atmega128”，并点击“读取”按钮，等待提示“读取芯片特征字及效准值…完成”。如果提示“进入编程模式失败”，请检查编程器与 RTU 连接是否可靠。

⑤ 点击“装 FLASH”，选择“MCCY-1（V2.0）. hex”文件并点击“打开”。

⑥ 将软件的“编程选项”中的设置按图配置后，点击“编程”，等待编程完毕且校验通过。

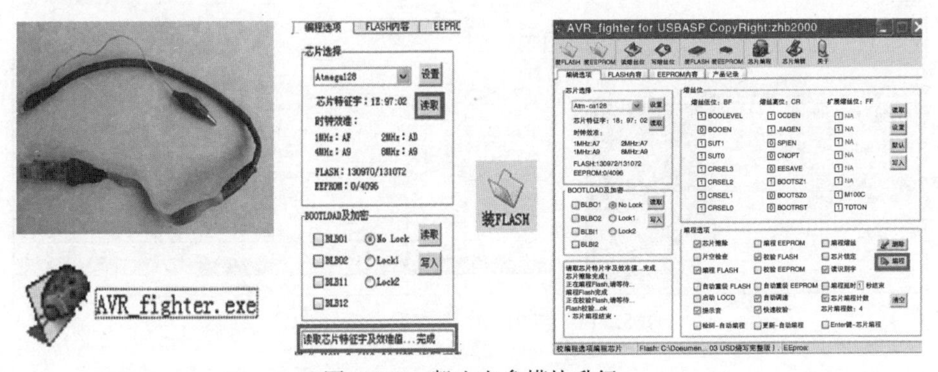

图 5.112　凯山电参模块升级

（3）功率图查看方法：如图 5.113、图 5.114 所示。

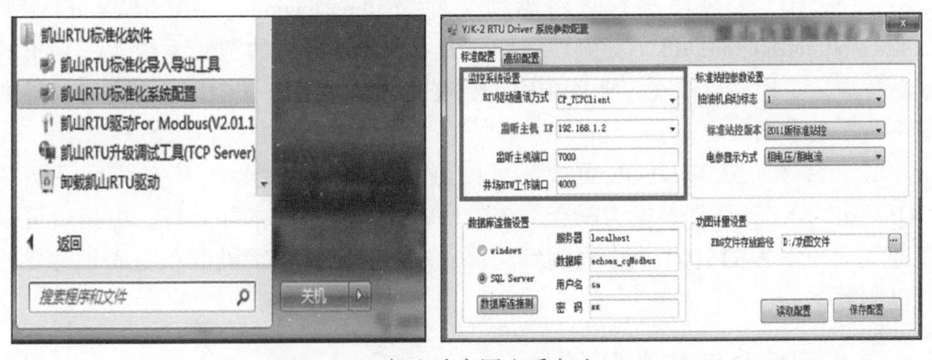

图 5.113　凯山功率图查看方法（一）

① 确保 RTU 软件为 V2.22 或以上版本，电参软件为 V2.0 或以上版本。

② 安装“凯山 RTU 驱动安装程序（系统效率）V4.03.1200”，并确保电脑

已安装“Microsoft. NET Framework 3. 5”或以上版本。

③ 打开“凯山 RTU 标准化系统配置”，在红色标识区域按图 5. 113 所示配置，其中“监听主机 IP”需填写本地 IP，然后点“保存配置”。

④ 用“ZNetCom 以太网串口转换设备配置工具”将 RTU 工作端口改为“4000”。

⑤ 打开“凯山 RTU 升级调试工具”。

⑥ 填写“RTU IP 地址”“RTU 端口”和油井站号，选择“示功图/功率图”和“功率图”分页栏，点击“读取功率图”，即可显示当前功率图，如图 5. 114 所示。

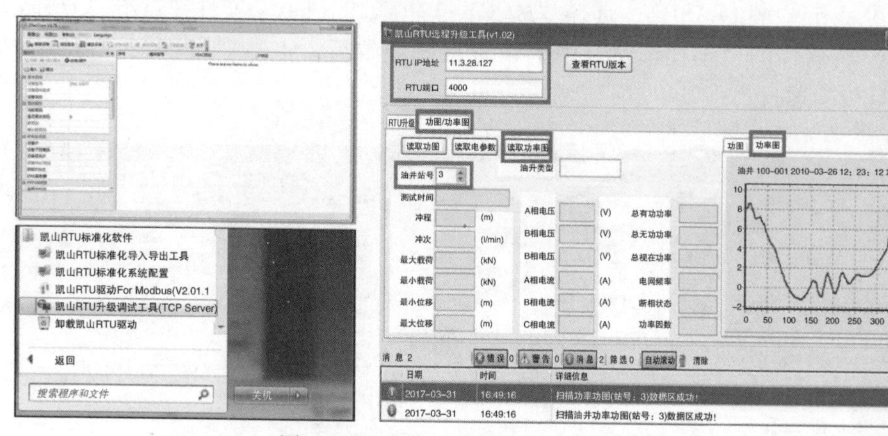

图 5. 114　凯山功率图查看方法（二）

5. 6. 3. 3　SCADA 系统配置步骤（以亚控 SCADA 系统为例）

（1）更换驱动：在路径 C：\ Program Files （x86） \ KingSCADA \ bin \ Driver（SCADA 安装路径）下将驱动文件 ModbusDiagram_ KAISHAN. dll（凯山）、ModbusDiagram. dll（安控）更换成为亚控公司提供的配套系统效率采集的最新程序。更换后可以在工业库中查询到变量名为“ * * $ GLT”的变量，查询值不为零的数据。

（2）转发工具 KH2SQL 更换：将目前在用的 KH2SQL 工具安装目录下的“KH2SQL. EXE”文件替换为配套系统效率转发的最新版本并运行。更换后可以在油气院 SQL 库的 2071 表中查询到“em_ ele_ param”字段由 0 变成不为 0 的二进制数据。

5. 6. 4　现场升级结果验证

5. 6. 4. 1　系统效率在线测试效果现场验证过程

第一步：RTU 采集进入主 RTU，通过 RTU 自带测试软件验证，初步判断程序升级正常与否、接线正常与否。

第二步：数据进入 SCADA 工业库，工业库相应变量数据由全“0”变为有值的二进制数，可以初步判断驱动正常与否。

第三步：数据通过转发工具进入油气院 SQL 库 2071 表，2071 表中相应字段数据由数据由全“0”变为有值的二进制数，可初步判断工具正常与否。

第四步：数据进入系统效率在线测试系统，可以根据系统显示结果与第一步对比判断整个数据传输过程是否正常。

第五步：使用手持系统效率测试仪器进行现场测试，与系统效率在线测试系统计算结果比对，结果一致则完成验证。

系统效率在线测试效果现场验证，如图 5.115 所示。

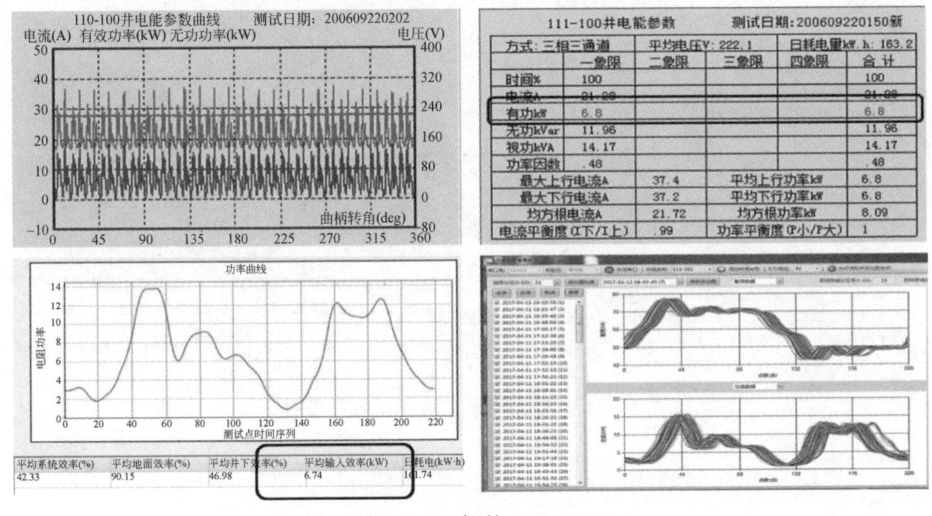

111-100井电能参数　测试日期：200609220150新

方式：三相三通道		平均电压V：222.1		日耗电量kW.h：163.2	
	一象限	二象限	三象限	四象限	合计
时间%	100				100
电流A	21.98				21.98
有功kW	6.8				6.8
无功kVar	11.96				11.96
视功kVA	14.17				14.17
功率因数	.48				.48
最大上行电流A		37.4	平均上行功率kW		6.8
最大下行电流A		37.2	平均下行功率kW		6.8
均方根电流A		21.72	均方根功率kW		8.09
电流平衡度(I下/I上)		.99	功率平衡度(P小/P大)		1

图 5.115　新盐 110-100

（1）将电动机输入功率的实测值与软件计算结果进行对比，验证在线测试精度。

（2）现场测试设备。

（3）数据采集：北京长森组合式系统效率测试仪。

（4）产品型号为 PMTS3.1。

（5）在线测试系统。

（6）数据采集：数字化配套 RTU（安控、凯山、安特及配套调试软件）。

（7）数据存储：“油井生产决策和工艺专家系统”SQL 数据库。

（8）数据分析：机采系统效率优化分析系统。

5.6.4.2 SCADA 软件配套验证

SCADA 系统从已完成系统效率升级的 RTU 采集数据库中查询到功率图数据。

5.6.4.3 油气院 SQL 数据库验证

在 SCADA 系统原示功图转发工具中增加功率图字段，实现功率图从 SCADA 系统向动态数据库中的转发。

5.6.4.4 系统效率在线测试软件验证

在系统效率在线测试软件界面中查看相应测试结果并与工艺人员确认，如图 5.116 所示。

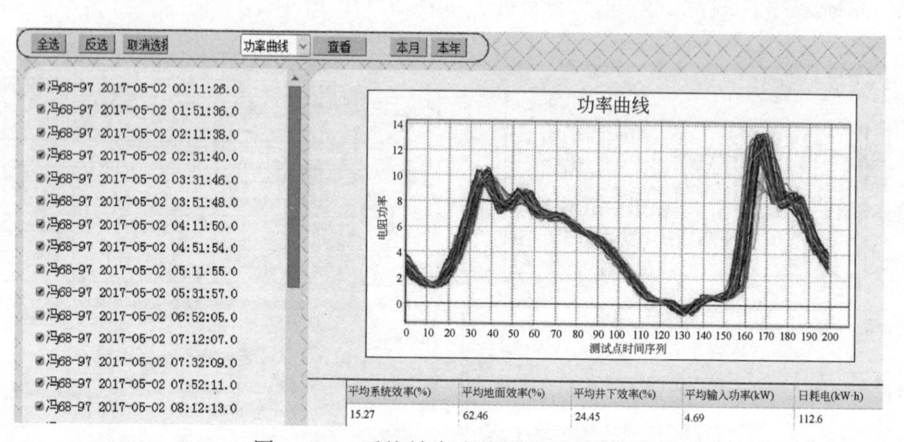

图 5.116 系统效率在线测试软件验证

5.6.4.5 现场升级错误案例

现场升级错误案例如图 5.117 至图 5.119 所示。

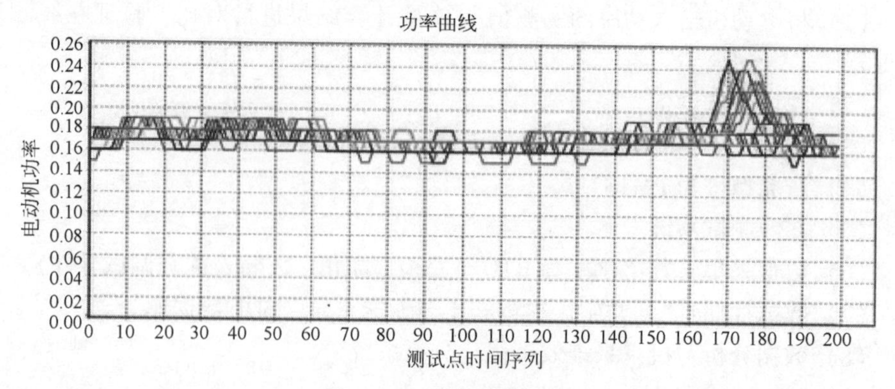

图 5.117 现场接线错误

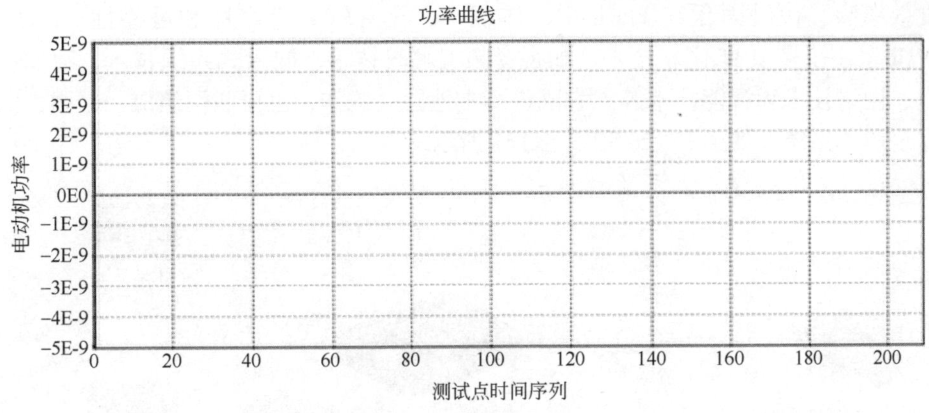

图 5.118　数据未上线

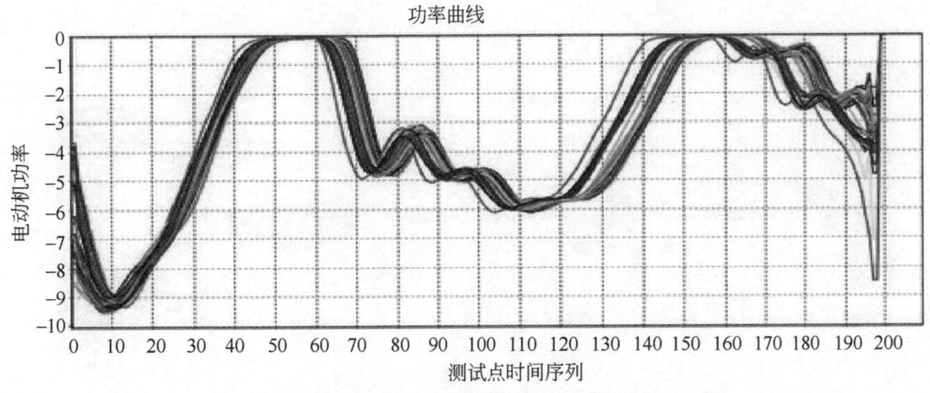

图 5.119　电流互感器安装方向错误

5.7　视频监控系统

5.7.1　视频监控系统概述

5.7.1.1　视频监控组成

视频监控系统是利用视频技术探测监视设防区域，实时显示记录现场图像，检索和显示历史图像的电子系统或网络系统。前端采集信息也汇总于统一的管理软件，方便对整个监控系统进行管理，主要由摄像、传输、控制、显示和记录等部分组成。模拟摄像机主要是对图像进行采集，编码设备（DVR）将模拟信号编码压缩成网络信号。网络摄像机是集传统的模拟摄像机和网络视频服务器于一体的嵌入式数字监控产品，采用嵌入式操作系统和高性能硬件处理平台，系统调度效率高，代码固化在 Flash 中，体积小，具有较高稳定性和可靠性。NVR/DVR 采用了多项 IT 高新技术，如视音频编解码技术、嵌入式系统技术、存储技术、网络技术和智能技术等。它既进行本地独立工作，也可联网组成一个强大的安全防范系统，如图 5.120 和图 5.121 所示。

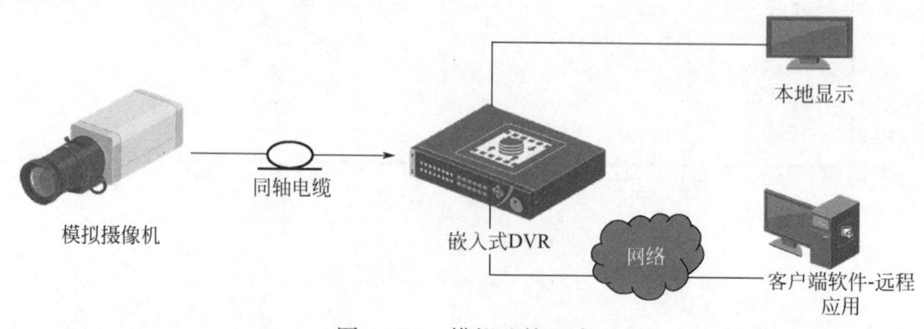

图 5.120　模拟监控组成

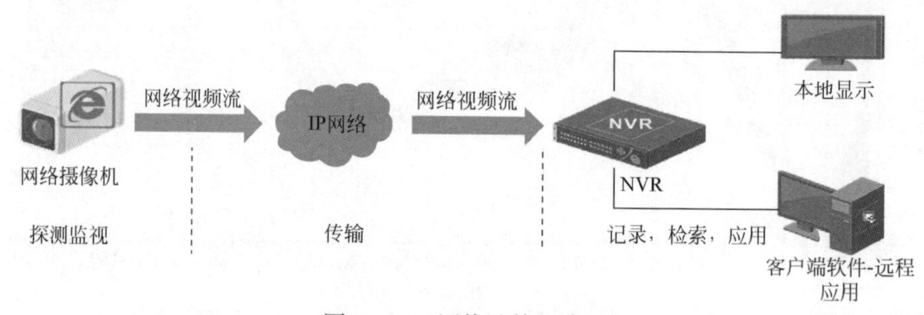

图 5.121　网络监控组成

5.7.1.2　模拟摄像机工作原理

模拟摄像机主要由镜头、影像传感器（CCD/CMOS）、ISP（图像信号处理器）及相关电路组成。

其工作原理是：被摄物体经镜头成像在影像传感器表面，形成微弱电荷并积累，在相关电路控制下，积累电荷逐点移出，经过滤波、放大后输入 DSP 进行图像信号处理，最后形成视频信号（CVBS）输出，如图 5.122 所示。

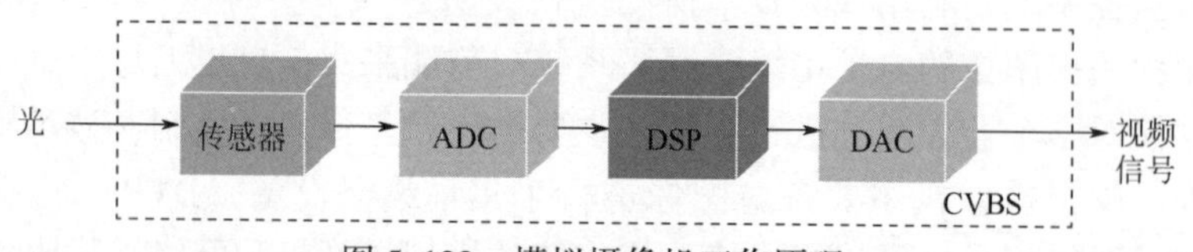

图 5.122　模拟摄像机工作原理

5.7.1.3　网络摄像机工作原理

网络摄像机主要由镜头、影像传感器（CCD/CMOS）、ISP（图像信号处理器）、DSP（数字信号处理器）及相关电路组成。

其工作原理是：被摄物体经镜头成像在影像传感器表面，形成微弱电荷并积累，在相关电路控制下，积累电荷逐点移出，经过滤波、放大后输入DSP进行图像信号处理和编码压缩，最后形成数字信号输出，如图5.123所示。

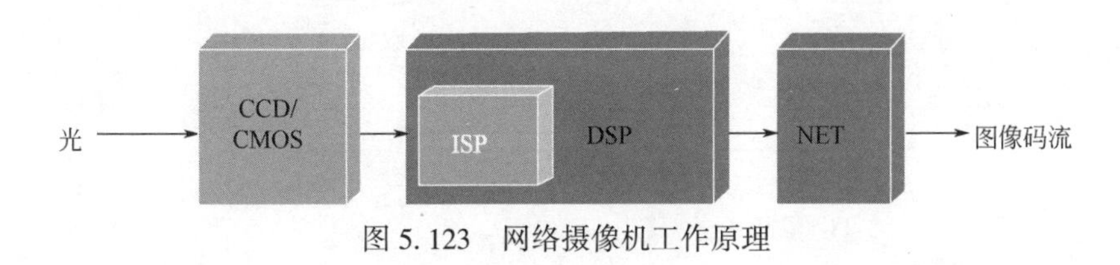

图5.123　网络摄像机工作原理

5.7.2　视频监控产品安装

5.7.2.1　半球摄像机安装

下面以海康威视半球摄像机为例，介绍视频监控产品的安装。注意：安装墙面应具备一定的厚度并且至少能够承受3倍半球的重量。

(1) 安装贴纸：将安装墙纸贴于墙面摄像机安装位置，然后按照墙纸印刷空位在墙面做好安装螺钉孔位和走线孔位，如图5.124(a) 所示。

(2) 取下前盖及黑内罩：手托住半球底座，逆时针旋转前盖，取下前盖然后向上提取下黑内罩，如图5.124(b) 所示。

(3) 安装底盘：按照如图5.124(c) 所示方法通过自攻螺钉将半球地盘固定于墙面上。

(4) 整理线材：整理好摄像机的电源和视频线，选取适当的走线方式，并连接电源线和视频线。

(5) 安装上墙：将半球摄像机机芯顺时针旋转在底座上，并且拧紧底盘防旋转螺钉，如图5.124(d) 所示。

(6) 摄像机镜头调节及三轴调节：连接摄像机至监视器获取图像，调节焦距调节杆，聚焦调节杆直至呈现清晰的画面。摄像机具有三轴调节工艺设计，可水平转动0°~355°，垂直转动0°~180°，适应不同角度的安装，调节方式如图5.124(e) 所示。

(7) 完成安装：重新安装上黑内罩，顺时针旋转重新安装上前盖，最后撕下透明罩保护膜，安装结束，如图5.124(f) 所示。

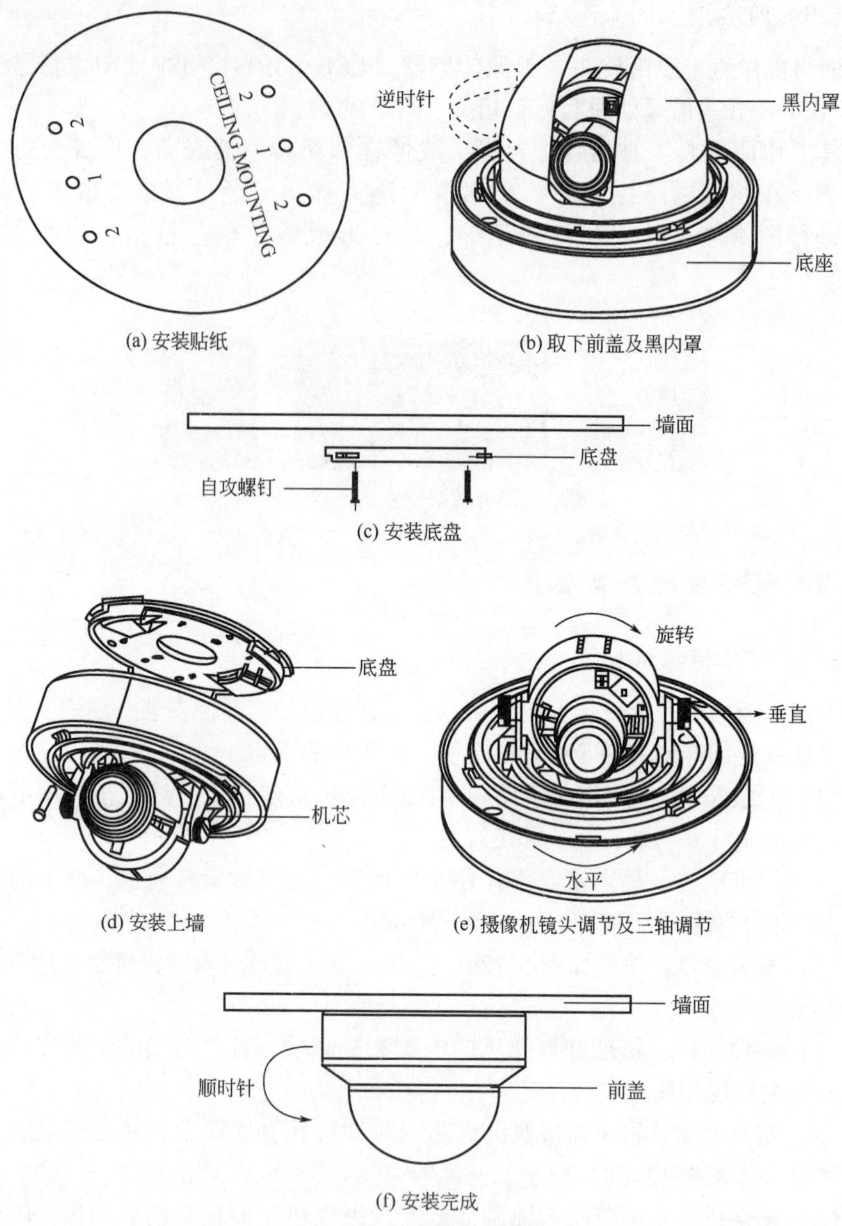

图 5.124　半球摄像机安装

（8）供电及调试：供电后摄像机开始工作，可以通过工程宝进行测试，如图 5.125 所示。注意：给摄像机供电时请确认所用电源是否与摄像机匹配，摄像机常用电源为 DC 12V 或 AC 24V。

5.7.2.2　枪型摄像机安装

下面以海康威视枪型摄像机吸顶式安装为例介绍。枪型摄像机在安装过程中请注意保持镜头及感光传感器件的清洁，切勿用手指触摸镜头及感光传感器件。若发现镜头或感光传感器件有脏污，请用专门的软质擦拭用布，以免造成磨划影响图像效果。

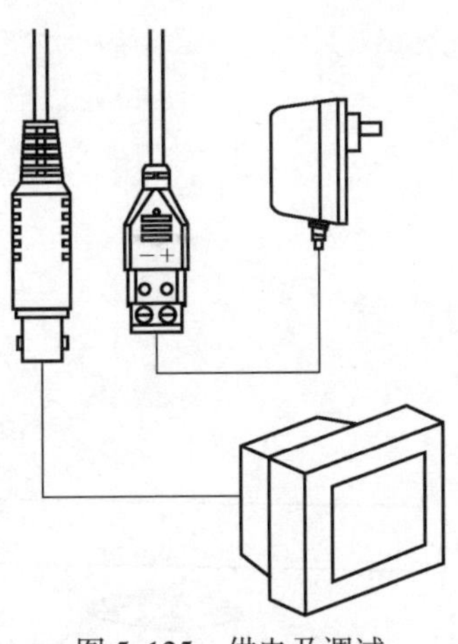

图 5.125　供电及调试

(1) 将摄像机支架固定在天花板上，如图 5.126(a) 所示。注意：如果是水泥墙面，先需安装膨胀螺钉（膨胀螺钉的安装孔位需要和支架一致），然后安装支架；如果是木质墙面，可使用自攻螺钉直接安装支架。支架安装墙面，需要至少能够承受 3 倍于支架和摄像机的总重。

(2) 将摄像机支架接孔旋入支架中，并调整摄像机至需要监控的方位，然后拧紧支架旋钮，固定摄像机，如图 5.126(b) 所示。

(3) 安装摄像机镜头：将摄像机的"VIDEO OUT"接口与调试监视器连接，通过对比监视器上的图像，调整镜头焦距螺杆，选择合适的视场；然后调节聚焦螺杆直到获得清晰的图像为止；最后锁紧镜头的焦距、聚焦调节螺杆。若监控的场景存在误差，可拧松支架旋钮，调整摄像机的角度至所需监控的场景，然后拧紧支架旋钮，完成安装，如图 5.126(c) 所示。

5.7.2.3　网络球机安装

下面以海康威视球机安装为例介绍。

1）线缆

海康威视球机的线缆如图 5.127 所示。

(1) 电源线：球机支持 AC 24V 和 DC 12V 电源输入中的一种。如果智能球为 DC 12V 供电，要注意电源正、负极不要接错。

(2) 视频线：同轴视频线。

(3) RS485 控制线：485 控制线。

(4) 报警线：包括报警输入和输出。ALARM-IN 与 GND 构成一路报警输入，ALARM-OUT 与 ALARM-COM 构成一路报警输出。

(5) 音频线：AUDIO-IN 与 GND 构成一路音频输入；AUDIO-OUT 与 GND 构成一路音频输出。

(6) 网线口：网络信号输出。

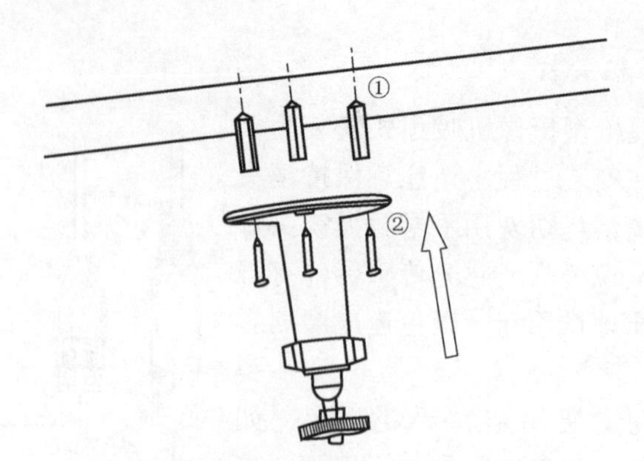

(a) 摄像机支架固定在天花板上

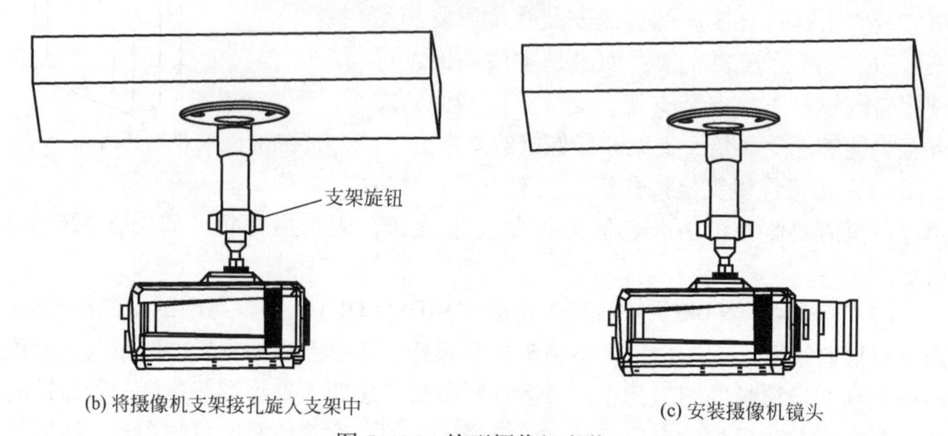

(b) 将摄像机支架接孔旋入支架中

(c) 安装摄像机镜头

图 5.126　枪型摄像机安装

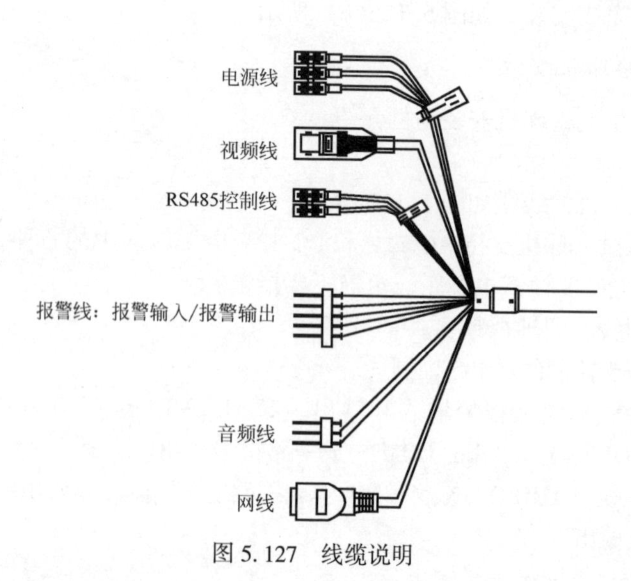

图 5.127　线缆说明

2）支架安装

球机根据安装环境等因素的不同，可采用不同的安装方式。臂装支架可用于室内或者室外的硬质墙壁结构悬挂安装，支架安装具体步骤如下：

（1）检查安装环境，确定符合以下条件。墙壁的厚度应足够安装膨胀螺栓。墙壁至少能承受8球机加支架等附件的重量。

（2）检查支架及其配件，支架及其配件如图5.128(a)和(b)所示。支架配件包括螺帽、膨胀螺栓及其平垫片。

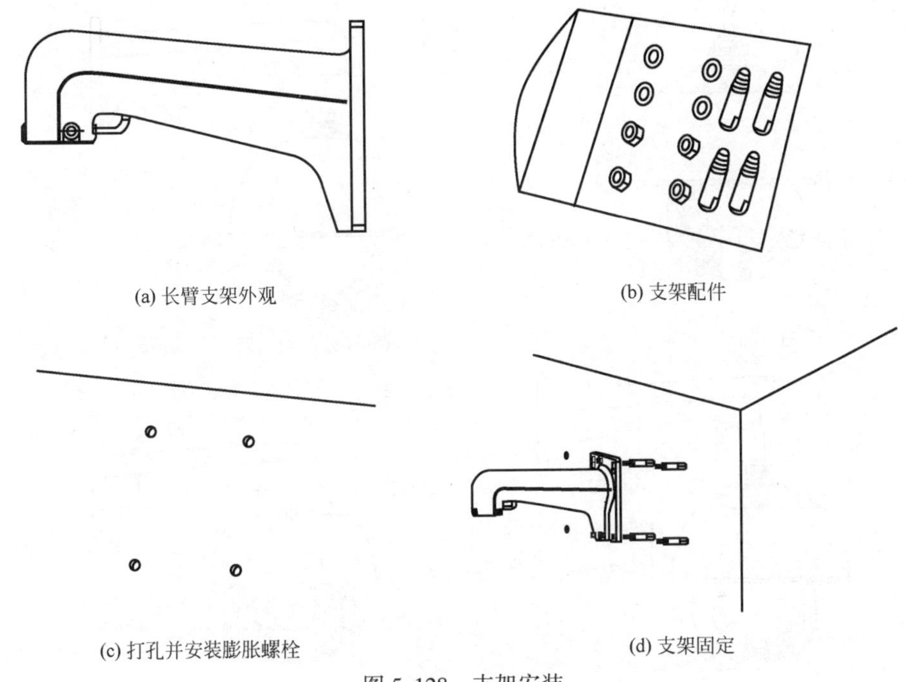

(a) 长臂支架外观

(b) 支架配件

(c) 打孔并安装膨胀螺栓

(d) 支架固定

图5.128 支架安装

（3）打孔并安装膨胀螺栓。根据墙壁支架的孔位标记打4个ϕ12mm膨胀螺栓的孔，并将规格为M8mm的膨胀螺栓插入打好的孔内，如图5.128(c)所示。

（4）支架固定。线缆从支架内腔穿出后，将4颗配备的六角螺母垫上平垫圈后锁紧穿过壁装支架的膨胀螺栓。固定完毕后，表示支架安装完毕，如图5.128(d)所示。

3）球机安装

（1）拆封球机。打开球机包装盒，取出智能球，撕掉保护贴纸，如图5.129(a)所示。

（2）将智能球安全绳挂钩系于支架的挂耳上，连接各线缆，并将剩余的线缆拉入支架内，如图 5. 129(b) 所示。

(3) 连接球机与支架。确认支架上的两颗锁紧螺钉处于非锁紧状态（锁紧螺钉没有在内槽内出现)，将球机送入支架内槽，并向左（或者向右）旋转一定角度至牢固，如图 5. 129(c) 所示。

(4) 连接好后，使用 L 形内六角扳手拧紧两颗固定锁紧螺钉，如图 5. 129(d) 所示。

(5) 固定完毕后，撕掉红外灯保护膜，智能球安装结束。

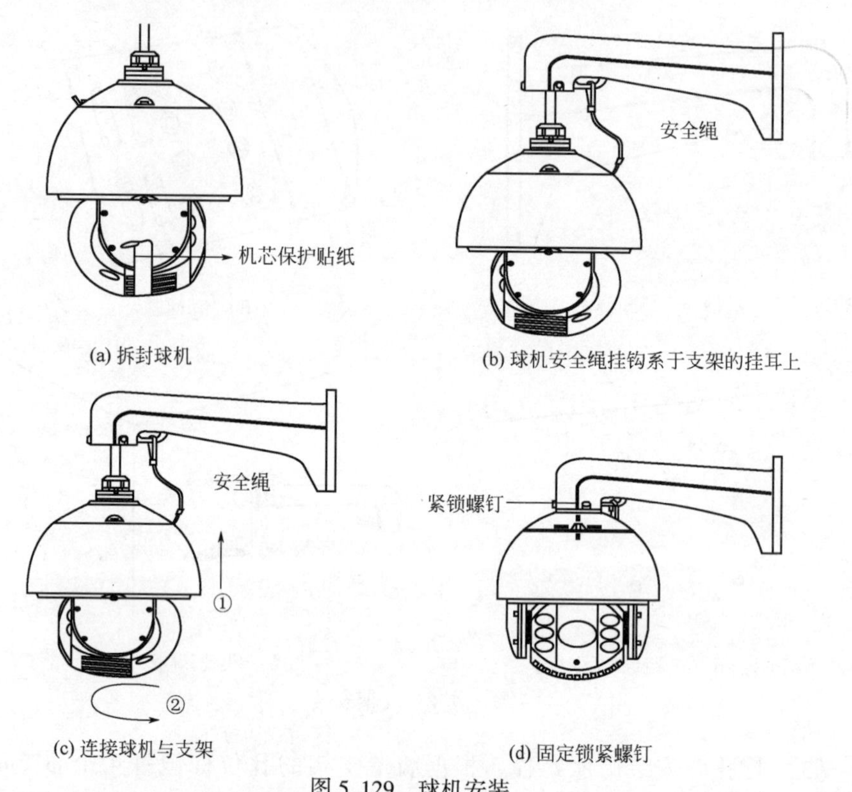

(a) 拆封球机

(b) 球机安全绳挂钩系于支架的挂耳上

(c) 连接球机与支架

(d) 固定锁紧螺钉

图 5. 129 球机安装

5. 7. 2. 4 模拟云台安装调试

下面以海康威视的模拟云台为例介绍模拟云台的安装调试。

1) 红外灯安装

(1) 固定红外灯支架。从配件包中取出“两颗”直径为 4mm、长度为 10mm 的螺栓。将红外灯支架固定护罩底部，螺栓孔位如图 5. 130 所示。

(2) 安装红外灯。取出红外灯顶部的螺栓，保存好螺栓。使用取出的螺栓将红外灯固定在支架上，如图 5. 131 所示。

（3）固定红外灯线缆。从配件包中取出“两颗”直径为4mm、长度为10mm的螺栓，将线扣固定在红外灯支架上，如图5.132所示。

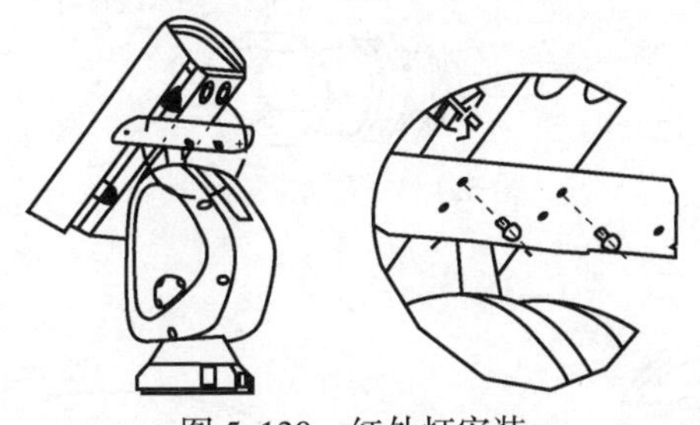

图5.130　红外灯安装

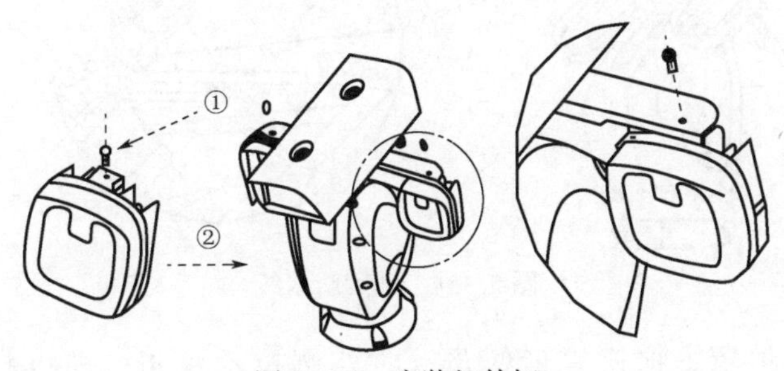

图5.131　安装红外灯

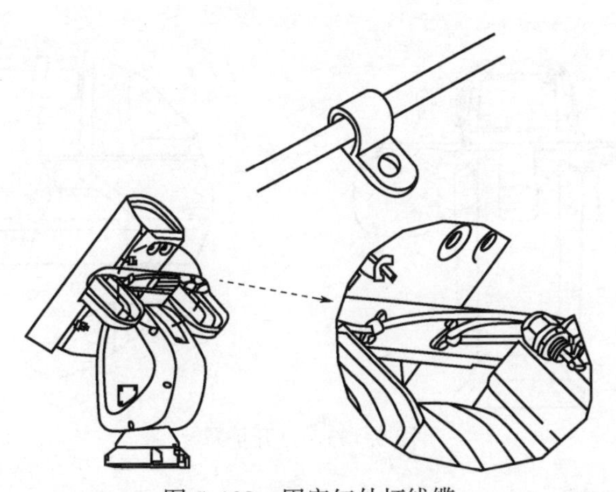

图5.132　固定红外灯线缆

（4）防水塞穿线。注意：防水塞的锁紧螺纹用于将防水塞固定在护罩上；防水线的防水线螺帽用于固定红外灯线缆，只要锁紧防水线螺帽，线缆便不能再拉动。将红外灯线缆伸进护罩当中，旋转防水塞的锁紧螺纹，将防水塞固定在护罩上，如图5.133所示。红外灯线缆尽量放进护罩当中，使用扳手锁紧防水线螺帽，如图 5. 134 所示。

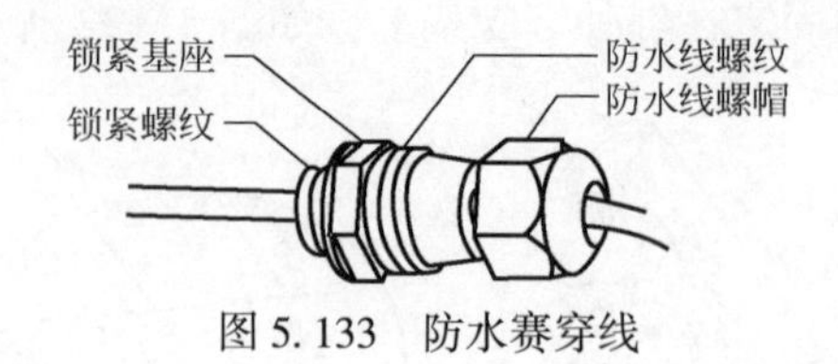

图 5. 133　防水赛穿线

锁紧螺纹
防水线螺纹

图 5. 134　锁紧防水线

（5）打开护罩。拧松蝶形螺母，向外侧拉动螺母，即可打开护罩，如图 5. 135 所示。

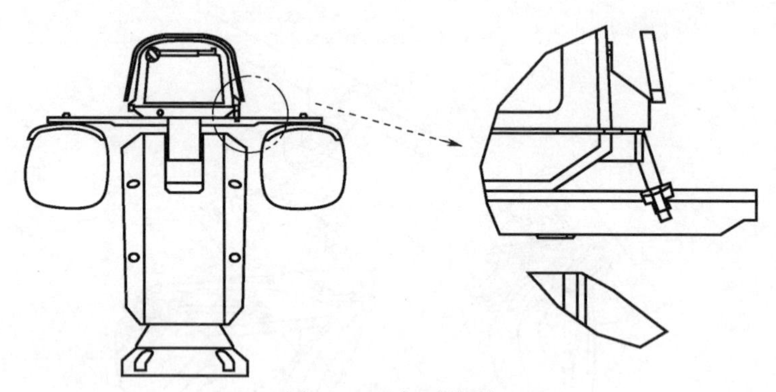

图 5. 135　打开护罩

（6）红外灯接线。将红外灯接线插在护罩内部对应孔位上，如图 5. 136 所示。

（7）锁好护罩，如图 5. 137 所示。

2）支架安装

云台摄像机不同于其他摄像机，整体质量重，对于支撑物的承重和稳定要求高，一般建议直接底座安装，避免带来安全隐患。客户可根据云台摄像机的底座图，进行相应的支架设计，支架设计必须考虑承重、抗抖等因素，确保支架牢固的同时，也可以保证图像的平滑性。

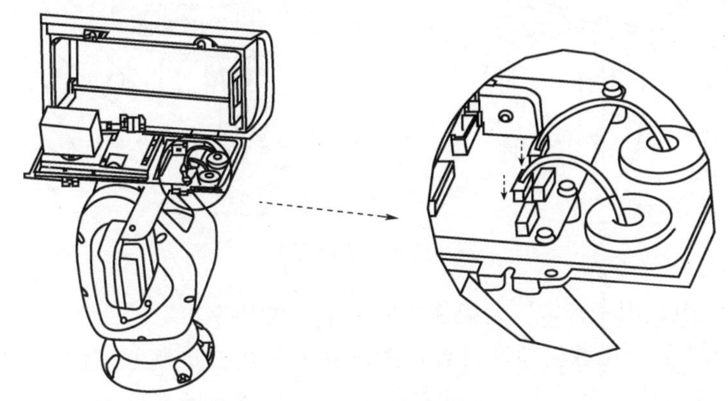

图 5. 136　红外灯接线

下面以海康威视云台为例，介绍支架安装具体操作。从配件包中取出 4 颗直径 8mm、长度 30mm 的螺栓，将云台摄像机固定在支架底座上。如果支架底座孔位没有螺纹，则需要锁紧螺帽，如图 5. 138 所示。

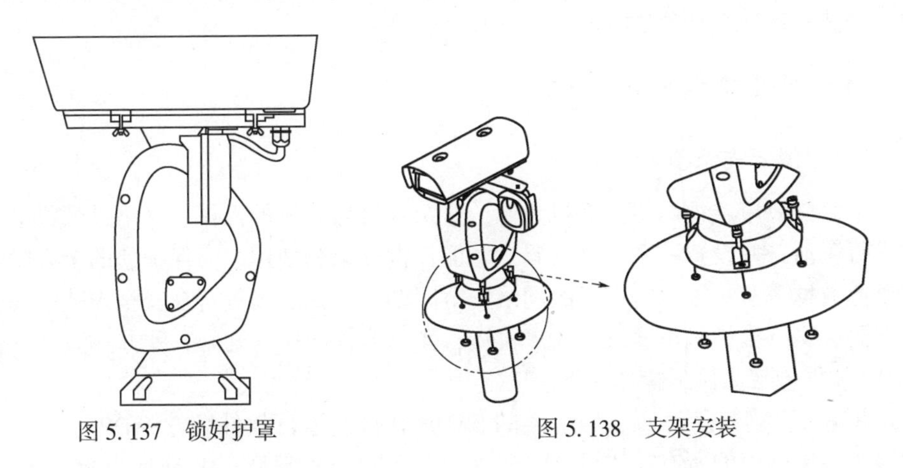

图 5. 137　锁好护罩　　　　图 5. 138　支架安装

3）连接线缆与上电自检

云台摄像机安装固定过程中，已经将线缆梳理并连接好。在确保云台摄像机安装正确的前提下，连接电源进行上电自检。如果云台摄像机能够正常开启并显示画面，此时安装结束。在云台摄像机正常的情况下，若云台摄像机无法正常开启，检查线缆接口是否连接正常；若线缆连接正常，则需要对线缆布线等进行排查。

4）拨码设置

云台摄像机侧面有两个拨码开关，如图 5. 139 所示。

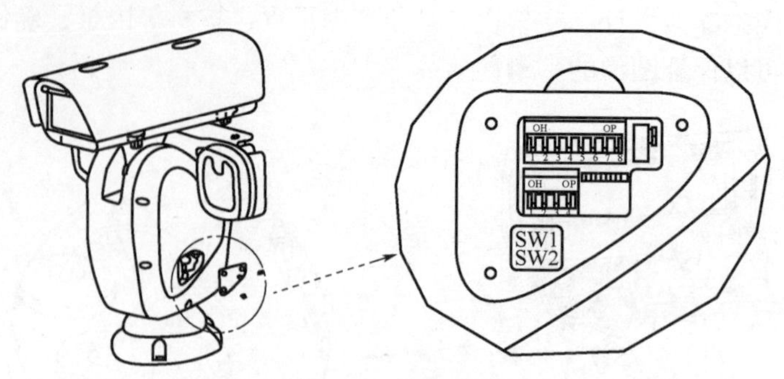

图 5.139　拨码开关

SW1 和 SW2 用于确定云台摄像机的地址、波特率：

(1) SW1 云台摄像机地址设置：拨码开关采用二进制原理设计，SW1 上的开关 1~8 位打为 ON 挡，分别对应数值 1、2、4、8、16、32、64、128，地址值为对应各个位数值累加之和，其中开关打为 OFF 挡，该位取值为零。

(2) SW2 协议、波特率设置：SW2 中的开关 1、2 用来设置云台摄像机波特率，采用二进制，开关 1 为最低位，开关 2 为最高位；从 00 到 11，分别代表 2400bps、4800bps、9600bps、19200bps 的波特率；如果设置值不在以上范围之内，则波特率取默认值 2400bps。

5.7.3　网络摄像机配置说明

5.7.3.1　激活与配置摄像机

下面以海康威视网络摄像机为例，介绍网络摄像机的操作。网络摄像机必须先进行激活，并设置一个登录密码，才能正常登录和使用。为保护您的个人隐私和企业数据，避免摄像机产品的网络安全问题，建议您设置符合安全规范的高强度密码。网络摄像机可通过 SADP 软件、客户端软件和浏览器三种方式激活，以 SADP 软件激活为例，操作如下。

步骤 1：安装从海康官网下载的 SADP 软件，运行软件后，SADP 软件会自动搜索局域网内的所有在线设备，列表中会显示设备类型、IP 地址、激活状态、设备序列号等信息。

说明：网络摄像机初始 IP 地址为 192.168.1.64。

步骤 2：选处于未激活状态的网络摄像机，在“激活设备”处设置网络摄像机密码，单击“激活”，完成网络摄像机激活。成功激活摄像机后，列表中“激活状态”会更新为“已激活”。

说明：为了提高产品网络使用的安全性，网络摄像机密码设置时，密码长度需达到 8~16 位，且至少由数字、小写字母、大写字母和特殊字符中的两种或两种以上类型组合而成。

步骤 3：选已激活的网络摄像机，设置网络摄像机的 IP 地址、子网掩码、网关等信息。输入网络摄像机密码，单击“修改”，提示“修改参数成功”后，则表示 IP 等参数设置生效，如图 5. 140 所示。

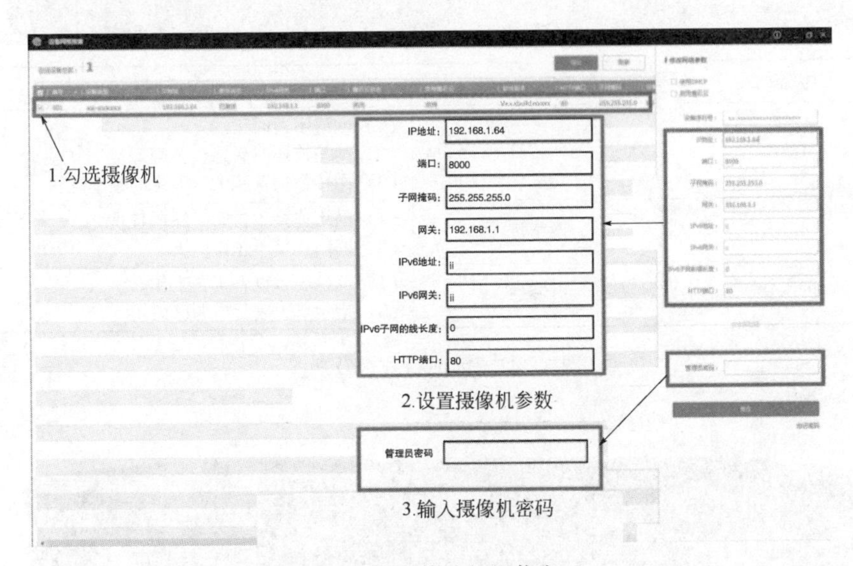

图 5. 140　修改相机信息

5. 7. 3. 2　登录与退出

（1）可以在浏览器地址栏中输入网络摄像机的 IP 地址进行登录，将自动弹出安装浏览器控件界面，允许安装。网络摄像机初始信息如下所示：IP 地址为 192. 168. 1. 64，http 端口为 80，管理用户名为 admin。

（2）若已修改过初始 IP 地址，应使用修改后的 IP 地址登录网络摄像机安装完插件后，重新打开浏览器输入网络摄像机 IP 地址后，将弹出登录界面，输入缺省用户名和密码即可登录系统。说明：安装插件时请关闭浏览器，否则会导致控件安装不成功。

（3）当进入网络摄像机主界面时，可单击右上角的“注销”按钮安全退出系统。

5. 7. 3. 3　主界面说明

在网络摄像机主界面上，可以进行预览、回放及参数配置的操作。

5. 7. 4　视频服务器安装及操作

5. 7. 4. 1　产品外观及接口说明

前面板和后面板的外观及说明分别如图 5. 141 和图 5. 142 所示。

状态灯	功能指示	相关说明
Tx/Rx	网传灯	（1）网络不通时灭。 （2）网络连通时呈绿色并闪烁。 （3）网传数据量越大，闪烁的频率越快
LINK	网络灯	（1）网络连接正常时呈绿色且长亮。 （2）网络连接不正常时灭
POWER	电源灯	（1）红色表示设备正在工作。 （2）指示灯灭表示电源已关闭

图 5.141　前面板外观及功能

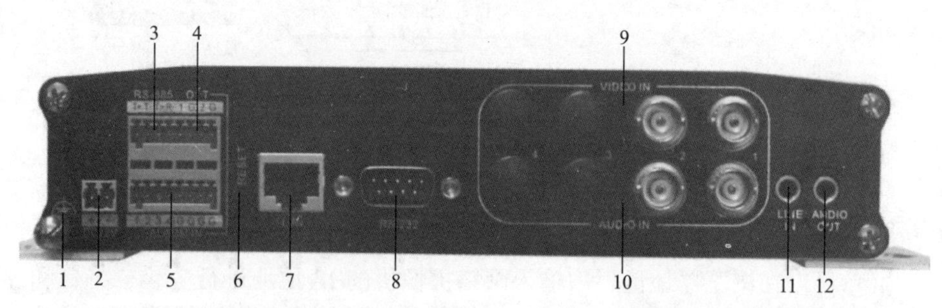

序号	接口名称	接口说明
1	接地端	接地端
2	DC 12V	12V 直流电源输入接口
3	RS485	RS485 串行接口，用于连接云台或球机，控制线的正线连接 T+，控制线的负线连接 T-
4	ALARM OUT	报警输出接口，开关量信号
5	ALARM IN	报警输入接口，开关量信号
6	RESET	上电后，按住 15s 左右所有参数均恢复出厂默认值
7	LAN	10/100Mbps 自适应网络接口
8	RS232	RS232 串行接口，用于智能视频服务器的参数配置或透明通道等
9	VIDEO IN	视频输入，BNC 接口
10	AUDIO IN	音频输入，BNC 接口
11	LINE IN	语音对讲输入，3.5mm 接口
12	AUDIO OUT	音频输出，3.5mm 接口

图 5.142　后面板外观及接口说明

5.7.4.2 配置说明

网络视频服务器采用标准 H.264 编码算法，兼容性强，基于 Linux 操作系统，代码固化在 FLASH 中，运行稳定可靠，支持多种网络协议，网络功能强大，支持图像自动识别、分析与处理技术，可联网组成一个强大的安全防范系统。应用计算机视觉、人工智能等先进技术，智能网络视频服务器可自动分析图像内容，实现对动态场景中的目标定位、识别和跟踪，并在此基础上分析和判断目标的行为，实现自动预警功能。下面以海康威视 iDS-6501HF 为例介绍相关配置。

iDS-6500HF 系列智能视频服务器支持通过监控软件访问，也支持通过浏览器访问。出厂默认用户名均为 admin，密码为 12345。iDS-6500HF 系列智能视频服务器出厂 IP 为默认为 192.0.0.64，端口默认为 8000。

1）设备登录

登录设备并打开浏览器，输入智能视频服务器的 IP 地址，弹出登录界面后，正确输入用户名、密码、端口号，点击登录。

2）IP 地址修改

点击“配置”标签，进入配置界面，包含本地配置和远程配置。远程配置针对智能视频服务器内部参数的相关设置，包含网络参数。

3）云台控制

iDS-6500HF 智能视频服务器内置有多种解码器协议，支持对云台或者球机的控制，可通过监控软件或者浏览器对所连接的球机进行左右上下控制、预置点调用、巡航轨迹等功能。

（1）将云台或者球机的控制线正线连接智能视频服务器的 RS485 T+，负线连接智能视频服务器的 RS485 T-。

（2）进入智能视频服务器的远程配置，串口参数中的 RS485 配置选项，如图 5.143 所示。

（3）将智能视频服务器的速率、解码器类型、解码器地址这三个参数设置为与球机或云台相同即可。

（4）进入预览界面，打开连接球机或云台的对应通道，则可通过对应的云台控制按键来控制云台的旋转等功能。

5.7.5 视频监控软件介绍

视频监控软件可以统一管理监控设备，在一个平台下即可实现多子系统的统一管理与互联互动，真正做到“一体化”管理，提高用户的易用性和管理效率，满足领域内弱电综合管理的迫切需求。

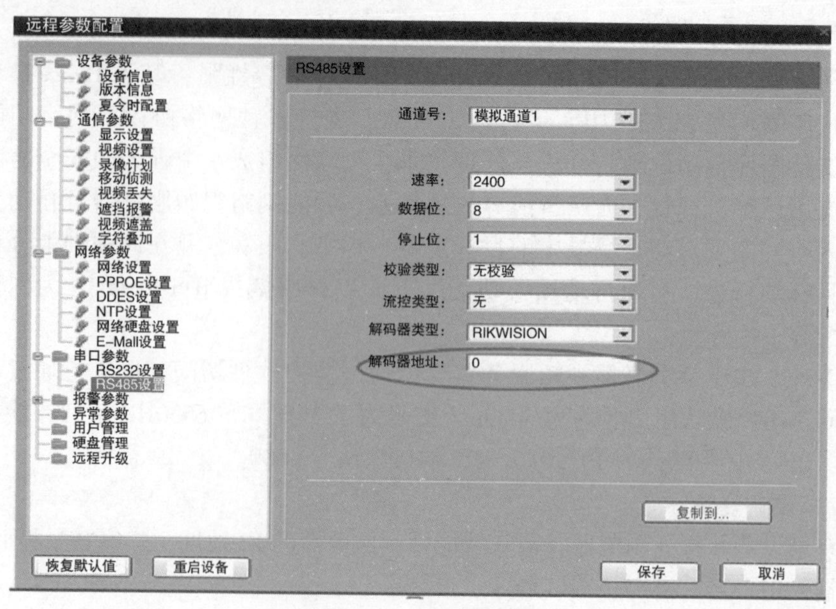

图 5.143　云台参数配置

5.7.5.1　视频监控软件安装环境

以海康威视管理平台为例，运行环境要求为：服务器 4 核及以上，16G 内存，64 位 2008 服务器操作系统。操作系统为 Windows 2008/2012 Server，64bit。推荐采用 32 位/64 位 Windows7 企业版。

5.7.5.2　应用软件安装说明

应用软件安装说明见表 5.7。

表 5.7　应用软件安装说明

安装文件名称	说明
CMS	中心管理服务：集成 PostgreSQL 数据库、ActiveMQ 消息转发服务和 Tomcat 服务，实现平台中心管理服务一键式安装
Servers	服务器：提供视频、门禁、对讲、报警等硬件设备接入，以及相关事件分发、联动处理、视频转发、录像管理等功能
CentralWork station	客户端：提供各业务子系统的基本操作，如视频预览、回放、上墙、门禁控制、事件处理等功能

5.7.5.3　应用软件配置说明

安防管理平台采用 C/S 与 B/S 混合体系结构，提供系统管理、安全认证、维护机制、信息分类等功能。打开 IE 浏览器，在地址栏中输入平台服务器的地址及端口信息后，开始访问平台（注：普通模式下使用 http：//IP：端口；安全访问模式下使用 https：//IP：端口）。本平台目前支持的 Internet Explorer 版本有 8.0、9.0、10.0、11.0。平台主要配置通过 BS 登录进行操作，使用通过 C/S 客户端，如图 5.144 所示。

图 5.144　管理软件登录

1）设备添加

（1）打开“硬件设备管理”界面，关联 VAG，并点击“添加”。

（2）填写用户名与密码等基础信息，然后点击“远程获取”，获取设备通道与名称，并“保存”，如图 5.145 所示。

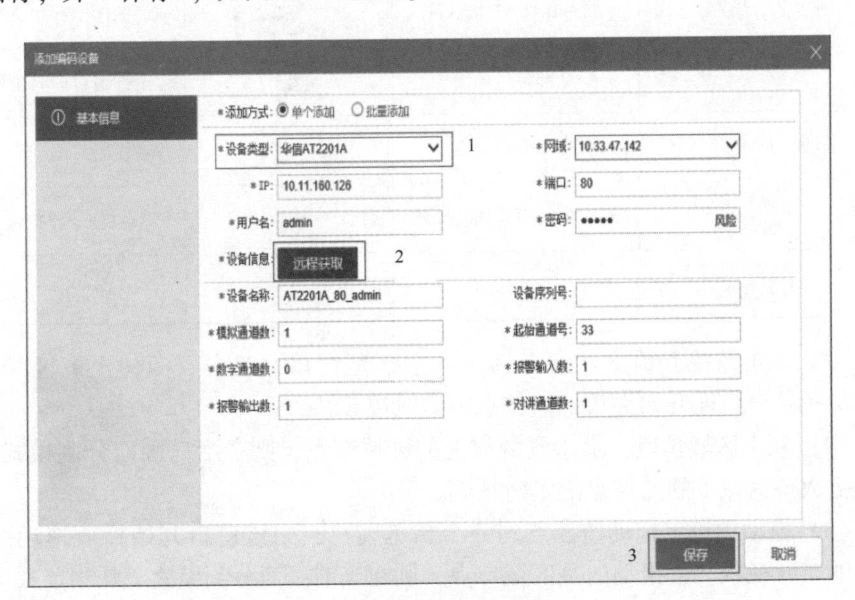

图 5.145　设备添加

2）录像配置

（1）基础配置页面点击“录像计划配置”进入配置页面。

（2）在组织资源树中点击选择需要配置的监控点所在的监控区域。

（3）点击监控点列表中监控点，出现配置页面。

（4）勾选“CVR 存储”。

（5）根据实际需要选择“主码流”或“子码流”。

（6）点击“存储位置”下拉框选择已添加到平台中的 CVR 服务器，如该服务器可用，将会自动加载出该服务器的磁盘分组。

（7）点击“磁盘分组”下拉框选择 CVR 上配置的磁盘分组。

（8）点击“计划模板”下拉框选择所需的录像时间策略。

5.7.5.4 管理软件应用

1）视频预览

（1）登录客户端，将鼠标移到视频系统，选择“视频预览”，进入监控软件预览界面。初次启动时，播放面板默认以 2×2 播放窗口显示，可通过画面分割按键进行窗口分割的选择。

（2）播放界面下按键说明见表 5.8。

表 5.8　播放界面下按键说明

按键	说明	按键	说明
 /	原始比例/占满窗口		关闭全部预览
	全部窗口抓图		全部窗口即时录像
 /	暂停轮巡/停止轮巡		轮巡上一页/下一页
	画面分割模式选择按键		全屏/还原按键
	连续抓图		

（3）双击监控点预览：点击选中一个预览窗口，双击资源树上的监控点，选中的预览窗口即开始播放该监控点的实时视频。

（4）双击区域预览：点击资源树上的区域节点，则在当前画面分割模式下，依次播放该区域下的监控点的实时视频。

（5）拖动预览：拖动监控点到一个预览窗口，则该窗口开始播放拖动的监控点的实时视频。若拖动的是区域节点，则在当前画面分割模式下从当前选中的窗口开始依次播放该区域下的监控点的实时视频。

2）录像回放

（1）选择画面分割方式。软件支持 1/4/9/16 画面分割回放，如图 5.146 所示。

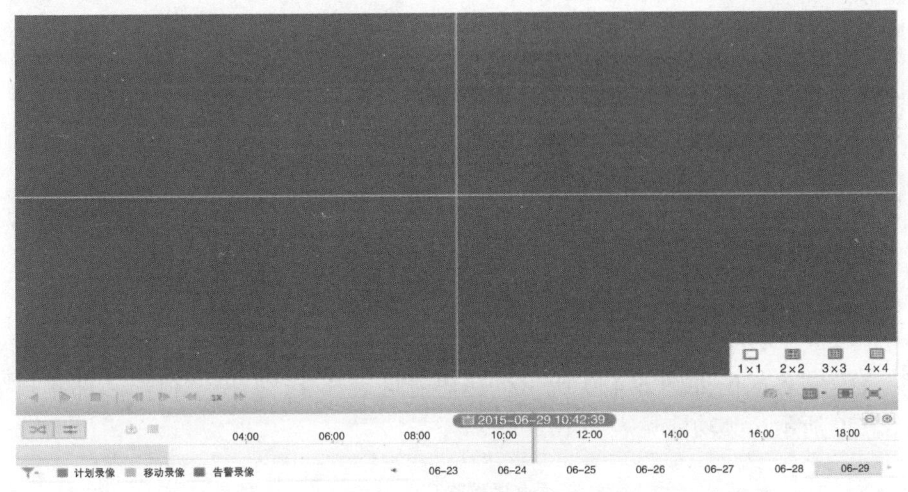

图 5.146　选择回放窗口

（2）设置回放监控点和回放窗口的对应关系，如图 5.147 所示。选中一个回放窗口，双击希望在该窗口回放的监控点，即可回放当天录像。

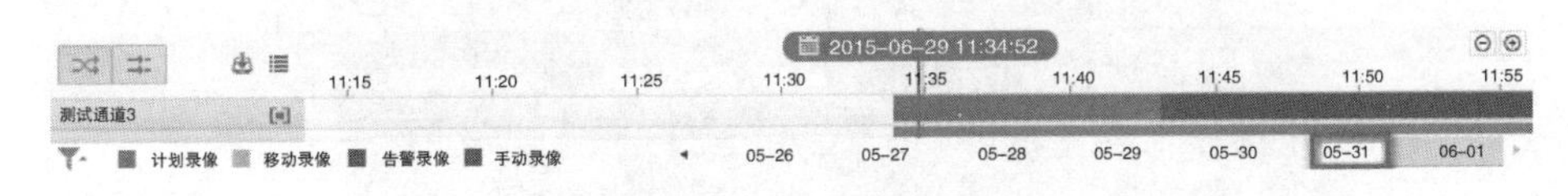

图 5.147　录像回放

（3）点击录像条下方的日期可搜索其他天的录像。

（4）录像文件下载。点击按钮，默认取最开始有录像的时间段，选择需要下载的录像段，点击“确定”，即开始下载该片段录像段，如图 5.148 所示。

5.7.6　工程宝使用说明

工程宝，即 IPC 网络视频监控测试仪，用于 IP 网络高清摄像机、模拟视频监控摄像机等安防监控设备的安装和维护。仪表使用 7 寸高清触摸显示屏，可显示网络高清摄像机和模拟摄像机的图像，以及云控制，可以触摸操作和按键操作，使用更简单。仪表内置 POE 供电测试、PING、IP 地址查找等以太网测试功能；具有 TDR 线缆断点和短路测量、网线测试、寻线器等线缆测试功能；具有红光源、光功率计等光纤测试功能；带隔离保护的数字万用表；具有 LED 灯夜晚照明、DC 12V 电源输出等功能，提高安装和维护人员工作效率。

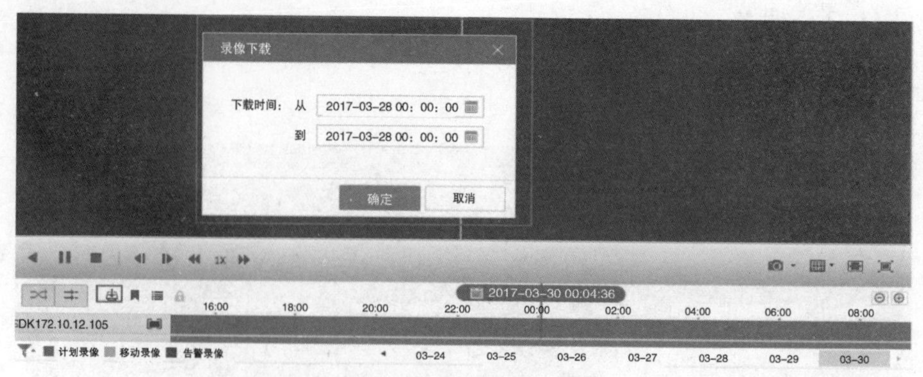

图 5.148　录像下载

5.7.6.1　仪表各部位名称和功能

工程宝各部位如图 5.149 所示，其功能见表 5.9。工程宝顶部和部接口如图 5.150 所示，其功能见表 5.10。

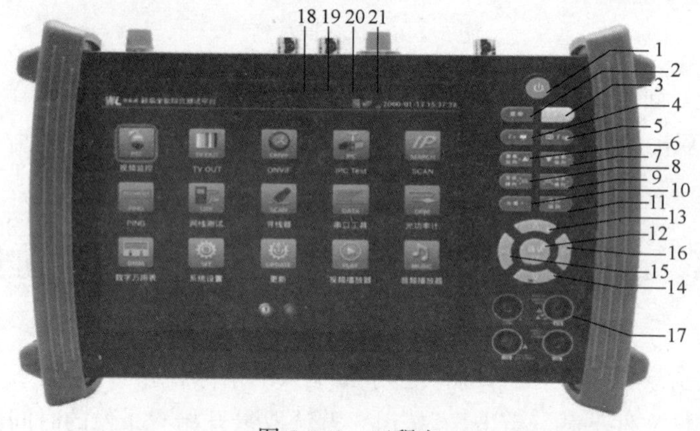

图 5.149　工程宝

表 5.9　工程宝各部位功能

编号	按键	功能
1	⏻	长按 2s 以上打开或关闭测试仪电源，短按为待机状态或唤醒待机
2	菜单	菜单按键
3	开始 停止	图像放大按键、开始/停止按键，进入 OTDR 功能界面时，按动可操作测试

续表

编号	按键	功能
4	A-B 标杆	录像功能键
5	事件	拍照功能键
6	聚焦 纵向+ ▲	近焦（聚焦+），表示图像聚集到近处
7	▼ 聚焦 纵向–	远焦（聚焦-），表示图像聚集到远处
8	变倍 横向	变倍+，镜头拉近，控制镜头放大
9	变倍 横向	变倍-，广角按钮，推远镜头，增大镜头广角
10	光圈+ 设置	确认/打开按钮；参数设置时的确定键；光圈打开或光圈增大命令
11	光圈– 返回	取消/关闭按钮；菜单参数设置时的返回及取消键；光圈关闭或光圈减小命令
12	确认	确定键
13	△	向上方向键。向左改变设置参数/移动菜单项/转动球机，移动标尺等
14	▽	向下方向键。向左改变设置参数/移动菜单项/转动球机，移动标尺等
15	◁	向左方向键。向左改变设置参数/移动菜单项/转动球机，移动标尺等
16	▷	向右方向键。向右改变设置参数/移动菜单项/转动球机，移动标尺等
17	—	万用表接口
18	—	电池充电指示灯，充电时亮红色。电池充满时，指示灯灭
19	—	RS485/RS232 数据发送指示灯，红色

续表

编号	按键	功能
20	—	RS485/RS232 接收数据指示灯，红色
21	—	外接电源指示灯，绿色

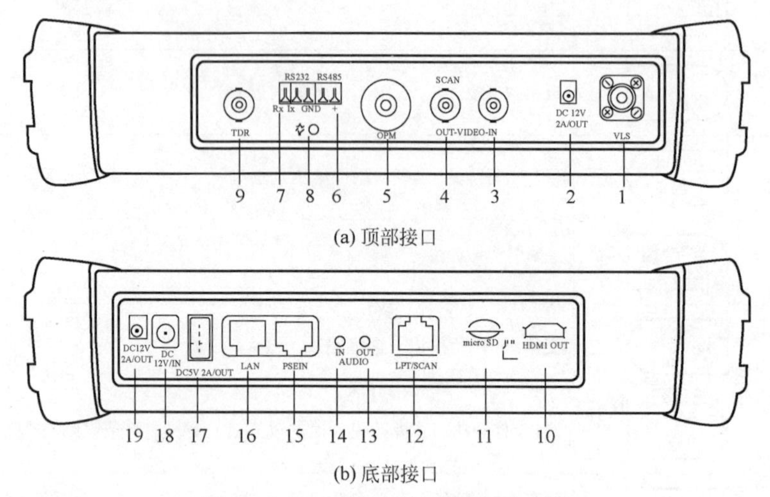

(a) 顶部接口

(b) 底部接口

图 5. 150　工程宝顶部和底部接口图

表 5. 10　工程宝顶部和底部接口功能

编号	功能
1	可见红光源发射接口
2	12V 最大 2A 直流应急电源输出，用于临时直流测试供电
3	视频图像信号输入（BNC 接口）
4	视频图像信号输出（BNC 接口）/寻线接口
5	光纤测试端口，测试输入光纤信号的功率值
6	RS485 通信端子，用于 PTZ 的 RS485 通信数据连接
7	RS232 串口通信端子，用于 PTZ 的 RS 232 通信数据连接
8	夜晚照明 LED 灯
9	TDR 线缆故障测试接口
10	HDMI 输出端口
11	可更换 Micro SD 卡槽，默认出厂配置为 4G，最大扩容至 16G
12	网线连接线序测试接口，寻线测试接口
13	音频输出端口，耳机接口
14	音频输入端口

续表

编号	功能
15	PSE 以太网供电输入测试接口
16	以太网供电输出/网络测试接口，PoE 供电输出接口
17	USB 5V 2A 输出接口，仅用于充电宝功能，不传输数据
18	DC 12V 2A 充电接口
19	12V 最大 2A 直流应急电源输出，用于临时直流测试供电

5.7.6.2　网络摄像机连接

如图 5.151 所示，将网络摄像机连接到仪表的 LAN 端口，给网络摄像机接上电源，仪表 LAN 端口的 LINK 长亮，数据指示灯闪烁，表示仪表和 IP 网络摄像机正常连接和通信，仪表可测试该摄像的图像。如果仪表 LAN 端口两个指示灯不亮，需检查 IP 网络摄像机是否已上电或网线是否有问题。

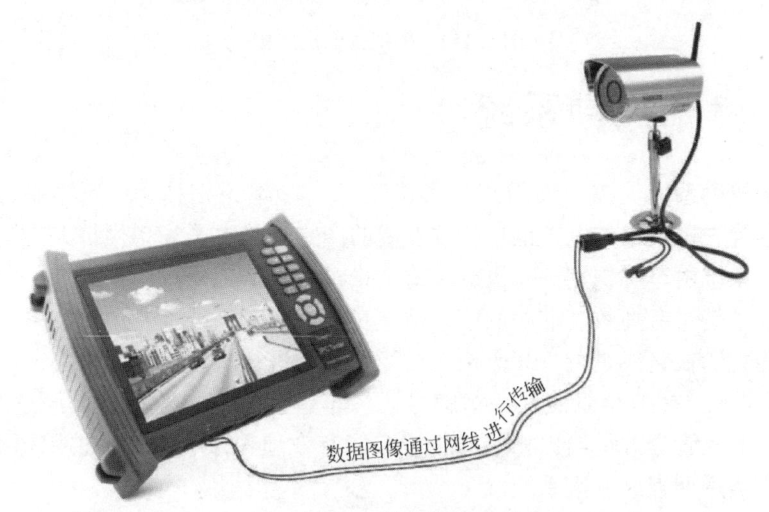

图 5.151　网络摄像机连接

5.7.6.3　模拟摄像机连接

如图 5.152 所示，将摄像机或快球的视频输出连接到 CCTV TesterPro 视频监控测试仪的视频输入端 “VIDEO IN”，仪表的 LCD 屏幕将显示摄像机的图像；将视频监控测试仪 CCTV TesterPro 的视频输出端口 “VIDEO OUT” 连接到监视器的视频输入端或视频光端机的输入端，测试仪显示摄像机的图像，同时将图像送往监视器或视频光端机等。将快球或摄像机 PTZ 云台的 RS485 控制线缆，连接到视频监控测试仪 CCTV TesterPro 的 RS485 端口，注意连接线缆的正负极，正对正、负对负连接。本测试仪支持 RS232 通信控制，将 PTZ 云台的 RS232 线缆接到仪表的 RS232 端口，通过 RS232 通信总线控制 PTZ 云台动作。

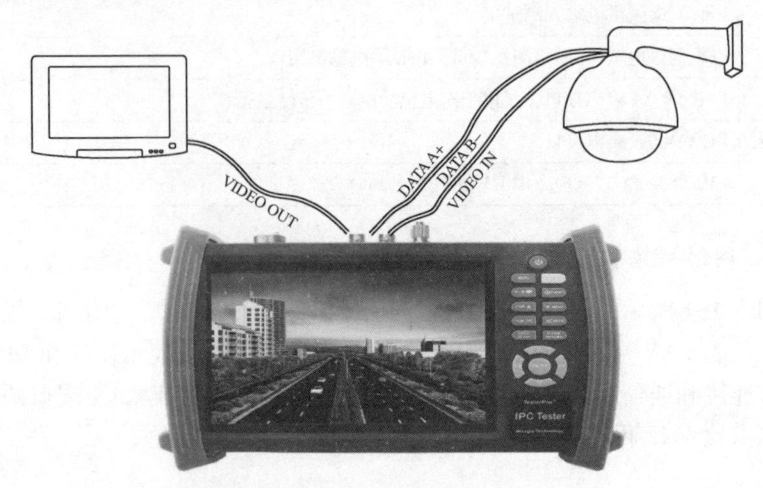

图 5.152　模拟摄像机连接

5.8　电子执勤系统

电子执勤系统是综合利用高清影像技术、车牌识别技术、雷达技术、GPS 定位技术等先进技术的电子信息科技发展的产物，是电子设备代替人工执勤的一套系统。系统由车牌识别一体机、高清全景机、高清闪光灯、补光灯、车检器等设备组成，是具有高效、准确的信息采集功能的一套系统。

它能对所在路线进行 24h 监控，对经过车辆进行多项信息的采集，主要包括 10s 视频录像、高清全景照片、车牌号码、车速、车型、监控点、经过时间等。并且能向监控管理人员给出相应的告警，能有效地记录、查询、追踪可疑车辆，是一套很实用的辅助办案系统。

电子执勤系统是长庆油田针对通过油区重点道路的车辆进行实时、车牌识别等功能的一套系统，它分为前端采集系统（硬件）和管理系统（软件）。

5.8.1　前端采集系统

以上海冰智电子执勤系统为例介绍。

5.8.1.1　前端采集系统的组成

前端采集系统由五部分组成：高清抓拍一体机、高清全景录像机、智能雷达控制器、高清抓拍闪光灯、高清录像补光灯。

（1）高清抓拍一体机：一种结合传统抓拍机、高性能 DSP 与网络技术所产生的新一代抓拍机，可将影像通过网络传至网络可达的任何地方，高清车牌识别一体机内置一个嵌入式高性能 DSP 芯片，采用嵌入式实时操作系统。抓拍机能够抓拍图片并进行车牌识别。一体机传送来的视频信号数字化后由高效压缩芯片压缩，通过网络总线传送给客户端或管理服务器。

（2）高清全景录像机：集传统模拟摄像机和网络视频服务器于一体的嵌入式数字监控产品。采用嵌入式 Linux 操作系统和 TI 公司最新的 Davinci 硬件平台，系统调度效率高，代码固化在 Flash 中，体积小，具有较高稳定性和可靠性。

（3）智能雷达控制器：一个基于嵌入式处理系统的智能控制系统，用于为一体机提供抓拍信号和控制灯光。

（4）高清抓拍闪光灯，技术参数见表 5.11。

表 5.11　闪光灯技术参数

产品名称	Ⅲ型高清抓拍闪光灯
功能说明	在光线不足时（包括光线暗或黑夜），为 BZ-2CD200 抓拍提供闪光支持，从而保证在任何昏暗或漆黑的环境中，都能得到高清图片
放电时间	<0.1ms
充电时间	400ms
闪光色温	5600K
工作寿命	≥500 万次
单次闪光放电能量	<60J
平均功耗	<60W（以平均每秒闪光 1 次计算）
电源适应	AC 220V、AC 24V、DC 12V（选一，缺省为 AC 220V）
工作环境	温度为-30~70℃；湿度<95%，无凝结
防护等级	IP65
触发接口	TTL

（5）高清录像补光灯，技术参数见表 5.12。

表 5.12　补光灯技术参数

产品型号	BZ-LED-140
产品名称	140 型 LED 高清录像补光灯
功能说明	在光线不足时（包括光线暗或黑夜），为 BZ-2MO130 全景摄像机提供补光支持，从而保证在任何昏暗或漆黑的环境中，都能得到高清视频
LED 发光器	2 组
每组功率	28W
补光色温	5600K

续表

产品型号	BZ-LED-140
工作寿命	27000h
补光距离	30m
平均功耗	<60W（常亮时）
电源	AC 220V、AC 24V、DC 12V（任选一，缺省为 AC 220V）
工作环境	温度为-30~70℃；湿度<95%，无凝结
防护等级	IP66

5.8.1.2 前段采集系统的安装

1）安装要求

安装要求是：了解每个组件；了解组件之间的连线；需要安装单位安装的部分，了解组件的详细安装要求。

2）安装材料

安装材料见表 5.13。

表 5.13 安装材料

序号	物料名称	单位	数量	规格	备注
1	水泥杆	根		17.5m 或 8m	可选铁杆或其他
2	横杆	根	1	2.5m 以上	建议使用六角钢，充分考虑强度
3	配电箱	个	1	300mm×400mm×150mm	
4	超五类网线	根	2	按需要而定	室外型，接头现场制作
5	RJ45 水晶头	个	4	标准	选择时注意质量
6	网络交换机	个	1	5 port 以上	最好选择工业交换机
7	空气开关	组	2	大于 5A，小于 10A	如果过大，不能起到防护作用
8	小型插线板	块	1	公牛或子弹头品牌	
9	电源线	根	1	大于 5A	室外型，长度按需而定
10	螺栓	颗	5	≥8mm	需要配套的大面积垫片及弹簧垫片
11	防雷接地组	套	1	视区域而定	

3）选点要求

所选的执勤点，应保证车辆是无停滞通行的地段（比如有人工执勤的地方就不合适），最好有大于 60m 的直道，立杆点选在直道中间。

4）安装环境

（1）安装高度在5.5~6.5m的范围；

（2）道路中心线与抓拍机中心线的夹角小于20°；

（3）安装横杆及立杆可以支撑30kg的质量；

（4）需要有两条网线，网络已通；

（5）220V电源。

5）安装顺序

安装顺序如图5.153所示，从最靠近路中心开始，依次为：

（1）高清车牌识别一体机（BZ-2CD200），间距200mm；

（2）高清全景摄像机（BZ-2MO130），间距200mm；

（3）智能车检雷达（BZ-Radar-Ⅱ），间距250mm；

（4）高清LED补光灯（BZ-LED-140），间距至少大于500mm，最好装在杆的另一端；

（5）高清卡品闪光灯（BZ-Flash-Ⅲ）。

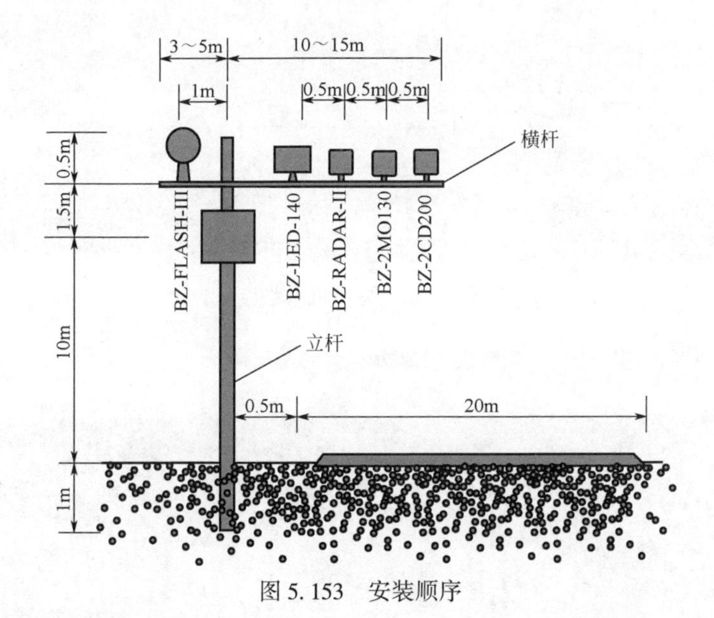

图5.153　安装顺序

6）接线

（1）智能雷达控制器：打开防护罩看到雷达电路板，在线路板上都有文字描述。电路板的上半部分，出厂已经接好，接线的时候接的是下半部分，接线位置如图5.154所示。

（2）抓拍机电路板：电路板的上半部分，出厂已经接好，接线的时候接的是下半部分，需要接线接到哪里在线路板上都有文字描述，如图5.155所示。

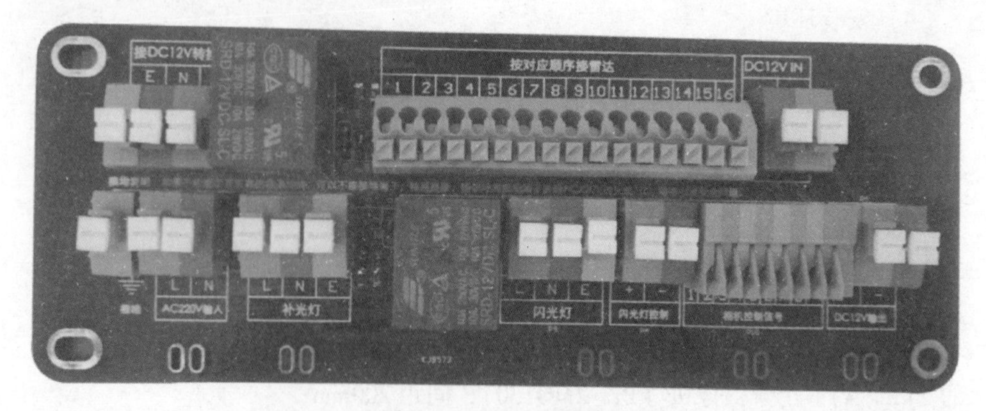

图 5.154　雷达电路板

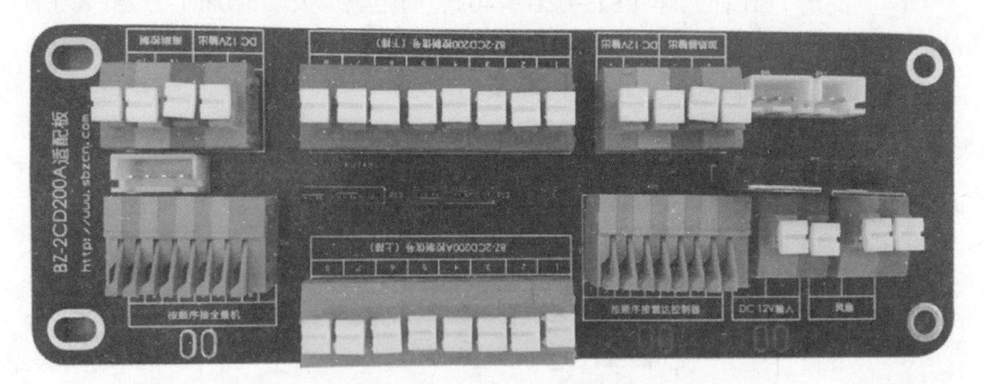

图 5.155　抓拍机电路板

（3）全景机电路板，如图 5.156 所示。

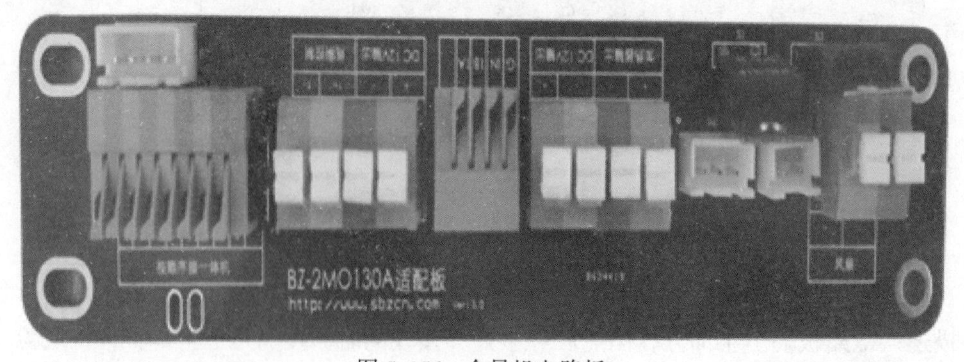

图 5.156　全景机电路板

5.8.1.3　前端采集系统的调试

1）设备类型及设备软件版本

一体机型号为 BZ-2CD200，一体机设备类型为 BZ-2CD200A，一体机软件版本为 V3.4.1 build 130709。

全景机型号为 BZ-2MO130，全景机设备类型为 2MO200A。

全景机软件版本为 V5.0.0 build 130617。

如果发现型号及版本不对，请认清产品再进行其他工作，如果无法确认，请联系厂家。

2）调试软件

（1）调试软件通用名为“ITCClient.exe”，通过本软件，用户可以配置设备各种详细参数。注意：每调整一个参数时，应该清楚知道该参数含义，以避免产生不必要的问题。

（2）绿色版调试工具一般在一个“冰智 ConfigTools”的目录下，双击 ITC-Client 启动程序。

（3）抓拍一体机配置：修改设备 IP，填入你要修改的 IP、子网掩码、网关，输入管理员口令（12345），点击保存。

（4）全景机配置：同抓拍机方法一致，配置设备 IP，调整全景机方向、焦距、光圈，使之能看到清晰、亮度好的图像即可。

3）验证

当硬件接线和调试完成后，需要验证是否安装调试正确，验证步骤如下：

（1）给设备上电。

（2）用笔记本连接交换机，打开调试软件，连接抓拍机。

（3）手动抓拍或者用工程车辆或者等待路过的车，前后方向跑两圈。

（4）如果正常，软件会接收到抓拍信息，包括照片、车辆通过时间、抓拍地点、车牌、车牌颜色等信息，同时车过的时候观察闪光灯，如果触发抓拍成功，闪光灯会闪烁。如果车辆通过软件没有收到抓拍信息或者闪光灯不闪烁，说明工作不正常，检查线路连接和软件配置等。

（5）打开调试软件，连接全景机，能看到清晰的实时预览图像即可。

5.8.2　电子执勤软件管理平台介绍

（1）安装环境：服务器 Win 2008 server 或者 PC 在 Win 7 以上，硬盘 2T 内存，4GJava8.0 以上，Flash play23 以上。

（2）安装说明：

① web 访问端口默认是 8080。进入安装目录下“Bingsoft \ BingEDS \

Tomcat \ conf \ server. xml”，用记事本打开，找到8080，改成你需要的端口，保存，重启 Web 服务。

② 另外有一个端口 8899，需要如同 Web 服务端口一样的开放，而且不能改，否则会影响设备连接。

③ 建议安装在非 C 盘，并且存储空间大的盘，因为安装在哪里数据就存储在哪里。

（3）安装：采用一键安装方式安装，集成了 Mysql、Tomcat 等应用。目前最新版本为 V4. 7. 3，安装时只需要用户选择好需要安装的路径即可，其他直接点击“下一步”。

5. 8. 3 电子执勤系统的使用

以 B/S 模式运行，客户只需要打开浏览器，登录 VBS，就可以很方便地浏览报警记录、管理执勤点、管理用户等。

使用系统之前，应先确认服务器的 IP 地址和端口号，一般情况下，如果不是和其他系统共用一个服务器，或者是服务器的 80 端口未被占用，将在部署系统时使用 80 端口；如果 80 端口被占用，将使用 8088 端口（可以自定义）。

打开浏览器，在地址栏输入“http：//服务器 IP：端口号/eds”，输入用户名和密码，登录。

系统功能包括：最后通行记录、实时通行记录、历史通行记录、执勤点管理、设备管理、系统管理。

注意事项如下：

（1）添加单位时，上级单位一定是某个二级单位，如采油一厂、采油二厂、采油三厂等，添加执勤点时，上级单位一定是某个作业区。

（2）关于编码，系统的编码并非长庆油田统一分配置的编码，而是系统自动分配，如后期油田公司提供统一编码，可以进行修改。

（3）关于权限，操作需要对应的权限，如不具有对应权限，请联系系统管理员。

5. 8. 4 电子执勤系统的维护

5. 8. 4. 1 VBS 常见故障

1）浏览器登录不上

浏览器登录不上一般有两种情况：一种是显示不出来页面，但是可以显示蓝色背景，这个问题是因为浏览器的 Flash Player 版本过低，更新 Flash Player 版本故障就会恢复；另一种就是提示找不到页面，这种情况一般是系统服务未开启或者异常，检查方法是：控制面板→管理工具→服务→找到下面三个服务检查状态，如果 SBZEDS Web Service 服务未开启，开启即可。

2）数据不更新

数据不更新一般也有两种情况：一种就是磁盘空间过低，需要手动删除历史数据，腾出空间，这里说明一下，不开放自动删除功能，是因为给管理员再次确认数据是否无用，是否可以删除的机会；另一种情况也是系统服务未开启或者异常，检查方法是，控制面板→管理工具→服务→找到下面三个服务检查状态，如果 SBZEDS Device Service 服务未开启，开启即可。

5.8.4.2　VBS 排查故障

管理员登录平台以后，首先看到的是“最后通行记录”页面，这也是排查故障的开始：

（1）查看通行记录：看某个点的最后通行记录是否是当前的数据，如果是，查看录像是否可以回放，若可以回放，说明这个点的一体机和全景机工作正常；然后进入这个点的历史通行记录查看夜间照片情况，若效果好，说明闪光灯工作正常，则这个点的设备是工作正常的。

（2）查看网络状况：查看平台和前端设备网络是否连通，打开设备管理界面查看设备状态，网络连接是否正常，红色表示网络断开，绿色表示网络连接正常。

（3）查看连通情况：如果可以连通，那么用冰智配置软件连接设备，看是否可以连接，如果不能连接，检查配置或者重启设备。

5.8.4.3　现场常见问题及解决方法

1）抓拍一体机

（1）通信正常，存在漏拍、空拍、不拍（不触发）现象。检查一体机机座是否固定良好，如果不稳定，加固再观察；如果稳定，重新升级，配置一体机后再观察。

（2）能 ping 通，但是用软件连接不到一体机，一体机也不抓拍。先重启一体机，确定是否死机。如果重启后，故障依旧，那么拔掉一体机机体后面的 RS232 一根线，重启一体机，观察是否恢复正常；如果没有，再拔掉 RS485 一根线，重启一体机，观察是否恢复正常；一般情况下是可以恢复正常的，如果没有恢复，更换一体机或者联系厂家。

（3）ping 不通，网线口灯常亮不闪，一体机不正常抓拍。检查交换机口有没有死口，检查网线是否正常，如果都没有问题，接下来同解决方法（2）一样处理；如果还是没有能解决，那么一体机网口损坏，更换一体机即可。

（4）一体机模糊不清，照片黑。首先查看镜头是否和机体紧密连接，如果没有，应拧紧；如果连接紧密，调整焦距、光圈使之正常。离开前把固定的焦距和光圈的小螺帽拧紧，防止自己改变。

（5）一体机 ping 不通，一体机不抓拍。检查一体机供电（12V 直流）是否正常，如果不正常，恢复供电；如果正常，配合问题（2）和（3），再做检查。

2）全景机

（1）无录像。检查全景机网络是否连通，如果不通，去现场查看是供电问题，还是网线问题或者是交换机问题；如果通，检查 IP 是否被占，网络延时是否过大。

（2）全景机 ping 不通。检查供电是否正常，如果不正常，恢复供电，再观察。如果正常，检查交换机是否死口，如果死口，重启交换机或者更换网口；如果没有，检查连接网线是否损坏，如果损坏，更换网线，如果没有，说明全景机坏，更换全景机。

（3）全景机模糊，录像黑或者曝光。调整全景机焦距、光圈到合适位置。如果夜晚黑，调整补光灯角度，或者判断一下补光灯是否正常工作。

3）补光灯

（1）不亮。检查补光灯是否损坏，方法是：直接供 220V 电给补光灯，如果亮则正常，如果不亮，检查接线板是否有明显烧坏迹象；如果有，更换电路板，如果没有，检查雷达是否损坏。检查雷达的方法是：用一块黑布盖住雷达前脸，如果补光灯接线口有 220V 电供入或者听到雷达一声脆响，证明雷达正常；如果没有，雷达损坏，更换雷达，补光灯即可正常工作。

（2）夜间闪烁。如果是 1min 左右闪烁一次，有可能是角度不对，调整一下和雷达平行；如果是快速闪烁，有可能是零线和地线接反，也有可能是灯损坏了，更换即可。

4）闪光灯

（1）闪光灯不闪。发现闪光灯不闪，首先检查一体机是否正常工作，如果不正常工作，先把一体机维护正常，再看闪光灯是否闪烁；如果还不正常，检查闪光灯电路板上供电是否出现问题，如果电路板有明显烧毁迹象，更换电路板，给闪光灯正常供电，然后检查闪光灯是否正常。

（2）闪光灯不停地闪，无规律地闪烁。引起这个的原因是一体机软件功能紊乱，或者一体机没有固定稳固。如果是前者，重新升级配置一体机即可；如果是后者，加固一体机即可。

（3）晚照片黑，只能看到来车的两个灯，什么也看不见。如果是闪光灯损坏，更换闪光灯；如果是闪光灯角度偏转，夜间根据实际情况调整角度。

第六章　数字化维护工具

6.1　数字化防雷工程技术要求

6.1.1　数字化防雷工程技术标准

6.1.1.1　井场数字化防雷建设内容（D级）

井场数字化防雷建设内容（D级）包括地阻标准、等电位连接、220V浪涌保护器。

1）接地装置

接地装置如图6.1所示。接地桩采用长2.5m、DN50mm镀锌钢管，通过4mm×40mm镀锌扁铁连接制作成环形接地装置，接地电阻降至4Ω以下。

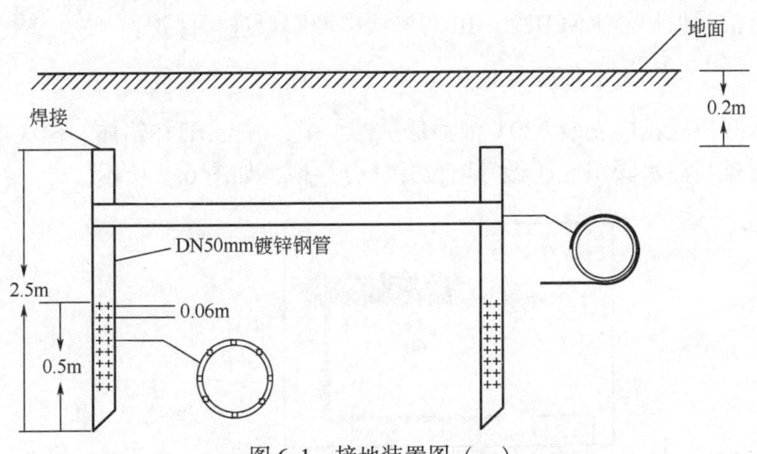

图6.1　接地装置图（一）

将5根长2.5m的接地桩，在距顶端1m处利用扁铁焊接为边长5m的十字网状结构，垂直地埋2.7m（图6.2）。若现场测试接地电阻大于4Ω，则在接地桩顶端焊接相同的十字网状结构。

2）等电位连接

主RTU箱内设置一块4mm×40mm×350mm的铜排，箱内浪涌保护器、设备通过BVR2.5mm^{2}铜线与等电位连接排连接，等电位连接排通过BVR16mm^{2}铜线与地网相连。BVR 指铜芯聚氯乙烯绝缘软护套电线。

需要等电位的设备有：摄像机外壳、无线网桥、视频服务器、五口交换机、RTU 模块、箱体、光纤收发器、终端盒（包括加强筋）、浪涌保护器、功放。

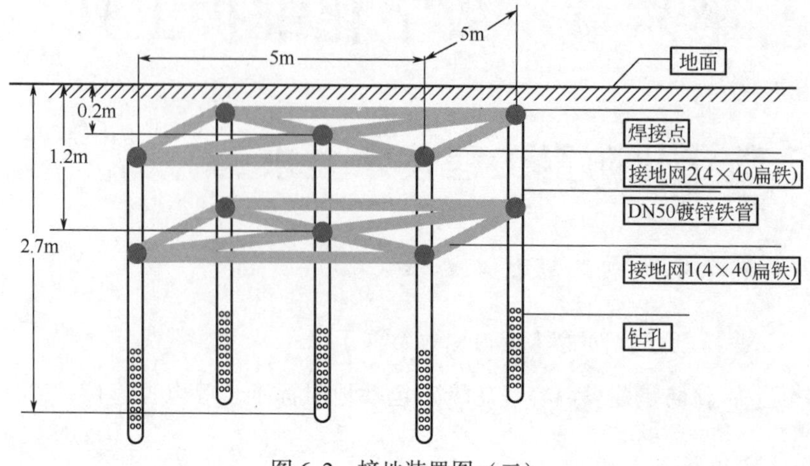

图 6.2　接地装置图（二）

3）防浪涌保护器

电源系统只加装第三级（D 级）电源保护，具体为：在井场 RTU 箱内加装电源防雷浪涌保护器 KNFD220-10 对进线电源端口进行保护。

6.1.1.2　配水间数字化防雷建设方案（D 级）

配水间协议箱内安装 220V 浪涌保护器 1 个，并与 RTU 箱体、模块接入汇流铜排，铜排与注水阀组底座做等电位并联合接地，如图 6.3 所示。

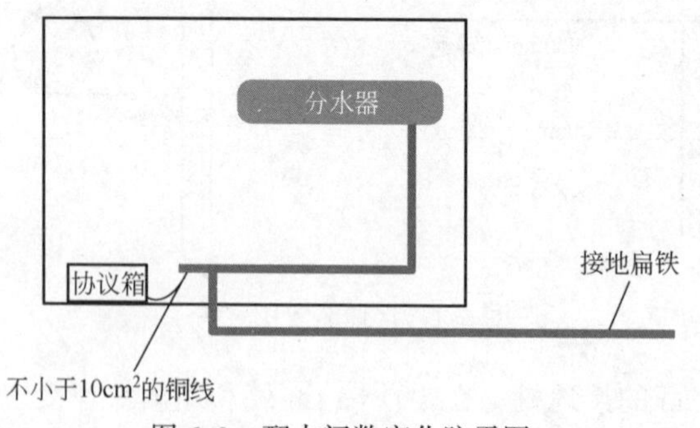

图 6.3　配水间数字化防雷图

6.1.1.3　站点数字化防雷建设方案（D 级）

1）接地装置

老油田建设中 PLC 安装处无法找到接地网的按照井场标准制作接地系统，

产建站点接入电缆沟内的公共接地系统。

2）等电位连接

等电位连接如图 6.4 所示。

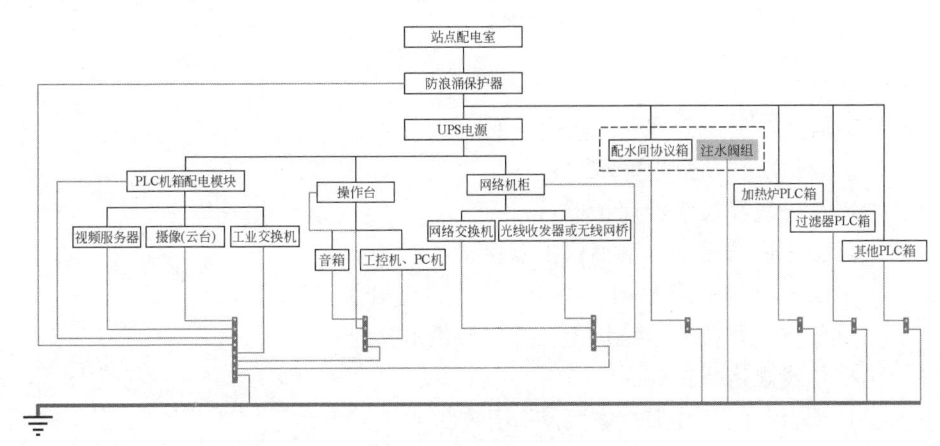

图 6.4　等电位连接图

3）浪涌保护器

220V、24V485 仪表浪涌保护器各一个，室外进入交换机，网线安装网络信号防雷器，根据情况可对重点液位计加装信号防雷器。

6.1.2　防雷工程建设图例

6.1.2.1　接地地网

接地测试仪和接地地网分别如图 6.5 和图 6.6 所示，规范如下：

（1）地桩使用 DN50mm 镀锌钢管并符合设计；

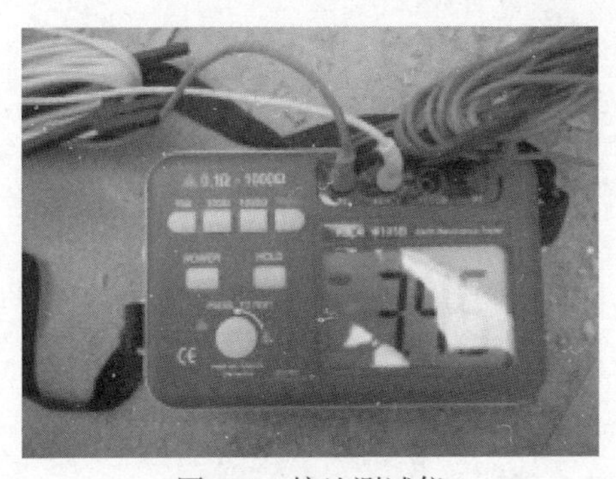

图 6.5　接地测试仪

图 6.6　接地地网

（2）镀锌钢管 0.5m 处打孔灌入工业盐；

（3）扁铁与镀锌钢管焊接处刷防腐漆；

（4）接地扁铁规格为 4mm×40mm；

（5）电杆引下线连接处螺栓固定紧密；

（6）引下线延伸至 PLC 控制柜内。

6.1.2.2 供电系统

供电系统如图 6.7 所示，规范如下：

（1）总供电线从配电室取电；

（2）总进线经过浪涌保护器；

（3）UPS 进线端经过浪涌保护器保护；

（4）UPS 出线端接入 PLC 机柜分配电空气开关；

（5）分空气开关给网络机柜及操作台供电；

（6）总线规格≥2.5mm^2；

（7）动力、信号线缆左右两路分开布线；

（8）24V 浪涌保护器给仪表提供保护。

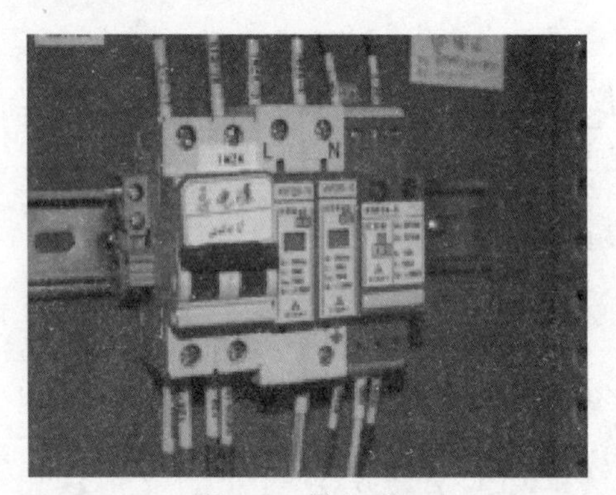

图 6.7 供电系统

6.1.2.3 PLC 机柜等电位连接

PLC 机柜等电位连接如图 6.8 所示，规范如下：

（1）PLC 柜内一级接地汇流铜排与地网扁铁接地母线≥16mm^2，距离<1m；

（2）PLC 柜内一级接地铜排与机柜二级汇流铜排及网络机柜和操作台二级铜排用线≥6mm^2；

（3）PLC 柜内等电位连接用线≥2.5mm^2；

（4）信号电缆屏蔽层、铠装层接入一级接地铜排；

（5）多余信号线的屏蔽层、铠装层接入一级接地铜排；

（6）浪涌保护器与接地铜排连线≥6mm^2；

（7）浪涌保护器与接地铜排连线长度<1m；

（8）所有接地铜线是多芯铜线；

（9）所有接地铜线与接地铜排采用铜鼻相连。

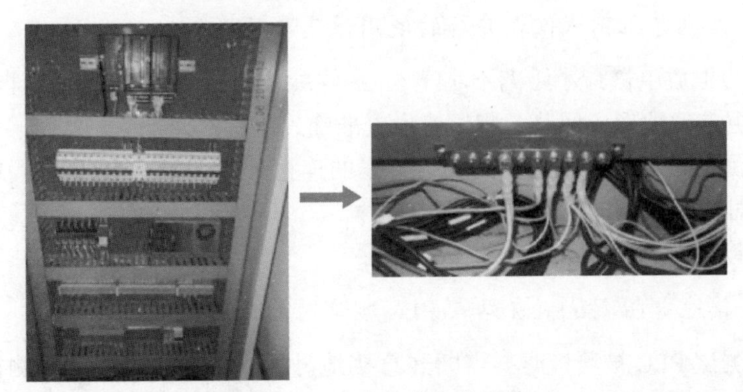

图 6.8　PLC 机柜等电位连接

6.1.2.4　网络机柜等电位连接

网络机柜等电位连接如图 6.9 所示，规范如下：

（1）网络机柜外壳接入铜排；

（2）交换机机壳接入铜排；

（3）光纤收发器接入铜排；

（4）机架式光纤收发器机箱接入铜排；

（5）尾纤盒接入铜排；

（6）信号防雷器接入铜排；

（7）室外引入网线使用屏蔽铠装线；

（8）金属水晶头与屏蔽层相连；

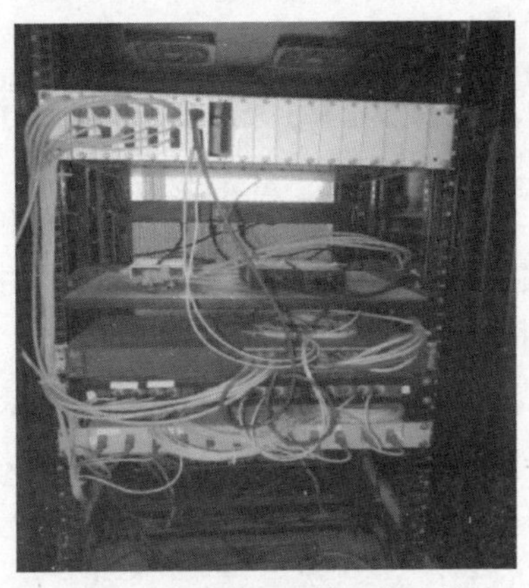

图 6.9　网络机柜等电位连接

（9）室外引入网线与信号防雷器相连；

（10）各设备间连接用线≥2.5mm^2。

6.1.2.5　操作台等电位连接

操作台等电位连接如图 6.10 所示，规范如下：

（1）操作台外壳接入铜排；

（2）工控机外壳接入铜排；

图 6.10　操作台等电位连接

(3) 计算机外壳接入铜排;

(4) 各设备间连接用线≥2.5mm²。

6.1.3 接地电阻测试仪的测试要求

6.1.3.1 接地电阻测试仪在井场的使用注意事项

(1) 两根放电极最小距离不小于5m,伸展长度各不小于10m;且在同一方向上,能更准确地形成回路,测试值也更准确。

(2) 测试被测极时,需要断开引下线的连接处;切断主RTU内弱电设备电流,消除对被测试值的影响。

(3) 接地电阻值不大于4Ω。

6.1.3.2 接地电阻测试仪在站点PLC测试时的注意事项

(1) 测试PLC被测极时,需断开总接地母线,单独对母线进行测试,防止电磁干扰。

(2) 接地电阻值不大于4Ω。

6.2 光时域反射仪操作

光时域反射仪(OTDR)是通过对测量曲线的分析,了解光纤的均匀性、缺陷、断裂、接头耦合等若干性能的仪器。它根据光的后向散射与菲涅耳反向原理制作,利用光在光纤中传播时产生的后向散射光来获取衰减的信息,可用于测量光纤衰减、接头损耗、光纤故障点定位以及了解光纤沿长度的损耗分布情况等,是光缆施工、维护及监测中必不可少的工具。

6.2.1 光时域反射仪原理

OTDR测试通过发射光脉冲到光纤内,然后在OTDR端口接收返回的信息。当光脉冲在光纤内传输时,会由于光纤本身的性质、连接器、接合点、弯曲或其他类似的事件而产生散射和反射。其中一部分的散射和反射就会返回到OTDR中,返回的有用信息由OTDR的探测器测量,它们就作为光纤内不同位置上的时间或曲线片段。根据从发射信号到返回信号所用的时间,确定光在玻璃物质中的速度,就可以计算出距离。

6.2.2 光时域反射仪功能

光时域反射仪的结构如图6.11所示。

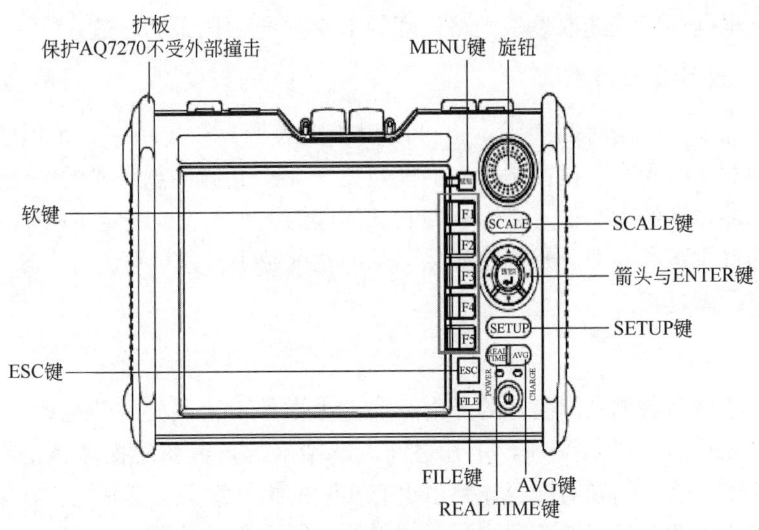

图 6.11　光时域反射仪

6.2.2.1　功能键说明

MENU：返回主菜单。

软键（F1～F5）：选择显示在屏幕右边与 F1～F5 键对应的功能。

ESC 键：取消设置或关闭菜单。

FILE 键：显示文件菜单，用于保存、读取或打印波形。

旋钮：移动光标或改变测量条件，按该钮可以设置光标移动为粗调或微调。

SCALE 键：用于放大、缩小或者移动波形显示。

箭头与 ENTER 键：选择或设置条件，改变波形显示的刻度。

SETUP 键：设置测量条件与系统设置。

REAL TEME 键：开始或结束实时测量。

AVG 键：开始或停止平均测量。

POWER：绿色表示运行，红色表示低容量。

CHARGE：绿色表示正在充电，绿色闪烁表示没有开始充电。

电池容量（屏幕右上角）：绿色表示电池容量满，黄色表示电池容量还有大约一半，红色表示电池容量很低。

6.2.2.2　测试距离

由于光纤制造以后其折射率基本不变，光在光纤中的传播速度就不变，测试距离和时间就是一致的。实际上，测试距离就是光在光纤中的传播速度乘上传播时间，对测试距离的选取就是对测试采样起始和终止时间的选取。测量时选取适当的测试距离可以生成比较全面的轨迹图，对有效分析光纤的特性有很好的帮助，通常根据经验，选取整条光路长度的1.5~2倍之间最为合适。

6.2.2.3 脉冲宽度

脉冲宽度可以用时间表示，也可以用长度表示，在光功率大小恒定的情况下，脉冲宽度的大小直接影响着光的能量的大小，光脉冲越长光的能量就越大。同时，脉冲宽度的大小也直接影响着测试死区的大小，也就决定了两个可辨别事件之间的最短距离，即分辨率。显然，脉冲宽度越小，分辨率越高，脉冲宽度越大，测试距离越长。

6.2.2.4 折射率

折射率就是待测光纤实际的折射率，这个数值由待测光纤的生产厂家给出，单模石英光纤的折射率在1.4~1.6之间。越精确的折射率对提高测量距离的精度越有帮助。这个问题对配置光路由也有实际的指导意义，实际上，在配置光路由的时候应该选取折射率相同或相近的光纤进行配置，尽量减少不同折射率的光纤芯连接在一起形成一条非单一折射率的光路。

6.2.2.5 测试波长

测试波长就是指OTDR激光器发射的激光的波长，在长距离测试时，由于1310nm衰耗较大，激光器发出的激光脉冲在待测光纤的末端会变得很微弱，这样受噪声影响较大，形成的轨迹图就不理想，宜采用1550nm作为测试波长。所以在长距离测试的时候适合选取1550nm作为测试波长，而普通的短距离测试，选取1310nm也可以。

6.2.2.6 平均值

平均值是为了在OTDR形成良好的显示图样，根据用户需要，动态或非动态地显示光纤状况而设定的参数。由于测试中受噪声的影响，光纤中某一点的瑞利散射功率是一个随机过程，要确知该点的一般情况，减少接收器固有的随机噪声的影响，需要求其在某一段测试时间的平均值。根据需要设定该值，如果要求实时掌握光纤的情况，那么就需要设定时间为实时。

6.2.3 光时域反射仪使用步骤

6.2.3.1 连接测试尾纤

首先清洁测试侧尾纤，将尾纤垂直仪表测试插孔处插入，并将尾纤凸起U形部分与测试插口凹回U形部分充分连接，并适当拧固。在线路查修或割接时，被测光纤与OTDR连接之前，应通知该中继段对端局站维护人员取下ODF架上与之对应的连接尾纤，以免损坏光盘。各个参数选择如下：

（1）波长选择，选择测试所需波长，有1310nm、1550nm两种波长供选择。

（2）距离设置，首先用自动模式测试光纤，然后根据测试光纤长度设定测试距离，通常是实际距离的1.5倍，主要为了避免出现假反射峰，影响判断。

（3）脉宽设置，仪表可供选择的脉冲宽度一般有10ns、30ns、100ns、300ns、1μs、10μs等参数，脉冲宽度越小，取样距离越短，测试越精确，反之则测试距离越长，精度相对要小。根据经验，一般10km以下选用100ns及以下参数，10km以上选用100ns及以上参数。

（4）取样时间，仪表取样时间越长，曲线越平滑，测试越精确。

（5）折射率设置，根据每条传输线路要求不同而定。

（6）事件阈值设置，指在测试中对光纤的接续点或损耗点的衰耗进行预先设置，当遇有超过阈值的事件时，仪表会自动分析定位。

6.2.3.2　示意图分析

1）曲线毛糙（无平滑曲线）

（1）测试仪表插口损坏——换插口；

（2）测试尾纤连接不当——重新连接；

（3）测试尾纤问题——更换尾纤；

（4）线路终端问题——重新接续，在进行终端损耗测量时可介入假纤进行测试。

2）曲线平滑

信号曲线横轴为距离，纵轴为损耗，前端为起始反射区（盲区），约为0.1km，中间为信号曲线，呈阶跃下降曲线，末端为终端反射区，超出信号曲线后，为毛糙部分（即光纤截止电点）。普通接头或弯折处为一个下降台阶，活动连接处为反射峰，断裂处为较大台阶的反射峰，而尾纤终端为结束反射峰。

当测试曲线中有活动连接或测试量程较大时，会出现2个以上假反射峰，可根据反射峰距离判断是否为假反射峰。假反射峰的形成原因是：由于光在较短的光纤中，到达光纤末端B产生反射，反射光功率仍然很强，在回程中遇到第一个活动接头A，一部分光重新反射回B，这部分光到达B点以后，在B点再次反射回OTDR，这样在OTDR形成的轨迹图中会发现在噪声区域出现了一个反射现象。

当测试曲线终端为正常反射峰时说明对端是尾纤连接（机房站）；当测试曲线终端没有反射峰，而是毛糙直接向下的曲线，说明对端是没有处理过的终端（即为断点），也就是故障点。

3）接头损耗分析

（1）自动分析：通过事件阈值设置，超过阈值事件自动列表读数。

（2）手动分析：采用5点法（或4点法），即将前2点设置于接头前向曲线平滑端，第3点设置于接头点台阶上，第4点设置于台阶下方起始处，第5点设置在接头后向曲线平滑端，从仪表读数，即为接头损耗。

（3）接头损耗采用双向平均法，即两端测试接头损耗之和除以2。

4）环回接头损耗分析

在工程施工过程中，为及时监测接头损耗，节省工时，常需要在光缆接续对端进行光纤环接，即按光纤顺序1号光纤接2号光纤，3号光纤接4号光纤，依此类推，在本端即能监测中间接头双向损耗。

以1号光纤、2号光纤为例，在本端测试的接续点损耗为1号光纤正向接头损耗，经过环回点接续点损耗则为2号光纤正向接头损耗，注意判断正反向接续点距环回点距离相等。

5）光纤全程衰减分析

将A标设置于曲线起始端平滑处，B标设置于曲线末端平滑处，读出AB标之间的衰耗值，即为光纤全程传输衰减（实际操作中光源光功率计对测更为准确）。

6）曲线存储

OTDR均有存储功能，其操作与计算机操作功能相似，最大可存储1000余条曲线，便于维护分析。

6.2.4 光时域反射仪使用注意事项

（1）光输出端口必须保持清洁，光输出端口需要定期使用无水乙醇进行清洁。

（2）仪器使用完后将防尘帽盖上，同时必须保持防尘帽的清洁。

（3）定期清洁光输出端口的法兰盘连接器，如果发现法兰盘内的陶瓷芯出现裂纹和碎裂现象，必须及时更换。

（4）适当设置发光时间，延长激光源使用寿命。

（5）清洁光纤接头和光输出端口的作用是：

① 由于光纤纤芯非常小，附着在光纤接头和光输出端口的灰尘和颗粒可能会覆盖一部分输出光纤的纤芯，导致仪器的性能下降；

② 灰尘和颗粒可能会导致输出端光纤接头端面的磨损，这样将降低仪器测试的准确性重复性。

6.3 光纤熔接机和光功率计

光纤熔接机主要用于光通信中光缆的施工和维护，所以又称为光缆熔接机。一般工作原理是利用高压电弧将两光纤断面熔化的同时用高精度运动机构平缓推进让两根光纤融合成一根，以实现光纤模场的耦合。光功率计是指用于测量绝对光功率或通过一段光纤功率相对损耗的仪器，能够评价光端设备的性能。

6.3.1　光纤熔接机分类

普通光纤熔接机一般是指单芯光纤熔接机，除此之外，还有专门用来熔接带状光纤的带状光纤熔接机、熔接皮线光缆和跳线的皮线熔接机、熔接保偏光纤的保偏光纤熔接机等。

按照对准方式不同，光纤熔接机还可分为两大类：包层对准式和纤芯对准式。包层对准式光纤熔接机主要适用于要求不高的光纤入户等场合，所以价格相对较低；纤芯对准式光纤熔接机配备精密六马达对芯机构、特殊设计的光学镜头及软件算法，能够准确识别光纤类型并自动选用与之相匹配的熔接模式来保证熔接质量，技术含量较高，因此价格相对也会较高。

6.3.2　光纤熔接机熔接原理

如图 6.12 所示，光纤熔接机的熔接原理比较简单，首先熔接机要正确地找到光纤的纤芯并将它准确地对准，然后通过电极间的高压放电电弧将光纤熔化再推进熔接。

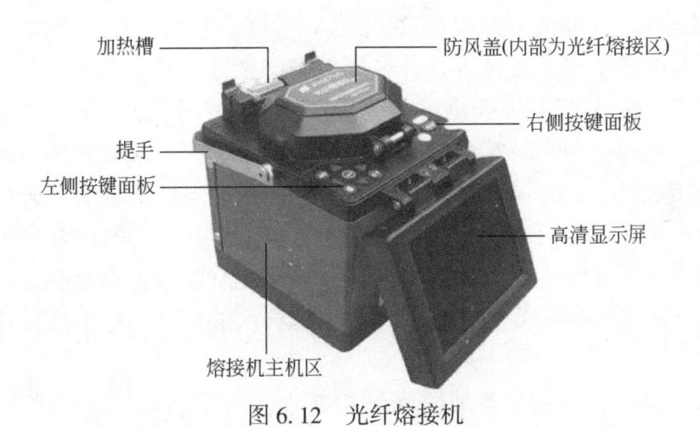

图 6.12　光纤熔接机

PAS 制原理是：主要通过物镜和反光镜进行成像，然后通过控制电路来驱动电动机进行光纤的推进、聚焦、对准，同时通过显示系统把图像显示在屏幕上。目前市场上的光纤熔接机全部采用该原理。

6.3.3　光纤熔接机熔接步骤

操作工具有光纤热缩管、剥皮钳、光纤切割器、无尘纸、酒精。操作步骤如下：

（1）开启熔接机，为了得到好的熔接质量，在开始熔接操作前，要进行清洁和检查仪器。

（2）开剥光缆，并将光缆固定到盘纤架上。常见的光缆有层绞式、骨架式和中心束管式光缆，不同的光缆要采取不同的开剥方法，剥好后要将光缆固定到盘纤架。

（3）将剥开后的光纤分别穿过热缩管。不同束管、不同颜色的光纤要分开，分别穿过热缩管。

（4）打开熔接机电源，选择合适的熔接方式。光纤常见类型规格有：SM 色散非位移单模光纤（ITU-TG. 652）、MM 多模光纤（ITU-TG. 651）、DS 色散位移单模光纤（ITU-TG. 653）、NZ 非零色散位移光纤（ITU-TG. 655）、BI 耐弯光纤（ITU-TG. 657）等，要根据不同的光纤类型来选择合适的熔接方式，而最新的光纤熔接机有自动识别光纤的功能，可自动识别各种类型的光纤。

（5）制备光纤端面。光纤端面制作的好坏将直接影响熔接质量，所以在熔接前必须制备合格的端面。用专用的剥线工具剥去涂覆层，再用沾有酒精的清洁麻布或棉花在裸纤上擦拭几次，使用精密光纤切割刀切割光纤。对于 0. 25mm（外涂层）光纤，切割长度为 8～16mm；对于 0. 9mm（外涂层）光纤，切割长度只能是 16mm。

（6）放置光纤。将光纤放在熔接机的 V 形槽中，小心压上光纤压板和光纤夹具，要根据光纤切割长度设置光纤在压板中的位置，并正确地放入防风罩中。

（7）接续光纤。按下接续键后，光纤相向移动，移动过程中产生一个短的放电清洁光纤表面；当光纤端面之间的间隙合适后熔接机停止相向移动，设定初始间隙，熔接机测量，并显示切割角度。在初始间隙设定完成后，开始执行纤芯或包层对准，然后熔接机减小间隙（最后的间隙设定），高压放电产生的电弧将左边光纤熔到右边光纤中，最后微处理器计算损耗并将数值显示在显示器上。如果估算的损耗值比预期的要高，可以按放电键再次放电，放电后熔接机仍将计算损耗。

（8）取出光纤并用加热器加固光纤熔接点。打开防风罩，将光纤从熔接机上取出，再将热缩管移动到熔接点的位置，放到加热器中加热，加热完毕后从加热器中取出光纤。操作时，由于温度很高，不要触摸热缩管和加热器的陶瓷部分。

（9）盘纤并固定。将接续好的光纤盘到光纤收容盘上，固定好光纤、收容盘、接头盒、终端盒等，操作完成。

6. 3. 4 光纤熔接机维护保养

光纤熔接机的易损耗材为放电的电极，基本放电 4000 次左右就需要更换新电极。

6.3.4.1　更换电极方法

（1）取下电极室的保护盖，松开固定上电极的螺栓，取出上电极。

（2）松开固定下电极的螺栓，取出下电极。

（3）新电极的安装顺序与拆卸动作相反，要求两电极尖间隙为（2.6±0.2）mm，并与光纤对称。通常情况下电极是不需调整的。

（4）在更换的过程中不可触摸电极尖端，以防损坏，并应避免电极掉在机器内部。

6.3.4.2　注意事项

（1）更换电极后须进行电弧位置的校准或是自己做一下处理，重新打磨，但是长度会发生变化，相应的熔接参数也需做出修改。

（2）熔接机中的机械部件很多，构造精密，除了电极外，其他部分严禁用户拆卸和变动。因为这些机械零件是经过精密的加工和校准的，一旦改动，很难恢复到原位。用户可以自己动手更换的只有电极。

（3）熔接机的反光镜、物镜镜头、V 形槽、光纤放置平台、监视器屏幕等都要保持清洁。清洁时只能用纯酒精，不能用其他化学药剂。

（4）熔接机是昂贵而精密的仪表，在使用时要注意保护和保养。例如放置光纤、按操作键时，动作要轻一些，以免引起不必要的损坏。一旦机器有了故障，不要自行拆卸和修理。熔接机的维修需要有专门的工具和受过专业培训的技术人员来进行。

6.3.5　常见问题处理

（1）问题：开启光纤熔接机开关后屏幕无光亮，且打开防风罩后发现电极座上的水平照明不亮。解决方法：

① 检查电源插头座是否插好，若不好则重新插好；

② 检查电源熔断丝是否断开，若断则更换备用熔断丝。

（2）问题：光纤能进行正常复位，进行间隙设置时屏幕变暗，没有光纤图像，且屏幕显示停止在“设置间隙”。解决方法：检查并确认防风罩是否压到位或簧片是否接触良好。

（3）问题：开启光纤熔接机后屏幕下方出现“电池耗尽”且蜂鸣器鸣叫不停。解决方法：

① 本现象一般出现在使用电池供电的情况下，只需更换供电电源即可；

② 检查并确认电源熔断丝盒是否拧紧。

（4）问题：光纤能进行正常复位，进行间隙设置时光纤出现在屏幕上但停止不动，且屏幕显示停止在“设置间隙”。解决方法：

① 按压“复位”键，使系统复位；

② 打开防风罩，分别打开左、右压板，顺序进行下列检查；

③ 检查是否存在断纤；

④ 检查光纤切割长度是否太短；

⑤ 检查载纤槽与光纤是否匹配，并进行相应的处理。

（5）问题：光纤能进行正常复位，进行间隙设置时光纤持续向后运动，屏幕显示“设置间隙”及“重装光纤”。解决方法：可能是光学系统中显微镜的目镜上灰尘沉积过多所致，用棉签棒擦拭水平及垂直两路显微镜的目镜，用眼观察无明显灰尘，即可再试。

（6）问题：光纤能进行正常复位，进行间隙设置时开始显示“设置间隙”，一段时间后屏幕显示“重装光纤”。解决方法：

① 按压“复位”键，使系统复位；

② 打开防风罩，分别打开左、右压板，顺序进行下列检查；

③ 检查是否存在断纤；

④ 检查光纤切割长度是否太短；

⑤ 检查载纤槽与光纤是否匹配，并进行相应的处理。

（7）问题：自动工作方式下，按压“自动”键后可进行自动设置间隙、粗/精校准，但肉眼可在监视屏幕上观察到明显错位时，开始进行接续。解决方法：检查待接光纤图像上是否存在缺陷或灰尘，可根据实际情况用沾酒精棉球重擦光纤或重新制作光纤端面。

（8）问题：按压“加热”键，加热指示灯闪亮后很快熄灭，同时蜂鸣器鸣叫。解决方法：

① 光纤熔接机会自动检查加热器插头是否有效插入，如果未插或未插好，插好即可；

② 长时间持续加热时加热器会出现热保护而自动切断加热，可稍等一些时间再进行加热。

（9）问题：光纤进行自动校准时，一根光纤在上下方向上运动不停，屏幕显示停止再“校准”。解决方法：

① 按压“复位”键使系统复位；

② 检查 Y/Z 两方向的光纤端面位置偏差是否小于 0.5mm，如果小于则进行下面操作，否则返厂修理；

③ 检查裸纤是否干净，若不干净则进行处理；

④ 清洁 V 形槽内沉积的灰尘；

⑤ 用手指轻敲压板，确定压板是否压实光纤，若未压实则处理后再试。

（10）问题：光纤能进行正常复位，进行间隙设置时开始显示“设置间隙”，一段时间后屏幕显示“左光纤端面不合格”。解决方法：

① 肉眼观察屏幕中光纤图像，若左光纤端面质量确实不良，则可重新制作光纤端面后再试；

② 肉眼观察屏幕中光纤图像，若左光纤端面质量尚可，可能是“端面角度”项的值设的较小之故，若想强行接续时，可将“端面角度”项的值设大即可；

③ 若幕显示“左光纤端面不合格”时屏幕变暗，且显示字符为白色，检查确认光纤熔接机的防风罩是否有效按下，否则处理之；打开防风罩，检查防风罩上顶灯的两接触簧片是否变形，若有变形则处理之。

（11）问题：光纤能进行正常复位，进行自动接续时放电时间过长。解决方法：进入放电参数菜单，检查是否进行有效放电参数设置，此现象是由于没对放电参数进行有效设置所致。

（12）问题：进行放电实验时，光纤间隙的位置越来越偏向屏幕的一边。这是由于光纤熔接机进行放电实验时，同时进行电流及电弧位置的调整。当电极表面沉积的附着物使电弧在电极表面不对称时，会造成电弧位置的偏移。如果不是过分偏向一边，可不予理会。如果使用者认为需要处理，可采用以下办法处理：

① 进入维护菜单，进行数次“清洁电极”操作；

② 在不损坏电极尖的前提下，用单面刮胡刀片顺电极头部方向轻轻刮拭，然后进行数次“清洁电极”操作。

（13）问题：进行放电接续时，使用工厂设置的（1）~（5）放电程序均不可用，整体偏大或偏小。这是由于电极老化，光纤与电弧相对位置发生变化或操作环境发生了较大变化所致，分别处理如下：

① 电极老化的情况。检查电极尖部是否有损伤，若无则进行“清洁电极”操作，若有则更换电极。

② 光纤与电弧相对位置发生变化的情况。进入“维护方式”菜单，按压“电弧位置”，打开防风罩可以观察光纤与电弧相对位置。若光纤不在中部则可进行数次“清洁电极”操作，再观察光纤与电弧相对位置是否变化，若不变则为稳定位置。

③ 操作环境发生了很大变化。处理过程如下：

（a）进行放电实验，直到连续出现三到五次“放电电流适中”；

（b）进入放电参数菜单，检查放电电流值；

（c）整体平移电流（预熔电流、熔接电流、修复电流），使“熔接电流”值为“138（0.1mA）”；

（d）按压“参数”键，返回一级菜单状态；

(e) 取 (c) 中电流平移量，反方向修改“电流偏差”项的值；

(f) 确认无误后可按压“确认”键存储；

(g) 按压“参数”键退出菜单状态。

(14) 问题：进行多模光纤接续时，放电过程中总是有气泡出现。这主要是由于多模光纤的纤芯折射率较大所致，具体处理过程如下：

① 以工厂设置多模放电程序为模板，将“放电程序”项的值设定为小于“5”，并确认。

② 进行放电实验，直到出现三次“放电电流适中”。

③ 进行多模光纤接续，若仍然出现气泡则修改放电参数，修改过程如下：

(a) 进入放电参数菜单；

(b) 将“预熔时间”值以 0.1s 步距试探地增加；

(c) 接续光纤，若仍起气泡则继续增加“预熔时间”值，直到接续时不起泡为止（前提是光纤端面质量符合要求）；

(d) 若接续过程不起泡而光纤变细，则需减小“预熔电流”。

6.3.6 光功率计使用教程

光功率计如图 6.13 所示，光功率计接口如图 6.14 所示。

图 6.13 光功率计

图 6.14 光功率计接口

6.3.6.1 按键说明

DEL 键：删除测量过的数据。

dBm/W REL 键：测量结果的单位转换，每按一次此键，显示方式在“W”和“dBm”之间切换。

λ_{LD} 键：作为光源模式时，在 1310mm 和 1550mm 波长转换，常用为 1310mm。

λ/+键：6 个基准校准点切换，有 6 个基本波长校准点，即 850nm、1300nm、1310nm、1490nm、1550nm、1625nm。

SAVE/-键：储存测量数据。

LD 键：光功率计与光源模式转换。

⏻键：电源开关。

光功率计的“IN”口代表输入口，在光功率计的接受模式下使用此口；光功率计的“OUT”口代表输出口，在光功率计的光源模式下使用此口。注意：此接口使用 FC 接口的尾纤。

光功率计 1 设置：使用 LD 键设置为光源模式，波长为 1310mm，使用“OUT”口。

光功率计 2 设置：使用 LD 键设置为接受模式（光功率模式），用 dBm/W REL 键切换单位查看结果，并用 SAVE/-键储存测量结果。光纤具体能够允许衰耗多少要看实际情形，一般来说允许的衰耗为 15~30dB。

如果两端为信息网络设备，测量结果为-15~28dB，是可使用的光通道，测量距离在 30km 以内，准确度高。

6.3.6.2 注意事项

（1）任何情况下不要眼睛直视光功率计的激光输出口，对端接入光传输设备同样不要用眼睛直视光源。这样做会造成永久性视觉烧伤。

（2）装电池的光功率计长期不用取出电池，可充电的光功率计每个月必须充放电一次。

（3）使用时保护好陶瓷头，每三个月用酒精棉清洁陶瓷头一次。

6.4 FLUKE 744 过程认证校准器使用简介

6.4.1 概述

FLUKE 744 过程认证校准器（以下称“校准器”）是一种由电池供电的便携式仪器，它可以对电气和物理参数进行测量和输出，并在与 HART 变送器一起使用时提供基本的 HART 通信功能。标准配置如图 6.15 所示，各符号定义见表 6.1。

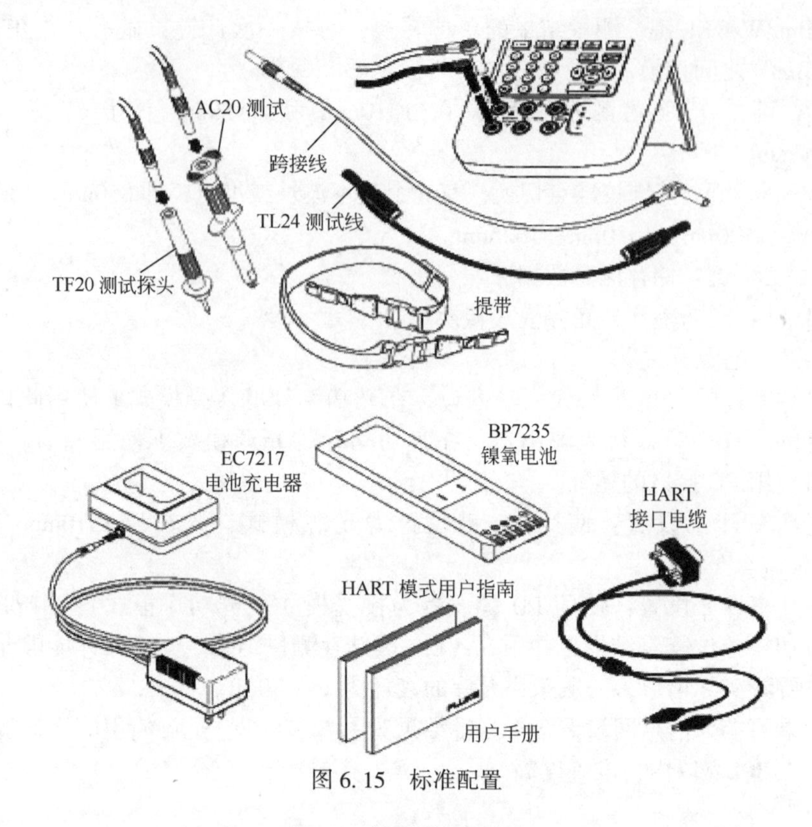

图 6.15　标准配置

表 6.1　校准器符号定义

符号	定义	符号	定义
～	AC，交流电	⚠	CAUTION，请参见手册中的解释
⎓	DC，直流电	⏚	公共（LO）输入等电位
⏛	熔断器	⧈	通过双重绝缘或增强绝缘保护的设备
（压力符号）	压力	CE	符合有关的欧盟条令
⏻	开关	SP	符合有关的加拿大标准协会条令
♻ Ni-Cd	回收	CAT Ⅱ	过电压（装置）类别Ⅱ、污染等级 2，指提供的脉冲耐压防护程度。典型位置包括墙壁电源插座、固定设备或便携式设备

下面介绍一个简单的操作。跨接线连接如图 6.16 所示。

（1）当第一次打开校准器包装时，需要为电池充电 2h。

（2）将电池重新装入校准器。

（3）将校准器的电压输出连接到其电压输入，将最左侧的一对插孔（V Ω

RTD SOURCE）连接到最右侧的一对插孔（V MEAS）。

（4）按①开启校准器。按⊙键和⊙键调节显示屏对比度以获得最佳显示。校准器开启后处于直流电压测量模式，并在“V MEAS”（电压测量）输入插孔上获取数据。

（5）按SETUP切换到SOURCE（输出）屏幕。校准器仍然测量直流电压，可以在显示屏顶部看到活动测量值。

（6）按V═选择直流电压输出功能。在键盘上输入“5”并按ENTER开始输出5.0000V直流。

（7）此时，按MEAS SOURCE进入分屏幕的MEASURE/SOURCE（测量/输出）模式。校准器同时输出并测量直流电压。可以在顶部窗口中看到测量读数，并在底部窗口中看到有效源值，如图6.17所示。

图6.16 跨接线连接

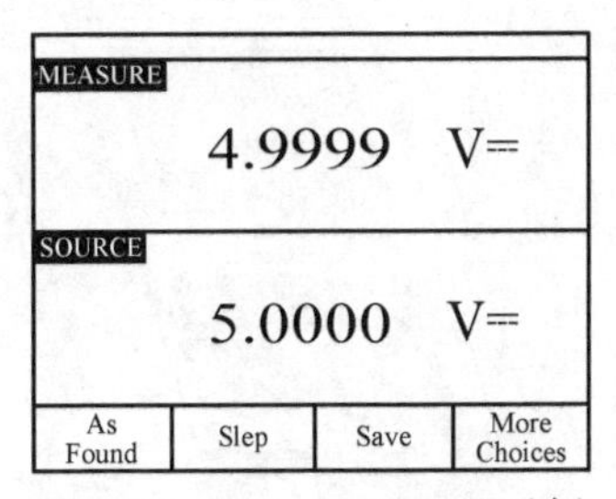

图6.17 Measure/Source示例

6.4.2 操作特性

校准器输入/输出插孔和连接器如图6.18所示，其用途见表6.2。

表6.2 输入/输出插孔和连接器的用途

编号	名称	说明
1	交流电源插孔	交流电源适配器可在具备交流电源的工作台应用中使用，此输入不会对电池充电
2	⚠串行端口	将校准器连接于个人计算机上的RS232串行端口
3	压力模块连接口	将校准器连接到压力模块
4	热电偶输入/输出	用于测量或模拟热电偶的插孔。可以在此插孔中插入一个插脚中心间距为7.9mm（0.312in）的扁平、直插式小型极性插头
5，6	⚠MEAS V插孔	用于测量电压、频率或三线制/四线制RTD（电阻温度检测器）的插孔
7，8	⚠SOURCE mA、MEAS mA Ω、RTD插孔	用于输出或测量电流、测量电阻、RTD以及提供回路电源的插口

续表

编号	名称	说明
9，10	⚠ SOURCE V Ω RTD 插孔	用于输出电压、电阻、频率以及用于模拟 RTD 的输出插孔

注：编号对应图 6.18 中的编号。

校准器的按键如图 6.19 所示，按键功能见表 6.3。软键是显示屏下面未做标记的蓝色键，软键功能由操作过程中出现在软键上方的标签决定。本书软键标签及其显示文字用黑体字。

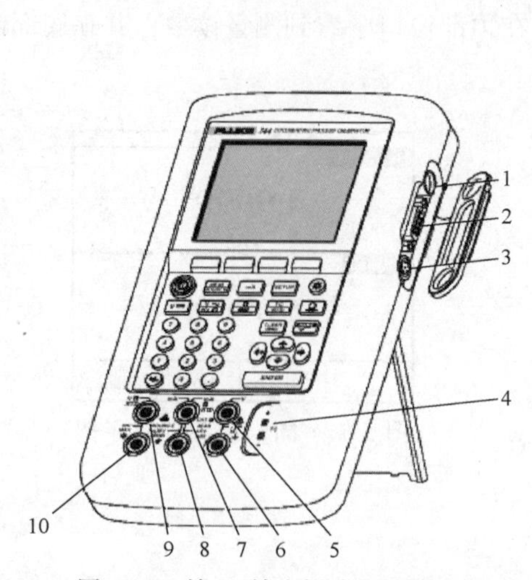

图 6.18　输入/输出插孔和连接器

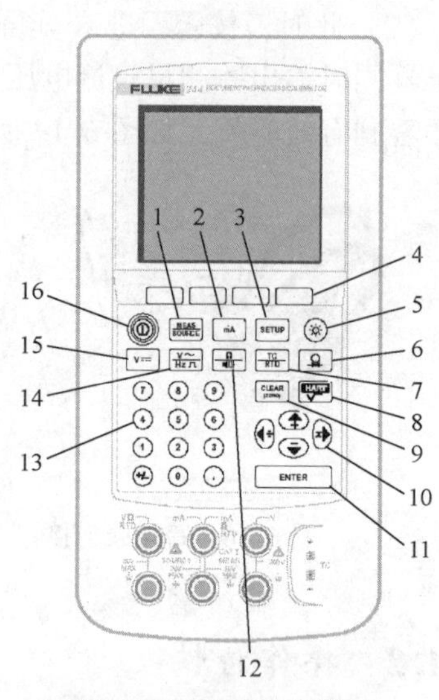

图 6.19　校准器的按键

表 6.3　校准器按键的功能

编号	名称	说明
1	MEAS/SOURCE 键	将校准器在 MEASURE（测量）、SOURCE（输出）和 MEASURE/SOURCE（测量/输出）模式间循环切换
2	mA 键	选择 mA（电流）测量或输出功能，要开启/关闭回路电源，需进入 Setup（设置）模式
3	SETUP 键	进入或退出 Setup 模式以修改操作参数
4	软键	执行由显示屏上每个键上方的标签定义的功能
5	☼ 键	开启和关闭背光照明
6	压力键	选择压力测量或输出功能
7	TC/RTD 键	选择 TC（热电偶）或 RTD（电阻温度检测器）测量或输出功能
8	HART/√ 键	在 HART 通信模式和模拟操作模式间切换；在计算器模式下，此键具有平方根功能

续表

编号	名称	说明
9	CLEAR (ZERO)键	清除部分输入的数据，或在SOURCE模式下将输出归零；使用压力模块时，将压力模块读数归零
10	▲、▼、◀和▶键	调节显示屏对比度； 从显示屏上的列表中进行选择； 使用步进功能时，增加或降低源电平； 在计算器模式下，提供“+、-、÷、×”算术功能
11	ENTER键	设置一个源值时结束一项数字输入，或确认在列表中进行的一个选择。在计算器模式下，提供“=”算术运算符
12	Ω键	在MEASURE模式下在电阻和连续性功能间切换，或在SOURCE模式下选择电阻功能
13	数字键盘	需要输入数字时使用
14	V~ Hz Ω键	在MEASURE模式下交流电压和频率功能间切换，或在SOURCE模式下选择频率输出
15	V=键	在MEASURE模式下选择直流电压功能，或在SOURCE模式下选择电压
16	⏻键	开启和关闭电源

注：编号对应图6.19中的编号。

6.4.3　时间校准

按下列步骤设置时间和日期显示：

(1) 按SETUP。

(2) 按Next Page（下一页）软键。

(3) 使用▲和▼键将光标移动到要更改的参数，然后按ENTER或Choices（选择）软键，为该参数选择一个设置。

(4) 按▲或▼键将光标移动到需要的日期格式。

(5) 按ENTER返回到SETUP显示。

(6) 进行其他选择，或按Done（完成）软键或SETUP保存设置并退出Setup模式。

6.4.4　使用Measure模式

操作模式（MEASURE模式、SOURCE模式）在显示屏上以一个反黑显示条显示。如果校准器没有在MEASURE（测量）模式下，按MEAS SOURCE，直到显示MEASURE。要更改MEASURE参数，必须要在MEASURE模式下。

6.4.4.1　量程

该校准器通常会自动转换到合适的测量量程。根据量程的状态，显示屏的右下方显示“Range”（量程）或“Auto Range”（自动改变量程）。

按 Range 软键时，量程即被锁定。再次按该软键，进入并锁定在下一个较高的量程上。当选择另外一个测量功能时，Auto Range 被再次激活。

如果量程已被锁定，则超过量程的输入，显示屏将显示“------”；在 Auto Range 状态下，超出量程的输入将显示“!!!!!”。

6.4.4.2　测量电气参数

电气参数测量连接如图 6.20。

开启校准器时，首先进入直流电压测量功能。要在 SOURCE 或 MEASURE/SOURCE 模式下选择一个电气测量功能，首先按[MEAS SOURCE]进入 MEASURE 模式，然后按[mA]测量电流，按[V⎓]测量直流电压，按[V~ Hz Ω]一次测量交流电压或按两次测量频率，或者按[Ω]测量电阻。

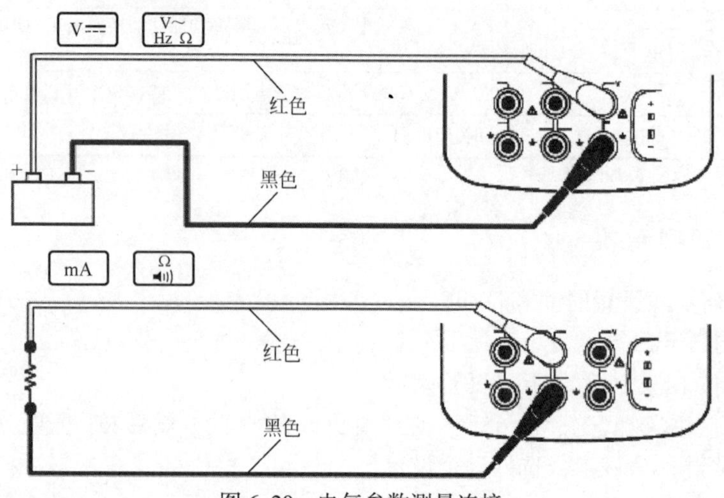

图 6.20　电气参数测量连接

6.4.4.3　测量压力

测量压力的连接如图 6.21 所示。Fluke 有多种压力模块可供选择。使用压力模块前，应先阅读其说明书。压力模块因使用方式、调零方法、允许的过程压力介质的类型以及准确度参数而异，图中显示的是表压模块和差压模块。通过将差压模块的较低接头与大气相通而使其以表压模式工作。测量压力时，按照压力模块说明书中的说明连接用于被测过程压力的适宜压力模块。

测量压力步骤如下：

（1）将压力模块连接到校准器。压力模块上的螺纹允许连接标准的 1/4 NPT 管接头。如果必要，应使用提供的 1/4 NPT 至 1/4 ISO 接头。

（2）按[MEAS SOURCE]进入 MEASURE 模式。

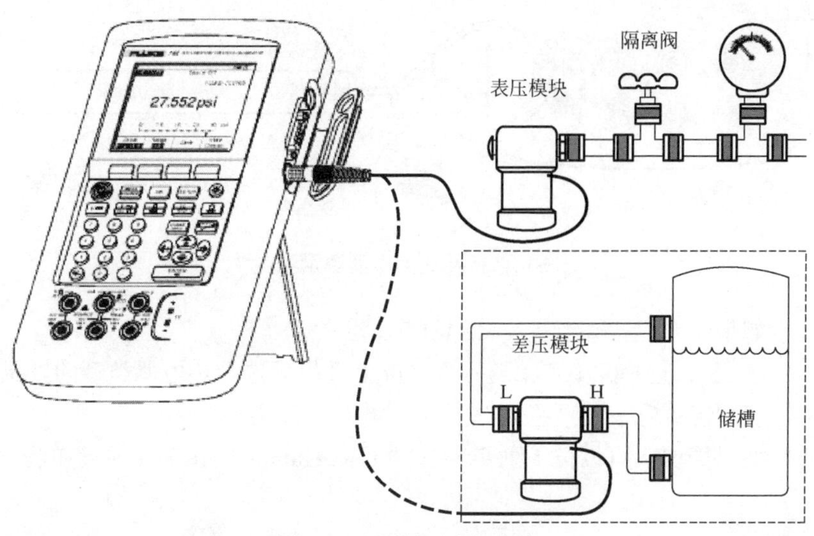

图 6. 21　测量压力的连接

（3）按[按键]，校准器将自动检测连接了何种压力模块，并相应设置其量程。

（4）按照模块说明书中的说明将压力模块调零。根据模块的类型，模块调零步骤有所不同。必须在执行一个输出或测量压力的任务之前执行此步骤。

（5）根据需要，可以将压力显示单位更改为 psi、mHg、inHg、mH_2O、inH_2O@、inH_2O@ 60℉、ftH_2O、bar、g/cm^2 或 Pa。公制单位（kPa、mmHg 等）在 Setup 模式下以其基本单位（Pa、mHg 等）显示。按照下列操作更改单位：

① 按SETUP；

② 按 Next Page（下一页）两次；

③ 光标位于 Pressure Units（压力单位）上时，按ENTER或 Choices（选择）软键；

④ 用▲或▼选择压力单位；

⑤ 按ENTER；

⑥ 按 Done（完成）。

6. 4. 4. 4　测量温度

1）使用热电偶

该校准器支持 11 种标准热电偶，每种热电偶用一个字母表示，即 E、N、J、K、T、B、R、S、C、L、U。使用热电偶测量温度的步骤如下：

（1）将热电偶导线连接至合适的热电偶微型插头，然后再连接至热电偶输入/输出，如图 6. 22 所示。其中的一个插针要比另一个宽。不要尝试以错误的极性将微型插头强行插入。

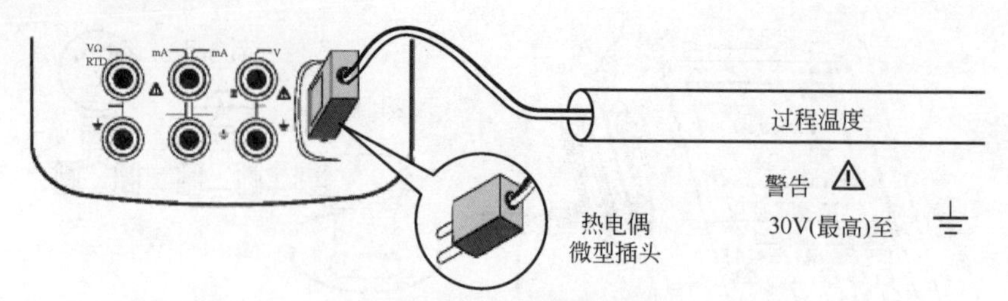

图 6.22　使用热电偶测量温度

（2）如果需要，按[MEAS SOURCE]进入 MEASURE 模式。

（3）按[TC RTD]，选择“TC”，随后显示屏上会出现选择热电偶类型的提示。

（4）使用▲或▼、[ENTER]键选择所需的热电偶类型。

（5）如果需要，可以按下列步骤在“Temperature Units”（温度单位）中切换℃或℉：

① 按[SETUP]。

② 按 Next Page（下一页）软键两次。

③ 使用▲和▼键将光标移动到所需参数，然后按[ENTER]或 Choices 软键为该参数选择一个设置。

④ 按▲或▼键将光标移动到所需设置。

⑤ 按[ENTER]返回到[SETUP]显示。

⑥ 按 Done 软键或[SETUP]退出 Setup 模式。

如果需要，可以在 Setup 中在 ITS-90 或 IPTS-68 Temperature Scale（IPTS-68 温度刻度）间切换，步骤与步骤①~⑥相同。

2）使用电阻温度检测器（RTD）

使用 RTD 输入来测量温度的步骤如下：

（1）如果需要，按[MEAS SOURCE]进入 MEASURE 模式。

（2）按[TC RTD]，选择“RTD”，随后显示屏上会出现选择 RTD 类型的提示。

（3）按▲或▼选择所需 RTD 类型。

（4）按[ENTER]。

（5）按▲或▼选择 2 线制、3 线制或 4 线制连接。

（6）按屏幕上或将 RTD 连接到输入插孔。如果使用 3 线制连接，则在 mA Ω RTD MEAS 低插孔和 V MEAS 低插孔之间连接一条跨接线。

（7）如果需要，可以在 Setup 模式中在 ITS-90 或 IPTS-68 Temperature Scale（IPTS-68 温度刻度）间切换，步骤与步骤①~⑥相同。

3）阻尼测量结果

校准器通常使用一个软件过滤器对连续性以外的所有测量功能的测量值进行

阻尼。技术参数中假设阻尼功能已开启，阻尼是对最后若干个测量结果取平均值。FLUKE 建议打开阻尼功能。当测量值响应比准确度或噪声降低更为重要时，将阻尼关闭可能会很有用处。如果想关闭阻尼功能，按 More Choices（更多选择）软键两次，然后按 Dampen（阻尼）软键以显示 Off（关闭）；再次按 Dampen 可将阻尼重新开启。默认状态为 On（开启）。

6.4.5　使用 Source 模式

操作模式在显示屏上以一个反转显示条显示。如果校准器没有在 SOURCE 模式下，需按[MEAS SOURCE]，直到显示 SOURCE。要更改 SOURCE 参数，必须要在 SOURCE 模式下。

6.4.5.1　输出电气参数

（1）根据输出功能连接测试线，如图 6.23 所示。

（2）按[mA]用于电流，按[V⎓]用于直流电压，按[V~ Hz Ω]用于频率，或按[Ω ◂))]用于电阻。

（3）输入所需的输出值，然后按[ENTER]。例如，要输出 5.0V 直流，依次按[V⎓]⑤⊙⓪[ENTER]。

（4）要更改输出值，输入一个新值，然后按[ENTER]。

（5）要在当前输出功能中将输出值设置为 0，按[CLEAR (ZERO)]。

（6）要完全关闭输出功能，按[CLEAR (ZERO)]两次。

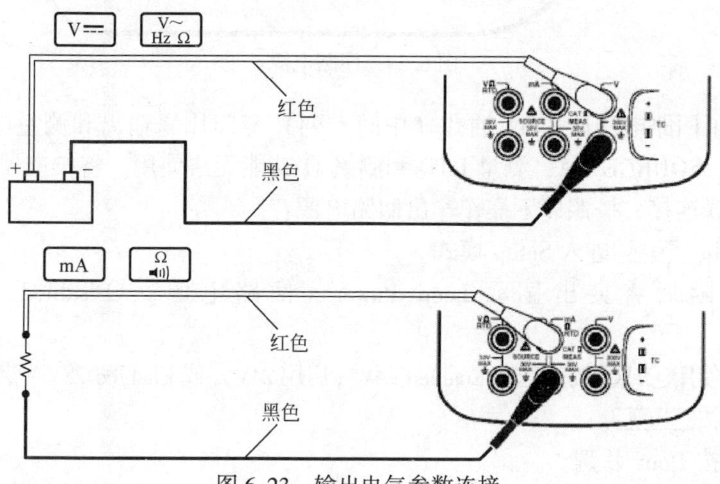

图 6.23　输出电气参数连接

6.4.5.2　模拟一个 4~20mA 变送器

可以通过 SOURCE mA 功能将校准器配置为一个电流回路的负载。当在

SOURCE 模式中按MEAS SOURCE键时，屏幕上将提示您选择 Source mA 或 Simulate Transmitter（模拟变送器）。当选择 Source mA 时，校准器将输出电流；当选择 Simulate Transmitter 时，校准器将输出一个可变电阻以将电流调整到指定值。

6.4.5.3 提供回路电源

校准器可以通过一个 250Ω 的内部串联电阻提供 28V 或 24V（直流）的回路电源（图 6.24）。除 2 线制变送器外，28V 设置还可为回路中的两个或三个 4～20mA 设备提供足够的电流，但耗用的电池电量也较多。如果除 2 线制变送器外回路中还有两个或一个设备，则使用 24V 设置。一个典型 4～20mA 回路中的每个设备都具有 250Ω 的电阻，因此在 20mA 下的电压降为 5V。要使一个典型变送器在其上端正常工作，它必须应具有 11V（最小）的电压。

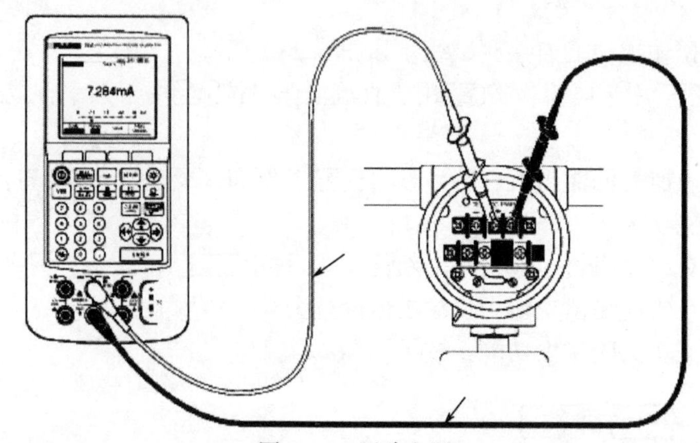

图 6.24 回路电源

启用了回路电源后，mA 插孔（中间一列）专门用来输出和测量电流回路。这意味着，SOURCE mA、测量 RTD 和测量 Ω 功能无法使用。将校准器与仪表电流回路串联连接，按照以下操作输出回路电源：

（1）按ENTER进入 Setup 模式。

（2）随后将突出显示 Loop Power（回路电源）、Disabled（禁用），按ENTER。

（3）使用▲或▼箭头选择 Enabled 24V（启用 24V）或 Enabled 28V（启用 28V）。

（4）按ENTER。

（5）按 Done 软键。

6.4.5.4 输出压力

该校准器提供了一个输出压力显示功能，它需要使用一个外部手动泵。使用此功能可以对需要一个压力源或差压测量的仪表进行校准。

使用输出压力显示功能操作如下：

（1）将压力模块和压力源连接到校准器如图 6.25 所示。压力模块上的螺纹允许连接 1/4 NPT 接头。如果必要，应使用提供的 1/4 NPT 至 1/4 ISO 接头。

（2）如果需要，按MEAS SOURCE进入 SOURCE 模式。

（3）按，校准器将自动检测连接了何种压力模块，并相应设置其量程。

（4）将压力模块调零。根据模块的类型，模块调零步骤有所不同。必须在执行一个输出或测量压力的任务之前执行此步骤。

（5）用压力源将压力管线加压到所需压力，如图 6.25 中的屏幕所示。

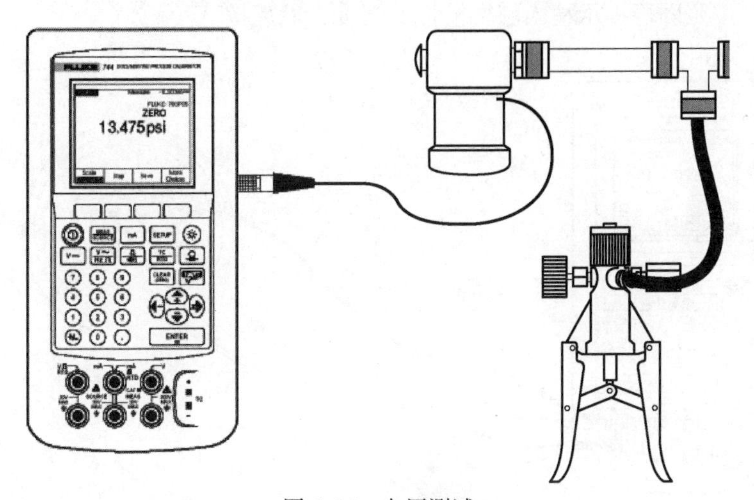

图 6.25　电压测试

（6）根据需要，可以将压力显示单位更改为 psi、mHg、inHg、mH_2O、inH_2O@、inH_2O@ 60℉、ftH_2O、bar、g/cm^2 或 Pa。公制单位（kPa、mmHg 等）在 Setup 模式下以其基本单位（Pa、mHg 等）显示。按照以下操作更改单位：

①按SETUP。

②按 Next Page（下一页）两次。

③光标位于 Pressure Units（压力单位）上时，按ENTER。

④用▲或▼键选择压力单位。

⑤按ENTER。

⑥按 Done 软键。

6.4.5.5　模拟热电偶

将校准器的热电偶输入/输出连接到带有热电偶导线和合适的热电偶微型接头（区分极性的热电偶插头，带有中心间距为 7.9mm 的扁平插针）的被测试仪表，其中一个插针的宽度大于另外一个，如图 6.26 所示。模拟热电偶操作如下：

（1）将热电偶导线连接到合适的热电偶微型插头，然后再连接到热电偶的输入/输出。

（2）如果需要，按MEAS SOURCE进入 SOURCE 模式。

（3）按TC RTD，进入提示输入热电偶类型的屏幕。

（4）按⊙或⊙键，选择所需热电偶类型。

（5）按⊙或⊙键，然后按ENTER选择 Linear T（线性 T，默认）或 Linear mV（线性 mV），用于校准一个对 mV 输入有线性响应的温度变送器。

（6）按照屏幕提示输入想要模拟的温度，然后按ENTER。

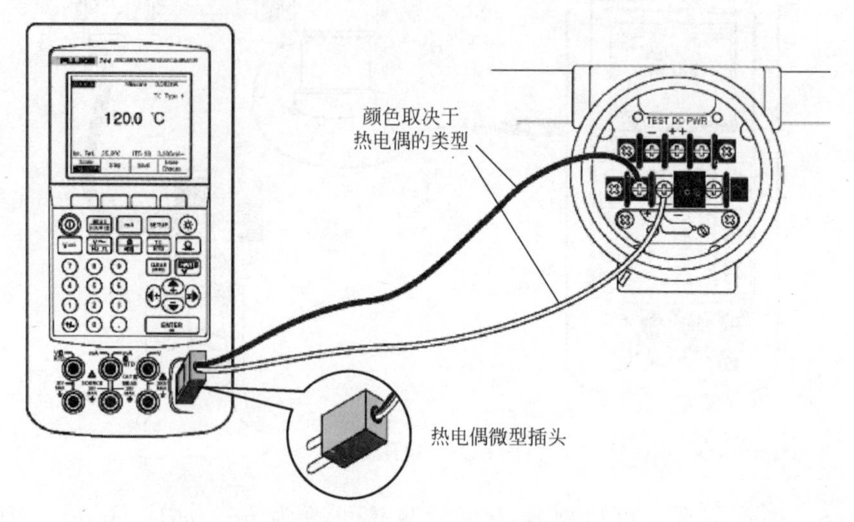

图 6.26　用于模拟热电偶的连接

6.4.5.6　模拟 RTD

图 6.27 是用于模拟热电偶的连接，将校准器连接到被测试仪表。该图显示了 2 线制、3 线制或 4 线制变送器的连接，对于 3 线制或 4 线制变送器，需使用 4in 长的跨接电缆在输出 V Ω RTD 插孔上连接第 3 条和第 4 条导线。

按照以下步骤模拟一个 RTD（电阻温度检测器）：

（1）如果需要，按MEAS SOURCE进入 SOURCE 模式。

（2）按TC RTD，从菜单中选择“RTD”。

（3）按⊙或⊙键，选择所需 RTD 类型。

（4）按照屏幕提示输入想要模拟的温度，然后按ENTER。

6.4.5.7　使用 Hart Scientific 干井式温度校准炉输出（仅适用于 FLUKE 744）

FLUKE 744 可以使用 Hart Scientific 干井式温度校准炉来输出。支持以下型号：9009（双炉）、9100S、9102S、9103、9140、9141。

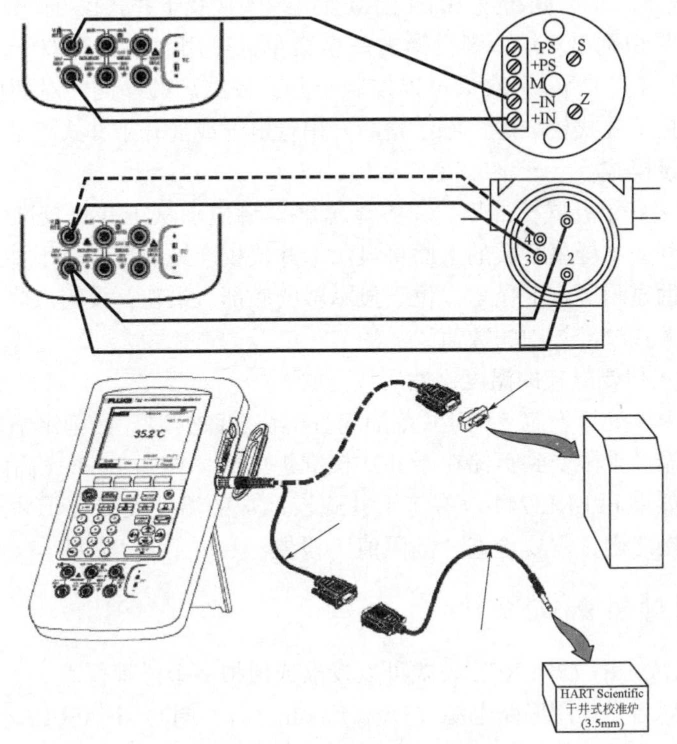

图 6.27　用于模拟 RTD 的连接

FLUKE 744 内置干井式校准炉驱动程序能够与 Hart Scientific 的其他干井式校准炉进行通信，前提是它们能够响应 Hart Scientific 标准串行接口命令。

通过将干井式校准炉接口电缆插入压力模块连接器，将 FLUKE 744 与干井式校准炉连接。如果干井式校准炉具有一个 DB9 连接器，则使用 DB9 零调制解调器适配器，将干井式校准炉的接口电缆直接插入干井式校准炉。具有 3. 5mm 插孔接口的干井式校准炉需要除了使用 FLUKE 744 干井式校准炉接口电缆外，还要使用干井式校准炉随附的串行电缆。连接两条电缆的 DB9 连接器，并将 3. 5mm 插孔连接到干井式校准炉。

确保将干井式校准炉配置为以 2400bps、4800bps 或 9600bps 的速率进行串行通信。FLUKE 744 不支持其他通信速率。

使用干井式校准炉输出的步骤如下：

（1）如有必要，按[MEAS SOURCE]进入“SOURCE”模式。

（2）按[TC RTD]按钮显示温度模式菜单。

（3）从选项列表中选择“Drywell”，然后按[ENTER]。

（4）校准器将开始搜寻干井式校准炉。如果显示“Attempting connection”（正在尝试连接）的时间超过10s，则检查电缆连接及干井式校准炉配置。

（5）如果识别出双炉，则会弹出一个菜单，可用它来选择双干井式校准炉的“热”或“冷”侧。一次只可以控制干井式校准炉的一侧。对两侧进行切换需要重新连接干井式校准炉，方法是断开串行电缆或离开干井式校准炉的源模式并重新选择该模式。

（6）连接好干井式校准炉后，主显示屏幕将显示从干井式校准炉内部测量到的实际温度。主屏幕读数的上面将显示干井式校准炉的型号。干井式校准炉的设定点在辅助显示屏幕上显示，位于显示屏的底部。最初，设定点将被设置为已经存储在干井式校准炉中的数值。

（7）输入想要寻找的温度，然后按ENTER。

当实际温度处于设定点的1℃范围内且不快速改变时，已稳定下来的指示器将被清零。温度上限受到存储在干井式校准炉中的“High Limit（高限值）”设置的限制。如果FLUKE 744没有将干井式校准炉的温度设置在干井式校准炉的技术参数范围之内，需要检查“高限值”设置。

6.4.6 同时测量/输出

使用MEASURE/SOURCE模式可以校准或模拟一个过程仪表。

表6.4列出了禁用回路电源（Loop Power）时，同时MEASURE/SOURCE功能可以同时使用的功能。表6.5列出了启用回路电源时同时MEASURE/SOURCE功能可以同时使用的功能。

表6.4 同时MEASURE/SOURCE功能（禁用回路电源）

测量功能	输出功能						
	直流电压	mA	频率	Ω	热电偶	RTD	压力
直流电压	•	•	•	•	•	•	•
mA	•		•	•	•	•	•
交流电压	•	•	•	•	•	•	•
频率（≥20Hz）	•	•	•	•	•	•	•
低频（<20Hz）							
Ω	•		•	•	•	•	•
连续性	•		•	•	•	•	•
热电偶	•	•	•	•		•	•
RTD	•		•	•	•	•	•
3线制RTD	•		•	•	•	•	•
4线制RTD	•		•	•	•	•	•
压力	•	•	•	•	•	•	

表 6.5 同时 MEASURE/SOURCE 功能（启用回路电源）

测量功能	输出功能						
	直流电压	mA	频率	Ω	热电偶	RTD	压力
直流电压	•		•	•	•	•	•
mA	•		•	•	•	•	•
交流电压	•		•	•	•	•	•
频率（≥20Hz）	•		•	•	•	•	•
热电偶	•		•	•		•	•
压力	•		•	•	•	•	

可以使用 Step（步进）或 Auto Step（自动步进）功能在 MEASURE/SOURCE 模式下调节输出，或者可以使用按下 As Found（校准前）软键时提供的校准例程。As Found，可建立一个校准例程以获取和记录校准前数据；Auto Step，可设置校准器进行自动步进。

6.4.7 校准调节变送器

按照以下步骤对变送器进行校准调节：

（1）查看结果摘要时按 Done 软键。

（2）按 Adjust（调节）软键。校准器输出 0%跨度（此例中为 100℃），并显示以下软键：

①Go to 100%/Go to 0%（转到 100%/转到 0%）；

②Go to 50%（转到 50%）；

③As Left（校准后）；

④Exit Cal（退出校准）。

（3）调节变送器输出得到 4mA，按 Go to 100%（转到 100%）软键。

（4）调节变送器输出得到 20mA。

（5）如果在步骤（4）种对跨度进行了调节，则必须返回并重复步骤（3）和（4），直到不再需要进一步调节。此时在 50%处检查变送器，如果符合技术参数，则调节工作已完成；如果不符合，则调节线性度，并再次从步骤（3）开始执行此过程。

测试备注：校准器可执行使用一台主计算机和兼容应用软件开发的任务（自定义步骤）。一项任务在执行过程中可显示一个备注列表。在显示备注列表时，可通过按⊙、⊙和 ENTER 键选择一条要随测试结果一起保存的备注。

6.4.8 校准差压流量仪表

校准差压流量仪表的步骤与上面刚刚介绍的校准其他仪表的步骤大致相同，但有以下差别：

（1）在 As Found 校准模板完成后，将自动启用源平方根功能。

（2）Measure/Source 显示的单位为工程单位。

（3）测量百分数针对变送器的平方根响应被自动校正，并用于计算仪表误差。

在按 As Found 软键之后，可以在一个菜单中选择校准差压流量仪表步骤。

6.4.9 变送器模式

可以对校准器进行设置，使其像变送器那样，用变化的输入（MEASURE）对输出（SOURCE）进行控制，称为“变送器模式”。在变送器模式下，校准器可被临时用于替代有故障或怀疑有问题的变送器。

将校准器设置为一个模拟变送器的操作如下：

（1）从变送器输出（回路电流或直流电压控制信号）断开控制总线接线。

（2）将测试线从合适的校准器 SOURCE 插孔连接到控制线，取代变送器输出。

（3）断开变送器的过程输入（如热电偶）。

（4）将过程输入连接到合适的校准器 MEASURE 插孔或输入连接器。

（5）如果需要，按[MEAS SOURCE]进入 MEASURE 模式。

（6）按[MEAS SOURCE]进入 SOURCE 模式。

（7）按合适的功能键获得控制输出（如[V=]或[mA]。如果变送器已连接到具有电源的电流回路，则选择 Simulate Transmitter（模拟变送器）获得电流输出选项。

（8）选择一个源值，如 4mA。

（9）按[MEAS SOURCE]进入 MEASURE/SOURCE 模式。

（10）按 More Choices（更多选择），直到出现 Transmitter Mode（变送器模式）软键。

（11）按 Transmitter Mode 软键。

（12）在屏幕上为 MEASURE 和 SOURCE 设置 0%和 100%值，可以为转移函数选择“Linear（线性）”或“√”。

（13）按 Done 软键。

（14）此时校准器已处于变送器模式。它正在测量过程输入，并输出与输入成正比的控制信号输出。

（15）要更改变送器模式参数，按 Change Setup（更改设置），然后重复步骤（12）。

（16）要退出变送器模式，按 Abort（终止）软键。

6.4.10　应用快速指南

图 6.28 显示了测试时的各种连接，以及针对不同的应用应该使用的校准器功能。

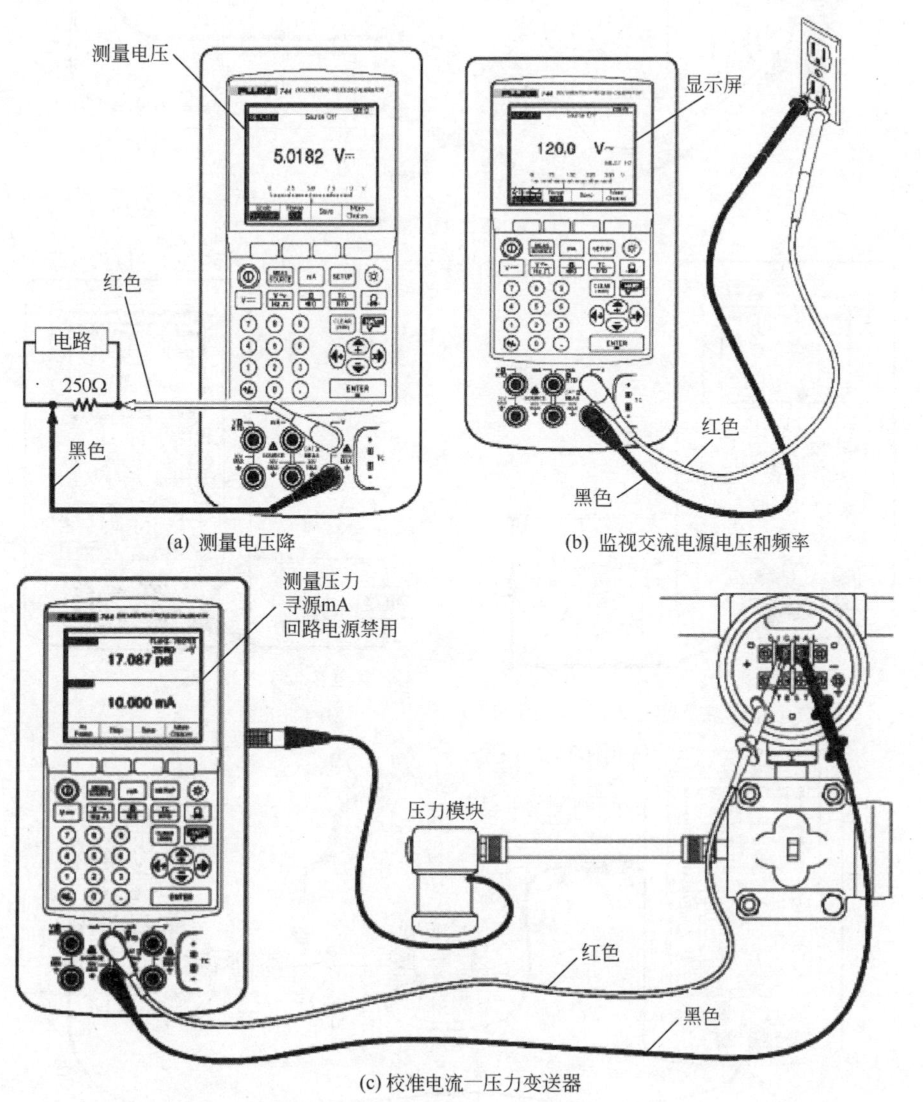

(a) 测量电压降　　(b) 监视交流电源电压和频率

(c) 校准电流—压力变送器

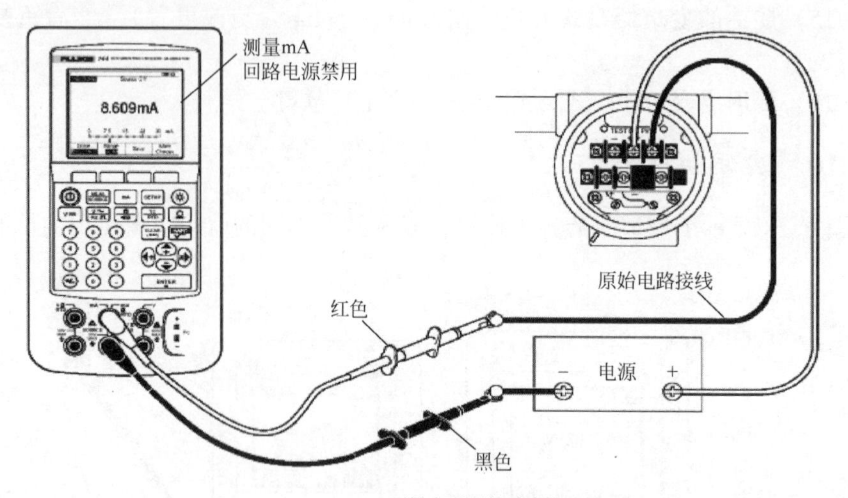

(d) 测量变送器的输出电流

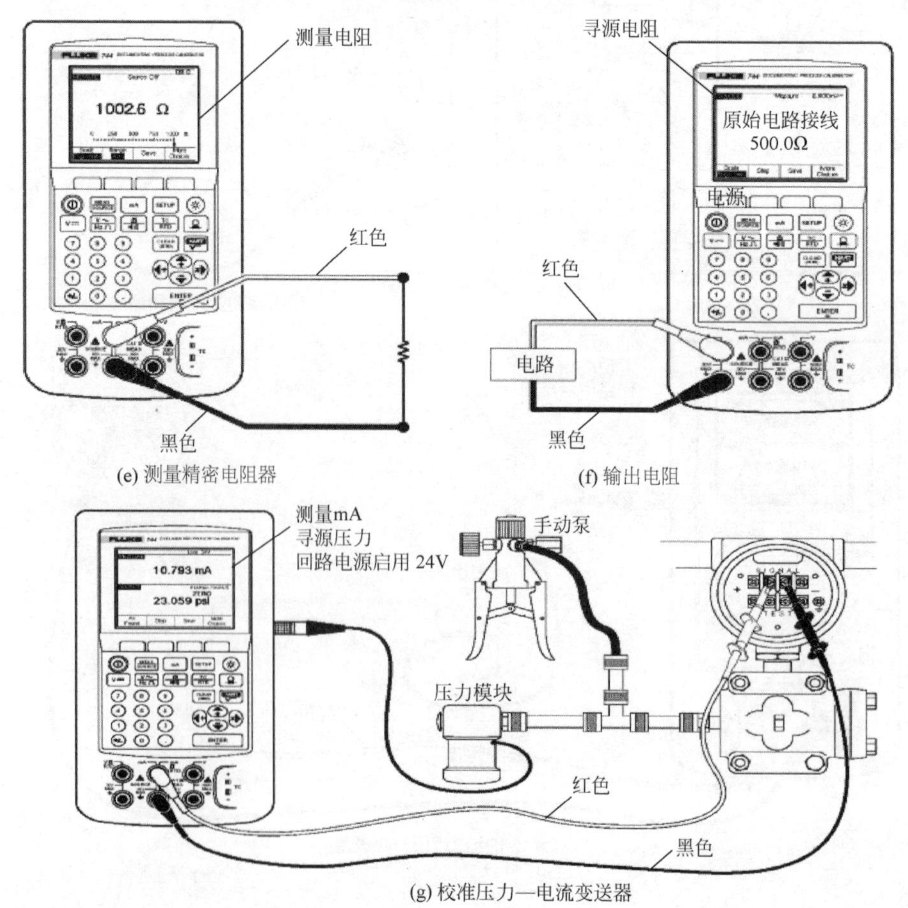

(e) 测量精密电阻器

(f) 输出电阻

(g) 校准压力—电流变送器

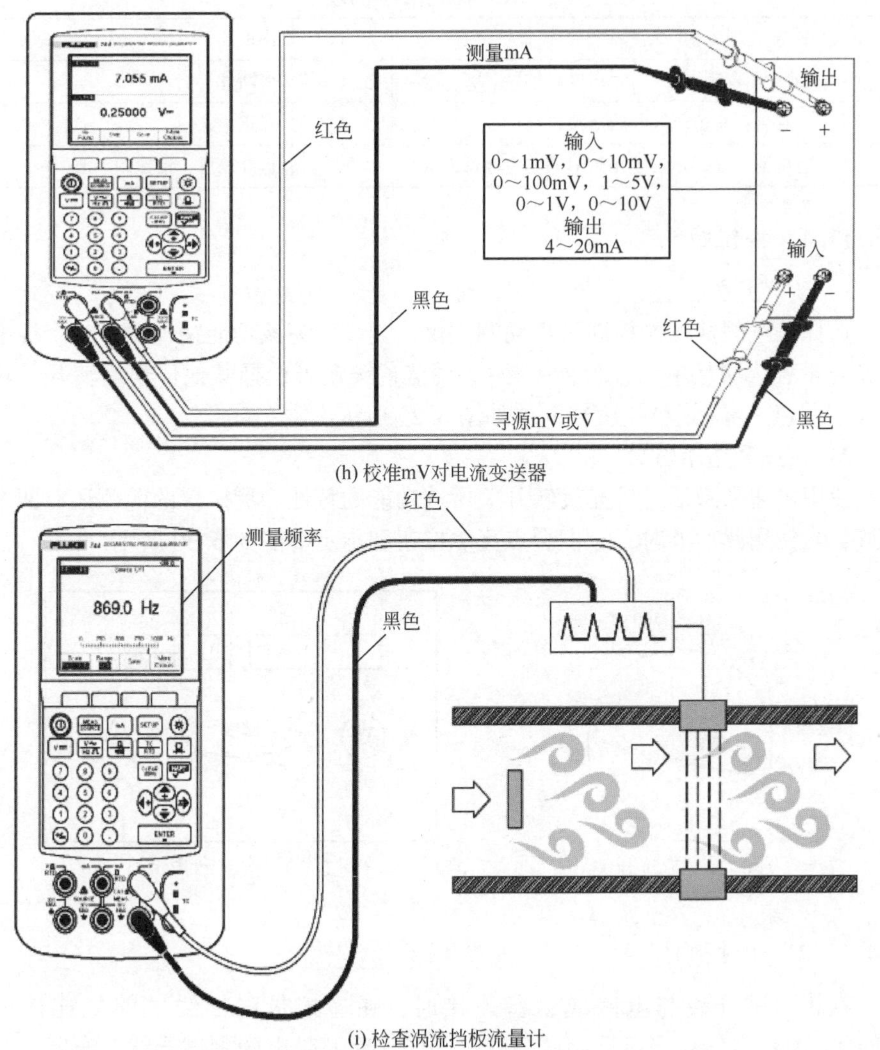

(h) 校准mV对电流变送器

(i) 检查涡流挡板流量计

图 6.28　测试时连接示意图

6.4.11　FLUKE 绝缘测试仪使用方法

FLUKE 1508 型仪表是一种由电池供电的绝缘测试仪（以下简称“测试仪”）。该测试仪符合第四类（CAT Ⅳ）IEC 61010 标准。IEC 61010 标准根据瞬态脉冲的危险程度定义了四种测量类别（CAT Ⅰ至 CAT Ⅳ）。CAT Ⅳ仪符号定义见表 6.6。测试仪设计成可防护来自供电母线（如高空或地下公用事业线路设施）的瞬态损害。

表 6.6　测试仪符号定义

B	AC（交流）	J	接地点
F	DC（直流）	I	熔断丝
X	警告：有造成触电的危险	T	双重绝缘
b	电池（在显示屏上出现时表示电池低电量）	W	重要信息，请参阅手册

6.4.11.1　按钮功能

1）旋转开关位置

选择任意测量功能挡即可启动测试仪。测试仪为该功能挡提供了一个标准显示屏（量程、测量单位、组合键等），用蓝色按钮可选择其他任何旋转开关功能挡（用蓝色字母标记）。旋转开关如图 6.29 所示。

2）按钮和指示灯

使用按钮来激活可扩充旋转开关所选功能的特性。测试仪的前侧还有两个指示灯，当使用此功能时，它们会点亮。按钮和指示灯图如 6.30 所示。

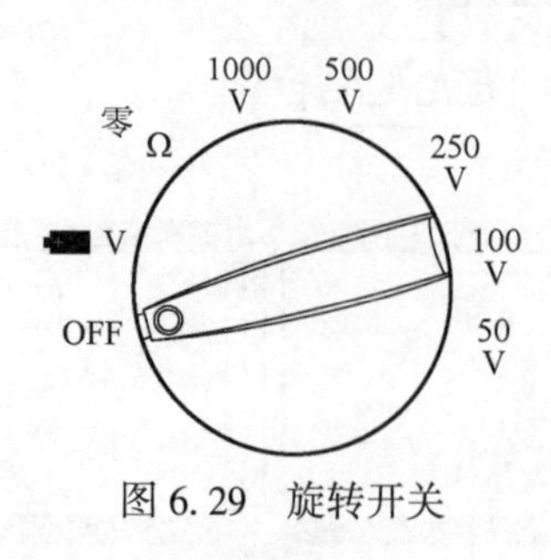

图 6.29　旋转开关

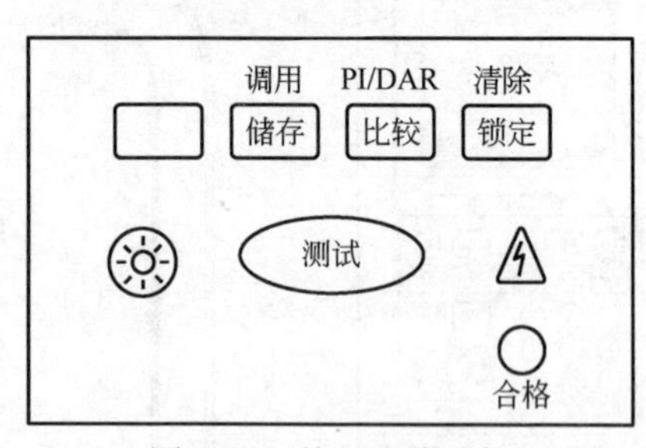

图 6.30　按钮和指示灯

6.4.11.2　测量操作

在将测试导线与电路或设备连接时，在连接带电导线之前先连接公共（COM）测试导线；当拆下测试导线时，要先断开带电的测试导线，再断开公共测试导线。

1）测量电压

测量电压如图 6.31 所示。

2）测量接地耦合电阻

电阻测试只能在不通电的电路上进行。测试之前，先检查熔断丝。如在测试状态下连接到通电电路，则会烧坏熔断丝。

测量接地耦合电阻操作如下（图 6.32）：

（1）将测试探头插入 Ω 和 COM（公共）输入端子。

（2）将旋转开关转至零挡位置。

（3）将探头的端部短接并按住蓝色按钮等到显示屏出现短划线符号。测试仪测量探头的电阻，将读数保存在内存中，并将其从读数中减去。当测试仪在关闭状态时，仍会保存探头的电阻读数。如果探头电阻大于2Ω，则不会被保存。

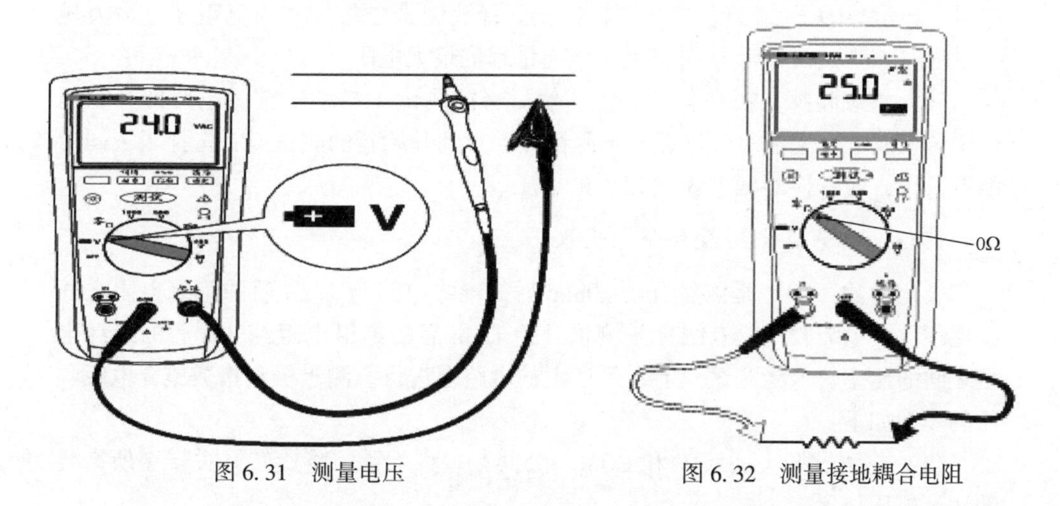

图6.31　测量电压

图6.32　测量接地耦合电阻

（4）将探头与待测电路连接。测试会自动检测电路是否通电。主显示位置显示“----”直到按下测试T按钮，此时将获得一个有效的电阻读数。如果电路中的电压超过2V（交流或直流），在主显示位置显示电压超过2V以上警告的同时，还会显示高压符号（Y）。在这种情况下，测试被禁止。在继续操作之前，先断开测试仪的连接并关闭电源。如果在按下测试T按钮时，测试仪发出哔声，则测试将由于探头上存在电压而被禁止。

（5）按住T测试按钮开始测试。显示屏的下端位置将出现“t”图标，直到释放测试T按钮。主显示位置显示电阻读数，直到开始新的测试或者选择了不同功能或量程。当电阻超过最大显示量程时，测试仪显示“>”符号以及当前量程的最大电阻。

3）测量绝缘电阻

绝缘测试只能在不通电的电路上进行。要测量绝缘电阻，先设定测试仪并遵照以下步骤操作：

（1）将测试探头插入V和COM（公共）输入端子。

（2）将旋转开关转至所需要的测试电压。

（3）将探头与待测电路连接。测试仪会自动检测电路是否通电。

（4）主显示位置显示“- - - -”，直到按测试T按钮，此时将获得一个有效的绝缘电阻读数。如果电路中的电压超过30V（交流或直流）以上，在主显示位置显示电压超过30V以上警告的同时，还会显示高压符号（Z）。在这种情况下，测试被禁止。在继续操作之前，先断开测试仪的连接并关闭电源。

（5）按住 T 测试按钮开始测试。辅显示位置上显示被测电路上所施加的测试电压，主显示位置上显示高压符号（Z）并以“MΩ”或“GΩ”为单位显示电阻。显示屏的下端出现“t”图标，直到释放测试 T 按钮。当电阻超过最大显示量程时，测试仪显示 Q 符号以及当前量程的最大电阻。

（6）继续将探头留在测试点上，然后释放测试 T 按钮。被测电路即开始通过测试仪放电。主显示位置显示电阻读数，直到开始新的测试或者选择了不同功能或量程，或者检测到了 30V 以上的电压。

6.4.11.3 测量极化指数和介电吸收比

极化指数（*PI*）是测量开始 10min 后的绝缘电阻与 1min 后的绝缘电阻之间的比率。介电吸收比（*DAR*）是测量开始 1min 后的绝缘电阻与 30s 后的绝缘电阻之间的比率。绝缘测试只能在不通电的电路上进行。测量极化指数或介电吸收比的步骤如下：

（1）将测试探头插入 V 和 COM（公共）输入端子。将旋转开关转至所需要的测试电压位置。

（2）按 AC 按钮选择极化指数或介电吸收比。

（3）将探头与待测电路连接。测试仪会自动检测电路是否通电。主显示位置显示“----”，直到您按测试 T 按钮，此时将获得一个有效的电阻读数。如果电路中的电压超过 30V（交流或直流），在主显示位置显示电压超过 30V 以上警告的同时，还会显示高压符号（Z）。如果电路中存在高电压，测试将被禁止。

（4）按下然后释放测试 T 按钮开始测试。测试过程中，辅显示位置上显示被测电路上所施加的测试电压。主显示位置上显示高压符号（Z）并以“MΩ”或“GΩ”为单位显示电阻。显示屏的下端出现“t”图标，直到测试结束在测试完成时，主显示位置显示 *PI* 或 *DAR* 值。被测电路将自动通过测试仪放电。如果用于计算 *PI* 或 *DAR* 的值中任何一个大于最大显示量程，或者 1min 值大于 5000MΩ，主显示位置将显示“Err”。当电阻超过最大显示量程时，测试仪显示“>”符号以及当前量程的最大电阻。若想在 PI 或 DAR 测试完成之前中断测试，需按住测试 T 按钮片刻。当释放测试 T 按钮时，被测电路将自动通过测试仪放电。

6.4.12 维护与保养

定期用湿布和温和的清洁剂清洁测试仪的外壳，不要使用腐蚀剂或溶剂。端子若弄脏或潮湿可能会影响读数。在使用测试仪之前，先等待一段时间，待测试仪干燥后方可使用。

更换电池和熔断丝如图 6. 33 所示。

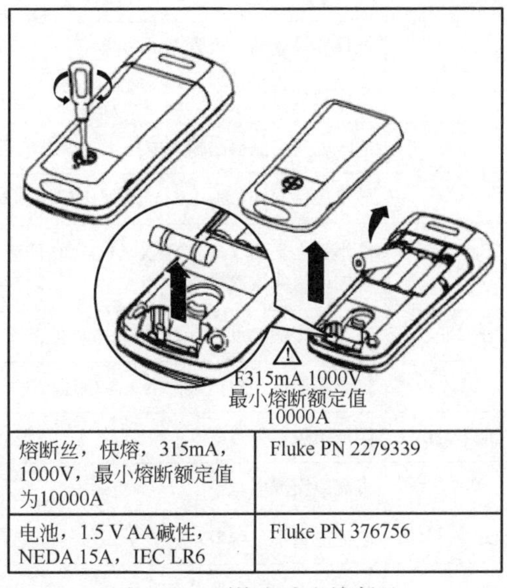

熔断丝，快熔，315mA，1000V，最小熔断额定值为10000A	Fluke PN 2279339
电池，1.5 V AA碱性，NEDA 15A，IEC LR6	Fluke PN 376756

图 6. 33　更换电池和熔断丝

6. 5　万用表使用说明

6. 5. 1　概述

万用表具有多种功能，可测量电压、电流、电阻、电容、频率等物理量，同时可检测二极管和电路通断性，是设备安装、调试、维护的必备工具。本书所用为美国 FLUKE 公司生产的 F117C 型万用表。F117C 型是由电池供电的、具有 6000 个字显示屏和模拟指针显示的真有效值万用表。仪表符合 IEC 61010-1 标准 CAT Ⅲ的要求。CAT Ⅲ仪表的设计能使仪表承受配电级固定安装设备内的瞬态高压。下面以 F117C 型万用表介绍其使用方法和一些应该注意的问题。

6. 5. 2　按键说明

F117C 型万用表显示屏如图 6. 34 所示，其符号含义见表 6. 7。

表 6. 7　显示屏符号含义

编列	符号	含义
1	Volt Alert	仪表处于 Volt AlertTM 非接触电压检测模式
2	ı)))	把仪表设置到通断性测试功能

续表

编列	符号	含义
3	⊣▶⊢	把仪表设置到二极管测试功能
4	▬	输入为负值
5	ϟ	危险电压；测得的输入电压≥30V 或电压过载（OL）
6	HOLD	显示保持（Display hold）功能已启用；显示屏冻结当前读数
7	MIN MAX/MAX MIN AVG	最小最大平均（MIN MAX AVG）功能已启用，显示最大、最小、平均或当前读数
8	红色 LED	通过非接触 Volt Alert 传感器检测是否存在电压
9	LoZ	仪表在低输入阻抗条件下测量电压或电容
10	n μF/mV μA/MkΩ/kHz	测量单位
11	DC/AC	直流或交流电
12	🔋	电池电量不足告警
13	610000mV	指示仪表的量程选择
14	模拟指针显示	模拟显示
15	Auto Volts（自动电压）/Auto（自动）/Manual（手动）	模拟显示
16	+	仪表处于 Auto Volts 功能。自动量程是仪表能自动选择可获得最高分辨率的量程，手动量程是用户自行设置量程
17	OL	输入值太大，超出所选量程
18	LEAd	测试导线警示（当仪表的功能开关转到或转离 A 挡位时）

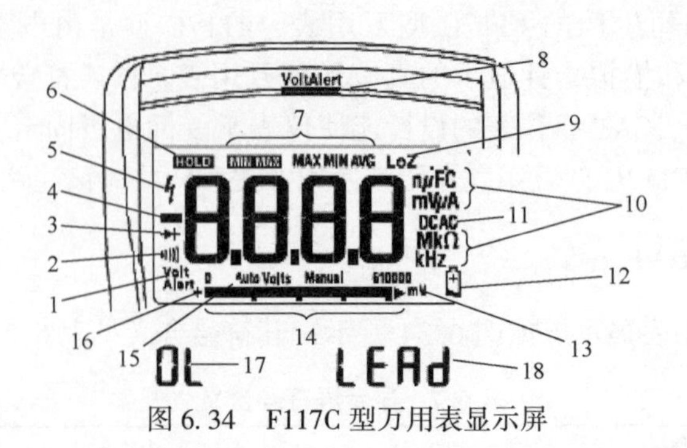

图 6.34　F117C 型万用表显示屏

接线端测试说明见表 6.8。测量电压、电阻、通断性及电流：电容的接线端如图 6.35 和图 6.36 所示。

表 6.8　接线端测试说明

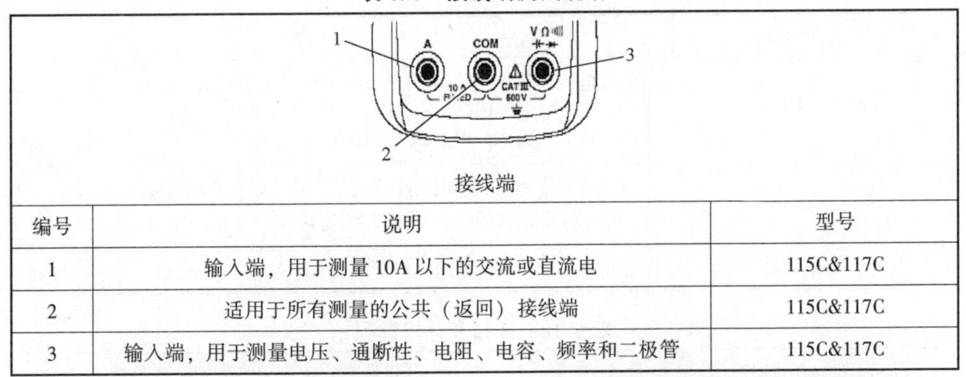

接线端

编号	说明	型号
1	输入端，用于测量 10A 以下的交流或直流电	115C&117C
2	适用于所有测量的公共（返回）接线端	115C&117C
3	输入端，用于测量电压、通断性、电阻、电容、频率和二极管	115C&117C

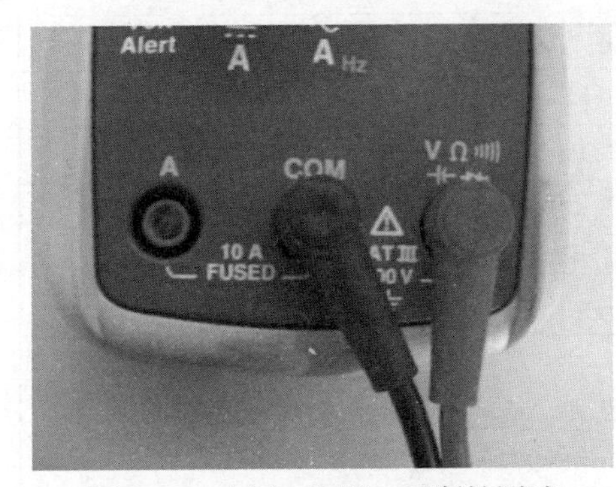

图 6.35　电压、电阻、通断性测试

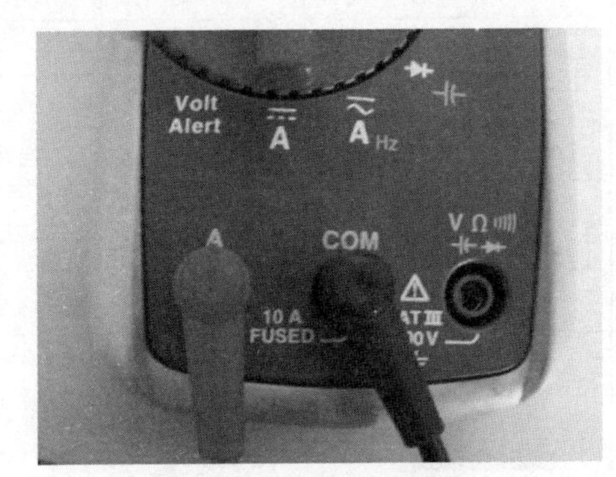

图 6.36　电流、电容测试

开关挡位符号及其功能见表 6.9。按钮及开机选项见表 6.10。

表 6.9　开关挡位符号及功能

开关挡位	测量功能
AUTO-V LoZ	根据所感测到的低阻抗输入情况自动选择交流或直流电压
$\widetilde{\text{V}}$Hz Hz（按键）	交流电压量程：0.06~600V。频率量程：5Hz~50kHz
$\overline{\overline{\text{V}}}$	直流电压量程：0.001~600V
$\text{m}\widetilde{\overline{\text{V}}}$ ⎓	交流电压量程：6~600mV，直流耦合。直流电压量程：0.1~600 mV
Ω	电阻量程：0.1Ω~40MΩ
·)))	电阻小于 20Ω 时，蜂鸣器打开；电阻大于 250Ω 时，蜂鸣器关闭
─▶├─	二极管测试。电压超过 2V 时，显示过载符号（OL）
─┤├─	电容量程（法拉）：1nF~9999μF

续表

开关挡位	测量功能
$\tilde{A}$ Hz Hz（按钮）	交流电流量程：0.1~10A（>10~20A，30s 开，10min 关） >10.00A 显示屏闪烁，>20A 显示 OL（过载） 直流耦合。频率量程：45Hz~5kHz
$\overset{=}{A}$	直流电流量程：0.001~10A（>10~20A，30s 开，10min 关） >10.00A 显示屏闪烁，>20A 显示过载
Volt Alert	非接触式感测交流电压

表 6.10　按钮及开机选项

按钮	开机选项
HOLD	打开显示屏的所有显示段
MIN MAX	禁用蜂鸣器。当启用时，显示“bEEP”
RANGE	启用低阻抗电容测量。当启用时，显示“LCAP”
	禁用自动关机（睡眠模式）。当启用时，显示“PoFF”
	禁用背照灯自动关闭功能。当启用时，显示“LoFF”

6.5.3　现场应用

6.5.3.1　电阻测量

下面以测量检品机电动机电阻为例，介绍测量电阻的操作方法。其操作步骤如下（图 6.37）：

（1）关断电源。为避免触电，应将电源关断。

（2）选择接线端。将红色表笔接入电压端，黑色表笔接入公共端。

（3）选择挡位。调节挡位，将开关旋钮旋至欧姆挡。

（4）断开电路。为确保测量值正确，一定要保证电阻两端没有并入电气件，一般应将电阻接线端从端子台上拆下来，将电动机线从端子台上拆下。

（5）测量。将表笔接至电阻两端，测量电阻。

需要特别注意的是，测量电阻时一定要确保电阻两端没有并入其他电气件。

6.5.3.2　通断性测试

通断性测试功能是检验是否存在开路、短路的一种方便而迅捷的方法。下面以测量叠袋机测试台变压器输入输出侧的通断性为例，介绍如何测量电路的通断性。其操作步骤如下（图 6. 38）：

（1）关断电源。在测试通断性时，一定要先将电源关闭。

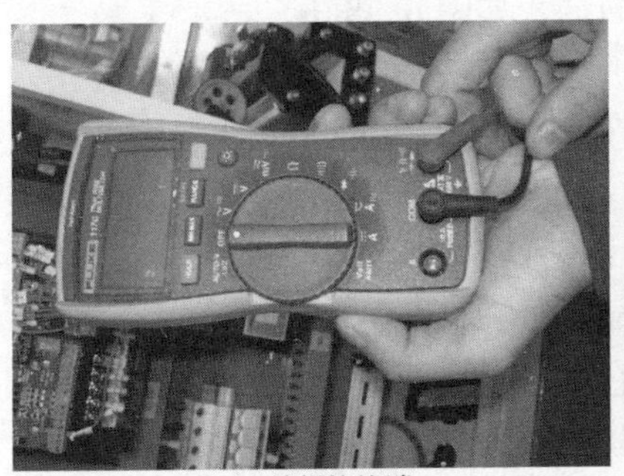
(a) 选择接线端

(b) 挡位调节

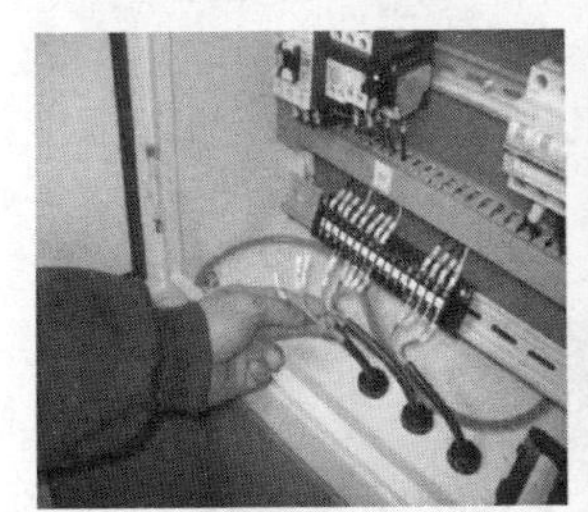
(c) 断开电路

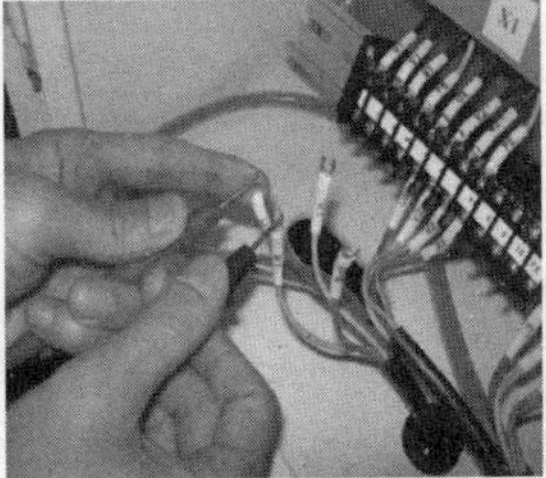
(d) 测量

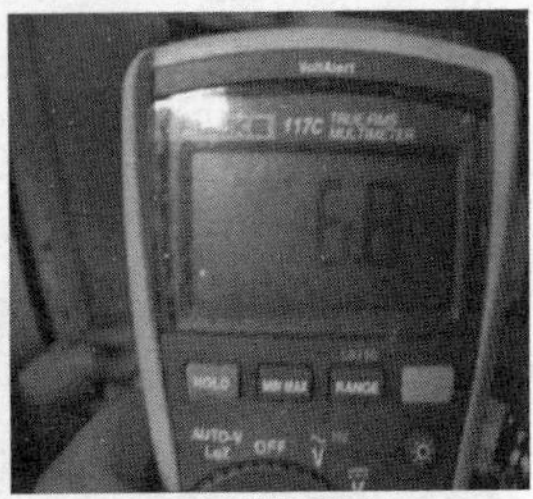

(e) 测量显示

图 6. 37　电阻测量操作步骤

(a) 选择接线端

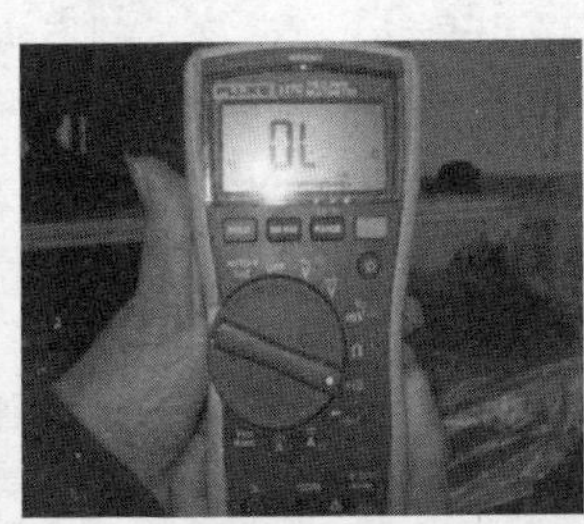

(b) 选择挡位

(c) 测量通断

(d) 测量

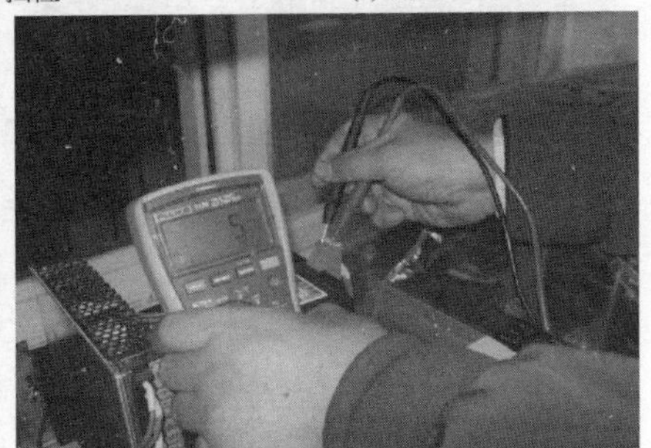
(e) 数据显示

图 6. 38　通断性测试操作步骤

（2）选择接线端。将红色表笔接入电压端，将黑色表笔接入公共端，如图6.38(a)所示。

（3）选择挡位。将开关旋钮旋至通断挡，如图6.38(b)所示。

（4）测量。在测量前，应先检测万用表两个表笔之间的内阻是否正常，如图6.38(d)所示，当示数为零时，表明通断挡状态完好。将两只表笔接至接线端，当蜂鸣器发出长鸣声时，两点为短路状态，否则为断路状态。将两只表笔接至变压器输出侧的两个端子台上，显示电阻为5Ω，并发出蜂鸣声。如图6.38(e)所示，将两只表笔分别接至变压器输入侧和输出侧，万用表显示OL，表明电路为断路，变压器输入、输出侧隔离正常。

注意：当开关旋钮旋处于通断挡时，切勿在未断电时进行测量。

6.5.3.3 电压测量

下面以测量检品机变压器输出电压为例，介绍电压的测量。其操作步骤如下(图6.39)。

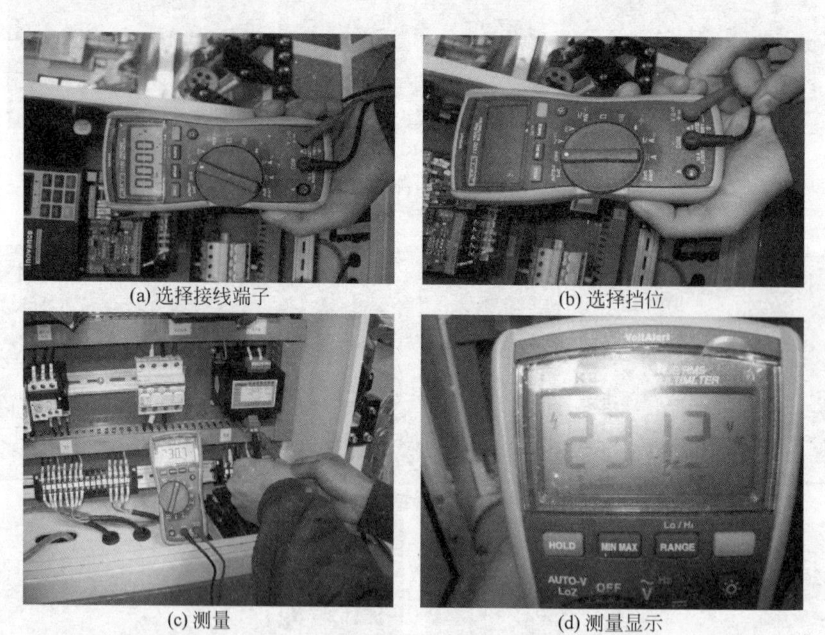

(a) 选择接线端子　(b) 选择挡位
(c) 测量　(d) 测量显示

图6.39 电压测量操作步骤

（1）选择接线端。将红色表笔接入电压端，将黑色表笔接至公共端。

（2）选择挡位。

（3）当确定电路为交流或直流时。选择交流电压挡或直流电压挡，将开关旋钮旋至相应挡位。

（4）当不能确定电路是直流还是交流时，可选择AUTO-V LOZ，仪表根据

V 和 COM 之间施加的输入电压自动选择直流或交流测量。

（5）当需要测量毫伏电压时，应选择毫伏电压挡，即可测量直流毫伏，又可测量交流毫伏，当按下按钮，可切换至直流毫伏。在检品机控制柜中，变压器输出为交流，测量时选择交流电压挡，如图 6. 39(b) 所示。

（6）测量。将两只表笔接至接线端，进行测量，如图 6. 39(c) 所示。测量结果如图 6. 39(d) 所示，为 231. 2V，表明变压器输出正常。

6. 5. 3. 4　电流测量

下面以测量叠袋机测试台台达 PLC 输入点 X1 的输入电流为例，介绍如何用万用表测量电流。其操作步骤如下（图 6. 40）。

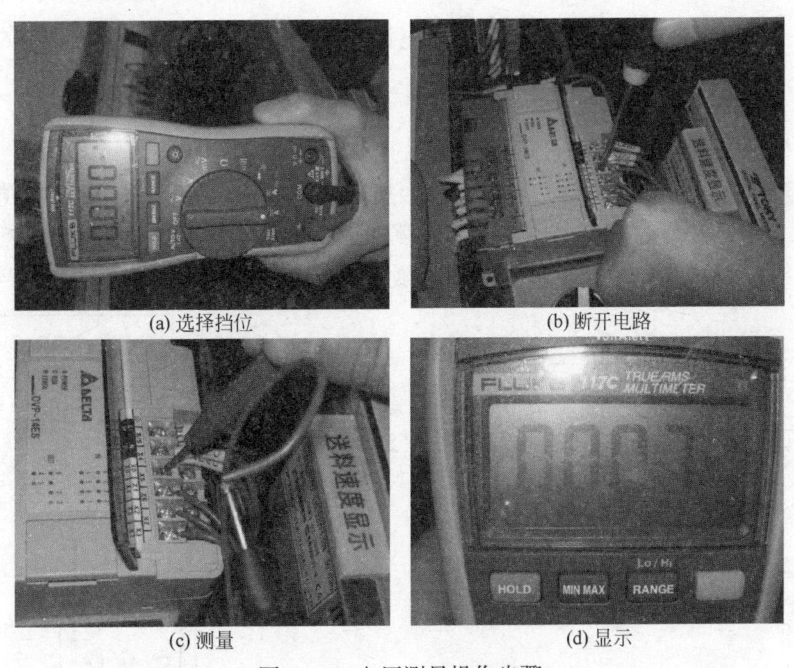

(a) 选择挡位　(b) 断开电路

(c) 测量　(d) 显示

图 6. 40　电压测量操作步骤

（1）选择接线端。将红色表笔接入电流端，黑色表笔接至公共端。

（2）选择挡位。当待测电路为直流电路时，选择直流挡，当待测电路为交流电路时，选择交流挡。在测试台中，输入 X1 为直流 24V 信号，因此选择直流电流挡进行测量。

（3）接线测量。关断电源，切断电路；将仪表串联接入，然后通电测量。

（4）注意：

① 对 600V 以上电路，不能用本万用表测量电流；

② 选择合适的接线端，开关挡位和量程；

③ 当探头处于电流端时，切勿将探头或组件并联；

④ 测量结束后，应及时将探头和电路断开，以防探头损坏。

6.5.3.5 熔断丝测试

可测试万用表内部熔断丝是否熔断。当示数小于 0.5Ω 时，熔断丝正常；当显示 OL 时，熔断丝熔断，需更换熔断丝。

6.5.3.6 频率测量

可使用交流电压挡测量交流电压频率，用按钮切换测量交流电压和测量交流电压频率，如图 6.41 所示。可使用交流电流挡测量交流电流频率，用按钮切换测量交流电流和测量交流电流频率。

6.5.3.7 检测是否存在交流电压

要检测是否存在交流电压，将仪表的上端靠近导体，当检测到电压时，仪表会发出声响并提供视觉指示。如图 6.42 所示，Lo 可用于齐平安装的壁式插座、配电盘、齐平安装的工业插座及各种电源线。Hi 可用于检测其他类型的隐藏式电源接线器及插座上的交流电压。在高敏设置下，可以检测 24V 以下的裸线。

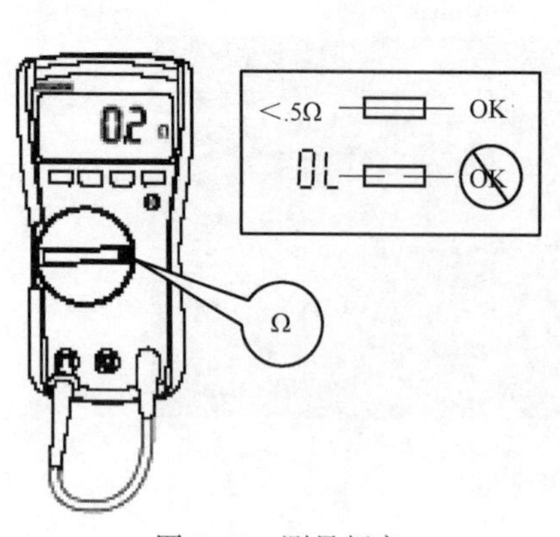

图 6.41 测量频率

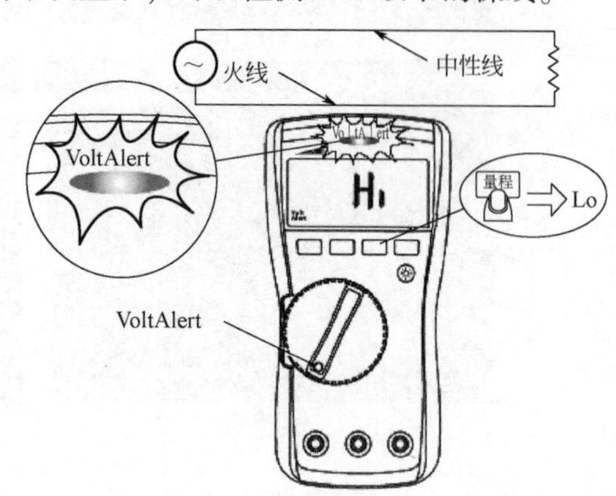

图 6.42 测量是否存在交流电压

6.6 回路电阻测试仪使用说明

6.6.1 概述

回路电阻测试仪适用于高压开关接触（回路）电阻的高精度测量，同样适用于其他需要大电流、微电阻测量的场合。目前，电力系统中普遍采用常规的

QJ44 型双臂直流电桥测量接触电阻，而这类电桥的测试电流仅 mA 级，难以发现回路导体截面积减少的缺陷。在测量高压开关导电回路接触电阻时，由于受触头之间油膜和氧化层的影响，测量值偏大若干倍，无法真实地反映接触电阻值。为此，DL/T 596—1996《电力设备预防性试验规程》作出对断路器、隔离开关接触电阻的测量电流不小于直流 100A 的规定，以确保试验结果准确。

XGHL-200A 智能同路电阻测试仪是根据中华人民共和国最新电力执行标准 DL/T 845. 4—2004《电阻测量装置通技术条件 第 4 部分：回程电阻测试仪》，采用高频开关电源技术和数字电路技术相结合设计而成的，适用于开关控制设备同路电阻的测量。其测试电流采用国家标准推荐的直流 100A 和直流 200A。可在电流 100A、200A 的情况下直接测得回路电阻，最后的测试结果用大屏幕液晶 LCD 显示，并有数据存储、输出打印、时间设置等功能。另有 50～150A 挡位供用户选择。设仪器测量准确、性能稳定，符合电力、供电部门现场高压开关维修和高压开关厂回路电阻测试的要求。

6.6.2 面板结构

面板结构示意如图 6.43 所示。

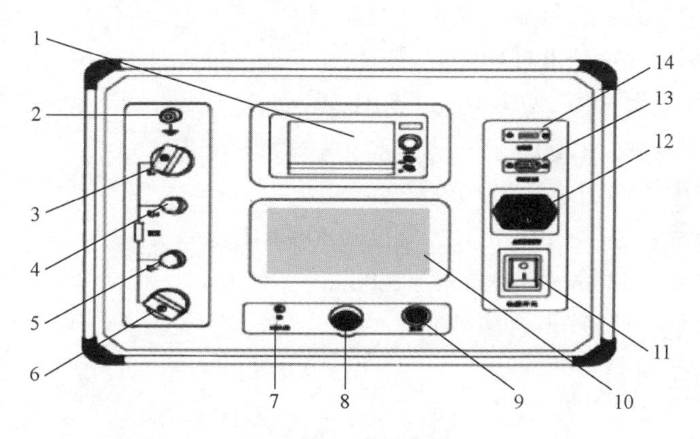

图 6.43 面板结构

1—打印机；2—接地柱；3—电流输出 I+；4—测量输入 V+；
5—测量输入 V-；6—电流输出 I-；7—对比度调节；8—旋转鼠标；9—复位按钮；
10—液晶屏；11—电源开关；12—电源插座；13—RS232 接口；14—USB 接口

6.6.3 工作原理

本仪器采用电流电压法测试原理，也称四线法测试技术，如图 6.44 所示。

电流源输出恒定电流流过标准电阻和待测电阻。采样标准电阻上的电压信号，经滤波放大处理后送入转换为数字量，进而计算出电流值。同样，采样待测电阻上的电压信号，经滤波、多级放大处理后送入转换为数字量。

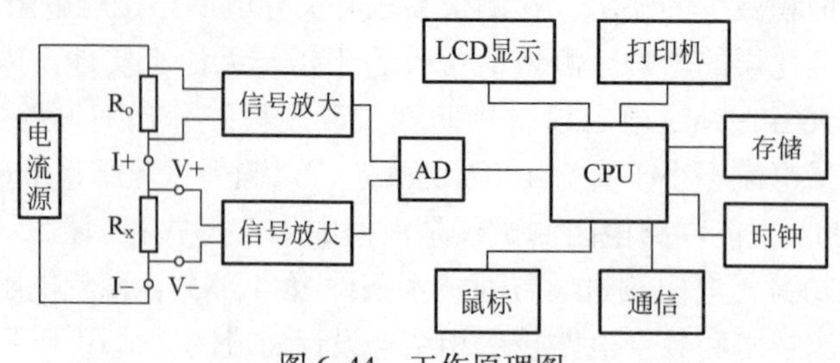

图 6.44　工作原理图

6.6.4　技术指标

（1）测量范围：0~2999.9μΩ。

（2）分辨力：0~99.99μΩ 时 0.01μΩ；100.0~2999.9μΩ 时 0.1μΩ。

（3）测试电流：直流 50A、100A、150A、200A 四挡固定输出。

（4）测量精度：±（0.5%rd+2d）。

（5）连续工作时间：5~599s。

（6）显示方式：大屏幕中文液晶显示。

（7）通信方式：USB 或 RS232 串口。

（8）工作电源：AC 220±10%，50Hz。

（9）整机功率：1200W。

（10）最大存储记录：200 条。

（11）环境：温度−10~40℃，湿度≤80%RH。

（12）体积：$380mm^3 \times 300mm^3 \times 260mm^3$。

（13）重量：8kg（不含附件）。

6.6.5　性能特点

（1）大电流。采用最新开关电源技术，能长时间连续输出大电流，克服了脉冲式电源瞬间电流的弊端，可以有效击穿开关触头氧化膜，得到良好的测试结果。

（2）高稳定性。在严重干扰条件下，液晶屏最后一位数据能稳定在±1 个字范围内。读数稳定，重复性好。

（3）高精度。采用双路高速 16 位 Σ−△AD 采样，最新数字信号处理技术，最高分辨力达到 0.01μΩ，是目前国内唯一能达到 0.01μΩ 分辨力且十分稳定的接触电阻测试仪，性能超过了进口大电流微欧计。

（4）智能化。使用进口高性能 CPU，测量时系统根据信号大小自动切换量程，确保了该产品的测试准确度。过温保护电路能够在仪器超过设定温度时自动停止输出电流，确保仪器的安全使用。

（5）高品质。关键部件全部采用进口元件，通过巧妙设计的温度补偿电路有效地消除环境温度对测量结果的影响，军品接插件的使用增强了抗振性能。

（6）功能强大。电流可在 50A、100A、150A、200A 中自由选择，测试时间可在 5~599s 内任意设定，克服了其他同类仪器无法设定测量时间或连续工作时间过短的缺陷，远远超过了其他同类仪器的性能。

（7）人机界面友好。通过旋转鼠标输入数据，方便快捷，可以自主设置仪器日期、时间，实时保存测量数据，即时打印测量结果。

（8）多种通信方式。能够通过 RS232 串口（9 针）或 USB 数据线与计算机通信，将测量数据上传至计算机，供试验人员进一步分析处理。

（9）使用方便。体积小、重量轻，便于携带。

6.6.6 操作方法

6.6.6.1 液晶显示说明

本仪器采用 240×128 高分辨率灰色背光液晶显示屏 LCD，即使在强烈日光下也能清晰显示。参数设置及试验结果均显示在 LCD 屏上，全汉字操作界面，图形清晰、美观、易于操作。

6.6.6.2 旋转鼠标使用说明

旋转鼠标的功能类似计算机上使用的鼠标，它有三种操作：左旋，右旋点击选定。通过鼠标的这三种操作可以实现移动光标、数据输入和操作选定等功能。

移动光标：通过左转或右转旋转鼠标来移动光标，将光标移动到所要选择的选项上，点击旋钮即可选定此项。

数据输入：当需要修改或者输入数据时，将光标移动到需要修改数据的选项上，点击鼠标，即进入数据的修改操作（光标缩小至被修改的这一位上），左旋或右旋鼠标即进行该位的增减操作，点击鼠标确认该位的修改。旋转鼠标进入下一位的修改。逐位修改完毕后，光标增大为全光标，即退出数据的修改操作，此时可通过旋转鼠标将光标移走。

6.6.6.3 正确接线

按图 6.45 所示的接线方法正确接线。注意：（1）仪器面板与测试线的连接处应扭紧，不得有松动现；（2）应按照四端子法接线，即电流线应夹在被试品的外侧，电压线应夹在被试品的内侧，电流与电压必须同极性。

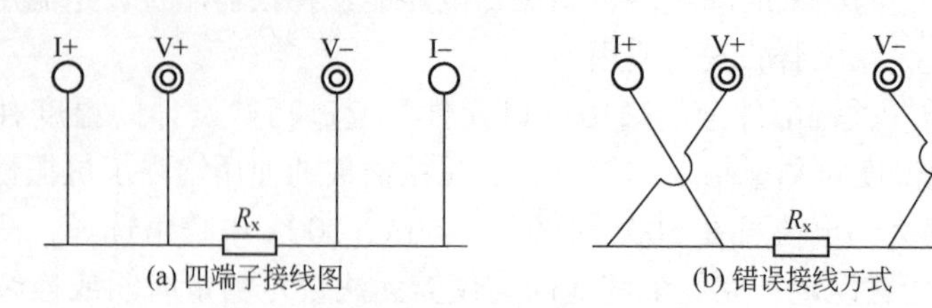

图 6.45　四端子接线图

6.6.6.4　开机

确认测试线接线无误后，接入220V交流电源，合上电源开关，仪器进入开机状态。开机时，蜂鸣器短时响，表示系统开机。

6.6.6.5　主界面

打开电源开关，系统进入主界面，系统主界面如图6.46所示。移动光标，可在“开始测试”“记录查询”“时间设置”“联机通信”中任意切换。主界面下方显示系统当前时间。

6.6.6.6　测试菜单界面

（1）如图6.47所示，在主界面中选中“开始测试”选项，点击鼠标，仪器进入测试菜单界面，默认测试电流为200A，测试时间为10s。

（2）在“测试电流”位置点击鼠标，电流值可在50A、100A、150A、200A之间任意切换；旋转鼠标到“测试时间”位置，使用旋转鼠标输入数据，可设定测试时间。注意：测试时间设定范围为5~599s，超出该范围系统返回默认值“10s”。为了保证测试结果更加准确，推荐测试时间采用默认值10s。

（3）点击“测试”项，系统进入“测试结果”界面。

（4）点击“返回”项，系统返回上一界面。

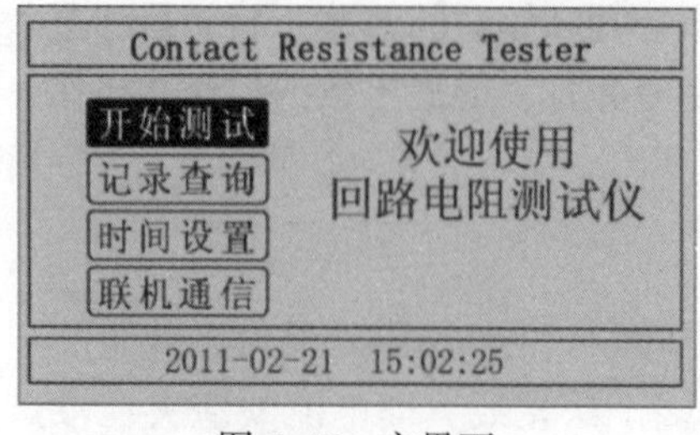

图 6.46　主界面

图 6.47　测试菜单界面

6.6.6.7 测试结果

（1）在“测试菜单”中点击“测试”项进入“测试结果”界面，如图6.48（a）所示。界面上依次显示电阻值、测试电流值和测试时间。注意：此时电流线上有大电流流过，切不可将电流线强行拔掉，否则可能对操作人员和仪器造成伤害。

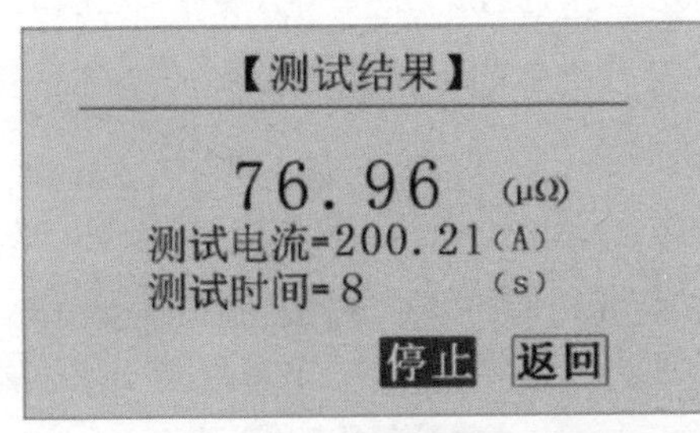

(a) 正在测试

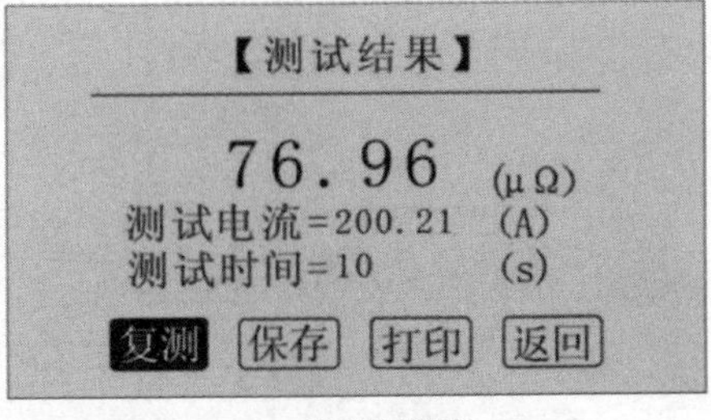

(b) 测试结束

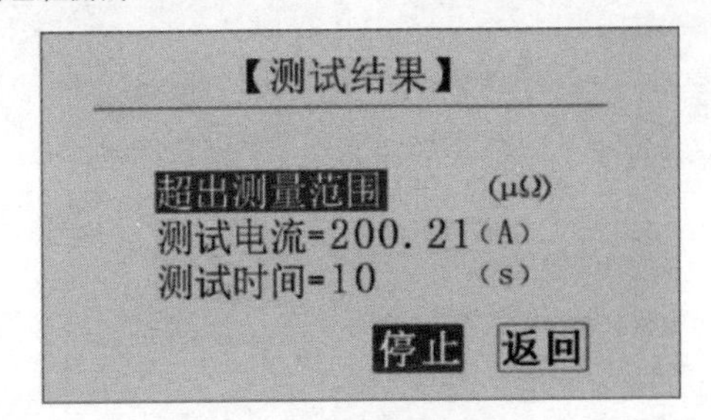

(c) 超出测量范围

图6.48 测试结果界面

（2）正在测试时，系统显示“停止”、“返回”项。点击“停止”，系统停止计时，电流停止输出。点击“返回”，系统停止计时，电流停止输出并返回上一界面。注意：开始测试的前几秒，由于电流冲击和电容充电，测试结果不稳定，5s后测试结果就会稳定下来，用户即可记录数据，测试结束，如图6.48(b)所示。

（3）计时时间到自动停止电流输出。

（4）点击“复测”项，系统以设定好的参数对电阻重复测量一次。

（5）点击“保存”项，系统进入“保存测试结果”界面。

（6）点击“打印”项，系统将打印包括样品编号、测试时间、测试电流、电阻值、测试日期在内的所有信息。

（7）点击“返回”项，系统返回上一界面。若测量值超出测量范围，液晶屏显示“超出测量范围”，同时蜂鸣器报警。此时电流仍在输出，直到计时结束，如图6.48(c) 所示。

6.6.6.8　保存测试结果

（1）在“测试结果”界面点击“保存”按钮，系统进入“保存测试结果”界面，如图 6.49(a) 所示。

（2）使用鼠标输入样品编号，点击“保存”项，出现如图 6.49(b) 所示界面，测试结果将被保存到 I2C 存储器中，点击“返回”项，系统返回上一界面。

（3）本仪器最多能存储 200 条记录，若存储记录数超过 200 条，系统提示“内存已满请删除”，如图 6.50 所示。在记录查询界面即可完成单条或全部记录删除。

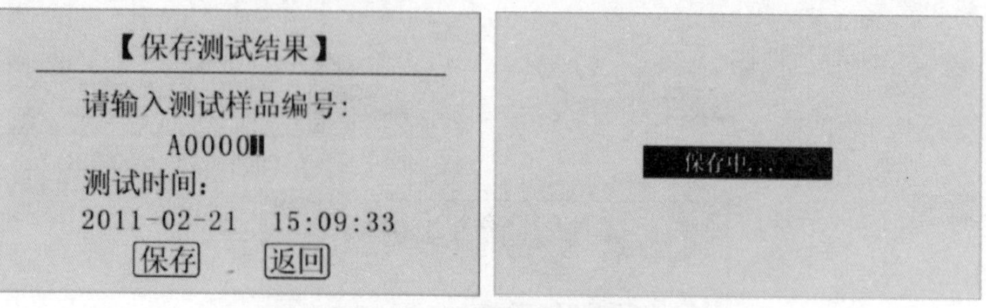

图 6.49　保存测试结果界面

图 6.50　内存已满请删除界面

6.6.6.9　记录查询

（1）在“主界面”点击“记录查询”，系统进入“记录查询”界面[图 6.51(a)]。

（2）点击“↑↓”旋转鼠标，选择需要查询的记录序号［图 6.51(b)］。

（3）在选中的记录上点击鼠标，进入选中记录的操作界面［图 6.51(c)］。

（4）可以对选中的记录进行查询、删除、清空、返回。点击“查询”，系统显示该条记录的详细信息［图 6.51(d)］。

【记录查询】

序号	日期	编号
001	02-21 15:09	A00001
002	02-22 10:35	A00004
003	02-23 14:21	A00005
004	02-23 14:28	A00006
005	02-23 14:38	A00007

↑ ↓ 查询 删除 清空 返回

(a) 界面Ⅰ

(b) 界面Ⅱ

【记录查询】

序号	日期	编号
001	02-21 15:09	A00001
002	02-22 10:35	A00004
003	02-23 14:21	A00005
004	02-23 14:28	A00006
005	02-23 14:38	A00007

↑ ↓ 查询 删除 清空 返回

(c) 界面Ⅲ

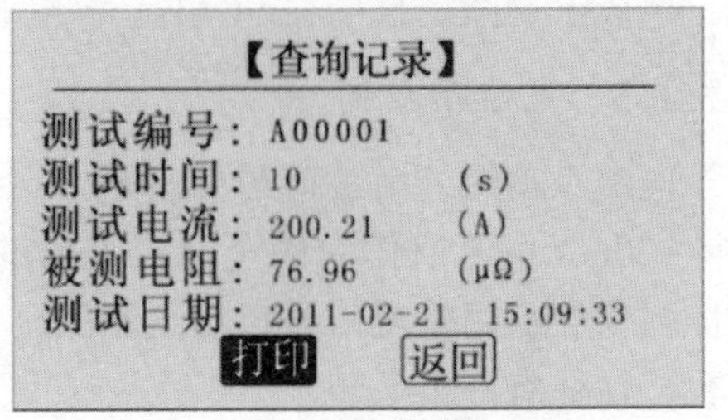

(d) 界面Ⅳ

图 6.51 记录查询界面

6.7 数字化示功图在线标定方法

6.7.1 示功图概念

抽油机井的示功图是载荷随位移变化形成的封闭曲线（从数学上看是“利萨茹曲线”或“鲍迪奇曲线”），示功图的面积代表了抽油机对井下所做的功，示功图的形状含有抽油机井产量及工况信息，示功图的测试与分析是抽油机井管理中最重要的分析手段，如图 6.52 所示。

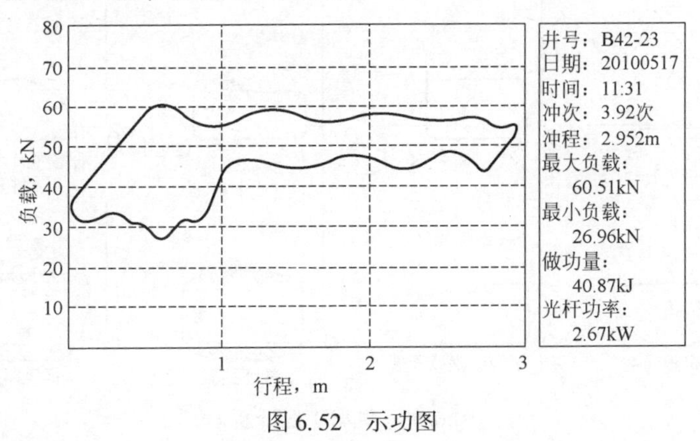

图 6.52 示功图

6.7.1.1 标准示功图

使用独立的、高精度的载荷位移一体化传感器实时测试出数据，传输至仪器主机后得到的示功图，称为“标准示功图”。

6.7.1.2 RTU 示功图

数字化示功图是通过安装在抽油机上的载荷传感器、角位移传感器输出 4~20mA 电流信号，接入到井口 RTU。再通过井口 RTU 对信号进行计算和滤波处理，生成示功图。目前在 SCADA 平台上传输显示的示功图，就是 RTU 示功图。

6.7.1.3 电流示功图

电流示功图是由载荷传感器的 4~20mA 电流值作为纵坐标、角位移传感器的 4~20mA 电流值作为横坐标，绘出的类似于示功图的封闭图形。由于电流示功图是仪器利用电流信号直接绘制的，没有经过大量滤波处理，电流示功图显得粗糙，往往有许多毛刺。

RTU 示功图来源于电流示功图，就是电流示功图进行光滑处理和伸缩变换的结果。如果电流示功图形状不完整，纵坐标无变化或超量程就是载荷传感器损坏，横坐标无变化或超量程就是角位移传感器损坏。

6.7.2 示功图用途

（1）技术人员进行油井工况诊断，如图 6.53 所示。

（2）长庆油田用于示功图计产。

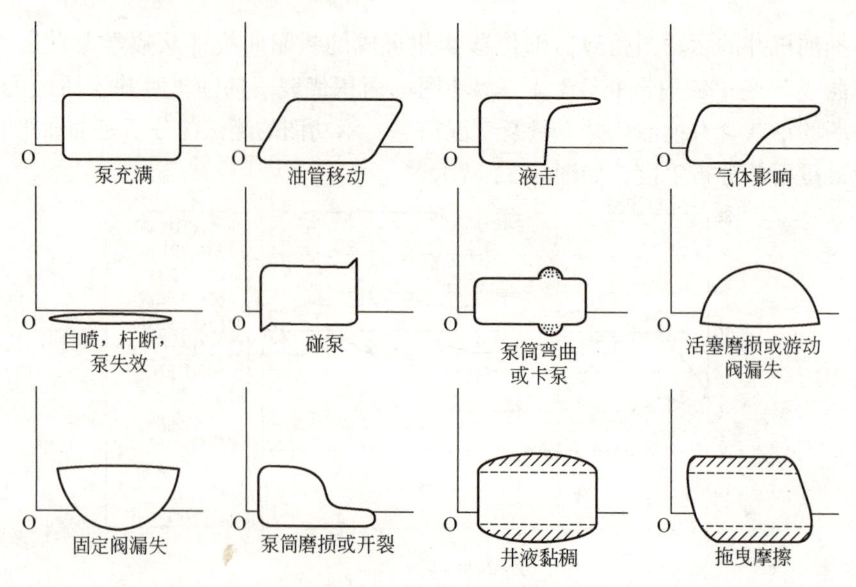

图 6.53 油井工况诊断

① “示功图计量校正与标定” 的规定及影响。

(a) 示功图计量标定符合资料录取规定条件：单井液量≤$1m^3$ 的油井，示功图计量数据与单量数据误差小于 50%；单井液量为 $1\sim3m^3$（包含 $3m^3$）的油井，示功图计量数据与单量数据误差小于 30%；单井液量 $3\sim5m^3$（包含 $5m^3$）的油井，示功图计量数据与单量数据误差小于 20%；单井液量>$5m^3$ 的油井，示功图计量数据与单量数据误差小于 10%。误差计算公式为：

误差=｜标定液量-示功图计量液量｜/标定液量×100%；

误差=｜单量液量-示功图计产｜/单量液量×100%。

(b) 单井利用示功图法计量前必须进行标定，系数据范围在 0.8~1.2 之间，正常情况下，每两个月标定一次，并根据标定结果修订示功图计量系数；标定结果不符合资料录取规定油井需分析原因，制定对策，加密标定。

(c) 示功图计量标定优先使用老流程单量设备，无法使用流程单量的用活动计量车标定。

② 示功图计产原理。

根据长庆油气院资料，示功图计产原理是“从能真实反映抽油系统有杆泵工况的示功图入手，把定向井有杆泵抽油系统视为一个复杂的三维振动系统，研究建立了该系统的力学、数学模型及算法，计算在不同井口示功图激励下的泵示功图响应，采用矢量特征法对泵示功图进行分析及故障识别，确定泵的有效冲程，得出油井地面折算有效排量”。

虽然影响计产准确度的因素有很多，但主要影响因素是冲程，准确的示功图是示功图计产的基础，所以要校准 RTU 示功图。

③ RTU 示功图与计产准确度。

现场标定试验证明：准确的 RTU 示功图是油井工况诊断和示功图计产的基础，但载荷变化对示功图计产的影响较小，冲程长度对示功图计产的影响很大（二者基本呈比例关系），不标定冲程对示功图计产没有意义（图 6.54 至图 6.56）。

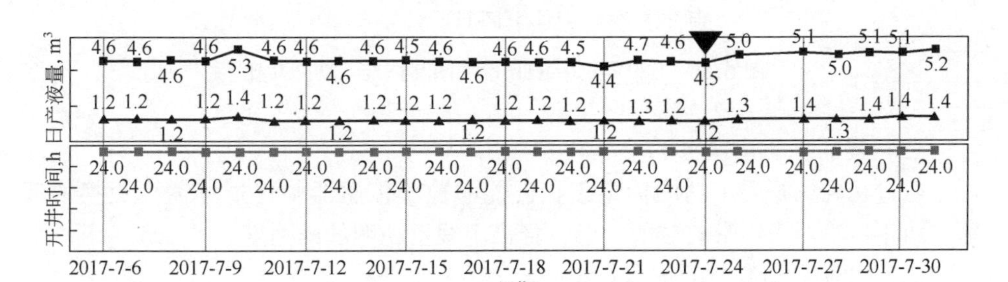

图 6.54 冲程对示功图计产影响

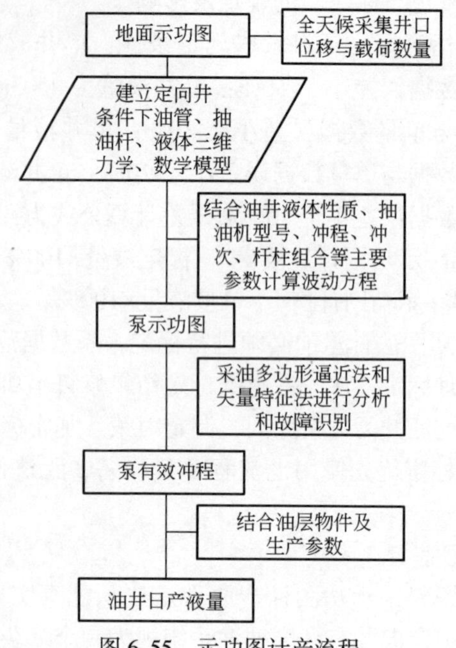

图 6.55　示功图计产流程

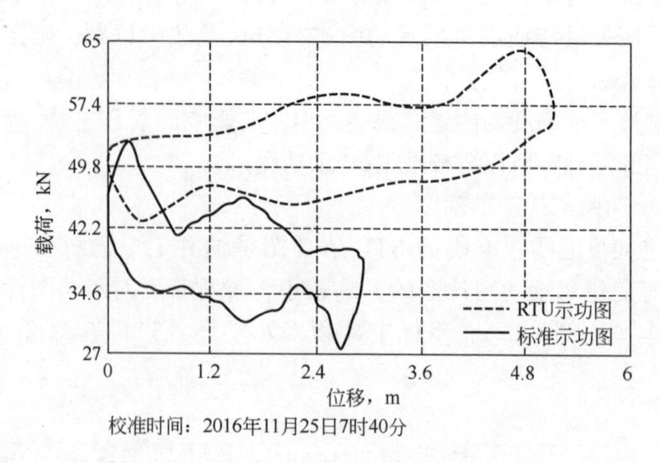

图 6.56　D89-48 井 RTU 示功图与标准示功图对比

（3）提高现场管理水平。

通过在现场开展示功图标定工作，能够检验传感器硬件损坏需要更换的问题，纠正传感器未正常安装的问题，提高上线示功图的准确度。

（4）冲次自动调节的依据。

安 231 井冲次自动调节前后对比如图 6.57 所示。

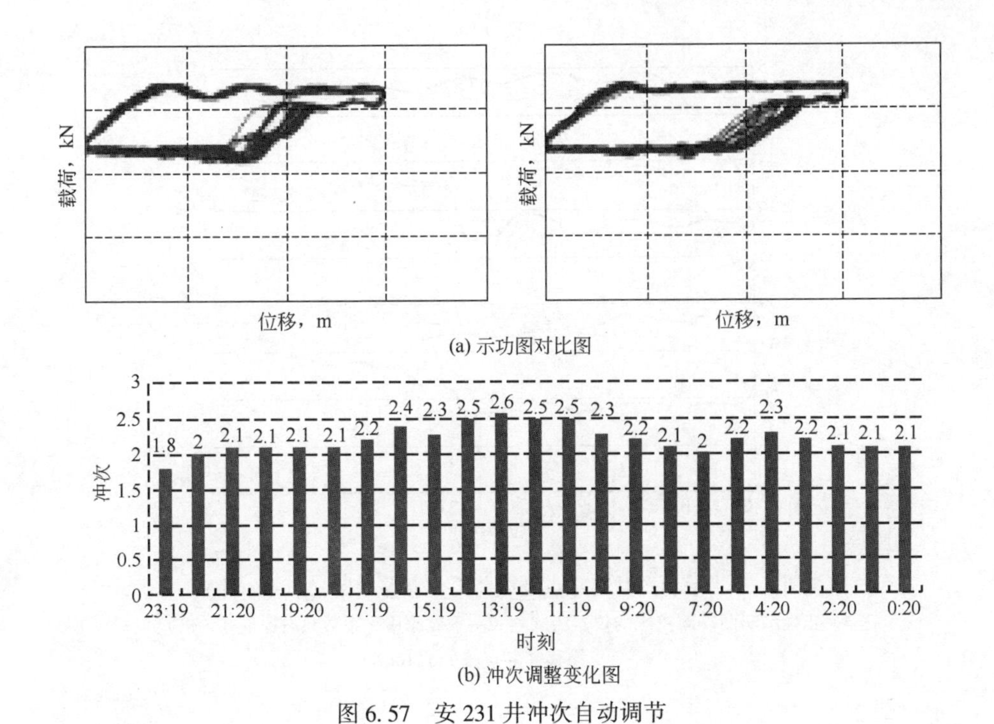

(a) 示功图对比图

(b) 冲次调整变化图

图 6.57　安 231 井冲次自动调节

6.7.3　示功图标定原理

数字化示功图存在误差的原因是：

（1）载荷传感器及角位移传感器，在长期的使用中产生了线性误差、零点误差或增益误差；

（2）RTU 中参数错误，或在长期的使用中 RTU 电路特性产生了变化，或因传感器的漂移造成参数与实际特性不匹配。

消除示功图误差，如图 6.58、图 6.59 所示。

（1）标准传感器与现场固定传感器同步测试，用线性回归的方法来确定现场传感器的线性误差、零点误差或增益误差。根据误差严重程度来决定是否更换传感器。

（2）根据传感器的误差情况，修改 RTU 中相应的参数，达到尽量消除的目标。由于误差也有可能来自 RTU 电路特性变化或 RTU 参数不匹配，为确保上传示功图的正确性，应读出 RTU 示功图并与标准示功图进行比对。如果存在明显误差，则需调整相应参数进行修正。

从功能上讲，数字化抽油机就是一台能按时上传数据的示功图测试仪，由于载荷传感器及角位移传感器时刻都在工作，这远高于一般示功仪的使用频率，所

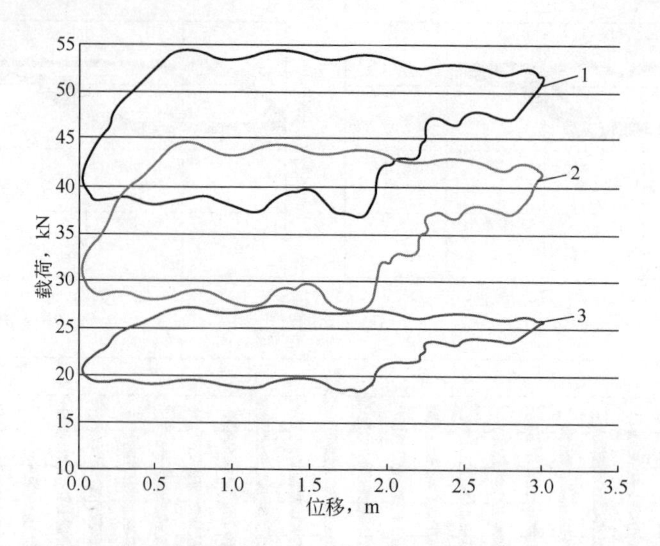

图 6.58　示功图载荷零点及载荷系数漂移示例（61-24 井）

1—正确示功图（新校准的仪器测试）；2—系数漂移（系数只有原值 0.5 倍）；
3—零点漂移（零点减少了 10kN）。

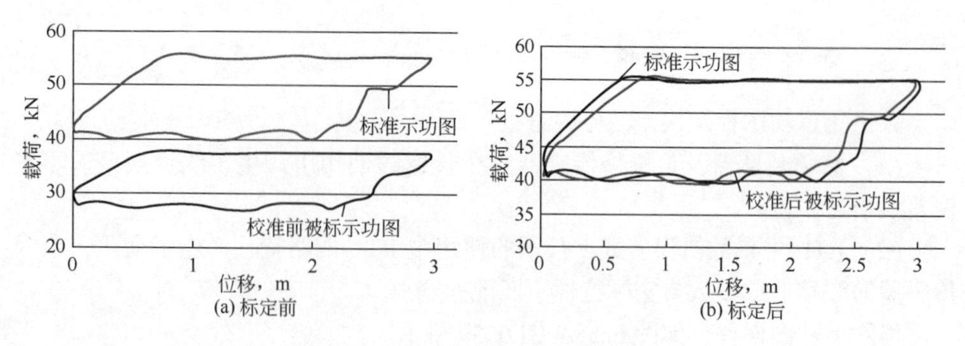

图 6.59　52-21 井标定前后示功图对比

以至少应该每季度标定一次。

示功图测试及仪器的国标、行标及企标主要有：

（1）GB/T 6587—2012《电子测量仪器通用规范》；

（2）JJG（石油）25—2000《示功仪测试装置检定规程》；

（3）SY/T 6759—2009《示功仪校准装置校准方法》；

（4）SY/T 5166—2007《抽油机井测试仪器技术条件》；

（5）Q/SY CQ0174—2000《抽油机井示功图现场解释规程及管理标准》。

6.7.4　现场标定方法

6.7.4.1　工具、用具准备

测试工具：主机、一体化传感器、充电器、天线、转接模块、数据连接线、USB线。

背板接口区：示功图标定接口（4~20mA信号）、电流钳接口、电压测试线接口、USB接口（转换连接到不同厂家的RTU）、以太网络接口（向PC传输数据及程序更新），以及仪器开关。

仪器作为高精度示功图测试仪器，可以对现场长期安装的有线示功图传感器的载荷及位移漂移进行现场校准，还可以对比RTU示功图并对RTU参数进行调校，使之输出正确的示功图。

6.7.4.2　标定操作步骤

（1）安装标准传感器，安装仪器天线。

（2）用配套数据线，连接RTU和仪器主机。

（3）抽油机启动、仪器开机。使用仪器键盘，按F1输入井号；在驴头位于下死点的时候，按F1开始测试；1min后，仪器停止测试，按F1进入标准示功图查看界面。

（4）按F3进入标定界面。按左右键选择当前RTU型号；按F4切换标定方法。

（5）按F3读取RTU示功图，仪器会将标准示功图和RTU示功图叠加进行比较，并自动计算出当前RTU的修正参数，按F5键就能完成标定。

（6）写入修正参数后，通常RTU会自动复位，并主动测试一个新示功图。或者用F8命令RTU测试一个新示功图。

（7）按F3，读取标定后的RTU示功图，并与标准示功图比对。结果满意，即可按F7保存数据；不满意可以恢复RTU或者按F3重新读取RTU示功图，再重新写入参数。

（8）标定完毕后，按ESC返回键，退回到仪器主界面。按F6关机。

6.7.4.3　注意事项

（1）加装传感器时，要先停抽，后操作。

（2）仪器中自带三种标定方法，可解决不同类型的标定难题。

（3）当RTU示功图超出范围很大的时候，也可能是传感器失效，无法使用修改参数的方式校正，需要更换传感器。

（4）一定要保存标定结果。

总结：对比标准示功图来计算 RTU 示功图准确度，同时按一定的数学模型计算 RTU 新参数并预测 RTU 示功图准确度。如果预测的 RTU 示功图准确度明显高于当前实际值，就可以写入 RTU 新参数。

前实际 RTU 示功图准确度较高时（95%以上），或者预测的 RTU 示功图准确度较低时，就不能向 RTU 写入参数了。这种情况往往是由于井下供液变化造成的，需要重新测试标准示功图和 RTU 示功图，选择标准示功图和 RTU 示功图较为相似的一组测试数据重新计算 RTU 新参数和 RTU 示功图准确度，直至达到满意的目标。

6.7.5 数据的导出与报表生成

RTU 示功图校准记录见表 6.11。

表 6.11 RTU 示功图校准记录

使用单位		采油一厂张渠作业区		油井名称		D34-33	
校准装置厂商及型号		北京长森 PMTS4.0		校准装置量程(kN×m)		150×6	
被校位移/载荷传感器型号		—		被校准装置量程(kN×m)		150×3.14	
RTU 厂商及型号		安控 L308		比对与评价数学方法		最小二乘法	
校准前被校示功图数据				校准后被校示功图数据			
最大载荷(kN)	34.15	最小载荷(kN)	16.83	最大载荷(kN)	27.35	最小载荷(kN)	15.91
上行平均(kN)	31.31	下行平均(kN)	20.6	上行平均(kN)	25.96	下行平均(kN)	19.44
冲程(m)	2.41	冲次(1/min)	3.9	冲程(m)	2.411	冲次(1/min)	4.06
载荷误差(kN)	4.27	载荷精度(%)	2.85	载荷误差(kN)	0.89	载荷精度(%)	0.59
位移误差(m)	0.001	位移精度(%)	0.04	位移误差(m)	0.015	位移精度(%)	0.49
载荷零点	8293	载荷增量	133	载荷零点	8058	载荷增量	196
角加速度增量	98			角加速度增益	98		
校准前标准示功图数据				校准后标准示功图数据			
最大载荷(kN)	29.44	最小载荷(kN)	13.34	最大载荷(kN)	29.16	最小载荷(kN)	13.85
上行平均(kN)	26.38	下行平均(kN)	17.67	上行平均(kN)	26.3	下行平均(kN)	19.17
冲程(m)	2.409	冲次(1/min)	3.9	冲程(m)	2.426	冲次(1/min)	4.06

续表

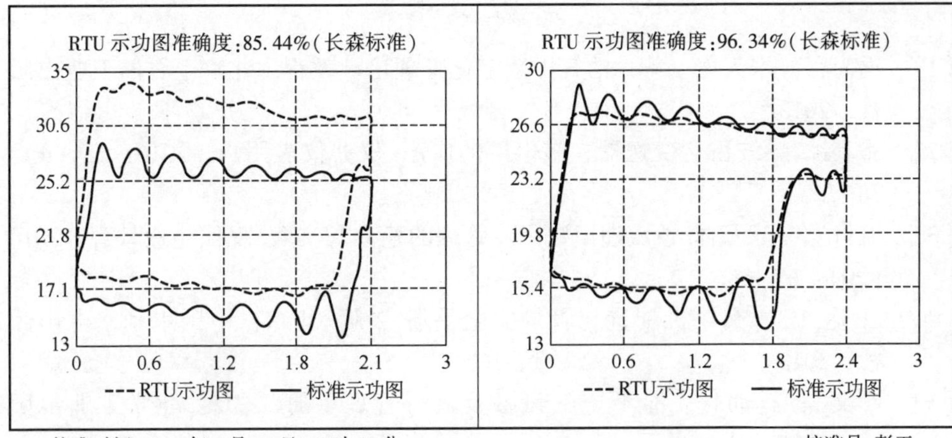

校准时间:2017 年 6 月 29 日 18 时 51 分　　校准员:彭玉

参 考 文 献

[1] 冯尚存，朱天寿，等. 油气田数字化管理培训教程. 北京：石油工业出版社，2013.

[2] 张利冰. 导波雷达变送器在核电厂的应用. 仪器仪表用户，2016，23（4）：78-79.

[3] 丑世龙，陈万林. 长庆油田数字化管理的建立与实践. 现代企业教育，2010（20）：67-68.

[4] 王达. H3C 交换机配置与管理完全手册. 2 版. 北京：中国水利水电出版社，2013.

[5] 秦文杰. 石油化工企业电气设备及运行管理手册. 北京：化学工业出版社，2015.